Introduction to
Carbon Neutrality

碳中和概论

金之钧 中国科学院院士

江 亿 中国工程院院士

戴民汉 中国科学院院士

朴世龙 中国科学院院士

朱 彤 中国科学院院士 / 等著

U0246386

北京大学出版社
PEKING UNIVERSITY PRESS

图书在版编目（CIP）数据

碳中和概论/金之钧等著. —北京：北京大学出版社，2023. 6
ISBN 978-7-301-33986-2

Ⅰ.①碳… Ⅱ.①金… Ⅲ.①二氧化碳－节能减排－中国－教材 Ⅳ.①X511

中国国家版本馆 CIP 数据核字（2023）第 080398 号

书　　　名	碳中和概论	
	TANZHONGHE GAILUN	
著作责任者	金之钧　等著	
责 任 编 辑	王树通　赵旻枫　郑月娥	
标 准 书 号	ISBN 978-7-301-33986-2	
出 版 发 行	北京大学出版社	
地　　　址	北京市海淀区成府路 205 号　100871	
网　　　址	http://www.pup.cn　新浪微博：@北京大学出版社	
电 子 信 箱	编辑部 lk2@pup.cn　总编室 zpup@pup.cn	
电　　　话	邮购部 010-62752015　发行部 010-62750672　编辑部 010-62764976	
印 刷 者	河北文福旺印刷有限公司	
经 销 者	新华书店	
	787 毫米×980 毫米　16 开本　21 印张　550 千字	
	2023 年 6 月第 1 版　2023 年 11 月第 2 次印刷	
定　　　价	68. 00 元	

前　言

2020 年 9 月 22 日,国家主席习近平在第七十五届联合国大会一般性辩论上发表重要讲话,正式提出了二氧化碳排放力争于 2030 年前达到峰值,努力争取 2060 年前实现碳中和的"双碳"目标。"双碳"目标提出以来,围绕碳中和的讨论方兴未艾,政界、商界、学界对碳中和的认知经历了螺旋上升的辩证过程,以丁仲礼院士、解振华特使等为代表的一批专家学者也先后出版了与碳中和相关的专著,从经济社会、能源系统、低碳技术、治理机制等不同方面基本上回答了"什么是碳中和""如何实现碳中和"等关键问题,起到了很好的正本清源作用。与上述既有专著相比,本教材立足高校教材特点,力图为广大对碳中和感兴趣的高校师生呈现一本综合导论型教材。

从知识体系上说,碳中和在现代科学体系中并不是一个独立的学科,作为涉及自然科学、工程科学、社会科学等不同学科的复杂巨系统,碳中和具有明显的大学科交叉特性,既有学科体系与课程设置难以满足碳中和教育的知识需求。基于此,2022 年,在碳中和概念提出两年后,在我本人充分学习碳中和相关知识体系的基础上,依托北京大学碳中和学科交叉平台的教材建设项目,我决定组织团队编写一本面向本科生通识教育的概论类教材,其间来自北京大学校内外的作者团队几易其稿,全书终于 2023 年正式出版。

作为面向通识教育的教材,本书共分为 16 章,其中:第 1 章为引论,介绍了碳中和的基本概念,主要由我本人与北京大学张川研究员编写;第 2 章为部分发达国家和地区碳中和概况,由北京大学杨雷研究员、张川研究员,英国牛津大学毕云青博士,日本名古屋大学薛进军教授等编写;第 3 章能源结构转型与碳减排由北京大学杨玉峰研究员编写;第 4 章新型电力系统低碳路径由清华大学江亿院士与张涛博士等编写;第 5 章工业系统减碳与主要技术由北京大学张信荣教授、刘佳博士与曾民强博士等编写;第 6 章交通系统减碳与主要技术由中国电动汽车百人会张永伟博士、王晓旭博士、曾玮良博士、吴依静博士等编写;第 7 章建筑领域的碳中和由清华大学江亿院士与胡姗研究员等编写;第 8 章农田温室气体减排增汇与主要技术由中国科学院植物研究所黄耀研究员编写;第 9 章陆地生态系统碳汇由北京大学朴世龙院士编写;第 10 章海洋碳汇由厦门大学戴民汉院士、朱旭东博士、孟菲菲博士、王志轩博士、罗遥华博士等编写;第 11 章介绍了碳捕集、利用与封存技术,由北京大学章凯强研究员、王昊研究员、李康康研究员等编写;第 12 章温室气体浓度和排放监测与治理由北京大学朱彤院士与复旦大学姚波教授编写;第 13 章实现碳中和的市场机制与政府体制由北京大学徐晋涛教授与龙显灵研究员编写;第 14 章民众参与和碳足迹管理由清华大学何继江研究员编写;第 15 章碳中和与全球气候治理由北京大学张海滨教授编写;第 16 章从人与自然和谐共生的角度展望了实现碳中和的未来之路,由我本人与北京大学覃栎研究员、李想博士、玖博博士,中国石油大学(北京)赵扬教授等编写。全书的框架修订与内容组织主要由北京大学张川研究员辅助我本人完成。

在本教材的编写过程中,我们清晰地感受到各个学科知识体系在其长期发展过程中均形成了较为稳定的经典理论方法,其描述问题、分析问题、解决问题的科学语言与思维范式不尽相同。本教材不同章节间的术语使用、概念表述、知识逻辑尚不完全统一,由此带来的晦涩难解之处还望读者谅解。正确认知碳中和交叉学科知识体系与传统经典学科知识体系的区别与联系,引导读者在面对碳中和这个大领域中不同的问题时找到相应的分析角度,是本教材编写的主要初衷。教材成稿后回头看,这个任务不能算完美地完成,如何建设一本真正实现碳中和知识融合、适应碳中和教育的经典教材还有赖于各位读者同人群策群力、共同思考。

在本教材的出版过程中,各章节作者付出了大量的时间与精力,江亿院士、戴民汉院士、朴世龙院士、朱彤院士等各位专家学者多次于百忙之中抽时间参加教材内容讨论,我本人深受感动。北京大学教务部傅绥燕部长、北京大学出版社夏红卫书记多次关心教材编写出版工作,北京大学教务部刘建波副部长,北京大学出版社陈小红主任和郑月娥主任、王树通和赵旻枫等编辑具体负责了相关业务部门的协调工作,全体作者对他们的辛苦付出表示感谢。教材的组织编写得到了能源基金会(中国)的大力支持,在此一并感谢。

实现碳中和是事关人类文明可持续发展的重大问题。回归到地球45亿年的历史长河中,物竞天择、适者生存的自然规律从未改变。展望未来之路,人类作为浩瀚宇宙中的沧海一粟,如何适应未来气候变化,在中和、平衡、和谐中做出理智的选择,以"天地交而万物通也,上下交而其志同也"的大智慧,实现"致中和,天地位焉,万物育焉"是全人类面临的终极考题。青年一代是未来社会的支柱,碳中和目标的最终实现要依靠青年一代提出解决方案。在青年一代的成长教育中为其传授碳中和相关知识与技能,是最终解决碳中和问题的金钥匙。

希望本教材的出版能够对中国碳中和的人才教育与培养有所帮助,教材不妥之处还望各位读者不吝指正。

中国科学院院士

2023 年于北京大学

目　　录

第 1 章　引　　论

1.1　碳中和的基本概念

1.1.1　碳中和的概念

碳,原子序数6,是宇宙中第四多的元素,是地球生物体中最基本的成分。在众多碳元素与其他元素形成的化合物中,二氧化碳(CO_2)在地球系统演化与人类文明发展中扮演了重要作用。在地球形成之初,地球原始大气结构中 CO_2 产生的"温室效应"(通过吸收地球表面辐射,使地球表面升温的效应)促成了液态水的形成,孕育了地球上的早期生命。在人类文明出现之前,碳以不同的形式存在于岩石、大气、水、生物等地球系统的不同圈层中,并通过燃烧、光合作用、动植物呼吸等过程在不同的圈层之间流动转化,形成了相对稳定的碳循环。然而人类文明,尤其是工业文明的发展大大加剧了矿物燃料的消耗量,加速了地层深部有机碳的释放,改变了地球碳循环的闭环路径,引发了全球气候变化的连锁反应,威胁了人类社会可持续发展。根据联合国政府间气候变化专门委员会(Intergovernmental Panel on Climate Change,以下简称 IPCC)的第六次评估报告[1],相较于 1850—1990 年,人类活动在 2010—2019 年引发的全球温升为 $0.8 \sim 1.3℃$,由此引发的陆地降雨增加、海洋含盐度变化、冰川融化、海平面上升等问题层出不穷。减少人类活动碳排放,缓解全球气候变化逐渐成为全人类的共识,碳中和的概念应运而生(图 1.1)。

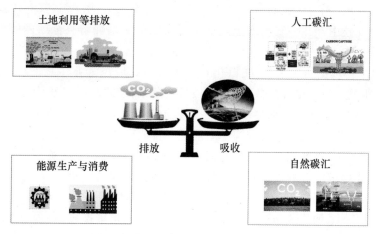

图 1.1　碳中和的基本概念

碳中和(carbon neutral),是指在特定时间内,特定对象(可以是全球、国家、区域、企业、个人、产品、活动等)"排放的碳"(包含能源生产与消费、土地利用等排放)与"吸收的碳"(包含自然碳汇、人工碳汇等)正负抵消,达到正负相抵状态(图 1.1)[1]。需要指出的是,这里的碳一般特指 CO_2,因此碳中和一般被认为是 CO_2 的排放与吸收中和,除 CO_2 外,其他温室气体(甲烷、氧化亚氮、氢氟碳化合物等)在特定时间内排放与吸收相抵的概念,则被称为温室气体中和或者"净零排放"(net-zero emission)。在碳中和、温室气体中和的基础上,IPCC还进一步提出了气候中性(climate neutral)的概念,即当一个组织的活动在特定时间内对气候系统没有产生区域或局部净影响(如飞机凝结轨迹对地球表面反照率的影响)时,就是气候中性[1]。从碳中和的定义不难看出,实现碳中和的基本途径有两类:① 减少"排放的碳"(减少碳源),② 增加"吸收的碳"(增加碳汇)。使用太阳能、风能代替化石能源等减碳措施属于前者,而利用植树造林增加自然 CO_2 吸收等增汇措施属于后者。如何在不同时间和空间尺度上,在不同对象实现碳中和的路径中,平衡减少碳源与增加碳汇间的关系,需要更多因时因地的思考与研究,这也是贯穿本教材的重要主线之一。

准确理解碳中和,不仅需要从缓解气候变化及促进人类与地球可持续发展的维度看到其内涵,更需要从促进能源结构、产业结构转型升级的经济维度,以及重塑全球能源贸易与资源供需格局的政治维度看到其外延,这也是碳中和被称为经济社会系统性变革的原因所在[2]。从长远趋势来看,以太阳能、风能为代表的可再生能源逐步取代以煤炭、石油、天然气等为代表的化石能源是全球能源结构调整的必然选择,但需要指出的是,尽管以化石能源为基石的现代能源工业体系是全球人为 CO_2 排放的主要来源,但其在推动全球快速工业化、满足人类生活物质能量需求的历史进程中发挥了重要作用,大大地提升了人类社会的发展指数。时至今日,基于化石能源燃料与原料的建筑、交通、工业技术在世界上大多数情景下仍然是多数国家、区域、企业、个人的主流选择,这充分说明了自工业革命以来近300年建立的现代能源工业体系具有强大的路径锁定效应与用户惯性,也为经济社会系统的碳中和重塑提出了严峻挑战[3]。另外,化石能源作为一种理论上存量有限的不可再生资源,其全球分布并不均匀,煤炭、石油、天然气全球储量最多的前五个国家的储量分别占到全球总储量的75%、62%、64%,因此在化石能源工业体系支撑的世界格局下,资源禀赋与消费需求之间的空间不匹配是不少国际贸易与军事冲突的重要原因,严重阻碍了人类命运共同体的和谐发展。相比之下,以风、光为代表的可再生能源资源全球分布较为均匀,其利用技术的国际差异相对较小,因此碳中和在一定程度上是从资源禀赋分布层面解决全球发展不均衡的潜在途径之一[4]。

从全球 CO_2 排放的历史来看,在以化石能源为主的能源工业体系下,显然排放水平与经济水平密切相关。从历史总排放的角度出发,欧洲、北美的发达国家是造成全球气候变化的主要责任国,而中国、印度等发展中国家由于发展起步较晚,历史总排放相对较低,但发展中国家的工业体系相对年轻,经济结构中高能耗高排放产业比例相对较高,能源工业基础设施运行年限相对较短,因此在未来一段时间内将是 CO_2 排放的主要来源[5]。从国际贸易的角度出发,发展中国家生产的高能耗高排放产品一大部分都输出到了西方发达国家,因此在基于生产端的人均碳排放(图1.2左)与基于消费端的人均碳排放(图1.2中)体系中,其相对差异不同。进一步,如果从历史累计的角度计算国家人均碳排放,发达国家与发展中国家的不平等性会被进一步放大,美国等发达国家的历史累计人均碳排放远高于中国等发展中国家(图1.2右)。因此,在减排责任跨国划分的国际谈判中,当前排放、历史排放、人均排放、生产端、消费端等指标的使用方式是大国博弈的关键点,也是理解碳中和政治意义的重要角度[6]。

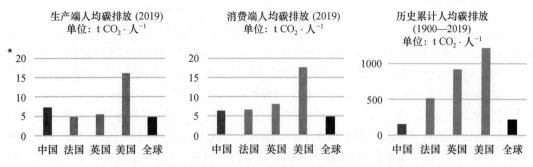

图 1.2   全球主要国家生产端、消费端、历史累计人均碳排放水平

1.1.2 碳中和的交叉科学性

    尽管碳中和的概念在最近两年越来越为人熟知,但在现代科学技术体系中碳中和并不是一个成熟的学科。作为一个涉及自然、工程、社会等不同学科的巨复杂系统,目前对碳中和的研究大致可以划分三个范围[7]:① 研究碳排放与气候变化之间的定性定量关系以及气候变化对生态环境的影响(碳中和与自然科学);② 研究包括交通出行、建筑用能、工业生产等人类活动引发碳排放的科学机理与减排技术(碳中和与工程科学);③ 研究碳排放对经济发展的影响如何量化,以及如何考虑公平与效率、内部与外部、现在与未来的关系等关键政策问题(碳中和与社会科学)。基于以上分类不难看出,碳中和概念有两大重要特点:第一是时空尺度跨度大,从原子分子层面的物质能量转化到地球海洋层面的碳循环,都与碳中和息息相关,也都在实现碳中和的路径分析中必不可少;第二是自然科学、工程科学与社会科学交叉,定量方法与定性方法都发挥重要作用。以上两大特点决定了碳中和作为交叉科学的复杂性和特殊性,也凸显了以碳中和为切入点构建新型综合知识体系的重要性(图 1.3)。

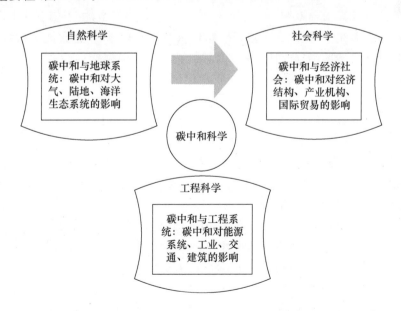

图 1.3   碳中和科学与自然科学、社会科学、工程科学之间的关系

在与碳中和科学密切相关的三个主要角度中,人造工程系统的碳排放是打破自然碳循环、引发全球气候变暖的主要原因之一。因此,本教材将首先介绍工程科学与碳中和的关系,无论是能源资源的勘探开发、储存运输、转化利用,还是工业、交通、建筑基础设施的规划设计、建设制造、日常运行,都需要在碳中和背景下被重新审视。据此,本教材的第 3～7 章将分别从能源、工业、交通、建筑四个领域论述与碳中和相关的关键工程科学问题。

能源系统是包括一次能源、二次能源、终端用能,涵盖能源开发、运输、转化、利用等环节的体系。能源,尤其是化石能源的使用,是全球人为 CO_2 排放的最主要原因,根据 IPCC 统计,全球自工业革命以来 78% 的温室气体排放与化石燃料的使用相关;根据世界气候研究计划(World Climate Research Programme,以下简称 WCRP)统计,2020 年与煤炭、石油、天然气相关的 CO_2 排放高达 320×10^8 t[①],占全球总 CO_2 排放的 90% 以上,因此研究能源系统低碳转型路径是碳中和实现路径的关键。本教材第 3 章将系统性论述能源系统的基本知识,就能源系统减碳主要技术、关键因素展开讨论,通过案例分析的形式就由化石能源为主到以可再生能源为主的能源转型路径给出建议,为碳中和目标下的能源系统减碳提供参考。同时在第 4 章介绍了新型电力系统"源网荷储"端的主要特征、建设目标以及配套技术,详述了未来能源系统发展方向之一。

工业系统,又称第二产业体系,是指将不同原料加工至产品的工程系统。与能源系统减碳的基本思路类似,工业系统的减碳基本上也可以划分为供给侧减碳与需求侧减碳两大类。供给侧减碳的基本思路是通过原料/产品结构调整、工艺流程再造、绿氢/绿电替代等低碳技术实现在生产相同产品时更低的过程碳排放[8];需求侧减碳的基本思路是通过节约使用或者循环利用等方式降低工业产品的需求,从而实现减碳。基于此,本教材第 5 章将系统性梳理现有工业系统的流程与排放现状,凝练分析各工业部门的主要减排技术,为工业系统实现碳中和提供参考。

交通系统,是指为满足居民出行和商业运输需求所生产的交通工具及建设的道路、机场等基础设施所组成的工程系统。根据国际能源署(International Energy Agency,以下简称 IEA)统计,2020 年全球交通系统 CO_2 排放 72×10^8 t(需要指出,由于能源的末端使用集中在工业、交通、建筑系统中,因此在工业、交通、建筑的排放计量时,包含能源系统的碳排放,即与交通相关能源消费的碳排放计量在交通系统内),其中陆路交通约占 50×10^8 t,航空和船运各占 9×10^8 t[9]。在交通系统的减碳技术中,电动车和氢燃料电池车是目前的热门技术,本教材第 6 章将重点就其减碳效果、应用场景、核心技术与产业链等关键问题展开讨论,探讨实现交通系统减碳的资源、投资、市场保障体系,进而对陆路交通减碳的未来情景做出预测。

建筑系统,作为人类社会最重要的基础设施之一,消耗了世界上 36% 的能源,并产生了 39% 的碳排放(同理,与建筑相关能源消费的碳排放计量在建筑系统内),建筑系统的碳排放主要有建设和使用过程中直接和间接产生的 CO_2 排放。本教材第 7 章将分析建筑系统排放现状、减排技术、减排路径与政策措施,提出面向未来零碳能源系统的建筑碳中和路径。其中,本教材将重点关注节能低碳建筑设计、高效灵活机电系统设计、光储直柔配电系统、农村光伏能源系统、零碳供热系统等关键技术在建筑系统碳达峰、碳中和中的潜力与应用,进而综合给出建筑系统碳中和的解决方案。

---

① 10^8 t 为亿吨,为方便阅读起见,将 3.2×10^{10} t 表示为 320×10^8 t,下同。

在系统介绍能源、工业、交通、建筑等工程系统的碳中和路径后,本教材将从经典自然科学体系中与碳中和密切相关的地球科学和环境科学出发,探讨与碳中和相关的自然科学问题。地球与环境科学中对地球演化、人类发展、能源利用相互关系的研究兴趣由来已久,无论是陆地生态系统碳循环的基本原理、海洋碳源碳汇的时空变异趋势,还是农田生态系统的温室气体收支平衡,都与碳中和目标的实现息息相关,更从宏观层面决定了以能源工业系统为主的工程系统碳排放边界,因此本教材第 8~11 章将重点关注以上内容。

与能源活动和工业生产不同,仅就 CO_2 排放而言,农业系统是碳汇而非碳源,农作物生长过程中通过光合作用吸收 CO_2 是自然界碳循环的重要组成部分。但与此同时,农业活动是影响土壤有机碳(Soil Organic Carbon,以下简称 SOC)变化的重要因素,由自然生态系统到农业生态系统的土地利用方式转变导致了全球土壤有机碳的加速流失,这是造成全球气候变化的重要影响因素之一[10]。事实上,除 CO_2 外,农业生态系统是甲烷(CH_4)和氧化亚氮(N_2O)等非 CO_2 温室气体排放的重要来源,如何在全球与中国范围内评估不同农业生态系统 CH_4、N_2O、SOC 的排放现状、减排增汇技术潜力是本教材第 8 章的主要内容。

在实现碳中和的减排增汇过程中,陆地和海洋生态系统通过光合作用和碳循环过程,将大气中的 CO_2 固定下来形成生态碳汇的过程是自然碳汇关注的主要问题。事实上,在 2010—2019 年的十年内,全球人为 CO_2 年均排放总量约为 $110×10^8$ t,其中被陆地生态系统和海洋生态系统固定的碳汇分别达到 $34×10^8$ t 与 $25×10^8$ t,这是全球大气 CO_2 浓度未进一步上升的重要原因[11]。当然,近年来以热带毁林为代表的土地利用方式产生了大量碳排放,降低了全球陆地生态系统的净碳汇。如何在全球尺度与国家尺度上理解碳汇的未来变化趋势与潜力,分析陆地、海洋生态系统的增汇途径与技术及其在实现碳中和中的机遇与挑战,是本教材第 9 章与第 10 章分别关注的重点内容。

实现 CO_2 增汇的另一条重要途径是碳捕集、利用与封存(Carbon Capture, Utilization and Storage,以下简称 CCUS)。CCUS 技术的基本概念是通过人工方式从不同能源工业系统中收集 CO_2 并通过运输处理等工艺流程进一步利用或者地下封存。在碳中和路径设计中,CCUS 扮演着相对复杂的角色:一方面,基于 CCUS 的人工 CO_2 增汇可以与现有基于化石能源利用的工艺、流程相融合,避免大量既有基础设施的资本沉没;另一方面,当前全球范围内 CCUS 示范项目相对较少,亿吨层面上的 CCUS 项目尚未成型[12]。因此在碳中和路径中大量依赖 CCUS 存在未来的未兑现风险,需要谨慎对待。在此基础上,如何正确看待 CCUS 技术的未来趋势,准确评估其经济性,预测 CCUS 技术的未来发展趋势是本教材第 11 章关注的内容。

准确监测和计量包括 CO_2 在内的主要温室气体排放是实现碳中和的数据保证,是确保碳中和实现过程可信可查的重要基础。据此,本教材第 12 章将系统性介绍温室气体的主要类别与来源,不同种类温室气体源与汇的分布情况,并进一步介绍大气温室气体监测历史以及近地面温室气体浓度监测方法、大气温室气体柱总量和廓线监测方法等不同温室气体浓度监测方法。在温室气体排放核算方法学层面,第 12 章将重点介绍基于清单统计的自下而上温室气体排放计算、基于大气监测的自上而下温室气体排放计算两种不同方法,并就典型国家和城市的温室气体排放核算体系展开讨论。最后,该章还将讨论 CO_2 减排与空气污染改善相协同的减污降碳协同治理概念、意义、方法、措施等,指明温室气体监测在减污降碳中的作用。

在碳中和目标催生的科学问题中,除自然科学、工程科学外,经济学、管理学、政治学等经典社会学学科亦与其密切相关。在面向碳中和的经济社会转型过程中,碳排放权作为一种稀缺性资源将在全球范围内被重新配置,在这一配置过程中如何坚持"共同但有区别的责任"原则,明确发达国家与发展中国家各自需要承担的减排责任,平衡短期与长期、局部与整体,并没有先例可循,需要充分研究供给与消费、成本与收益、贴现与代际、产业与技术、国内与国际等一系列经济管理与社会学问题,为碳中和目标的实现提供宏观社会治理创新。基于此,本教材第13~15章分别从市场机制与政府体制、民众参与和碳足迹管理、全球气候治理三个不同角度给出碳中和目标的社会科学解读。

本教材第13章主要从有效市场和有为政府的角度出发,梳理碳减排相关的行政措施和经济政策,通过对主要减排经济政策的国际经验进行总结,得到碳中和政策对经济的影响和对政府的要求。本教材第14章就如何理解碳排放分配的公平性、如何将低碳生活方式与碳足迹管理纳入个人生活、碳中和对未来世界个体生活方式的影响等方面展开讨论,从个人衣食住行与碳中和、个人碳抵消行为等角度就个人碳足迹管理展开分析。本教材第15章在系统梳理全球气候治理历史演进的基础上重点分析碳中和目标下全球气候治理的发展趋势以及大国围绕碳中和目标的战略博弈,并在系统总结中国参与全球气候治理历史进程的基础上对碳中和目标下中国在全球气候治理中的新角色进行分析和展望。通过上述章节的论述,希望加深读者对碳中和与经济增长、碳市场、碳金融以及产业政策与公共政策、社会治理在碳中和目标下的作用等关键社会科学问题的理解。

最后需要指出,尽管碳中和知识体系由自然科学、社会科学、工程科学的相关分支学科组成,但各个经典学科知识体系在其长期发展过程中均形成了较为稳定的理论方法,其描述问题、分析问题、解决问题的科学语言与思维范式不尽相同。以最基础的碳排放计量为例,工程系统一般以吨二氧化碳($t\ CO_2$)为单位,而生态系统一般以克碳元素($g\ C$)为单位,类似问题为搭建碳中和交叉科学知识体系带来了额外挑战。尽管本教材在编写过程中力求在不同章节间达成相对统一的边界条件与逻辑体系,但碳中和作为自然科学与社会科学大交叉的学科特性决定了短时期内很难脱离既有经典学科理论重新从头搭建新的知识体系。而帮助读者正确认知碳中和交叉科学知识体系与传统经典学科知识体系的区别与联系,面对碳中和这个大领域中不同的问题时找到相应的分析角度,也是本教材编写的初衷之一。

1.2 碳中和的国际演变

1.2.1 国际社会对碳排放与气候问题的认知过程、科学证据、尚存争议

1767年,瑞士博物学家德·索绪尔(Horace Benedict de Saussure)最早通过光照热盒增温实验发现温室增暖现象,随后法国物理学家和数学家傅里叶(Jean-Baptiste Joseph Fourier)在1824年观察地表温度的昼夜和季节变化时,提出了大气层具有保温作用的假设。19世纪50年代英国科学家丁达尔(John Tyndall)和美国科学家尤妮丝·富特(Eunice Foote)发现了水蒸气和CO_2中原子键与红外辐射的光子震动频率对应,可吸收保存辐射能量,进而指出大气中某些微量气体可保留并将阳光辐射能量返回地面[13,14]。除水蒸气和CO_2外,甲烷(CH_4)、氢氟碳化合物、全氟碳化合物、六氟化硫(SF_6)等气体也有这个性质,这些气体被统称为温室气体。1896年,瑞典科学家阿伦尼乌斯(Svante Arrhenius)发表的《论空气中碳酸对地面温度的影响》中首次对温室气体的增暖效应进行了计量和预测,结果发现大气中CO_2浓度每增加50%,全球温度增加3℃以上,并根据当时人类向大气中排放CO_2的速度

估计大气中 CO_2 浓度增加 50％需要大约 3000 年时间[15]。然而由于全球产业革命飞速发展，碳排放速度随化石能源的使用骤增，当前全球实际升温速度约为每十年 0.2℃，该速度是阿伦尼乌斯预测的 20 倍[12]。1901 年，瑞典气象学家埃克霍尔姆（Nils Gustaf Ekholm）在他的著名文章《地质历史时期的气候变化及其成因》中首次使用了"温室效应"一词[16]。1938年，英国气象学家卡伦德尔（Guy Stewart Callendar）发表了《人为产生的 CO_2 及其对温度的影响》，发现之前半个世纪人类向大气中排放了 1500×10^8 t CO_2，并引起全球气温以每年0.005℃的速度上升[17]。1967 年，美国普林斯顿大学与大气海洋管理局科学家真锅淑郎（Syukuro Manabe）使用其所开发的全球大气辐射对流模型模拟发现大气中 CO_2 浓度增加 1倍后会引起全球升温 2.3℃[18]。1979 年，麻省理工学院气象学家查尼（Jule Charney）在研究报告中提到大气 CO_2 的浓度每增加 1 倍会引起（3±1.5）℃的升温，该评估结果与 IPCC1990 年和 2014 年两次评估结果一致[19]。至此，尽管质疑人类活动碳排放直接导致全球变暖的观点仍然存在，但经过几代科学家的持续研究，CO_2 排放增加与全球气候变化的相关性逐渐被认可，气候变化与气候治理成为全球性的科学与社会议题。

需要特别说明的是，从出现生命以来，地球生态系统已历经了 30 亿年的演化，其间生物圈、岩石圈、水圈和大气圈也都发生过巨大的变化，小到人类文明的六次迭起兴衰，大到五次物种大灭绝事件，地球始终存在。在当前的气候变化与碳中和讨论中，"拯救地球"的口号被广泛使用；然而，在地球漫长的演化过程中，无论是各物种生存繁衍还是人类文明发展中利用自然资源、改造自然环境的过程，都未曾威胁到地球本身的存在。因此，脱离人类文明时间尺度在更长地质时间尺度上看待全球气候变化，"拯救人类"才是比"拯救地球"更为贴切的描述。如何加深对自然生态环境的科学认识，学会从人与自然和谐相处的角度理解碳中和，是碳中和背景下人类面临的新思考，本教材最后一章将据此做出相关讨论。

1.2.2　全球气候治理的历史演变

自 1979 年第一届联合国气候变化大会以来，各国政府为应对气候问题展开了一系列会谈磋商，形成了以联合国气候变化大会和 IPCC 为主的国际会谈磋商机制。回顾历届气候变化大会的主要成果[20]，可以看到，联合国气候变化大会的发展大致经历了建立、发展、停滞与新发展四个阶段[21]。

（1）建立阶段，即 1979 年第一届日内瓦世界气候变化大会到 1997 年《京都议定书》签订。气候问题成为世界性的重要议题，该阶段签订了全球气候治理的框架性文件《联合国气候变化框架公约》，同时在"共同但有区别的责任"原则下签订了《京都议定书》，运用联合国力量引导并强制各国采取减排行动。

（2）发展阶段，从《京都议定书》通过到哥本哈根世界气候大会举行。该阶段各国分歧严重导致全球气候治理的谈判进程缓慢，《巴厘岛路线图》确定了未来谈判的"双轨路径"，但由于发达国家的不合作导致谈判屡屡受挫。

（3）停滞阶段，从哥本哈根世界气候大会一直持续到《巴黎协定》达成前。自下而上的国家自主贡献（National Determined Contributions，以下简称 NDC）方案出现使各国谈判出现转机，并根据当时的谈判进程与实际情况制定了《京都议定书》的《多哈修正案》。

（4）新发展阶段。基于 NDC 自下而上的减排目标设定方式的出现，带来了各国减排积极性的上升，各国陆续出台减排方案和实施路径，同时发达国家对发展中国家的资金援助得以逐渐落实，全球性的碳交易市场机制在孕育中。当前，联合国气候变化大会主要取得了如下成果：至少有 57 个国家设法将其温室气体排放量降低到遏制全球变暖所需的水平,其中 61 项碳定价计划(以 t CO$_2$ 排放为单位向企业和组织征收费用)正在实施中。2015 年,18 个高收入国家承诺每年提供 1000 亿美元用于支持发展中国家的气候行动,该资金兑现力度从 2016 年的 585 亿美元增加到 2019 年的 796 亿美元,并且还在逐年上升。

虽然气候治理国际合作已取得丰硕成果,但当前仍面临诸多挑战:① 基于 NDC 的方案无法满足控制全球温度上升 1.5℃ 的需要,发达国家与发展中国家就弥合减排差距的责任承担上仍然存在分歧,发达国家承担历史责任意愿较低,发展中国家减排则会影响本国工业化推进与经济发展。以美国为首的发达国家,历史碳排放份额占比高,却经常在对谈判结果不满时退出协定,致使谈判失败。② 发达国家向发展中国家每年 1000 亿美元援助资金无法满足发展中国家气候治理需要,且兑现力度有限。③ 各国在国际减排规划、机制设计、方案落实中较难达成一致,导致具体减排行动中的国际合作困难。以碳排放权定价与交易市场机制无法达成一致为代表的一系列分歧,导致无法形成全球性的碳市场;各国减缓与适应方案的信息量与细节程度不统一,导致气候减缓与适应行动中资金调动、资源分配和责任划分粗放;各国碳中和行动的时间表与路径图不一致,致使国际合作困难。

然而,人类活动所引起的气候变化不会因为人类气候治理谈判进度减缓而变慢。自 2021 年 8 月以来,联合国连续发布的三份气候报告指出,全球加速变暖很有可能给人类带来更大的生态灾难。2021 年,世界多地频发极端天气,欧洲洪灾、北美森林大火、中东超高温等接踵而至,中国河南多地也因极端强降水引发洪涝灾害,造成巨大损失(图 1.4)。诚然,造成极端天气的因素众多,但全球变暖导致极端天气发生频率更高、强度更大、持续时间更长、后果也更严重的事实摆在面前,以 2021 年北美夏季热浪为例,气候科学家组成的团队评估结果表明,温室气体排放引起的气候变化使热浪发生的可能性增加了 150 倍,且以目前碳排放水平,这样的热浪可能 5～10 年就会出现一次,且温度会更高。德国强降雨的原因之一就是全球变暖导致大气层水分增加,低气压移动缓慢,笼罩在德国上空所致。世界气象组织 2021 年发布的气候声明,2020 年全球平均气温比工业化前水平高出约 1.2℃,2011—2020

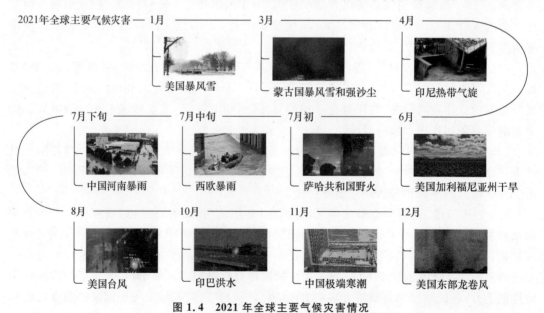

图 1.4　2021 年全球主要气候灾害情况

年是人类有气象记录以来最暖的 10 年。IPCC 第六次评估报告也明确指出,人类活动所引发的气候变化几乎对世界上所有地区的极端气候事件与灾害都有贡献。联合国环境规划署(United Nations Environment Program,以下简称 UNEP)《2020 适应差距报告》指出,若不及时采取行动,适应新的气候现实,人类会遭受更大损失;在此背景下,世界各国纷纷采取行动,做出碳中和承诺以积极应对气候变化。

1.2.3 主要国家的碳中和承诺

截至 2022 年 7 月,世界上已有超过 140 个国家和地区提出碳中和的气候治理目标,大部分计划在 2050 年左右实现碳中和。

由表 1-1 可见,世界主要国家/地区均已经实现碳达峰,达峰时人均 GDP(国内生产总值)水平较高,经济建设任务较小,同时碳中和任务量较小,年限较长。而中国计划在 2030 年前实现碳达峰,达峰时排放约有 122×10^8 t,人均 GDP 水平只有 1.68×10^4(万)美元/人,届时中国不仅面临巨量脱碳任务,经济社会建设任务同样繁重,而中国碳达峰到碳中和年限只有 30~35 年,相比于世界其他国家,时间相当紧迫。

表 1-1 世界主要国家/地区"双碳"时间和任务量

国家/地区	达峰年份	达峰时二氧化碳排放量 /(10^8 t)	达峰时人均 GDP /(10^4 美元)	碳中和目标年份	碳达峰到碳中和的时限
欧盟	1979	39.91	1.75	2050	71 年
英国	1973	7.29	2.18	2050	77 年
法国	1973	5.19	2.00	2050	77 年
美国	2007	58.92	5.43	2050	43 年
日本	2008	12.97	3.36	2050	42 年

世界上七大温室气体排放国/地区,包括中国、美国、欧盟、英国、印度、俄罗斯和日本,其 2019 年合计碳排放占全球排放量的 62%,均已明确做出碳中和承诺,并结合本国资源禀赋、发展阶段、产业结构、技术储备等,分别从提升资源效率、改善能源结构、加强固碳能力三个方面开展碳中和工作。从不同国家实现碳中和的基本规划来看,尽管不同国家的最优转型路径不尽相同,但其实现碳中和的基本元素大同小异。根据 IEA 的分析[22],全球范围内实现碳中和需要清洁生产技术进步、清洁能源产业重大变革、居民行为改变从而最终形成可再生能源为主的能源结构;分部门来看,碳中和工作聚焦于建筑、交通运输、工业、电力和热力供应等部门。根据 IEA 的规划,全球建筑部门应在 2025 年前停止销售化石燃料锅炉,2030 年做到全部新建筑为零碳建筑,在 2035 年家电与制冷系统达到最高能效标准,在 2040 年时既有建筑的零碳改造率达到 50%,在 2050 年改造率达到 85%。交通运输部门计划在 2030 年做到电动汽车占市场销售额的 60%,2035 年做到停售内燃机汽车,同时电动汽车占全部在运行汽车的 50%,2040 年做到低碳燃料占航空燃料的 50%。工业部门计划在 2030 年做到多数清洁工业技术进入示范阶段,2035 年做到市面上工业电机全部为高能效电机,2040 年做到重工业 90% 产能达到寿命期,2050 年 90% 工业产能为低碳产能。电力和热力供应部门计划在 2030 年做到每年新增 10×10^8 kW 的可再生能源发电,且发达国家完全淘汰煤电,2035 年做到发达国家电力系统的净零排放,2040 年做到淘汰全部燃煤、燃油电厂,全球电力

系统达到近零排放,2050 年做到全球 70% 发电量来源于风电和光伏。通过 IEA 的碳中和路径规划可以看到,在全球范围内实现碳中和的技术路线需要各经济部门在可再生能源技术、清洁生产与发展技术上稳步而快速的进步,人类生产与生活方式的系统转变,以及发展路径的可持续转型。

需要进一步指出,在国家层面,发展阶段决定了不同国家产业结构和生产方式的不同,进而决定了能源消费类型的差异,以及用能技术和能效的不同,最终决定了碳排放量。一方面,欧盟等发达国家/地区工业占比相对较低,主要产业是高技术、高附加值的第三产业,且拥有较为成熟的工业体系和相对先进的生产方式,能效较高,故而单位 GDP 碳排放量相对较小,但美国等发达国家工业整体体量仍然较大,因此绝对碳排放量仍然在高点。相比之下,中国等发展中国家大都处于大规模工业化阶段,工业占比较高,生产技术相对落后,能效较低,且发展中国家经济体量、人口规模相对较大,因此无论是绝对排放量还是单位 GDP 排放量均较高。另一方面,国家地理位置决定了国家自然资源禀赋及获取资源的便利程度,也决定了国家的气候类型,前者决定了国家化石能源资源供给的便利程度,一定程度上决定了国家的能源结构,后者决定了国家生态碳汇、可再生能源资源禀赋,两者共同影响了国家碳中和实现路径的选择。以中国为例,内陆地区面积相对较大,虽然风、光等可再生能源资源禀赋总量不低,但距离负荷中心相对较远,开发较为困难,森林与海洋碳汇相对较低,需要人为植树造林以增加森林碳汇,因此实现碳中和相对困难。此外,在全球主要碳排放国中,中国经济体量大,且正处于深度工业化阶段,技术相比发达国家落后,产业转型和工业发展任务重,压力最大,因此面临更大的碳中和挑战。据此,本章 1.3 节将重点介绍中国宣布碳中和的意义和机遇,并分析中国碳中和的基本路径。

1.3　中国宣布 2060 年碳中和的意义、机遇与路径

1.3.1　中国宣布碳中和的意义

中国作为世界上最大的发展中国家与全球第二大经济体,一直在全球气候治理中扮演积极角色。2020 年 9 月 22 日国家主席习近平在第七十五届联合国大会一般性辩论上提出中国将提高国家自主贡献力度,采取更加有力的政策和措施,CO_2 排放力争于 2030 年前达到峰值、努力争取 2060 年前实现碳中和(又称“3060”双碳目标),这是中国首次向国际社会做出明确的碳中和承诺。随后在 2020 年 12 月全球气候雄心峰会、2020 年 12 月中央经济工作会议、2021 年 1 月世界经济论坛等多次会议上强调推进可再生能源装机量、非化石能源消费占比、碳排放权交易市场建设、能源双控制度建设等碳中和规划,倡导世界各国应通过坚持践行多边主义,改善产业结构、能源结构,倡导低碳生活方式等多方面推进碳中和。在 2021 年 11 月 1 日的 COP26 世界领导人峰会上,中国发布《2030 年前碳达峰行动方案》,承诺将陆续发布能源、工业、建筑、交通等重点领域和煤炭、电力、钢铁、水泥等重点行业的实施方案,出台科技、碳汇、财税、金融等保障措施,形成碳达峰、碳中和“1+N”政策体系,明确时间表路线图。2022 年 1 月,中共中央政治局第三十六次集体学习的讲话中明确提出实现“双碳”目标需处理好发展和减排的关系、整体和局部的关系、长远目标和短期目标的关系、政府和市场的关系,坚持全国统筹、节约优先、双轮驱动、内外畅通、防范风险的原则,更好发挥中国制度优势、资源条件、技术潜力、市场活力,加快形成节约资源和保护环境的产业结构、生

产方式、生活方式、空间格局。至此,中国对碳中和目标的构想逐渐从概念走向措施、从抽象走向具体。

从国家利益角度出发,中国宣布碳中和具有三个层面的重要意义。

(1)在科学层面上。作为全球最大的温室气体排放国,中国宣布碳中和为全球范围内实现 2050 年前后达到净零排放提供了信心,为全球温升控制的实现奠定了基石,是解决人类社会气候问题与可持续发展的重要支柱。

(2)在政治层面上。虽然中国是目前世界碳排放总量最多的国家,但从历史来看,中国人均碳排只有 157 t,小于全球平均的 210 t,更远小于美国的 1219 t、英国的 920 t 和法国的 517 t。从人均能耗来看,中国人均能耗约在 100 GJ·人$^{-1}$,低于世界上大部分发达国家,仅在 2010 年左右达到世界平均水平(图 1.5)。从这些角度出发,中国宣布 2060 年实现碳中和体现了主动承担国际责任的大国担当,在第七十五届联合国大会宣布碳中和承诺后,中国对环境气候治理的积极性受到了国际社会的高度赞扬,占据了气候道德的制高点,这是中国碳中和的政治意义。

(3)在经济层面上。根据环境库兹涅茨曲线理论,经济发展带来的碳排放等环境影响随经济发展水平一般呈现先上升后下降的倒“U”形曲线效应。目前中国仍处于曲线的上升阶段,当前经济结构、产业结构、技术布局均会使环境污染随经济规模扩大而增加。此时推动碳中和,通过可再生能源开发、碳排放权交易、工艺流程低碳流再造等能为经济发展带来新的增长点,减弱西方发达国家在不可持续工业技术和发展方式上的比较优势,帮助中国在可持续产业增长路径上实现对西方等发达国家的换道超车,这是中国宣布碳中和的经济意义。

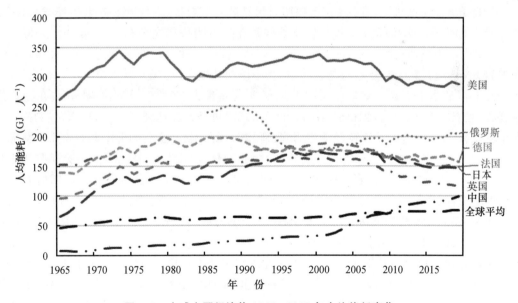

图 1.5　全球主要经济体 1965—2019 年人均能耗变化

1.3.2　中国实现碳中和的机遇

尽管中国宣布碳中和具有科学、政治、经济上的三重意义,从长远来看,更是推动经济社会系统性变革的重大战略,但当前的能源结构、碳排放水平决定了实现碳中和任重道远。具体来说,2019 年中国一次性能源消费总量是 34.16×10^8 t 油当量,其中天然气占比 8%,煤炭占比 57%,非化石能源占比 15%。煤炭占比在世界主要工业国中最高,天然气和石油远低于世界平均水平,可再生能源占比则与世界平均水平基本持平。同时,在中国每年近 100×10^8 t 的 CO_2 排放中,煤炭贡献了 76×10^8 t,石油贡献了近 20×10^8 t;在中国一次性能源消费中两者约占消费总量的 77%,而美国占 48%,德国占 51%,英国只占 38%。以煤为主的能源体系是中国当前的基本能源国情,决定了实现碳中和任务的艰巨性。英国和德国等欧洲发达国家在 20 世纪 70 年代就实现了碳达峰,所以宣布 2050 年为实现碳中和的时间,为自己争取到了 80 年时间;美国 2007 年实现碳达峰,宣布到 2050 年实现碳中和则争取到了 43 年时间;而中国承诺 2030 年实现碳达峰,到 2060 年碳中和只有 30 年时间,这决定了实现碳中和目标的紧迫性。

从当前中国的产业结构看,中国人均能耗和人均 GDP 仍然处于环境库兹涅茨曲线的上升阶段,经济增长很大程度上依靠扩大相对落后生产方式下的资源、能源密集型产业实现;而英、美等发达国家主要产业为信息、技术密集型的高附加值产业,人均能耗与人均 GDP 已经实现解耦。因此相比于英、美等发达国家,中国碳中和目标在产业转型和经济增长方式转变上面临更大的困难。而对于中国来说,在未来一段时间内,中国 GDP 增长与碳排放还将成正相关关系,面对资源驱动方式下 GDP 增长的能源刚性需求以及能源结构中以煤为主的基本特征,如何以碳中和目标推动经济发展驱动力由资源、劳动驱动型产业转变为知识、技术驱动型的高附加值产业,工业结构调整为以高端制造、智能化生产、精密制造等为主的高技术工业,以期在保证高质量发展的基础上完成经济增长任务,这构成了中国实现碳中和的基本经济基础。

从资源禀赋层面来说,当前中国已探明煤炭储量为 7241×10^8 t,实证储量为 1622×10^8 t,相对成熟的开采技术和较为便利的开采条件使煤炭成为中国主要的一次能源[23]。但作为世界上最大的石油消费国,中国每年都需要进口大量石油天然气(2021 年进口 5.1298×10^8 t 原油和 1.21×10^8 t 天然气[24]);与此同时,在中国西北地区风、光发电资源丰富,南方长江流域则有丰富的水电资源禀赋。中国探明风能理论储量为 32×10^8 kW,主要分布在两广沿海、大小兴安岭地区、西部地区等。2022 年光伏技术可开发量达到了 22×10^8 kW,主要分布在宁夏北部、甘肃北部、新疆东南部、青海西部和西藏西部等地。全国水电技术可开发量为 6.87×10^8 kW,主要集中在中国的西南地区,相比于化石能源,中国可再生能源资源禀赋相对丰富[25]。近些年风力、光伏、水力发电技术的进步使可再生能源具有保障中国能源安全的巨大潜力,碳中和目标下的能源供给侧转型升级,不仅可以更好地保护生态环境,实现可持续发展,还能提升中国能源供应的安全性,为经济发展提供更绿色、安全的能源保障,这构成了中国实现碳中和的基本资源基础。

与化石能源利用技术相比,中国可再生能源利用技术在世界范围内具有相对优势地位。就风力发电而言,截至 2021 年年底中国风力发电累计装机容量已达 3.2×10^8 kW,全年风力发电量 6556×10^8 kW·h,占全部电源总年发电量的 7.8%,是中国第三大电源[26]。目前中国风电机组在智能化、信息化和自动化等方面处于世界先进水平,在 6 MW 以上的变速变桨双馈异步型、变速变桨永磁低中速同步型等大规模机组技术研发上处于国际前列。就光伏发电而言,光伏发电截至 2021 年累计装机容量达到 3.06×10^8 kW,其中分布式光伏发电技术是中国光伏开发利用的主要方式[26]。当前中国是世界上最大的光伏发电应用市场,已成为各类新型光伏电池技术产业转换与应用的孵化池。目前中国在新型晶体硅电池的低成本高质量产业化制造技术,硅颗粒料制备、连续拉晶,大面积高效率、高稳定性环境友好型钙钛矿电池成套制备技术,晶体硅/钙钛矿、钙钛矿/钙钛矿等高效叠层电池制备技术等工艺上已取得重大突破,处于国际先进水平。同时在提升光伏并网性能、光伏一体化建筑、光伏智慧制造与设备等方面也具有一定的产业先进性。此外,在水电、新型电力系统、绿色制氢、CCUS 等技术上,我国的自主研发技术也有了一定储备,这构成了中国实现碳中和的技术基础。

1.3.3　中国碳中和的路径分析

中国“3060”双碳目标提出以来,对中国碳中和路径分析的研究不在少数,不同机构给出的碳中和技术路线图不尽相同[27-29]。在展开讨论碳中和路径的分析之前,需要首先明确碳中和与经济社会发展之间的根本逻辑关系。无论是碳中和目标的提出,还是经济社会发展要求,本质上都是服务于人类高质量发展的最终目的,因此实现碳中和与发展经济之间不存在矛盾,如何认识排放权与发展权之间的辩证统一关系是中国碳中和方案制订中应坚持的第一理念。一方面,要清醒地认识到在当前的产业结构与技术格局下,中国经济发展需要一定量的排放,不能忽略经济发展的现实要求盲目做出碳中和承诺,更不能在国际谈判中的减排问题上被西方国家道德绑架。另一方面,要充分利用碳中和目标倒逼中国高碳经济向低碳经济的转变,由资源驱动型向技术驱动型转变,推动碳中和观念和责任感深入人心,以经济发展方式转变作为国内经济高质量增长与碳中和实现的主要动力。进一步地,要充分调动政府和市场两个轮子驱动碳中和推进。政府在碳中和工作中起到导向作用的同时,要避免将碳中和运动化,避免一刀切、齐步走、层层分解等现象。相反,政府应在认清市场机制的基础上尊重市场规律,以市场为主体,采用科学评价、循序渐进的方式推进碳中和。在碳中和的实现过程中,碳价格和碳交易是政府与市场强有力的结合点,也是维系政府与市场联系的重要纽带。中国全国碳排放权交易市场已在 2018 年正式启动,未来随着碳市场机制日渐成熟,碳价格会更好地反映企业活动外部性,对企业排放行为形成有效约束,使企业承担起相应的社会责任。

在当前碳中和路径优化中,减排与增汇是实现碳中和的两个着力点。从减排出发,碳中和主要涉及能源结构调整、工业流程再造两大方向;从增汇出发,碳中和主要涉及 CCUS 的人工碳汇、生态碳汇两大方向(图 1.6)。具体到行业层面,减排领域主要涉及交通、建筑、工业用能从化石能源向非化石能源的转型:其中,交通部门主要是大力发展电动汽车、氢能汽车等;建筑领域是地热取暖、制冷,太阳能发电,等等;工业领域是钢铁、水泥生产的工业流程再造。增汇领域主要分为人工增汇与生态增汇两大部分。在当前碳中和路径设计中,初步分析各个领域的减碳潜力之后,一般以总成本最小为目标,以各行业部门资源、技术、经济的投入产出为约束条件,在考虑污染与排放等外部指标的情况下,综合规划碳中和目标下各行业的减排路径。需要特别指出的是,各行业的发展规模、技术水平、资本市场等存在时空分布差异,排放约束、技术经济等边界条件也因时间和地区的不同而不同,故在碳中和路径优化中须充分考虑不同的时空分布特征,因地因时地定义转型路径,才能为碳中和目标的实现提出更贴合实际的参考。

具体到对实现碳中和最为关键的能源转型领域,当前有“五化”趋势值得思考,即:供给侧的低碳化、消费侧的电气化和氢能化、综合减排的数字化和智能化以及最终推动能源转型的市场化。

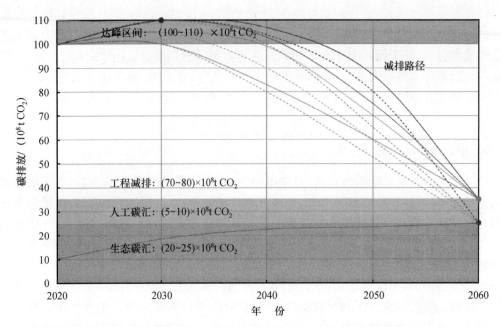

图 1.6 实现碳达峰、碳中和路径的中国 CO_2 排放未来趋势[27]

图中上半部分实线表示在不考虑人工碳汇情况下,不同工程减排路径下的 CO_2 排放变化趋势,其中

达峰值为$(100\sim110)\times10^8$ t CO_2 的区间;虚线表示在考虑人工碳汇情况下,不同工程减排路径带来的

CO_2 排放变化趋势;下方实线代表生态碳汇增加趋势

(1) 低碳化是指能源类型从传统化石能源向清洁能源的转变。预计从现在到 2060 年这段时间内,太阳能发电、风能发电、天然气发电、水力发电、核能将稳步增长,煤炭发电量将逐步下降,从而实现 2060 年能源系统以可再生能源为主的目标。同时,由于电力系统中可再生能源比例越高,其稳定性越差,故而储能设备的发展以及电力系统灵活性改造将影响系统可容纳的可再生能源量。

(2) 电气化是指消费侧主要能源载体由煤油气等能源品类转变为电力,目前多数碳中和路径预期 2050 年终端电能消费量超过 60%～70%,其中工业领域再电气化率超过 50%,交通领域超过 50%,建筑领域将超过 60%[30-32]。

(3) 氢能化是指氢在二次能源消费,尤其是燃料消费中推广。当前重型、长途运输和大功率工程机械的大规模电气化仍受技术水平制约,故为减少化石能源消费,需要发展氢能作为燃料。氢燃料的制取、储存、运输均比传统化石燃料的成本高,因此需要在合理产业布局下,完善氢能技术路线配套的基础设施。

(4) 数字化和智能化是指在能源的开发、储运、加工、转换与利用中的数字化、智能化管理。数字化指的是对数据进行储存、收集和管理,而智能化则是通过机器学习和数据挖掘在决策、管理和规划中走向智能。无论是智能油田、智能煤矿、智能风光等能源生产的智能化,还是电网、热网、天然气管网等能源运输的智能化,以及智慧家居、智能工厂、智能交通等终端用能的智能化,本质上都是数字技术与能源有机融合促进能源系统转型的有效手段。

(5) 市场化是指以市场作为主要调节手段,管理能源系统的供需两侧,当前主要集中体现在电力市场化上,电力市场化通过改变电力定价机制以改变居民和企业的用电行为,促进能源节约,推进可再生能源并网,推动能源系统减排目标的实现。在面向碳中和的能源转型中,如何以推进"五化"为抓手,推进清洁、高效、可靠、低碳的能源供给是事关碳中和成败的关键支柱。

需要额外讨论的两个关键问题是,碳中和路径设计中供给侧化石能源占比和消费侧的电力占比的合理设计。当前部分观点认为两个比例越大越好,然而基于中国当前的资源禀赋、产业结构、技术格局,如何有序完成产业转型升级、实现可持续发展需要长期规划,不应盲目扩大两个比例,更不应该将这两个比例设置为能源转型的硬指标,相反应根据不同地区的具体发展需要和发展阶段因时因地确定两个比例的合理数值。以当前流行观点中 2060 年化石能源占一次能源比例 20%、碳排放 15×10^8 t 为例,如果能够通过增加生态碳汇和人工碳汇提升碳消纳能力,就可以适当增加一次能源中化石能源的比例;反之,如果将来基于工程碳汇和自然碳汇的碳消纳能力不能按预期兑现,一次能源中化石能源的比例可能还要进一步降低。因此,在一定程度上未来人工与生态碳汇的碳消纳能力,决定了中国未来能源结构中化石能源的最大比例。相关研究表面,2060 年通过植树造林、改善生态环境,中国陆地生态系统能够较有把握地产生 $(20 \sim 30) \times 10^8$ t 生态碳汇,理想状态能够达到 $(30 \sim 45) \times 10^8$ t 碳汇,而目前中国生态系统消纳能力只有 $(10 \sim 15) \times 10^8$ t,而海洋生态系统的碳汇潜力还需要进一步测算[27]。同样,CCUS 等人工技术的碳封存能力也存在较大的不确定性,全球目前有 CCUS 项目 65 个,其中 26 个处于运行状态,2 个暂停,37 个处于建设和规划阶段,CCUS 全年捕集埋存的 CO_2 量达 0.4×10^8 t,其中 77.8% 用于 CO_2 驱油,提高石油和天然气采收率,剩下的主要是地质埋存[33]。当前中国范围内亦已开展以提高采收率为主的示范项目,其未来大规模应用将取决于示范工程效果和碳价格情况。除 CO_2 驱油外,其他 CCUS 技术的利用情景,如钢铁冶炼加 CCS、生物质能加 CCS、空气直接捕获 CO_2、CO_2 加氢生产甲醇和烯烃等化工品,目前尚未开展大规模示范,其市场竞争力有待于进一步论证。因此,碳中和背景下未来技术的竞争一定程度上是技术成本起决定作用的竞争,无论是化石能源加 CCUS,还是太阳能风能加储能,其最终规模化应用均取决于其实际市场化成本,而非模型优化结果。据此,如何合理应用模型优化结果指导碳中和目标下的能源转型需要更多切合实际的讨论与研究。

1.4 本 章 小 结

作为本教材的引论,本章系统介绍了碳中和的基本概念、国际演变以及中国宣布 2060 年实现碳中和的意义、机遇与基本路径。其中,1.1 节介绍了碳中和、温室气体中和、气候中和等概念,点明了减排与增汇两条实现碳中和的基本路径,并进一步讨论了碳中和的经济社会意义,从减排责任分配方面讨论了碳中和的政治意义,最后介绍了碳中和交叉科学知识体系与传统经典学科知识体系的区别和联系,由此引出本教材各个章节的组织结构。1.2 节溯源了气候变化与碳中和科学基础理论的发展过程,探讨了人为碳排与气候变化的关系,总结了历次联合国气候变化大会的主要成果,基于全球视角总结了碳中和面临的挑战,并从资源效率、能源结构、固碳三个角度给出不同国家碳中和路径的基本规划,进一步讨论了不同国家自然环境、地理位置、发展阶段、产业结构对碳中和的影响。1.3 节从科学意义、政治意义、经济意义维度给出中国宣布碳中和的价值,进一步从经济基础、资源禀赋、可再生能源技术储备及现状上分析了中国实现碳中和的机遇与挑战,最后从发展理念、驱动力、主要着力点、未来不确定性等方面概括分析了中国碳中和的基本实现路径。

参 考 文 献

[1] IPCC. Climate Change 2021: The Physical Science Basis. Contribution of Working Group I to the Sixth Assessment Report of the Intergovernmental Panel on Climate Change: In Press. Cambridge, United Kingdom and New York, NY, USA: Cambridge University Press, 2021.

[2] 习近平. 习近平主持中共中央政治局第三十六次集体学习并发表重要讲话//中华人民共和国中央人民政府|新闻. (2022-01-25)[2022-08-31]. http://www.gov.cn/xinwen/2022-01/25/content_5670359.htm

[3] 李俊峰, 李广. 中国能源、环境与气候变化问题回顾与展望. 环境与可持续发展, 2020, 45: 10.

[4] 贺克斌. 生态文明与美丽中国建设. 中国环境管理, 2020, 12(6): 2.

[5] 丁仲礼, 段晓男, 葛全胜, 等. 2050 年大气 CO_2 浓度控制: 各国排放权计算. 中国科学(D 辑: 地球科学), 2009, 39: 1009—1027.

[6] 苏利阳, 王毅, 汝醒君, 等. 面向碳排放权分配的衡量指标的公正性评价. 生态环境学报, 2009, 18: 1594—1598.

[7] Nordhaus W. Climate Change: The Ultimate Challenge for Economics. American Economic Review, 2019, 109(6): 1991—2014.

[8] 张锁江, 张香平, 葛蔚, 等. 工业过程绿色低碳技术. 中国科学院院刊, 2022, 37: 11.

[9] IEA. Global Energy Review 2021—Analysis. Paris: International Energy Agency. (2021)[2022-08-31]. https://www.iea.org/reports/global-energy-review-2021

[10] 黄耀. 中国陆地和近海生态系统碳收支研究. 中国科学院院刊, 2002, 17(2): 4.

[11] IPCC. Global Warming of 1.5℃: IPCC Special Report on impacts of global warming of 1.5℃ above pre-industrial levels in context of strengthening response to climate change, sustainable development, and efforts to eradicate poverty. Cambridge University Press. (2022)[2022-08-31]. https://www.cambridge.org/core/product/identifier/9781009157940/type/book

[12] Lane J, Greig C, Garnett A. Uncertain storage prospects create a conundrum for carbon capture and storage ambitions. Nature Climate Change. [2022-08-31]. https://xueshu.baidu.com/usercenter/paper/show? paperid=1b1x0g70ee0u0vb0jc1u0ek0qn419509

[13] Tyndall J, Francis W, Woolf H. Natural philosophy. (1966)[2022-08-31]. https://xueshu.baidu.com/usercenter/paper/show? paperid=a1903b78762cf5ec2d-83d8dbc64034c1&site=xueshu_se

[14] Foote E. Circumstances affecting the heat of the sun's rays. American Journal of Science and Arts (1820—1879), 1856, 22(66): 382.

[15] Arrhenius S. On the influence of carbonic acid in the air upon the temperature of the ground. The London, Edinburgh, and Dublin Philosophical Magazine and Journal of Science, 1896, 41 (251): 237—276.

[16] Gustaf Ekholm N. On the Meteorological Conditions of the Pleistocene Epoch. Quarterly Journal of the Geological Society, 1902, 58(1—4): 37—45. https://doi.org/10.1144/GSL.JGS.1902.058.01—04.06

[17] Callendar G S. The artificial production of carbon dioxide and its influence on temperature. Quarterly Journal of the Royal Meteorological Society, 1938, 64(275): 223—240.

[18] Manabe S, Wetherald R T. Thermal equilibrium of the atmosphere with a given distribution of relative humidity. Journal of Atmospheric Sciences, 1967, 24(3): 241—259.

[19] Charney J G, Devore J G. Multiple flow equilibria in the atmosphere and blocking. Journal of Atmospheric Sciences, 1979, 36(7): 1205—1216.

[20] UNFCCC. History of the convention | UNFCCC//United Nations Framework Convention on Climate

Change. ［2022-08-31］. https://unfccc. int/process/the-convention/history-of-the-convention♯eq-1

［21］张海滨. 全球气候治理的历程与可持续发展的路径. 当代世界，2022(06)：15—20.

［22］Net Zero by 2050—Analysis-IEA. ［2022-08-30］. https://www. iea. org/reports/net-zero-by-2050

［23］陆昊. 国务院关于2020年度国有自然资源资产管理情况的专项报告. 北京：全国人大常委会，2021：1340—1349.

［24］国家统计局. 国家数据-能源-主要能源品种进、出口量//国家统计局—国家数据. (2022)［2022-08-31］. https://data. stats. gov. cn/easyquery. htm？cn＝C01

［25］高虎. 中国可再生能源发电经济性和经济总量. 北京：中国环境科学出版社. (2010)［2022-08-31］. https://xueshu. baidu. com/usercenter/paper/show？paperid＝7c4cb469405144ccdc1da1f-dd0c7f941&site＝xueshu_se

［26］水电水利规划设计总院. 中国可再生能源发展报告(2021). 北京：水电水利规划设计总院，2022.

［27］于贵瑞，郝天象，朱剑兴. 中国碳达峰、碳中和行动方略之探讨. 中国科学院院刊，2022，37：423—434.

［28］魏一鸣，余碧莹，唐葆君，等. 中国碳达峰碳中和时间表与路线图研究. 北京理工大学学报(社会科学版)，2022，24：13—26.

［29］张希良，黄晓丹，张达等. 碳中和目标下的能源经济转型路径与政策研究. 管理世界，2022，38：35—66.

［30］IEA. Tracking Industry 2021—Analysis-IEA. Paris：IEA. ［2022-08-31］. https://www. iea. org/reports/tracking-industry-2021

［31］IEA. Tracking Transport 2021—Analysis-IEA. Paris：IEA. (2021)［2022-08-31］. https://www. iea. org/reports/tracking-transport-2021

［32］IEA. Tracking Buildings 2021—Analysis. Paris：IEA. ［2022-08-31］. https://www. iea. org/reports/tracking-buildings-2021

［33］IEA. CCUS around the world—Analysis. Paris：IEA. ［2022-08-31］. https://www. iea. org/reports/ccus-around-the-world

第2章　部分发达国家和地区碳中和概况

2.1　引　　言

应对气候变化和碳中和最早是由发达国家提出,并逐步成为全球共识的。应对气候变化、能源转型与经济社会的发展有密切的关系,随着新能源技术的快速发展和经济发展阶段的演进,目前全球主要发达国家均已进入排放下降阶段,这些国家的先行经验和历程对中国实现碳中和有重要的参考价值。

美国前总统巴拉克·奥巴马2017年年初在《科学》(Science)杂志发表文章《不可逆转的清洁能源势头》,在阐述应对气候变化必要性的同时,强调了减排与经济发展的脱钩,用数据说明应对气候变化并不意味着经济增速减缓与生活标准降低,这种经济增长与减排的脱钩正在成为发达国家的标志之一。应对气候变化需要增加新能源方面的投资,尤其是随着光伏、储能等成本的快速下降,全球出现了发展新能源经济的良好势头。因此,实现碳中和一方面是应对气候变化的外部要求,另一方面也是提高经济发展质量、占领新经济竞争的制高点的内在要求。

本章梳理了美国、欧盟及日本等发达国家和地区在实现碳达峰、碳中和目标上的一些举措,并对这些国家和地区的普遍经验进行总结,技术支持和商业模式创新、开放的能源市场和公众的支持是应对气候变化不断深化的基础。

2.2　美　　国

2.2.1　美国应对气候变化历程

美国对气候变化并不是一成不变的态度,从最开始发现气候问题到后来退出《联合国气候变化框架公约》,再到现在各种应对气候变化的新尝试,美国应对气候变化的历程主要可以分三个阶段[1]。

1. 第一个阶段:1997年以前

此阶段美国积极推动气候变化科学与国际合作。美国科学家乔治·卡伦德、查尔斯·基林,在20世纪30—50年代已经开始注意温室气体对气候变化的影响。1988年,科学家詹姆斯·汉森在美国参议院能源和自然资源委员会上宣称:"温室效应的存在业已查明,此时它正改变着我们的气候",同年联合国政府间气候变化专门委员会(IPCC)成立,1992年美国成为第四个《联合国气候变化框架公约》的成员国。事实上,1990年美国颁布的《清洁空气法》中就运用了总量控制与排放交易制度,为后来国际立法提供了借鉴。

2. 第二个阶段:1997—2005年

这一阶段美国应对气候变化较为消极。2001年3月,布什政府宣布拒绝接受《京都议定书》,理由是它没有对中国、印度等发展中国家提出温室气体减排约束性要求。这一阶段美国政府鲜有法律或政策的行动,尽管有部分企业依然为减少温室气体排放而努力,但总体来看美国对气候变化问题处于历史消极时期。

3. 第三个阶段：2005 年至今

美国应对气候变化行动逐渐升温。俄罗斯于 2004 年年底宣布加入《京都议定书》，使其达到生效标准并于 2005 年 2 月生效。各成员国都针对履约展开了各有特色的活动，并且酝酿进入了"后京都时代"的谈判，这也对美国社会产生了震动和外在压力。同时，2005 年卡特里娜飓风等严重的自然灾害让美国人开始更多地考虑气候变化带来的危害，美国政府逐渐承认全球变暖是人类对气候变化的影响，并提出了美国温室气体"自愿减排"计划。尽管经历了特朗普政府退出《巴黎协定》的波折，但以加利福尼亚州为代表的地方立法与区域合作日趋活跃，企业及公众积极参与，2022 年拜登政府通过的《通胀削减法案》更是将应对气候变化列为关键支柱。

总体来看，美国气候政策受两党政治和三权分立的体制机制影响显著。美国民主党和共和党对气候变化政策有着不同的态度和反应，民主党应对气候变化政策较为积极，而共和党较为消极。民主党克林顿政府时期（1993 年克林顿总统宣布《美国气候变化行动计划》）、奥巴马政府时期（《2009 美国清洁能源与安全法案》《总统气候行动计划》《清洁电力计划》）、拜登政府时期（重新加入《巴黎协定》）均制定了一系列政策应对气候变化，而共和党小布什政府时期（宣布美国不会批准《京都议定书》）、特朗普政府时期（退出《巴黎协定》）则非常消极[2]。此外，据 2015 年美国皮尤研究中心调查数据显示，71% 的民主党人以及倾向于自由主义的无党派人士认为人类活动导致了全球变暖；相比之下，只有 27% 的共和党人和倾向于保守主义的无党派人士认同此观点。另外，三权分立的政治制度和联邦制使得美国整体对气候变化的态度和政策较为复杂，一方面，在国家层面对气候政策持消极态度时，地方政府仍然可以通过地方法案来积极响应气候变化政策；另一方面，总统的权力会受到众议院、参议院、最高法院等立法司法机构制衡，无法推动积极的气候变化政策。

2.2.2　页岩革命对美国能源转型的影响

在美国由石油向新能源过渡的能源转型中，页岩革命起到了重要作用。研究表明，自页岩革命以来，美国 CO_2 减少的 35%～50% 是由于天然气替代煤炭，其中电力领域减排的 40% 贡献来自煤改气。由于页岩革命，天然气消费量增加，被替代的煤炭出口量大幅增加，使得 CO_2 排放量减少。然而，美国将天然气作为石油到新能源的过渡，有利也有弊。一方面，一些 100% 可再生能源的支持者认为，目前对天然气的投资增加导致对可再生能源的投资减少，而且大量投资建设天然气基础设施会带来未来的投资搁浅风险，需要谨慎决策。事实上，在美国伯克利等部分地区，新建建筑已经被禁止接入天然气管网，逐步降低天然气的使用成为美国部分地区的政策导向。另一方面，天然气作为相对低碳且可调度的能源，可以与太阳能、风能等波动性可再生能源配合，弥补目前商业化存储装机不足的事实，在未来高比例可再生能源系统中扮演调峰作用，实现安全可靠的能源供应。

从国家范围看，页岩气革命使得美国部分地区的天然气供应过剩，而世界上其他地区存在天然气供应不足的问题，因此美国天然气供过于求的问题可以通过出口来解决。这导致的结果是世界各国将利用廉价天然气从其电力部门或从其工业和建筑物中挤出煤炭，甚至可能尝试将液化天然气（LNG）用于其运输部门——重型卡车运输或航运。这将会使得天然气在世界范围内的能源转型中发挥更为重要的作用。

2.2.3   美国部分州的减排政策

作为美国气候变化应对最为积极的代表,加利福尼亚州很早制定了相应的减排目标,并制定了相关的法律条文。2005 年,时任州长施瓦辛格签署加利福尼亚州行政令 S-3-05,正式制订全面温室气体减排计划,要求加利福尼亚州 2010 年温室气体排放量与 2000 年相当,2050 年温室气体排放量在 1990 年水平上降低 80%。2018 年州长布朗签署 SB-55-18 行政令,要求 2045 年加利福尼亚州全州实现碳中和[3]。为此,加利福尼亚州先后出台了一些减排政策,推进碳中和进程:加利福尼亚州太阳能计划(California Solar Initiative)明确提出,自 2006 年起,为分布式太阳能提供经济奖励刺激新建房屋在屋顶上安装太阳能系统;净电能计量(Net Energy Metering)鼓励人们通过在屋顶安装太阳能发电,并向电网销售太阳能产出的电;排放限额与交易(Cap-and-Trade)明确在 2008 年确定要建立碳交易系统,电力部门温室气体排放现在占加州碳交易的 30%;屋顶太阳能系统强制安装令规定 2020 年 1 月 1 日起加利福尼亚州所有三层及以下新建住宅都必须强制安装户用光伏系统。加利福尼亚州禁燃令规划加利福尼亚州将在 2035 年前逐步淘汰汽油动力新车销售,要求新售的小汽车和乘用卡车实现零排放,同时规划 2045 年前新的中型和重型商用车也要实现零排放。

在美国东北部地区,区域温室气体倡议(Regional Greenhouse Gas Initiative,以下简称 RGGI)是美国第一个基于市场化机制减少电力部门温室气体排放的强制性计划,于 2009 年启动,主要涉及电力部门并覆盖区域排放量的 20%。目前共涉及美国 12 个成员州:康涅狄格州、特拉华州、缅因州、马里兰州、马萨诸塞州、新罕布什尔州、新泽西州、纽约州、罗得岛州、佛蒙特州、弗吉尼亚州和宾夕法尼亚州。2013 年起,RGGI 开始实施配额总量设置的动态调整,大幅缩紧了配额总量。2014 年较上年配额数量削减 45%,并在 2020 年之前均保持每年 2.5% 的递减速度。在这一政策带动下,RGGI 碳市场价格开始稳步上扬。RGGI 的具体运行流程与欧盟类似,每个州先根据自身在 RGGI 项目内的减排份额获取相应的配额,再以拍卖的形式将配额下放给州内的减排企业。不同之处在于,RGGI 覆盖下企业要按照规定安装 CO_2 排放跟踪系统,记录相关数据。

与之相比,在共和党相对优势的"红州",气候变化应对进程相对缓慢。例如"西弗吉尼亚州诉环保署"案件,2015 年奥巴马政府推出《清洁能源计划》,在各州被要求于 2016 年 9 月前提交初步减排方案后,以西弗吉尼亚州为首的 20 多个州向华盛顿巡回上诉法院起诉美国环保署。2021 年 3 月 8 日密苏里州总检察长埃里克·施密特(Eric Schmitt)起诉拜登政府,指责其颁布的第 13990 号行政令会对地方经济产生重大影响,该行政令对温室气体排放带来的"社会成本"(SCC)给予了要求,阿肯色州、亚利桑那州、印第安纳州、堪萨斯州、蒙大拿州、内布拉斯加州、俄亥俄州、俄克拉荷马州、南卡罗来纳州、田纳西州和犹他州的州总检察长也加入了该诉讼,这些州都是共和党占优势的"红州"。

2.2.4   美国碳中和路径研究

美国宣布 2050 碳中和目标以来,相关高校与科研机构开展了一系列研究,探索碳中和目标下美国能源经济系统转型路径。其中绝大部分研究认为,在现有成熟技术和未来可预测的技术进步条件下,美国在 2050 年实现碳中和是可实现、可承受的,并且有多种途径,但无一例外,这些途径中让电力部门快速脱碳并扩大电力化规模是实现脱碳的基础。美国普林斯顿大学的一项《零碳美国》[4]研究表明,美国实现碳中和需要六个关键环节,依次是:需求侧的能效提升和电气化,清洁电力,生物质能源和零碳燃料,碳的捕集、封存与利用,非二氧化碳的温室气体(甲烷、氟利昂等),自然碳汇。在能效提升和电气化方面,要求电动车数量达到$(2.1\sim3.3)\times10^8$辆,热泵数量达到$(0.8\sim1.2)\times10^8$个;在清洁电力方面,要求风能太阳能装机容量从2020年的24 GW增加到$150\sim350$ GW(1 GW$=10^9$ W),是当今输电量的$2\sim5$倍;在生物质能源和零碳燃料方面,要求新建100套新的转化设施和保证每年6.2×10^8 t生物质原料产量,并且使用氢气合成燃料;在碳捕集、利用与封存方面,要求具有1000套以上的碳捕获设施、$21\,000\sim25\,000$ km的洲际CO_2干线管网、$85\,000$ km CO_2输送支线和数千口注水井等;在非二氧化碳的温室气体方面,要求到2050年,比2020年排放量(CO_2当量)低20%(比2050年参考排放量低30%);在自然碳汇方面,要求潜在森林碳汇达到$0.5\sim1$ Gt CO_2e·a^{-1},影响美国所有森林面积的一半或更多(>130 Mha,公顷ha,10^4 m^2)。相关研究指出,美国碳中和在电气化程度不同、可再生能源装机速度不同的情景下,能源转型都可以实现,但转型成本($2\%\sim5\%$美国GDP)略有不同。在尽可能利用现有能源系统的情景下,能源转型支出会达到GDP的3%左右,而在加速电气化的情景下能源系统成本占GDP比重为4%,但也会带来许多隐性的收益。此外,自然碳汇的储量会影响碳中和实现的难易程度。

2.3　欧　　盟

2.3.1　欧盟主要国家减排历程

目前欧盟一共有27个成员国家,其政策协同性很强,其中德国和法国是最重要的欧盟国家。德国作为西欧的经济与用能大国,在1979年左右碳达峰,20世纪80年代进入平台期,后持续下降。为实现碳中和,2016年,德国政府率先颁布了《气候行动规划2050》[5],其目标为到2030年,温室气体总排放量较1990年水平至少减少55%;能源部门温室气体排放较1990年下降$61\%\sim62\%$。2019年,德国政府发布了《德国气候保护法》,旨在用法律手段确保德国实现2030减排55%且2050实现碳中和的目标。

此外,德国政府计划到2038年全面退煤,具体政策包括禁建新煤电厂并关停已有煤电厂,同时给予补贴。2020年,德国《煤炭区域结构性支持法》生效,政府将为以煤炭为支柱的地区提供高达140亿欧元的财政援助,用于城市转型并确保就业。同时,德国决定于2022年退核,核电目前占德国发电的11.4%。为加快新能源的发展,《可再生能源法》在2021年再一次被修订;《德国国家氢能战略》计划投资90亿欧元用于大力发展氢能,摆脱对传统能源的依赖。

法国是核电大国,目前仍依赖于核电。相较于德国,法国的转型不强调退核,而是通过能效提高、行为转变、协同治理等方式促进转型。法国于2015年公布《国家低碳战略》,建立碳预算制度,并于后续宣布2050碳中和目标;该预算于2019年由法国政府颁布的《能源与气候法》中以法令形式正式通过,成为欧洲第一个用法令约束净零温室气体目标的国家。该法令还将能源政策和气候目标相互结合、协同治理。

英国于退出欧盟之前亦已制定详尽的碳中和目标和路径。作为西欧老牌工业化国家,英国于20世纪70年代初碳排放已达峰;当时,英国约一半以上的电力供应来自煤电。近30

年间,英国大力减排,2020 年温室气体排放相较于 1990 年水平已减少 49.7%[6]。2008 年,英国政府颁布《气候变化法案》;2019 年,英国政府参考英国气候变化委员会的建议,将法案中的长期目标改为 2050 年实现碳中和。海上风电是英国可再生能源的主力军之一,2020 年 8 月,英国风力发电占比最高曾达到 60%,创历史新高。英国计划到 2030 年其海上风电装机容量从目前的 10 GW 扩大到 50 GW[7];目前,世界上首座漂浮式风电场已正式向苏格兰供电。此外,扩大核电、支持绿色氢能发展,也是英国实现碳中和的核心路径。

2.3.2　欧盟的能源转型

欧盟从 20 世纪末开始大力推进能源转型,积极应对气候变化,是碳中和政策及行动的领跑者。1990—2020 年,欧盟人口增长了 7%,人均 GDP 增长了 88%(按购买力平价计算),但与能源相关的 CO_2 总排放量却减少了 32%。这一方面可归功于单位 GDP 的能源强度下降了 58%,另一方面单位能源供应的 CO_2 强度也下降了 68%[8]。这一趋势反映了欧盟经济和能源的结构性变化,以及能源效率的大幅提升。

目前,欧盟的能源结构是化石燃料、核能和可再生能源的多元化组合。尽管化石燃料仍占欧盟能源结构的 72%,但向可再生能源的转型正在加速。由于本土化石燃料的产量小,欧盟依赖进口,尤其是石油和天然气。欧盟约占全球最终能源消费总量的 10%,仅次于中国(26%)和美国(16%),位居第三。

按国家来看,欧盟各国能源状况差别较大。大部分国家主要依靠石油和天然气,但少部分东欧国家(如波兰和爱沙尼亚)仍大量使用煤炭。法国是欧盟核电大国,目前其电力供应约 70% 来自核电,并大量出口电力。相反,德国则计划于 2022 年退核。北欧各国相对较为清洁,在瑞典,化石能源几乎只占一次能源供应的 1/5。

2.3.3　欧盟绿色协定及气候法

欧盟自 2007 年即制定了 2020 年的"20-20-20"目标,即温室气体排放量比 1990 年减少 20%,可再生能源在欧盟最终能源消费总量中所占份额增至 20%,且运输领域的可再生能源占比至少为 10%;能耗比 2007 年基准预测降低 20%。目前该目标基本顺利完成。欧盟后来又制定了 2030 目标,即 27 国国内温室气体排放量在 1990 年水平上至少减少 40% 的约束性目标;到 2030 年将可再生能源在欧盟 27 国中所占的能源份额提高到最终能源消费总量的至少 32% 的约束性目标;能源效率比 2007 年至少提高 32.5%。2020 年 12 月,欧盟又达成新的更高目标,到 2030 年将温室气体排放量比 1990 年降低 55%。

2019 年 12 月,欧盟签订《绿色协议》[9],旨在通过将气候和环境挑战转化为机遇,使转型对所有人都具有公正性和包容性,使欧盟经济具有可持续性。《绿色协议》不只是气候和能源的改革,更是有着广泛的可持续发展议程。例如,2020 年 3 月发布的《循环经济行动计划》(CEAP)包括 35 项政策举措。欧盟委员会打算在 2023 年之前逐步引入欧盟机构(欧盟委员会、欧盟理事会和欧盟议会)在化学品、产品和废物立法领域的政治协议立法,其中包括:可持续发展化学品战略、可持续产品政策立法倡议、关于支持绿色主张的立法提案、包装和包装废物指令的改革、废物框架指令、废物运输条例和工业排放指令。《绿色协议》修改多达 50 项立法,并经过政治谈判,以实施扶持框架,使企业能够进行投资和能源系统转型。能源和气候变化的主要立法在 2021 年夏季公布,然后在 2024 年年底之前实施。

2021年4月,欧盟谈判人员达成了《欧洲气候法》[10],计划到2030年将温室气体净排放量在1990年的基础上减少55%,到2050年实现净零排放。欧盟副主席蒂默曼斯表示,将在2021年6月份公布立法方案,加强碳定价机制,促进节能减排,增加可再生能源供应,促进可持续运输,并修改土地利用、土地利用变化和森林法规(LULUCF)来提高碳汇,同时限制可能导致森林砍伐的产品进口。蒂默曼斯认为,该方案是目前世界上解决气候问题最全面的立法框架。同时,欧盟执行机构将引入绿色投资标签制度,该制度可将数千亿美元的资金转移至特定行业和公司。欧盟还希望从其第一批绿色债券中筹集2500亿欧元,用于资助大规模经济刺激计划,私人资金也有可能进入已获批准的行业。

2020年7月,为了进一步促进气候目标的实现以及加速疫情后复苏计划,欧盟正式发布了《欧盟氢能战略》,并制定了三个阶段的政策。到2024年,欧盟将安装至少6 GW的可再生氢能电解槽,可再生能源制氢年产量达到100×10^4 t;从2025年到2030年,欧盟电解槽装机容量将达到40 GW,可再生能源制氢年产量达到1000×10^4 t;从2030年到2050年,绿氢技术达到成熟水平,可在所有难以去碳化的领域大规模部署。同时,欧盟各国也纷纷出台了国家层面的氢能战略。

在其他领域,各国也推出了多种激励机制以及政策、法规,以促进节能减排和能源转型。英国于脱欧前宣布到2030年禁售汽油车及柴油车,到2035年禁售混动车。同时,英国宣布在2024年之前关闭所有燃煤电厂,到2050年实现净零排放。此外,法国(2022年)、匈牙利(2025年)、爱尔兰(2025年)、意大利(2025年)等欧洲国家都纷纷宣布退煤计划,向清洁能源迈进。2022年俄乌战争发生,欧盟为了应对能源危机,颁布了REPowerEU计划,强化了长期减少对化石燃料的依赖。其中主要措施包括:提高节能目标;鼓励欧盟国家出台对于节能的财政激励;出台应急计划以应对能源紧急情况,包括短期重启一些停运的燃煤电厂,积极探索多元化液化天然气进口渠道。加速部署可再生能源,预计将2030年可再生能源占比从原本的40%目标提高到45%;加速氢能产业等,计划投资2250亿欧元于REPowerEU计划。

2.3.4 欧盟碳交易市场政策

欧盟碳排放交易体系(ETS)是其碳中和目标的有力支撑手段,在所有欧盟国家以及冰岛、列支敦士登和挪威运行,覆盖超过11 000个重型能源使用装置(发电和工业)以及在这些国家之间运营的航空公司,占欧盟温室气体排放量的40%左右[11]。事实证明,欧盟ETS是经济高效地推动区域总体减排的有效工具。2005—2019年,欧盟ETS覆盖的装置排放下降了约35%。2019年引入市场稳定储备机制(MSR),导致碳价格更高、更强劲,这确保了2019年排放总量同比下降9%,电力和热产量减少14.9%,工业减少1.9%。

欧盟ETS采取"总量控制与交易"原则,对系统覆盖的所有装置的某些温室气体排放总量设置上限。上限逐年下降,因此总排放量会下降。在上限内,公司获得或购买排放配额,并根据需要相互交易。每年履约期到期时,公司必须消纳其碳配额,否则将被处以巨额罚款。配额上限确保环境成绩单的交付,而配额交易带来了灵活性,确保减碳排的社会成本最低。不断上涨的碳价格也促进了对清洁低碳技术的投资。总体而言,欧盟ETS的发展可以划分为四个阶段。本章把每个阶段的特点加以总结归纳如表2-1所示。

表 2-1   欧盟 ETS 四个发展阶段的特点

阶 段	第一阶段 (2005—2007)	第二阶段 (2008—2012)	第三阶段 (2013—2020)	第四阶段 (2021—2030)
特 点	试运行	国家分配计划；市场逐渐成熟,掌握如何总量控制	由国家分配计划改为欧盟统一的总体分配方案。有针对性的免费配额发放,增加拍卖	正在讨论中的扩大范围和进一步缩减总体配额
配额总量	成员国自下而上设立配额限制	成员国自下而上设立配额限制	在 2013 年 20.84×10^8 t CO_2 排放总量基础上设立欧盟统一的总量目标,按照 2008—2012 年的线性减排因子(LRF)1.74% 逐年递减,即每年减排约 0.38×10^8 t CO_2	欧盟统一总量目标,LRF 提高到 2.2%。预计 2025 年后将进一步提高
纳入行业	电力和工业	电力和工业(2012年起加入欧盟内航空)	电力和工业、欧盟内航空	范围可能会扩大到海运、陆运和建筑
配额发放机制	免费发放	免费发放	对有碳泄漏风险的行业给予免费配额,为电力现代化提供有限部分免费配额。其余行业需以拍卖方式购得配额	预计会更加趋严,免费配额也许会被进口产品碳边境调整机制取代
交易规则	未使用配额不可以被带到下一履约期	配额为主,自愿减排信用(CER)有限纳入	配额为主,CER 有限纳入。不合格的 CER:核电、林业、破坏工业气体的项目(如 HFC-23 或 N_2O)	只允许配额交易

由表 2-1 可以看出,欧盟 ETS 经历的四个阶段,每个阶段都在前面的经验教训上进一步优化。例如,在 ETS 起初时免费发放配额有利于控排企业熟悉交易规则,而随着总体控排要求的加码,从 2013 年起有偿配额的比重加大,更多经营者被要求通过拍卖支付配额,而免费配额将有限使用于如下目的:

① 降低碳泄漏风险,即避免更多企业以生产离岸外包方式导致全球温室气体排放量上升;

② 提供脱碳激励,通过设置免费配额基准线来激励特定行业中的最佳表现者。

在没有全面气候协定的情况下,一些面临国际竞争的能源密集部门担心过高的碳成本会损害其国际竞争力。因此配额的发放要在避免碳泄漏和保证国际竞争力之间寻求平衡。

又如,在自愿减排信用纳入问题上,欧盟 ETS 曾经一度采纳高达 11% 的自愿减排信用。这样做的好处是鼓励更多社会自愿减排的同时在一定程度上降低控排企业的减排成本。带来的悖论是这被认为削弱了 ETS 的有效性。从 2021 年起,欧盟 ETS 不再接纳自愿减排信用,改为只允许配额交易。

在纳入行业的范围上,分阶段逐步纳入也是一个值得汲取的经验。从最开始的电力和工业,到欧盟内的航空,第四阶段可能引入更多行业,以实现更高的减排目标。

从总量设定上,欧盟 ETS 每年按线性减排因子(LRF)计算得出的配额总量递减。LRF 按 ETS 发展阶段逐步提升。为满足欧盟《绿色协议》的目标,第四阶段后半段(Phase IV b)的 LRF 将需要修订。目前,几种可能的情景正在被讨论中。

欧盟对于碳市场非常强调建立高质量数据基础上的完整、一致、准确和透明的监测、报告、核查系统(MRV)。如果没有它,欧盟 ETS 的合规将缺乏透明度,难以跟踪,执法受到损害。碳市场参与者和主管当局都希望确保排放的 CO_2 当等于报告的 1 吨 CO_2。这个原则已经被化为短语:"1 吨必须是 1 吨!"只有这样,才能确保经营者履行义务,根据排放交足配额。

欧盟委员会是唯一有权对 ETS 提出立法提案的机构。鉴于碳交易的市场本质,欧盟委员会必须非常清楚和公平地公布任何变化的信息,任何规则的修改必须遵循具有法律约束力的程序,经历漫长而严谨的立法修订过程。2021 年 7 月的新立法草案修改了欧盟委员会 ETS 立法,该委员会将在 2023 年开始与欧盟机构进行为期两年的政治谈判,并在 2025 年之前实施协议。

2.4　日　　本

日本的碳中和行动可以追溯到 20 世纪 70 年代初的环境保护运动,为了治理高度成长时期产生的公害问题,日本国会通过了《大气污染防治法》等十几部法律,政府制定了一系列环境保护政策,企业投资开发了节能环保技术和产品,降污的同时也降低了碳排放。1997年在京都市召开的联合国气候变化大会和《京都议定书》的制定,是日本从环境治理向碳达峰碳中和转变的一个历史转折点。2009 年哥本哈根世界气候大会后,日本积极参与国际气候治理,制定减排目标,2013 年,日本实现全面碳达峰,2016 年,为了落实《巴黎协定》,日本又制定了大幅度减排的目标,提出了"氢能社会"发展计划,2020 年,国会正式通过法律确认了 2050 年实现碳中和的目标。

2021 年,新一届日本政府维持了前政府的碳中和目标,并且承诺将 2030 年度的温室气体排放比 2013 年度削减 46%、力争减排 50% 的更高目标,同时日本将参加《全球甲烷减排承诺》。为此日本将以亚洲为中心,最大限度地发展可再生能源,推动向清洁能源转型,构建"脱碳社会"。为了将化石火力发电转换为氨、氢等零排放的火力发电,日本依托"亚洲能源转型倡议"展开 1 亿美元规模的示范项目。为了弥补发达国家提供低碳基金的不足,日本还与亚洲开发银行等合作建立亚洲脱碳创新型资金合作机制,提出了规模庞大的资金支持计划。

日本是环境和低碳技术革新的世界领军者之一,在电动汽车普及关键的新一代电池、电机和氢合成燃料的开发等方面处于领先地位,并计划把创新成果向亚洲推广,推动作为全球经济发展引擎的亚洲达到整体零排放。这些都体现了日本要重返国际舞台、要担当国际气候治理领袖的雄心。

日本是一个能源极其短缺的国家,90% 的能源依靠进口,因此日本政府非常重视创新,尤其是在能源产业的创新。近年来日本政府将氢能的开发和利用作为重大方向。日本环境省于 2014 年发布《氢能经济社会发展构图》,2016 年日本经济产业省又制订了 2030 年左右实现氢能社会目标的国家计划[12],2018 年又对其进行了大幅度修改,将企业、建筑、水道、公园、学校、机关单位、交通系统等构架为一个整体的网络,这一能源系统是以氢能为基础的清洁能源的应用体系,特点是风能、太阳能、生物质能、水能等清洁能源都囊括在其中,而非仅发展氢能,日本将其称为"能源混合"(energy mix)。在这一体系中通过氢能-电力转换系统,把氢能网和电网互相链接起来,形成一个化石能源-可再生能源-氢能源的综合能源体系。

2.5   发达国家碳中和的普遍性启示

2.5.1   技术进步是根本动力

科技进步与能源转型相互促进,正在深刻改变能源发展的前景。未来能源领域将进入一个"技术为王"的时代,谁拥有技术,谁就拥有能源资源。

值得强调的是,大规模支撑碳中和的相关技术具有低成本的显著特征。实际上美国的页岩革命成功也可以说是新能源革命的一个预演。其重要的成功经验就是通过工厂化、规模化实现了高技术的低成本应用。这得益于发达国家无论是政府还是私营部门都保持了较高的能源技术研发投资水平。

在传统能源方面,美国有成熟的水力压裂和水平钻井技术,保障美国可低成本、大范围地开发非常规油气田,致使美国一跃成为当前世界最大的油气生产国。美国和欧洲还掌握着先进的重型燃气轮机制造技术,包括核心设计技术、热端部件制造维修技术和控制技术等,保障了在燃气发电领域有较强的国际竞争优势。日本非常重视氢能技术的开发和应用,在很多领域先行先试。

过去十年,以太阳能光伏和电动汽车为引领的新能源技术快速升级迭代,成本降低了将近一个数量级,在规模上中国遥遥领先,但在一些核心技术上发达国家仍有优势。在其他清洁能源和新型技术方面,发达国家在氢能,核能,碳捕捉、封存与利用,电动汽车等领域也保持着较为领先的技术优势。

2.5.2   市场环境提供了创新条件

高比例可再生能源的新型电力系统是实现碳中和的核心,无论国际还是国内,这一点已获得基本共识。但是以风、光为主的可再生能源系统具有较大波动性的特点,不能像传统方式直接进行调度,这给电力系统的稳定性带来很大的挑战。据清洁能源部长会议先进电力工作组及国际能源署(IEA)的研究[13,14],风、光等波动性可再生能源发电量在系统中占比不超过5%时,依靠调度的适当安排就可以实现高比例并网,这与我们对电网早期的认识基本一致。但随着波动性可再生能源发电量占比提高,仅靠电网本身无法完全满足其全部并网的要求,需要更多的备用容量,如建设抽水蓄能、天然气调峰电站和火电的灵活性改造等,用以提高系统的灵活性,以备没有风、光时保障系统有足够的出力。但这样不断加大备用容量带来了高额的新增投资,与此同时这些备用容量的利用率却不断下降,系统成本越来越高,随着变动性可再生能源比例的增高,系统付出的成本将会快速增加。这就意味着仅依靠不断增加备用容量的方式来提高系统灵活性,不能持续经济有效地为高比例可再生能源并网提供支撑。

尽管不同地区和不同的电网特征会存在一些差别,但波动性发电量一旦超过10%左右的占比,就会对整个系统优化提出新的要求,类似于量变到质变的一个过程。2022年年初,国家发展和改革委与能源局提出了促进"源网荷储"一体化发展的指导意见[15],这一概念可以比较通俗地用来阐述新的系统要求。在这个系统中,负荷和储能将作为系统灵活性的重要来源,需求侧响应、分布式能源、储能乃至电动汽车都可以成为这个系统中活跃的组成部分。

在"源网荷储"一体化的系统中,需求侧和供给侧的界限不再清晰,也有人把需求侧响应形象地称为"虚拟电厂"。需求侧响应、分布式能源等很难再用传统计划色彩浓厚的方式来驱动,基于市场实时供求关系的价格信号将会对供需平衡发挥决定性的作用。

在欧美,能源市场化体系的建立更多的是能源市场发展的结果,其主要国家先后完成了电力市场和天然气市场的市场化改革,当初并非为了接纳高比例的可再生能源,而是发挥市场价格的调节作用。这一体系在高比例可再生能源系统中,发挥了越来越重要的作用,它驱动了新型商业模式的兴起。为了更加精确体现实时供需状况,欧美的大部分现货电价区间已经缩短到 5 分钟出清一个价格。近年来,我们时常会看到在欧洲零电价乃至负电价的出现,市场化的能源价格机制对于减少弃风弃光,提高系统灵活性,推动储能、辅助服务市场建设、建立新型商业模式发挥了基础性的作用[16]。

碳中和的实现需要持续的技术和商业模式创新,涉及众多领域和产业,因此不断引入创新资源,扩大市场准入将非常重要。

以能源行业为例,与传统的集中式、金字塔型的能源供应模式不同,以可再生能源和新能源为主体的能源系统将更加分散,分布式能源将发挥越来越重要的作用,能源生产供应主体呈指数增长。借助大数据、区块链等技术,还将催生新的分布式能源开发运营模式[17]。打破能源的条块分割,实现能源综合利用的重要前提也是要完善能源市场的建设,提供更加开放的市场环境。

无论是发展可再生能源还是提高能效,中小企业的参与和创新作用不容忽视。欧盟比较注重发挥中小企业在这方面的作用。中小企业所创造的 GDP 占欧盟整体 GDP 的 50% 以上,欧盟在其应对气候变化的主要政策框架《欧洲绿色新政》(European Green Deal, EGD)下,专门制定了针对中小企业的发展战略,通过"欧洲绿色新政投资计划"(European Green Deal Investment Plan, EGDIP)[18]对中小企业给予资金支持,并帮助中小企业的绿色创新行动拓展融资渠道,减少市场壁垒。

2.5.3 社会共识是政策基础

国际经验表明,广泛的社会共识对推动相关政策的出台和实施至关重要。民众对碳中和的共识是实现碳中和的社会基础,同时,碳中和进程带来的新工作岗位与生活方式又能进一步推进民众的思想转变,强化对能源转型的共识[19]。

目前,多个发达国家在设立碳中和目标的同时,都开展了相应的工作来推进社会共识,促进民众思想与行为方式的转型。英国政府为了鼓励民众采纳更绿色低碳的生活方式,推出了一系列"气候变化与行为转变"的项目[20],旨在从社区、街道层面鼓励人们从思想上认识到能源转型与气候变化。其中包括减少乱扔垃圾、鼓励骑行、减少汽车和飞机出行等多个项目。英国政府于 2021 年发布了一份关于《公民参与净零排放》[21]的研究报告,认为碳中和既是技术的挑战,更是社会的挑战。因此,社会与行为的改变是达成净零排放目标的关键组成部分。

法国为了实现其 2030 年较 1990 年水平减排 40% 温室气体的目标,从全国普通民众中推选 150 人,成立了"公民气候委员会",专门就国家的气候变化和环保主题进行建言献策,相当于气候议员,是一项制度创新[22]。

广泛的公民共识为碳中和提供政治基础,而同时,碳中和进程中大量新兴产业的蓬勃发展也提供了更多的就业机会,可进一步强化能源转型的社会共识。因此,这两者互相促进,共同发展。根据国际能源署的《2050 净零排放之路》[23]报告,碳中和将带来更多的工作机会。多个发达国家将能源转型与地区的经济发展紧密结合,利用能源转型带来的新契机,大力推进经济,创造就业机会。

由此可见,能源转型可与社会、环境和经济目标有效结合,进而产生更广泛的协同效益。碳中和不仅可以减缓气候变化,更可以创造就业、推动经济发展、改善环境、提升民生水平。而这一过程又反过来促进了民众对碳中和的认识,加强了社会共识的基础。

参 考 文 献

[1] 赵绘宇.美国国内气候变化法律与政策进展性研究.东方法学,2008(06):111—118.

[2] 李佳兴. 气候政治:美国气候政策的政党因素. (2022)[2023-03-20]. https://new. qq. com/rain/a/20220519A03N7V00

[3] 楼昱杉.美国加州能源转型政策探讨//国际能源网. (2021-02-04)[2023-03-20]. https://zhuanlan. zhi-hu. com/p/349207457

[4] Larson E, Greig C, Jenkins J, et al. Net-zero America: Potential pathways, infrastructure, and impacts. Princeton, NJ: Princeton University, 2021. https://netzeroamerica. princeton. edu/the-report

[5] Climate Action Plan 2050 (EN)-BMUV-Publication//bmuv. de. [2023-03-20]. https://www. bmuv. de/PU396-1

[6] Final UK greenhouse gas emissions national statistics: 1990 to 2020//英国商业、能源与工业部. (2022-06-30)[2023-03-20]. https://www. gov. uk/government/statistics/final-uk-greenhouse-gas-emissions-national-statistics-1990-to-2020

[7] Offshore wind-great. gov. uk international//The UK continues to drive investment and innovation in its thriving offshore wind sector through ambitious targets and the deployment of new technologies. (2022-04)[2023-03-20]. https://www. great. gov. uk/international/content/investment/sectors/offshore-wind/

[8] European Union 2020—Analysis. Paris: International Energy Agency. (2020-21-28)[2023-03-20]. https://www. iea. org/reports/european-union-2020

[9] 欧洲绿色协议//A European Green Deal Striving to be the first climate-neutral continent. (2021-07-14)[2023-03-20]. https://commission. europa. eu/strategy-and-policy/priorities-2019-2024/european-green-deal_en

[10] 欧洲气候法//European Commission. (2021)[2023-03-20]. https://climate. ec. europa. eu/eu-action/european-green-deal/european-climate-law_en

[11] EU Emissions Trading System (EU ETS) //EU Emissions Trading System (EU ETS). (2020-01-01)[2023-03-20]. https://climate. ec. europa. eu/eu-action/eu-emissions-trading-system-eu-ets_en

[12] Welcome to the Hydrogen Analysis Resource Center | Hydrogen Tools//Welcome to the Hydrogen Analysis Resource Center. (2017-12-30)[2023-03-20]. https://h2tools. org/hyarc

[13] Miller M, Martinot E, Cox S, et al. Status Report on Power System Transformation: A 21st Century Power Partnership Report: NREL/TP-6A20-63366, 1215069. 2015: NREL/TP-6A20-63366, 1215069. [2023-03-20]. http://www. osti. gov/servlets/purl/1215069/

[14] Status of Power System Transformation 2019: Power system flexibility—Analysis//IEA. [2023-03-20]. https://www. iea. org/reports/status-of-power-system-transformation-2019

[15] 国家发展和改革委员会,国家能源局. 关于推进电力源网荷储一体化和多能互补发展的指导意见. (2021)[2023-03-20]. https://www. ndrc. gov. cn/xxgk/zcfb/ghxwj/202103/t20210305_1269046. html? code=&state=123

［16］ China Power System Transformation—Analysis. Paris：International Energy Agency. ［2023-03-20］. https：//www. iea. org/reports/china-power-system-transformation

［17］ 杨雷. 能源的未来：数字化与金融重塑. 北京：石油工业出版社，2020.

［18］ Communication from the Commission to the European Parliament，the Council，the European Economic and Social Committee and the Committee of the Regions：52020DC0103. （2020-10-03）［2023-03-20］. https：// eur-lex. europa. eu/legal-content/EN/TXT/？ qid＝1593507563224＆uri＝CELEX%3A52020DC0103

［19］ 杨雷，毕云青，郑平，等. 碳中和政策机制及社会共识的国际经验与启示. 中国工程科学，2021，23 （6）：101—107.

［20］ Changing behaviours to reduce climate change and protect our environment//Behaviour change and the environment ｜ Local Government Association. （2021-02-23）［2023-03-20］. https：//www. local. gov. uk/our-support/behavioural-insights/behaviour-change-and-environment

［21］ Net zero public engagement and participation：A research note，2021. 英国商业、能源与工业部. ［2023-03-20］. https：//www. gov. uk/government/publications/net-zero-public-engagement-and-partic-ipation

［22］ Giraudet Iraudet L G，Apouey B，Arab H，et al. "Co-construction" in Deliberative Democracy：Lessons from the French Citizens' Convention for Climate. Humanities & Social Sciences Communications. ［2023-03-20］. https：//doi. org/10. 1057/s41599-022-01212-6

［23］ Cozzi L，Motherway B. The importance of focusing on jobs and fairness in clean energy transitions—Analysis//IEA. ［2023-03-20］. https：//www. iea. org/commentaries/the-importance-of-focusing-on-jobs-and-fairness-in-clean-energy-transitions

第 3 章 能源结构转型与碳减排

3.1 能源系统与碳排放

3.1.1 认识一个完整的能源系统

一次能源生产、运输与加工转换、终端消费是构成一个完整能源系统最基本的组成部分,如图 3.1 所示,这里要说明的是因能源运输存在于能源系统的各环节,故未在图中特别标注。一次能源,是指在自然界现成存在的能源,如煤炭、石油、天然气、水能、太阳能、风能等。一次能源生产一般涉及能源的勘探、开发过程,是为终端能源消费用户服务的。但由于终端用户包括多个不同行业或部门的各种能源利用技术,所以,一次能源一般需要加工转换为二次能源才能使用。比如,原油一般不能直接作为机动车燃料,而是需要首先运输到炼厂炼制成各类油品(如:汽油、柴油、煤油等),再将这些油品运输到加油站作为各类运输工具能够直接使用的燃料。从能量流动和平衡角度,能源系统也存在从一次能源生产到能源运输与加工转换,再到终端能源消费全过程的流动和最终平衡,详见本书 3.1.3 小节有关能流图内容。

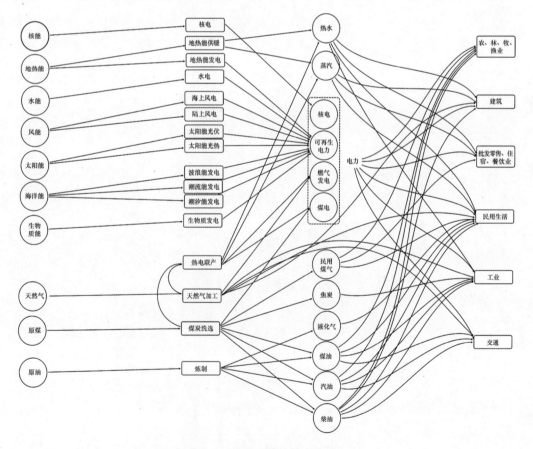

图 3.1 能源系统的基本构成

1. 一次能源生产

一次能源又可分为可再生能源和非可再生能源。可再生能源的特征是可以不断得到补充或在较短周期内可以再生,如风能、水能、海洋能、潮汐能、太阳能和生物质能等;非可再生能源一般要经过长时间形成,短时间内无法再生,如煤炭、石油、天然气等化石能源是典型的非可再生能源。核能(核燃料)也是非可再生能源,一般以天然铀的形式存在,又分为核聚变能和核裂变能。但"核聚变能"作为新技术,正在使核燃料的可循环利用和增殖特性增强,核聚变能比核裂变释放的能源可高出 5～10 倍,而核聚变最适合的燃料重氢(氘)又大量存在于海水中,所以核聚变能有望成为未来能源系统的支柱之一。

能源供应是为满足能源需求而对各种形式能源的开发和利用活动的总称,一次能源供应是指一次能源资源的开采开发活动,如原煤、原油、天然气、天然铀等矿物能源的开采以及水能、风能、太阳能、地热能、潮汐能、生物质能等可再生能源的开发活动。

我国能源资源总量比较丰富,但其中化石能源主要以煤炭为主,油气相对缺乏。我国人均能源资源拥有量较低,煤炭和水力资源人均拥有量相当于世界平均水平的 50%,石油、天然气人均资源量仅为世界平均水平的 1/15 左右。我国煤炭保有资源量 $10\,345 \times 10^8$ t,剩余探明可采储量约占世界的 13%,列世界第三位。已探明的石油、天然气资源储量相对不足,油页岩、煤层气等非常规化石能源储量潜力较大。我国拥有较为丰富的可再生能源资源,水力资源理论蕴藏量折合年发电量为 6.19×10^{12} kW·h,经济可开发年发电量约 1.76×10^{12} kW·h,相当于世界水力资源量的 12%,列世界首位[1];截至 2021 年年底,我国可再生能源发电装机达到 10.64×10^8 kW,占发电总装机的 44.8%,风电、光伏发电、水电、生物质发电装机分别达到 3.28×10^8、3.06×10^8、3.91×10^8、0.38×10^8 kW[2],连续多年稳居世界第一。

2. 能源运输、加工与转换

能源运输、加工与转换是为了使一次能源被人们更为便利地使用而进行的交通和工业活动。

(1) 能源运输。能源运输具有运量大、运距长和占用运输资源多等特点,传统上能源运输主要指煤炭、石油、天然气的输送。煤炭的运输方式主要是铁路、水路、公路三种方式。石油的运输方式主要包括铁路、水路、公路、管道四种方式。天然气分为管道天然气、液化天然气(LNG)、压缩天然气(CNG)几种形式。陆路长距离运输天然气一般是通过管道,LNG 一般是通过特制的船只运输,而 CNG 一般多用公路通过机动车运输。另外,随着氢能在工业和交通领域越来越广泛的使用,氢能的运输也越来越重要。氢能运输方式主要有管道运输、机动车运输、船运。选择何种方式运输氢能则主要须综合考虑运输过程的能量效率、氢的运输量、运输过程氢的损耗、运输里程几个要素。电力作为一种特殊的能源载体,其输送一般被称作"输配",即输电和配电。运输是实现能源生产和消费的必要条件,能源生产又在一定程度上决定运输的发展布局。需要特别强调的是,能源运输因大多运输的是各种燃料,属易燃易爆危险品,所以能源运输的交通工具、运输方式选择必须考虑各类能源燃料的安全性。

(2) 能源加工与转换。能源加工一般只是能源物理形态的变化,如原油经过炼制成为汽油、煤油、柴油等石油制品;原煤经过洗选,成为洗精煤;焦煤经过高温干馏,成为焦炭;煤炭经过气化,成为煤气等。能源转换是能源流动过程中的复杂过程,是能量形式的转换。如热电厂将煤炭、重质油等投入耗能设备中,经过复杂的工艺过程转化为热力和电力,以及把热能转换为机械能,机械能再转换为电能,电能又转换为热能等,都是能源加工、转换过程。

把各类一次能源转换为电力和热力是能源转换和统计的重点。通常能源转换有分散转换和集中转换,分散转换的主要方式是锅炉,集中转换的主要方式是发电。目前,也存在将电力转换为氢能(即"绿氢制造过程"),越来越多地应用于要求使用高能量密度能源的低碳/零碳需求场景,如工业过程中的氢能炼钢和交通领域的长途重卡等。

我国铁路运输能力的 2/5,水路运输能力的 1/2,公路运输能力的 1/4,用于能源运输,管道几乎全部用于运输能源[1]。

3. 终端能源消费

按照国际能源署(IEA)的定义,终端能源消费是终端用能设备的能源消费过程。因此终端能源消费量又称最终能源消费量,是指各行业和居民生活直接消费的各种能源在扣除了用于加工转换二次能源的消费量和损失量以后的数量。直接消费的方式有三个:① 用作燃料,② 用作动力,③ 用作原料。一般而言,终端用户是最终直接使用或者消费能源的各行业部门的最终用户。我国终端能源消费的部门(或者用户)划分与 IEA 存在一定差异:IEA的部门划分包括工业、交通、商业和公共事业、非能源使用[3];而我国的终端能源消费的部门包括农、林、牧、渔、工业、建筑、交通、批发零售、住宿、餐饮、民用生活等。IEA 的部门划分中没有我国部门划分的"建筑"部门,该部门在 IEA 的统计体系中主要体现在了商业和公共事业中。

4. 能源平衡(表)

(1) 能源平衡。能源平衡通常是指某一特定系统(国家、地区、企业等)内在一定时期的能源供应与需求之间的平衡。能源平衡一般涉及各种一次能源的开发、加工、转换、输送、分配、储存和利用等能源系统各环节的技术、经济和管理问题,因此影响能源平衡的因素非常多。通常影响能源平衡的主要因素包括经济社会发展水平(一般来说,经济增长越快,能源消耗越多;城市化水平越高,人均能耗就越大)、产业结构(通常第二产业比重越大,能耗就越多。任何一个国家在工业化时期,能耗普遍较高)、系统能效(能效越高,越节能,能源保障压力就越小)、能源资源条件及其利用程度、能源进出口以及其他因素等。这些因素都会影响到一个国家或地区在一定时期内的能源供应和需求及供需平衡。

(2) 能源平衡表。能源平衡表是指以矩阵或数组形式,反映特定研究对象(国家、地区、企业等)的能源流入与流出、生产与加工转换、消费与库存等数量关系的统计表格。编制能源平衡表的全过程体现了能源平衡核算的基本工作内容。能源核算是以能源统计调查、部门业务统计、行政记录等资料为基础,以能源平衡模型为理论依据,对描述能源资源供给、加工转换、消费等各方面的数据进行加工、整理,通过编制能源平衡表的方式,最终核算能源资源供给总量、加工转换的投入与产出量、终端能源消费量和能源消费总量等统计指标。根据研究对象的数据特征,能源平衡表分为多种形式,如国家能源平衡表、地区能源平衡表、企业能源平衡表;按照不同的计量单位,又可分为实物量综合能源平衡表、标准量综合能源平衡表以及某一能源品种的实物量平衡表和标准量平衡表。

表 3-1 是一个简化了的中国能源平衡表(2020 年)[4]。主要平衡关系如下:

● 可供本地区消费的能源量=加工转换投入(一)或产出(+)量+损失量+终端消费量;

● 可供本地区消费的能源量=一次能源产量+进口量+境内飞机和轮船在境外的加油量-出口量-境外飞机和轮船在境内的加油量+库存(增(一)或减(+)量);

表3-1　2020年中国能源平衡简表（单位：10^4tce）

能源流向与经济活动	能源合计（发电煤耗计算法）	能源合计（电热当量计算法）	煤合计	原煤	焦炭	油品合计	原油	汽油	煤油	柴油	天然气	液化天然气	热力	电力	其他能源
一、可供本地区消费的能源量	507 478.68	464 901.27	289 194.95	290 159.3	120.25	96 752.95	99 958.64	−2100.65	−1055.05	−3016.44	29 996.88	11 735.36		29 886.45	7214.43
1. 一次能源生产量	407 295.2	364 419.41	274 719.77	274 719.77		27 824.64	27 824.64				24 564.68			30 095.89	7214.43
水电	40 383.62	16 655.52												16 655.52	
核电	10 913.96	4501.27												4501.27	
风电	13 900.37	5732.96												5732.96	
2. 进口量	123 687.97	123 604.79	18 830.69	18 830.69	289.39	86 599.55	77 431.08	70.69	390.99	173.53	6081.08	11 745.69		58.39	
3. 境内飞机和轮船在境外的加油量（一）	1117.09	1117.09				1117.09			365.38	26.77					
4. 出口量（一）	−11 665.68	−11 284.11	−276.58	−274.95	−339.22	−9741.26	−234.02	−2354.23	−1467.7	−2879.16	−648.88	−10.33		−267.84	
5. 境外飞机和轮船在境内的加油量（一）	−1172.11	−1172.11				−1172.11			−336.63	−51.3					
6. 库存增（一）、减（＋）量	−11 783.8	−11 783.8	−4078.93	−3116.21	170.08	−7874.95	−5063.06	182.89	−7.09	−286.28					
二、加工转换投入（一）或产出（＋）量	16.87	−93 309.47	−229 296.52	−239 230.49	45 306.41	−3999.05	−98 631.23	20 942.58	6076.02	23 872.13	−9646.49	164 036	20 352.3	65 508.75	−1325.91
1. 火力发电	0.00	−93 326.33	−139 530.78	−136 944.67	−242.87	−394.7	−23.64			−40.19	−5249.55	−620.97	−4359.14	65 508.75	−2017.84
2. 供热	−7202.87	−7202.87	−22 770.06	−21 960.55	−272.27	−895.53				−4.24	−2165	−85.9	20 934.21		−689.73
3. 煤炭洗选	−4548.04	−4548.04	−5161.92	−67 952.82											
4. 炼焦	−3937.65	−3937.65	−57 229.5	−7722.64	45 838.64	−4.83									
5. 炼油及制油	14 258.47	14 258.47	−2177.1	−2105.27		17 727.32	−98 607.59	20 977.29	6076.02	24 085.65	−401				−415.24
# 油品再投入量（一）	−20 390.25	−20 390.25				−20 390.25		−34.71		−169.09					

续表

能源流向与经济活动	能源合计（发电煤耗计算法）	能源合计（电热当量计算法）	煤合计	原煤	焦炭	油品合计	原油	汽油	煤油	柴油	天然气	液化天然气	热力	电力	其他能源
6. 制气	-425.68	-425.68	-2316.63	-2231.12		-41.07					892.58				768.2
#再投入量（一）	-481.1	-481.1			-17.09						-193.58				
7. 天然气液化	-182.7	-182.7									-2529.93	2347.23			
8. 煤制品加工	-110.54	-110.54	-110.54	-313.42											
9. 回收能	23 037.21	23 037.21											3777.23		1028.7
三、损失量	10 175.19	4513.74				26.27	25.19					333.45	2.59	177.48	3973.95	
四、终端消费量	488 155.77	357 913.48	52 835.06	44 530.33	46 396.5	89 669.83	598.63	18 750.89	4932.28	20 597.81	20 019.77	13 366.45	20 157.52	91 421.24	5590.7
1. 农、林、牧、渔业	9262.85	6772.91	1727.13	1683.05	22.58	2589.05		378.66	16.19	2181.5	16.34		3.82	1747.77	666.23
2. 工业	322 677.35	236 674.13	42 043.42	34 315.91	46 359.35	34 291.99	598.63	235.98	13.82	1281.64	7847.77	12 402.15	14 056.59	60 368.43	990.53
#用作原料、材料	34 557.13	34 557.13	10 411.24	9067.5	1766.29	19 841.31		3.64	2.68	30.23	1115.83	287.02			105.78
3. 建筑业	9320.36	7550.03	530.5	507.91	3.47	5645.25		748.05	15.91	734.26	33.7		65.92	1242.65	28.55
4. 交通运输、仓储和邮政业	41 098.69	38 032.92	181.28	172.26		29 919.72		8200.94	4577.17	13 889.04	3474.24	964.31	133.16	2151.96	1208.26
5. 批发和零售业、住宿和餐饮业	13 171.11	7622.5	1619.29	1588.67	0.02	875.74		402.04	21.72	287.94	792.95		354.83	3894.74	64
6. 其他	28 245.06	16 834.53	2031	1985.9	11.09	5111.49		3315.2	269.2	1378.64	708.91		723.19	8009.42	245.5
7. 居民生活	64 380.34	44 426.45	4702.44	4276.61	2.74	11 236.59		5470.02	18.27	844.79	7145.86		4820.01	14 006.28	2387.64
城镇	38 731.64	27 951.09	456.92	381.85	8.34	7695.71		3694.65	0.53	386.55	7065.49		4820.01	7567.21	238
乡村	25 648.71	16 475.36	4245.52	3894.76		3540.88		1775.37	17.75	458.24	80.37			6439.07	2149.64
五、平衡差额	9164.59	9164.59	7063.37	6398.49	-969.84	3057.8	703.59	91.03	88.7	257.88	-2.83	6.67	17.3		297.82
六、消费量合计	498 314.09	455 736.68													

我国能源平衡表可分为国家级、省级、市级、县级，一般由各级政府统计部门编制，从下到上逐级上报、逐级审核，国家统计局最后对省级平衡表审核并审定国家能源平衡表。能源平衡表由三个基本部分组成（如表 3-1 所示）："列"为各种一次能源和二次能源，"行"为各种能源流向和经济活动。需要说明的是，我国的能源平衡表有关能源合计分为两种计算方法：一种是发电煤耗法，一种是电热当量法。发电煤耗法一般是按发电标准煤耗计算，该方法目前只有我国在使用，主要原因是我国采用把所有能源消耗折算成发电消耗的标准煤，便于合计；电热当量法是按电热的折标准煤系数计算，是国际通行准则，因为它可以真实反映产品生产所消耗的一次能源。而且，在产品生产投入的能源中，燃料和电力可相互替代，这也是要求采用电热当量法计算总能耗的原因。

3.1.2　经济社会发展、能源消费、碳排放的关系

经济社会发展主要可以从两个视角分析：经济发展主要体现在经济增长；社会发展可以用人口聚集（城市化）作为分析的重点对象。经济增长以 GDP 为基本衡量指标，与能耗增长相关的社会发展指标最重要的是城市化率，能源以能源消费量为衡量指标，碳排放以能源活动引起的 CO_2 排放量为衡量指标。根据经济增长理论[5,6]，基本的逻辑关系是：经济增长需要资本、人力、能源资源等要素投入，而城市化率的上升会加速能源需求，也反过来是财富聚集（GDP 增长）的重要源泉，而投入的能源资源在使用和消费过程中一般要释放 CO_2。长期以来，能源需求始终与经济增长密切相关。在过去的两个世纪，各国能源需求的增长与其财富增长成正比，人类社会创造的财富总量，在很大程度上取决于可利用的能源总量，所以，经济社会发展、能源消费、碳排放之间存在基本的正相关关系，我国 2021 年 GDP、总能耗、CO_2 排放量、城市化率之间的相关关系如图 3.2 所示。

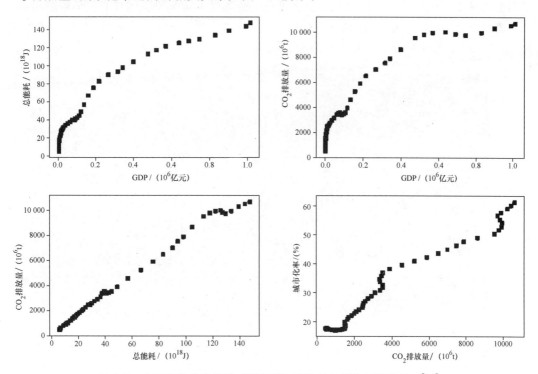

图 3.2　中国经济社会发展、能源消费、碳排放之间的正相关关系[7,8]

　　从历史的角度看,第一次工业革命的重要标志之一是 1769 年英国人瓦特改良蒸汽机后,由一系列技术革命引起了从手工劳动向动力机器生产转变的重大飞跃。人类使用的燃料从传统的生物质能,如木柴、农作物秸秆等开始逐渐转为越来越多的煤炭。人类对能源的需求在 1850—1900 年每年增长约 1%,但这一时期煤炭与传统生物质能形成了"此消彼长"的反向关系。进入 20 世纪后,能源需求和经济增长同步快速增长。1900—1950年,由于内燃机技术及发电技术的出现,人类进入了石油逐年增长的时代,汽车取代了马车、油灯让位给电灯、冰箱代替了地窖,能源需求几乎翻番。与此同时,经济增速加快,1950 年美国的人均 GDP 是 1900 年的 2 倍之多。从 20 世纪下半叶到 21 世纪初,随着西方世界和其他发达经济体生活水平的不断提升,对能源的需求也在日益增长。自 2000 年以来,中国的快速发展将世界 GDP 的年均增速拉升至 3% 以上,伴随着其他发展中国家经济的高速增长,全球能源需求也持续攀升。根据世界银行预计,世界人口将继续保持增长,预计至 21 世纪中叶达到 100 亿人。虽然中国和经济合作与发展组织(OECD)国家的人口增速将进入平台期,但印度、亚洲其他地区,尤其是非洲的人口将持续显著增长。未来,能源需求的增量也将主要源于亚洲、非洲等发展中国家和地区。如果届时清洁的低碳、零碳技术无法大规模突破并被广大的发展中国家和地区使用,那么这些地区和国家的 CO_2 排放量也将继续增长。

　　总之,在过去的 200 年里,人类使用能源的方式在不断发生变化,这些变化是由蒸汽机、油灯、内燃机和大规模使用电力而创新驱动的。这就是典型的"能源转型过程"(图 3.3),这一过程既说明了能源与经济社会向前发展的历史进程,也说明从以农业为主的全球经济向工业经济的转变不断需要新的资源来提供更有效的能源投入。当前的能源转型体现了为避免气候变化的灾难性影响需要减少温室气体排放,进而需要大规模减少化石能源的消费,尤其是需要减少煤炭的消费。这也是为什么可再生能源成为能源转型的核心。随着各国加大力度减少碳排放,太阳能和风能装机容量正在全球范围内扩大。在 2000—2010 年的十年间,全球可再生能源的份额在能源结构中仅增加了 1.1%。但在 2010—2020 年的十年间,

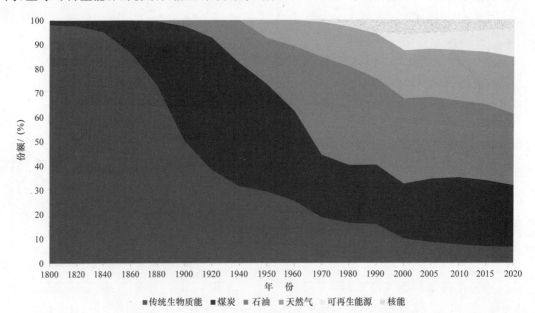

图 3.3　全球能源转型过程

这一数字变为 3.5%。然而,历史表明,仅仅增加发电能力并不足以促进能源转型。完全转向低碳能源还需要对自然资源、基础设施和电网存储进行大量投资,同时需要改变我们的能源消费习惯。

3.1.3 基本的能源及碳排放计量统计方法体系

1. 基本的能源统计及其单位换算

在能源统计体系中,最基本、最重要的能源类型包括煤炭、石油、天然气(含 LNG)、电、氢、热、冷、核能。国际上各类能源单位通常分为按热值、按质量和体积两大类方式进行统计计量。热值统计一般使用的基本计量单位是“焦耳”(Joule,简称“J”)和“英热单位”(British thermal unit,简称“btu”或“Btu”),不同数量级有不同的英文字母简称(表 3-2)。

表 3-2 热量常用单位及其计量习惯表达

英 文	符 号	含 义	热量常用单位表达
Exa	E	10^{18}	EJ(艾焦)$=10^{18}$ J
Peta	P	10^{15}	PJ(拍焦)$=10^{15}$ J
Tera	T	10^{12}	TJ(太焦)$=10^{12}$ J
Giga	G	10^{9}	GJ(吉焦)$=10^{9}$ J
Mega	M	10^{6}	MJ(兆焦)$=10^{6}$ J
Kilo	k	10^{3}	kJ(千焦)$=10^{3}$ J

按质量和体积计量统计时一般与能源类别有关,也与不同国际组织和国家的统计制度、统计历史习惯、能源国际贸易标准体系等有关,以下针对各种主要能源类别进行简要说明。

(1)煤炭的计量统计单位一般用吨(t)、千克(kg)表示,但由于不同煤种,热值差异较大,故我国还采用“吨标准煤”或者“千克标准煤”对不同能源进行统一折标计量统计,“吨标准煤”或“千克标准煤”的英文及其缩写分别为“ton of standard coal equivalent”(简写为“tce”)、“kilogram of coal equivalent”(简写为“kgce”)。我国规定每 1 kgce 的热值为 7000 kcal,约为 29 307 kJ(低位发热量),用 29 307 kJ 除各种能源每千克的热值就获得各种能源的折标准煤当量系数。比如,1 kg 煤炭,如果热值为 5000 kcal(约 20 934 kJ),则相当于 $1×(5000/7000)=0.7143$ kgce。

(2)石油的计量统计单位主要采用两种方法:① 按容积计量,用“桶”或升(L)”表示;另一种是按重量计算,用“吨”表示。国际上计算石油的年产量、消费量习惯用吨,而计算石油的日产量、消费量和进出口量时则用桶。石油因不同地区比重不同,同一容积重量也略有差异。目前国际石油界在进行原油重量、容积折算时,一般以世界平均比重的沙特阿拉伯 34 度轻质原油为基准。这种原油每吨折合 7.33 桶,每桶又折合 42 美制加仑(约合 0.159 m^3),每加仑相当于 3.785 L。② 国际还常用吨标准油[“ton of standard oil equivalent”(简写为“toe”)]作为石油计量单位,亦称“油当量”。按标准油的热当量值计量各种能源的统一计量单位时规定 1 kg 标准油的低位热值为 42.62 MJ·kg^{-1},任何能源均可按其低位热值折算成标准油的数量。

(3)天然气的计量单位是标准立方米(normal cubic metre,简称 Nm^3)。我国《天然气流量的标准孔板计算方法》规定,以温度 293.15 K(20℃)、压力 101.325 kPa 作为计量气体体积流量的标准状态。在国际上,天然气、LNG 贸易是按热值进行计算,常用单位为百万英热单位(MBtu)。现在,1 Btu 被定义为 1054.35 J。另外,Btu/scf 为英热单位/标准立方英尺,与 MJ·Nm^{-3} 的关系为:1 Btu·scf^{-1}=37.25 MJ·Nm^{-3}。

(4) 电的计量单位是千瓦时,1 千瓦时就是平时所说的"1 度电",是电功的单位,符号是 kW·h。计算公式为功率乘以时间,它们之间的关系如下:

$$1 J=1 W×1 s$$

$$1 kW·h=1 kW×1 h=1000 W×1 h=1000 W×3600 s=3.6×10^6 J$$

比如:1 kW·h=3600 kJ,3600/29 307=0.1229,即得到电力的折标煤系数为 0.1229 kgce·(kW·h)$^{-1}$。

(5) 氢能目前暂时没有国际统一的计量单位,在生产贸易活动中多用其热值或体积单位进行统计。根据国际原子能机构相关资料,氢能的热值为 120~142 MJ·kg^{-1}。

(6) 热值是指千克(立方米)某种固体(气体)燃料完全燃烧放出的热量,符号是 q。热值反映了燃料燃烧特性,即不同燃料在燃烧过程中化学能转化为内能的本领大小。热值的单位是焦耳每千克,符号是 J·kg^{-1}。

(7) 冷的计量一般用冷吨(又称冷冻吨)单位计量,但分为美国冷吨、日本冷吨、英国冷吨,一般以美国冷吨为主。美国冷吨定义是如果制热单位用 kcal,使 1 kg 的水每升高 1℃,则需要热量 1 kcal。1 美国冷吨(1 RT)是将 1000 kg(1 t)0℃的水(冰的熔解热为 7963 kcal)在 24 小时内变为 0℃的冰时,所需要吸收的热量。美国冷吨计量如下:

$$1 美国冷吨(1 RT)=79.63 kcal·kg^{-1}×1000/24 h=3318 kcal·h^{-1}=3859 W$$

(8) 铀的热值计量在不同的应用场景下差别很大,国际原子能机构的资料显示:天然铀在普通反应堆(LWR)中的热值约为 500 GJ·kg^{-1};天然铀在普通反应堆中进行铀和钍的循环利用过程中的热值约为 650 GJ·kg^{-1};天然铀中子反应堆(FNR)中的热值约为 28 000 GJ·kg^{-1};浓缩到 3.5%的铀,在普通反应堆中的热值约为 3900 GJ·kg^{-1}。

2. 能源统计方法体系

世界上较为典型的能源统计体系包括国际能源署、美国能源信息署。由于国际能源署涵盖了几乎所有的 OECD 成员国,故国际能源署的能源体系最具代表性。

国际能源署成立伊始就开始着手建立 OECD 内国家级的数据共享机制,并不断扩大与非 OECD 国家的对话和合作。目前国际能源署已搜集了涵盖 130 多个国家、75 大类的能源统计信息,数据信息按获取情况分成月度、季度和年度信息,其中 OECD 国家数据获取的主要渠道是在数据协议的框架下,从成员国以问卷、直报等方式获取,非 OECD 国家的数据一般通过各国的统计部门或国际机构获取。每年使用一套联合调查问卷(共 5 份,分为石油、煤炭、燃气、电力和可再生资源)来收集年度统计数据。这些问卷基于统一的定义、单位制和方法。国际能源署建立了比较完善的数据检查机制,除了不断完善成员国内部的有关协议,改善数据质量,还积极帮助非成员国优化统计体系,此外还研发了数据上传和自动检测系统,能够对数据的一致性、完整性、时效性等因素进行自动检测。国际能源署将获取的数据进行整合后形成各种类数据库,在此基础上形成了能源平衡数据库平台,建立了在线统计信息查询系统,支持基本的统计分析功能。从 20 世纪 70 年代开始,国际能源署就开始能源分析预测工作,成立了相关的统计分析和预测预警部门,开发了目前被全世界广泛采用的MARKAL 家族系列模型分析工具。通过分析预测未来石油市场的走势,国际能源署以 90天石油储备为限,向成员国发出预警,当国际石油价格剧烈变化的时候,成员国也会采取统一政策,如动用石油储备。目前,国际能源署以世界能源模型(WEM)和多区域 MARKAL 模型为基础,每年出版《世界能源展望》。以短期计量经济统计分析模型为基础,定期出版《能源统计报告》《世界能源平衡统计》《世界能源价格与税收》《石油市场分析报告》(月度、季度、半年、年度)等。

美国能源信息署(EIA)主要根据 1974 年的《联邦能源管理法案》和 1977 年的《美国能源部组织法案》,进行强制性的能源数据采集,并依法进行一些专门调查。EIA 共有 70 多种调查和数据表格。调查种类包括:石油、天然气、电力、铀、煤、可再生能源、消费量、环境、财务、可替代燃料和其他项目。在石油方面,主要调查内容包括:炼油厂成本、国内石油储量、国内原油井口价格、炼油厂/天然气厂石油产品销量、经销商/零售商石油产品销量、主要供应商本地石油产品销量、炼油厂和分馏装置状况、油库周转情况、成品油管道公司产品库存、原油库存、原油/油品进口、转运库调和组分、油轮和驳船航运动向、氧化剂生产和库存数据、燃料油和煤油销量、国外原油购置成本、冬季取暖燃料价格、汽油价格、公路柴油价格。在天然气方面,调查的内容主要包括国内天然气储量、天然气液产量、天然气供应、地下储气量、天然气采购和交付情况、天然气产量和价格、天然气市场调查、天然气进出口。

我国在 1979 年开始重视节能工作后,提出了一套完整且适应我国国情的能源统计指标体系,是当时迫切需要解决的重要课题。为此,国家制定了一系列关于能源统计的国家标准,为建立能源统计指标体系打下了基础。1987 年,国家统计局工业交通物资司组织辽宁、湖北、北京、上海等省(直辖市)统计局以及国家计委、经委、各工业部门编写了《能源统计工作手册》。在该手册中,首次系统提出了我国能源统计指标体系,并对每个指标做了详细说明。随着节能工作的深入,1995 年国家统计局再次组织力量,编写了《能源经济统计指南》一书,并根据当时情况,对我国的能源统计指标体系进行完善,增加了一些新指标,形成了迄今为止我国最权威的能源统计指标体系。其主要内容包括:① 能源资源统计,② 能源生产统计,③ 能源加工、转换统计,④ 能源运输统计,⑤ 能源流转统计,⑥ 能源库存统计,⑦ 能源消费统计,⑧ 能源综合平衡统计,⑨ 能源技术经济及能源经济效益统计,⑩ 能源节约统计,⑪ 能源综合利用统计,⑫ 能源污染统计。

鉴于能源在经济中的重要地位和作用,世界各国以及相关组织都十分重视能源统计分析,各国能源统计的指标和方法都有一定差异。而我国的能源统计,在产品分类、行业分类、平衡表体系上,与国外及国际组织存在较大差距,在统计内容的广度、深度上,也无法与其相比。我国能源平衡表中能源消费部门划分为一、二、三产和民用,国际能源署则分为工业部门、运输部门、其他部门和非能源利用四大类等,在能源消费统计中难以与国际作对比。

为了直观反映能源平衡表的各项指标之间的数量关系,一般我们用绘制能流图的方式表述,见图 3.4。

3. 碳计量统计方法体系

根据《联合国气候变化框架公约》(以下简称《公约》)第 4 条及第 12 条规定,每一个缔约方都有义务提交本国的国家信息通报。我国作为《公约》非附件一缔约方,高度重视所承担的国际义务,已分别于 2004 年和 2012 年提交了《中华人民共和国气候变化初始国家信息通报》和《中华人民共和国气候变化第二次国家信息通报》,全面阐述了中国应对气候变化的各项政策与行动,并报告了中国 1994 年和 2005 年国家温室气体清单。根据 2010 年《公约》第

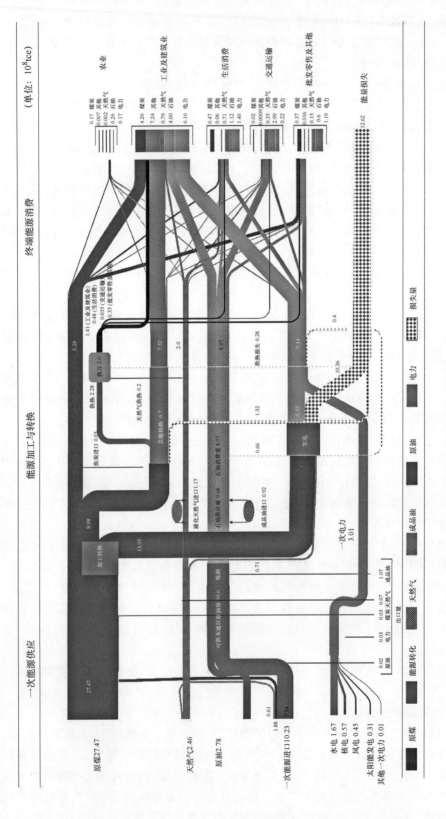

图3.4　2020年中国能流图

十六次缔约方大会通过的第 1/CP.16 号以及 2011 年《公约》第十七次缔约方大会通过的第 2/CP.17 号决定,非附件一缔约方应根据其能力及为编写报告所获得的支持程度,从 2014 年开始提交两年更新报告,内容包括更新的国家温室气体清单、减缓行动、需求和获得的资助等。根据《公约》相关决定的要求和我国的实际情况,2012 年国家温室气体清单编制和报告范围包括能源活动、工业生产过程、农业活动、土地利用变化和林业、废弃物处理五个领域的二氧化碳(CO_2)、甲烷(CH_4)、氧化亚氮(N_2O)、氢氟碳化物(HFCs)、全氟化碳(PFCs)和六氟化硫(SF_6)六类气体。国家温室气体清单编制方法主要采用了《IPCC 国家温室气体清单编制指南(1996 年修订版)》(简称《1996 年 IPCC 清单指南》)和《IPCC 国家温室气体清单优良作法指南和不确定性管理》(简称《IPCC 优良作法指南》)。数据主要来自官方统计,排放因子优先采用 2012 年本国特征化参数。

就能源系统碳排放而言,燃料和能源产品的生产和消费数据是一个国家或地区、经济体能源统计的一部分,通常反映在其能源平衡表中。所以,通过能源平衡表核算碳排放非常重要,这是最需要掌握的碳计量方法和技术。图 3.5 是主要基于能源平衡表的碳排放流图(简称"碳流图")计算结果。其中,需要说明的是:这是一个完整能源系统的碳流图,包括能源开发、能源加工与转换、终端能源消费过程的碳排放计算,图中还计算了煤炭、天然气开采过程中释放(逃逸)的甲烷气体(图中按照 CO_2 当量给出了计算结果)。

核算燃料燃烧产生的非 CO_2 排放量所需方法通常比核算 CO_2 排放量所需方法更加具体,所需信息更为详细,例如,需要知道燃料的成分特性、燃烧条件、燃烧技术和排放控制方法等。核算逃逸的二氧化碳和非二氧化碳(比如露天开采释放的甲烷气体)排放量也需要具体的方法和数据支撑,计算方法如下:

$$碳排放量_{燃料} = 燃烧的燃料量_{燃料} \times 排放系数_{燃料、技术}$$

其中,碳排放量$_{燃料}$是按燃料类型划分的 CO_2 排放量(通常分为不同的燃料类别,包括各类一次能源、二次能源,如原煤、洗精煤、原油、汽油、柴油、天然气、LNG 等),燃烧的燃料量$_{燃料}$是燃烧的燃料量,排放系数$_{燃料、技术}$是所用燃料类型和燃烧技术的 CO_2 排放系数。有时在这个计算中会加入碳氧化率。虽然计算很简单,但能够相对科学地计算出燃烧的燃料量和选择符合 IPCC 排放类别定义的排放系数有时非常重要,对结果影响巨大。因为不同国家和地区、经济体即使采用同一种燃料,碳排放系数也由于燃料的热值、含碳量、燃烧技术等存在明显的差异,排放系数取值不同,而且部分国家缺乏这些数据。IPCC 通常建议使用国际组织提供的数据(这些数据通常是建立在各国提交的国家数据基础上)。国际能源统计数据的两个主要来源是联合国统计司和国际能源署。两个机构都是通过问卷调查从其成员国的国家行政部门采集数据(因此采集的是"官方数据"),并且会进行数据交换,以确保数据的一致性,避免报告国重复工作。

一般而言,能源系统的统计及能源系统的碳排放主要源于各类一次能源和二次能源。通常是根据平均低位发热量、单位热值含碳量、碳氧化率为依据进行折标计算。表 3-3 给出了能源统计与碳计量中重要的能源品种折标系数与 CO_2 排放系数。

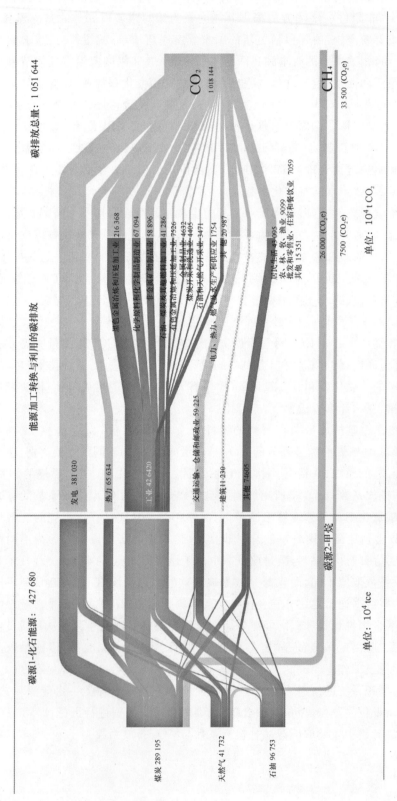

图3.5　2020年我国能源系统CO₂流图（简称"碳流图"）

表 3-3 能源统计与碳计量中重要能源品种折标系数与 CO_2 排放系数

能源品种	平均低位发热量 /(kJ·kg^{-1})	折标煤系数 /(kgce·kg^{-1})	单位热值含碳量 /(t C·TJ^{-1})	碳氧化率	CO_2 排放系数 /(kg CO_2·kg^{-1})
标煤	29 307	1	26.3	0.94	2.66
原煤	20 908	0.7143	27	0.94	1.95
烟煤	22 350	0.7612	26.1	0.93	1.99
褐煤	12 560	0.4286	28	0.96	1.24
无烟煤	25 120	0.8572	27.4	0.94	2.37
洗精煤	26 377	0.9	25.4	0.94	2.31
焦炭	28 470	0.9714	29.5	0.93	2.86
原油	41 868	1.4286	20.1	0.98	3.02
汽油	43 124	1.4714	18.9	0.98	2.93
柴油	42 705	1.4571	20.2	0.98	3.10
煤油	43 124	1.4714	19.6	0.98	3.04
燃料油	41 868	1.4286	21.1	0.98	3.17
天然气	38 979[a]	1.33[b]	15.3	0.99	2.16[c]
LNG	51 498	1.7572	15.3	0.98	2.83
LPG	50 242	1.7143	17.2	0.98	3.11
炼厂干气	46 055	1.5714	18.2	0.98	3.01
焦炉煤气	18 003[a]	0.6143[b]	13.58	0.93	0.83[c]

注：[a]数字单位是 kJ·m^{-3}，[b]数字单位是 kgce·m^{-3}，[c]数字单位是 kg CO_2·m^{-3}。

3.2 能源转型与碳减排

3.2.1 宏观经济变化与能源转型及碳减排

1. 能源转型的驱动力——经济的高质量增长

国际货币基金组织（IMF）于 2014 年开发了一组增长质量指数（quality of growth index，以下简称 QGI）[10]，用来衡量经济基本面和社会发展两个维度的质量，并测算和比较了 93 个国家在 1990—2011 年的增长质量，进行了排序。一般而言，作为能源转型的驱动力，高质量增长会涉及经济、社会、环境、气候等多方面指标。我们这里选择的分析指标包括人口、GDP、CO_2 排放量、化石能源消费量、可再生能源装机占比等。我国经济发展进入了新时代，基本特征是经济已由高速增长阶段转向高质量发展阶段，相应的指标也在不断改善中，最终伴随着明显的能源转型特征。图 3.6 是 2010—2020 年不同国家单位 GDP 化石能源消费量与人均碳排放的变化关系，从图中可以看出，10 年来无论是发达国家还是发展中国家，其单位 GDP 化石能源消费量均在下降，体现了随着经济增长，全球能源转型整体在推进中，只不过有的国家快，有的国家慢；但从人均 CO_2 排放角度看，发展中国家普遍在增长，体现了这些欠发达国家仍在发展中。伴随着经济的高质量增长，体现能源转型的另一个指标是终端能源消费的电气化水平在不断提高，如图 3.7 是 1980—2021 年部分 G20 国家终端电气化水平变化趋势，从图中可以看出，发达国家和发展中国家终端用能电气化水平差距已在缩小，尤其是典型发展中国家（中国和印度）的追赶速度惊人，终端用能电气化水平与人均 GDP 的关系似乎在弱化。未来，随着人工智能、大数据、物联网、5G 等技术的进一步应用，终端用电水平将迎来新一波增长的高峰期，比如：随着电动交通和无人驾驶系统、大数据中心、以 5G 为核心的通信基础设施和物联网系统等不断迎来商业化布局和普及,这些领域都将成为耗电大户,必将成为终端用能电气化水平增长的推动力,这对电力电网系统的柔性、灵活性、安全性将提出更高要求,反过来也有利于推动可再生能源的进一步发展。最终,终端用能电气化水平的高低将成为检验人类是否进入低碳发展通道的重要标志,也是联合国 SD7 目标实现与否的重要衡量指标。另外,终端用能电气化率的提高将对缓解气候变化做出巨大贡献。

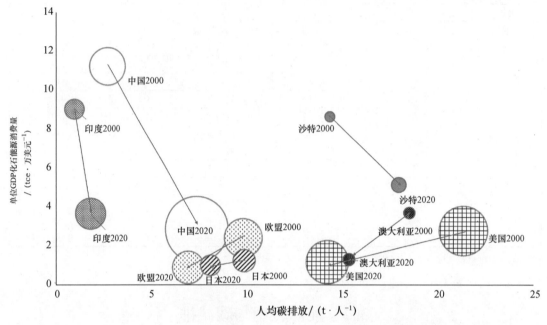

图 3.6 2010—2020 年不同国家单位 GDP 化石能源消费量与人均碳排放的变化关系

数据来源:Our World in Data

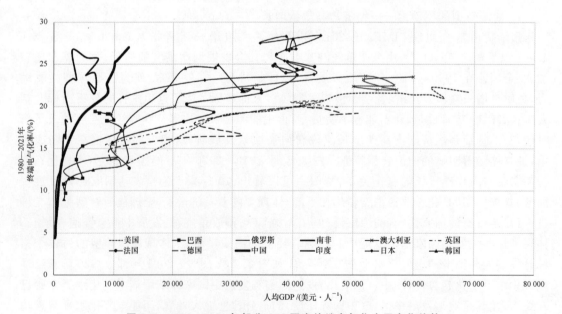

图 3.7 1980—2021 年部分 G20 国家终端电气化水平变化趋势

数据来源:世界银行

另外,可再生能源发展对一次能源需求下降起到了至关重要的作用。虽然可再生能源的整体度电成本仍高于传统化石能源,但在许多优质风力、光伏地区,度电成本已经低于新建的传统热电。尤其是分布式可再生能源在世界范围内帮助消费者获得了便利而灵活的能源,并且降低了其电力成本,某些区域性、分布式大型零售企业不但可以做到电力的自给自足,甚至可以实现电力的净盈余。我国可再生能源发展在世界上一直处于领先地位,截至 2021 年年底,我国可再生能源发电量达到 24 864×10⁸ kW·h,可再生能源装机容量已经从 2012 年的 32 101×10⁴ kW 增长到 2021 年的 102 755×10⁴ kW,年均增长率达到 13.8%(表 3-4)。

表 3-4 2012 和 2021 年我国各类电源装机容量比较[2,11]

电源类型		2012 年各类电源装机容量/(10⁴ kW)	占比/(%)	2021 年各类电源装机容量/(10⁴ kW)	占比/(%)	2012—2021 年装机容量年均增长率/(%)
火电		81 917	71.55	125 881	52.98	4.39
核电		1257	1.10	5326	2.24	15.53
可再生能源	水电	24 890	21.74	35 453	3.60	3.60
	风电	6083	5.31	32 848	18.37	18.37
	太阳能	328	0.29	30 656	57.42	57.42
	生物质及其他	800	0.01	3798	72.80	72.80
	可再生能源合计	32 101	27.35	102 755	12.62	12.62
非化石能源合计		32 664	28.45	108 081	47.02	12.74

注:2012 年风电与太阳能为并网装机量。

2. 能源转型的宏观指标——能耗强度与碳排放强度

能耗强度和碳排放强度是衡量一个国家或经济体经济社会发展过程中能源资源投入效率和造成的碳排放强弱最基本的指标。能耗强度越大,则单位经济产出(一般用 GDP 为测度指标)的能源资源投入就越多,经济发展的能源资源代价就越高;同样碳排放强度越大,则单位经济产出造成的碳排放就越大,经济发展的碳排放代价(温室效应贡献)就越大。而且,由于碳排放主要源于化石能源利用,而 2000—2020 年全球绝大部分国家都主要依赖化石能源,故如图 3.8 所示,全球及部分国家和经济体的能耗强度和碳排放强度的趋势变化基本是一致的。从图中可以明显看出,发达国家和经济体由于经历了重化工业发展阶段,故其能耗强度和碳排放强度均低于全球平均水平,而发展中国家(包括中国)能耗强度和碳排放强度均高于全球平均水平。另外,各国、各经济体的能耗强度和碳排放强度都呈现下降趋势,不过发达国家的下降趋势较为平缓,而发展中国家的下降趋势更为明显。这也证明了发展中国家的经济发展质量和碳排放行为都在改善,但与全球平均水平比较还有较大差异。个别国家,如南非呈现反复恶化的趋势,说明其经济发展的能源资源集约化程度和碳排放行为较差。

3. 能源转型的长期趋势——经济增长与碳排放脱钩

从能源转型的长期趋势看,由于越来越多地使用低碳化石能源(如天然气和 LNG 等)、零碳能源(如新能源、可再生能源),所以,随着主要贡献碳排放化石能源的减少,经济产出越来越转向更多地依赖低碳、零碳能源,故经济增长(GDP)与 CO_2 排放量的变化趋势的一致性(同步特性)会逐渐变弱,最终脱钩,如 OECD 国家的经济增长与 CO_2 排放量的变化趋势就是经历了这样一个缓慢的过程。而我国作为最大的发展中国家,由于仍处于工业化时期,加上我国能源结构更多依赖的是煤炭这样的高碳能源,故 GDP 与 CO_2 排放仍然在同步进行中,还没有出现碳排放与 GDP 明显脱钩的趋势(图 3.9)。

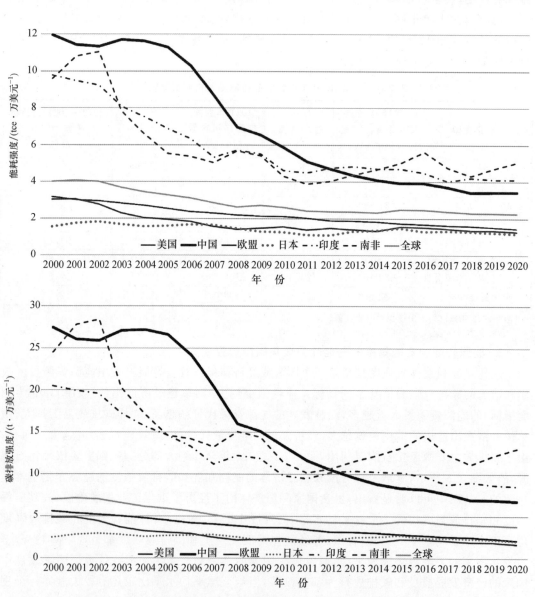

图 3.8　2000—2021 年全球及部分国家和经济体的能耗强度和碳排放强度

数据来源:BP 世界能源统计 2022、世界银行

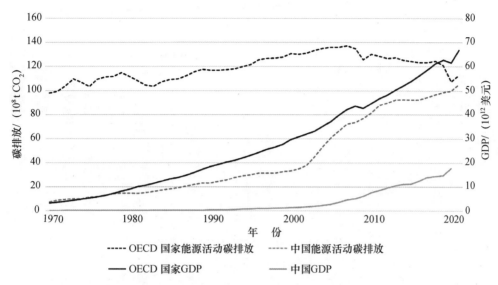

图 3.9 1970—2021 年 OECD 与中国的 GDP 及碳排放变化趋势
数据来源：BP 世界能源统计 2022、世界银行 GDP 数据

3.2.2 供给侧能源转型与碳减排

1. 能源供应形势的总体变化趋势与碳减排

从全球中长期一次能源供应结构看，未来的总体趋势是能源供应正在由化石能源主导向新能源、可再生能源主导发展。这实际上得益于多年来联合国所倡导和推动的全球可持续、绿色、低碳/零碳以及基于自然的解决方案等发展理念。尤其体现在能源转型进程中的资金流向，自从可再生能源开始被重视以来，投资在逐年增长，也带动了其他绿色能源的进一步发展，包括绿氢、交通和供热领域电气化、碳捕集与封存（Carbon Capture and Storage，以下简称 CCS）、储能等。根据彭博社数据，2021 年全球能源系统转型脱碳投资高达 7550 亿美元，比 2020 年高出 27%。其中，清洁能源和电气化（包括可再生能源、核能、储能和电气化运输和热力）占投资的绝大部分，为 7310 亿美元，氢能及 CCS 等领域的总投资是 240 亿美元。主要原因是随着风能、太阳能装置以及电动汽车销量的飙升，可再生能源和电气化交通的投资也在 2021 年创下新纪录，其中，可再生能源投资 3660 亿美元，同比增长 6.5%；电动汽车及相关充电基础设施投资达到 2730 亿美元，增长了 77%。核能和地热电能（如热泵等）的投资分别达到 310 亿美元和 530 亿美元（图 3.10）。

2. 支撑新能源发展的稀土、稀有矿物资源在能源转型中的重要性

根据国际能源署 2022 年的研究报告 *The Role of Critical World Energy Outlook Special Report Minerals in Clean Energy Transitions*，当前世界能源结构正在向清洁能源过渡，矿物和金属在众多使用广泛的清洁能源技术中正在发挥非常关键的作用，矿物和能源领域之间的联系也在进一步加强。从风力涡轮机和太阳能电池板到动力电池，随着清洁能源技术的推广，矿物和金属正在逐渐成为能源领域的重要组成部分。所以，清洁能源技术的广泛应用将大幅提升世界对关键矿产资源的需求，包括那些对芯片制造非常关键的各类稀土和稀有金属等。不同清洁能源技术对矿产资源的需求差异很大，全球清洁能源转型将对未来 20 年的矿产资源需求产生深远影响。清洁能源技术也将成为推动关键矿产需

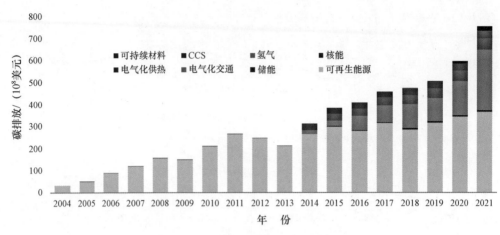

图 3.10   全球能源转型投资变化趋势
数据来源：Bloomberg

求增长的主要力量，这也有助于大大减少气候行动的不确定性，并能够带动新的投资和就业，显著降低气候风险。目前，各类金属元素在各类新能源使用场景中越来越广泛。例如，在过去十年中全球太阳能光伏发电能力增长了近 20 倍，商业硅片组件的平均效率从 12% 提高到 17%，而碲化镉(CdTe)组件的效率从 9% 增加到 19%；风力涡轮机由塔架、机舱和安装在地基上的转子组成，需要混凝土、钢、铁、玻璃纤维、聚合物、铝、铜、锌和稀有金属等材料，其中的锌作为防止腐蚀的保护层在各类涡轮机中都须大量使用；铜和铝是电线和电缆的两种主要材料，部分还被用于变压器。据估计，目前约有 1.5×10^8 t 铜和 2.1×10^8 t 铝被"锁定"在运行的电网中；电动汽车和储能设备中使用的锂离子电池是由电池组中电池模块的电池单元组成，电池单元通常占电池总重量的 70%～85%，其活性阴极材料(如锂、镍、钴和锰)、阳极(如石墨)和集电体(如铜)中含有多种矿物；制氢用的碱性电解器，根据目前的设计 1 MW(兆瓦，$1 \text{ MW} = 10^6$ W)电解器需要超过 1000 kg 镍、100 kg 锆、500 kg 的铝和 10 t 的钢，以及少量的钴和铜作为催化剂，而目前每兆瓦的质子交换膜(PEM)电解器催化剂使用约 0.3 kg 的铂和 0.7 kg 的铱。所以，未来这些新能源发展所必须使用的稀土、稀有矿物资源在能源转型中将越来越重要。

3. 能源供应形式的多元化与灵活性趋势

分布式能源供应的出现，如屋顶太阳能光伏、微型风力涡轮机、电池储能系统、微电网、插电式电动汽车(移动电源)等，通过成为电力网络的积极参与者，可以大大增加系统的灵活性。随着电气化率的提高，运输、建筑和工业等终端用户越来越有条件通过需求响应计划、价格弹性和部门耦合，采用智能方法管理这些新负荷，从而为可再生能源接入电网提供新的灵活性。未来，储能在全系统提高能源供应灵活性方面具有十分重要的作用，它可以帮助在系统中实现高份额可再生能源占比。在供应方面，一定规模的太阳能光伏及"电力转变 X"(例如，将电转变为热、将电转变为氢等)的应用在连接到可再生能源发电厂并储存其多余的发电量时，就可以增加系统的灵活性。在需求方面，如果负荷管理得好，就可以通过直接或间接的终端使用部门电气化而提供更多灵活性，或者当它们连接到电网时，可以帮助电网增加其灵活性并减少网络拥堵。世界上某些国家在这方面已经取得一定技术突破，成效显著。比如：丹麦强大的电网互联提高了风能渗透率。丹麦主要向北欧国家出口过剩的风能，这些国家可以利用进口风能来取代其水力发电,并节约水库的水。丹麦的内部输电网很强大,它与斯堪的纳维亚半岛其他国家和德国的互联能力几乎等于 6.5 GW 的峰值负荷(其中,从德国的进口能力为 2.2 GW,从瑞典的进口能力为 2 GW,从挪威的进口能力为 1.6 GW)。丹麦输电系统运营商的首要任务是开发需求响应系统,增加供暖部门电气化比例,发展智能电网和压缩空气储能。丹麦通过调整市场设计,鼓励传统发电的灵活行为,重新定义平衡了需求,更好抵消了发电端电力供应的不稳定性。而且,对大量的煤电厂进行了灵活性改造,将煤电厂的最低负荷从 50% 降至了 20%。

分布式能源的规模可以从一个家庭到整个工业园区。在我国,虽然分布式规模总体上远小于集中式,但由于数量众多,越来越成为能源领域发展的一个重点。分布式能源的一个突出优势是就地利用和高能效。例如,天然气分布式能源可以通过冷热电联产实现能源的梯级利用,能效可以达到 80% 以上(按照国家能源局发布的指导意见,天然气分布式能源的能效要求是 70% 以上),远高于普通电站项目。近年来,我国分布式能源的发展十分迅猛,在能源系统中的比例不断提高,正在给能源工业带来革命性变化。在政府和企业的大力支持下,近十年以来,我国分布式能源项目得到了大力推广,在北京、上海、广东等地发展较快,分布式能源在我国正迎来大发展。根据《2023—2028 年中国分布式能源产业全景调查及投资咨询报告》,2021 年我国分布式光伏电站新增装机 29 GW,首次超过集中式电站装机量。

3.2.3 需求侧能源转型与碳减排

1. 清洁能源需求趋势与碳减排

根据麦肯锡 2022 年 4 月发布的 *Global Energy Perspective* 2022 预测,2050 年电力在终端能源消费结构中消费的化石能源量将比 2020 年减少 40%。随着电气化和生活水平的提高,预计到 2050 年电力消耗将增加 2 倍,预计电动汽车在 21 世纪 20 年代中期就能达到与传统燃油汽车同等的成本,由此交通领域或将最快完成电气化转型。在建筑领域,不断提高的生活水平预计将推动对电器和房屋制冷的需求增长,使建筑领域的电气化率从目前的 30% 提高到 2050 年的 60%。而且,长期看,绿氢将成为额外电力需求的最大驱动力(占 2035—2050 年增长的 42%),而氢气在钢铁等难减排行业中也将发挥关键作用。

在多数国家,因太阳能和风能的建设成本已低于现有的化石燃料,预计在全球范围内的成本竞争力会越来越激烈。火力发电将转变为支持电网稳定运行的后备灵活性电源,从 2019 年到 2050 年全球的负荷率将下降约 30%(从 40% 降至 28%)。不过在政策指导、经济因素以及土地和资源可用性等条件的驱动下,电力减碳路径可能会存在区域性差异。燃气电厂、电池和氢能电解器等灵活电源是电网稳定和去碳化的关键。为确保系统安全,传统和新型的灵活性电源都是必需的。据估计,在 2030—2035 年灵活电源的增加将占总装机增加量的约 25%,其中氢气、电动汽车和电池占了很大份额。在全球范围内,到 2050 年将增加 24 TW(太瓦,1 TW $= 10^{12}$ W)的总装机量,那时绿氢将占电力需求的 28%。尽管产生了额外的需求,但可调度的电解器允许集成更多的间歇性可再生能源。预计能源系统中间歇性可再生能源占比将继续增大,并减少约 15% 的碳排放。预计绿氢将作为电力生产的储存机制在未来的电力系统中发挥重要作用。被氢气替代的燃气轮机可以成为额外的灵活性备用机组。车联网和长期储能等新技术如果实现技术突破并证明是成本有效的,则未来可以在能源系统中发挥关键作用。所以,从终端角度讲,布局越来越多的清洁能源将对能源系统大规模减碳起到非常重要的作用。

2. 再电气化趋势与碳减排

随着全球低碳经济和绿色发展的大趋势,终端能源正在向越来越多的电力转变,这也是全球能源转型的核心和必然结果。根据国际能源署 2021 年《世界能源展望》的净零情景预测,到 2050 年终端用能中煤炭、石油、天然气三项化石能源占比将从目前的 67% 下降到 18%,电力在终端能源的比例将从目前的 20% 增加到 2050 年的 52%。这种转变在电动汽车出现的道路交通中最为突出并占主导地位;而在建筑领域中,传统的燃油和燃气供暖系统也将被电和热的系统取代;在工业领域,在低温工业过程中也可以大量使用电力。这种再"电气化"过程将使总体电力需求进一步增加。相应地,在终端能源消费中,煤炭、天然气和石油产品的消费需求量都将急剧下降。到 2050 年,煤炭、石油、天然气将分别下降到 2%、11%、5%,这与在煤炭和天然气领域使用碳捕集与封存技术有关。另外,氢能将在终端能源中扮演重要角色,从目前不足 0.002% 增长到 2050 年的 6%。

3. 节能被视作"第一能源"的碳减排潜力

节能向来是各国终端能源管理的重点,我国非常重视能源,较早提出了"节能是第一能源"的说法。2021 年,白荣春先生在其文章[12]中详细回顾了中国 40 多年改革开放以来的节能工作,总结了在节能工作中的许多经验和教训,并强调:"中国仍然有巨大的节能潜力,节能依然是中国的第一能源。"国际能源署署长 Fatih Birol 在 2021 年的 IEA 出版物 *Energy Efficiency* 2021 中也强调:"We consider energy efficiency to be the 'first fuel' as it still represents the cleanest and, in most cases, the cheapest way to meet our energy needs."意思是:"我们把能效视作'第一燃料',因为能效是最廉价、最清洁的能源,适合在多种场景以最廉价的方式满足我们的能源需求。"非常直观的是:我们每节约 1 t 化石能源,就可以少排 1 t 能源消费所引发的碳排放,比如,燃煤发电厂每节约 1 t 煤炭,就可以少排约 2 t 的 CO_2。

在 IEA"2050 年净零排放"情景下,能效是决定清洁能源增长是否比能源服务需求增长更快的关键因素。该情景下,2030 年全球经济受人口和居民收入增加驱动将增长 40%,但一次能源消耗反而会减少 7%,相应地 2030 年全球一次能源强度预计将下降 35%,即能效水平提升 1/3,相当于从现在起到 2030 年能效水平以每年 4% 的幅度持续提升。而为了实现情景中描绘的结果,建筑、交通和工业部门需要进行前所未有的大规模高能效转型。

我国未来提高能效的主要难点和发力点依然是终端,包括:① 要大幅度提高终端用电比例,这与大幅度提高可再生能源比例相呼应。从长远目标,我国的终端用电比例可以从目前约 24% 提高到 2050 年的 60%。② 要全面提升建筑的绿色化水平,近零能耗的节能率是 60%~75%,零能耗建筑节能率是 100%。近零能耗建筑标准的出台,对全过程推动新建建筑的绿色化将发挥很重要的引领作用。③ 从长远趋势讲,到 2050 年基本上全部是电动车和燃料电池汽车,但在 2050 年之前的相当长时间内还是内燃机汽车占大部分,我国还须继续大幅度提高燃油经济性标准,到 2030 年力争提高到每百公里 3.2 升[12]。

4. 需求端电、热、气、信息多网数字化、智能化融合趋势与碳减排

能源系统的一个重大变革是数字化、智能化已开始全方位、立体式武装各组成要素和单元。其中需求端(各类终端用户)通过统一的控制中心信息网,将电、气、氢、冷、热及储能系统等各类能源公用事业运营商进行统一调度,形成电网、热网、气网、能源物流网多网融合互补的一体化高效协同系统,最大限度达到节能、高效、低碳/零碳的目标,如图 3.11 所示。目前,能源公用事业类公司作为终端能源系统典型的运营商,随着终端电气化和智能化技术进步及管理水平的不断提高,使其拥有更为完善的内部数字综合技术团队成为可能。随着数字化、智能化专业知识的不断积累和迭代,公用事业公司有机会将新的数字技术和智能技术集成在终端能源系统中。据全球电子可持续发展推进协会(GeSI)的研究,数字技术在未来十年内通过赋能其他行业可以减少全球约 20% 的碳排放,主要是通过智慧能源、智慧制造等领域实现。

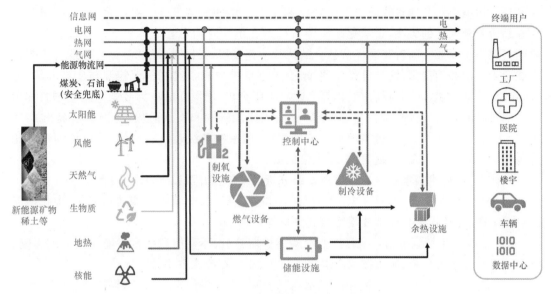

图 3.11   数字化智慧能源信息系统

3.3   基于能源系统模型的碳中和分析

3.3.1   系统需求分析

当前,定量化的研究方式逐渐成为能源形势分析和政策研究中颇为重要的研究手段,而好的定量化工具(模型)无疑是定量化研究成功的核心要素。一方面,随着经济社会的发展,能源、经济和社会领域积累大量的可供使用的历史数据,这些历史数据奠定了定量化分析能源问题的基础;另一方面,能源产业作为国民经济的基础产业,其行业形势的变化几乎会对社会所有行业产生影响,而这种影响方式并非很直观,往往通过复杂的传导方式而作用,因而要研究清楚这些关系,就需要借助更加精细的研究工具,即定量化的研究工具。

事实上,用定量化工具来研究能源问题已经有很多很好的研究成果,比如国际能源署(IEA)的旗舰出版物《世界能源展望》(*World Energy Outlook*)中应用的"世界能源模型"(World Energy Model),预测了世界主要国家能源发展形势;美国能源署(EIA)的重要报告《短期能源展望》(*Short-Term Energy Outlook*)中应用的"短期能源模型"(Short-Term Energy Model)对美国未来 24 个月的能源走势进行滚动预测分析;此外,还有 IEA 的能源技术系统分析项目(Energy Technology Systems Analysis Program)中的 Times 模型、麻省理工学院的"排放预测与政策分析模型"(Emissions Prediction and Policy Analysis)、瑞典的斯德哥尔摩环境研究所(SEI)开发的 LEAP 模型(Long-range Energy Alternatives Planning System),等等,这些模型在各自的研究领域都得到了较为广泛的应用和较大范围的认可,并成为这些领域中的标杆性研究工具。

以上这些模型的开发和应用有其深厚的历史背景和迫切的现实需求,发达经济体所经历的石油危机使其深刻意识到能源安全对经济和社会发展的重要性,同时发达经济体所经历的环境污染也使其注重能源与社会经济和生态环境的协调发展。在此背景下,能源问题逐渐开始引起人们的关注,定量化能源分析模型在不同时期随着计算机软硬件和算法的发展而得到同步发展。随着我国经济社会的持续快速发展,我国自 2010 年起已经成为世界最大能源生产国和消费国,同时也是世界最大的 CO_2 排放国,能源安全、能源与生态环境、能源与经济社会发展、能源与气候变化等问题越来越突出,能源问题成为我国高质量增长和生态文明建设的重要关键环节。目前,全球已步入实现碳中和发展阶段,我国也已提出 2030 年前实现碳达峰和 2060 年前实现碳中和的目标,国家和各级政府、企事业单位均须建立相应的分析系统作为实现"双碳"目标的决策依据。

具体而言,构建国家级、省市级、企业级分析系统均须开展以下需求分析:

(1) 能源前景分析:包括中长期能源消费和供应形势、能源中长期结构变化、中长期能源供需平衡、能源强度与碳排放强度控制分析等;

(2) 能源技术情景分析:能源技术发展中长期趋势、不同能源技术对能源供需的影响、能源技术减排潜力分析、能源技术成本收益分析、非化石能源占比分析等;

(3) 能源环境影响分析:能源路径水消耗分析、能源路径空气污染影响分析、能源路径土地利用情况分析、能源路径生态保护影响分析等;

(4) 能源投资分析:不同能源路径下总投资和分部门能源投资分析、能源技术成本及其不确定分析等;

(5) 能源安全分析:总体和分品种能源安全形势分析、能源进口成本分析等;

(6) 碳排放分析:中长期温室气体排放趋势分析、温室气体总量约束分析、温室气体达峰及碳中和路径分析等;

(7) 能源及碳排放情景对比:对比不同研究成果中的能源供需情景和碳排放情景进行分析。

3.3.2　数据指标选取与收集

一般而言,能源系统模型的碳中和分析需要依托一个涵盖经济社会发展、能源分行业、生态环境与碳排放、技术经济性等方面的指标体系。

(1) 经济和社会发展指标。一般会选取 GDP、人口总量、城市化率等作为能源及碳排放的系统驱动指标,经济指标也会包含工业品产量等指标。人口数量是影响未来能源消费总量和结构特征的又一重要指标,伴随人口数量的变化,居民生活中用能设备和交通运输中交通工具需求也会随之改变;而城镇化率也会对能源系统产生较大影响,所以,一般城市化率也是重要的被选指标。数据一般通过统计年鉴或者统计报告收集。比如,我国的这类数据绝大部分来自《中国统计年鉴》和国家统计局网站(http://www.stats.gov.cn/),其余部分数据来自相关行业或协会统计。

(2) 能源指标。一般几乎涉及所有类型的一次能源和二次能源,非常重要的是能源生产和消费的指标。终端能源消费一般要分不同行业,比如我国工业就分了 39 个子行业。有关能源指标可阅读"中国能源平衡表"中有关横、纵表头及其平衡关系(详见本章 3.2 节)。能源指标也包括一些宏观类型的复合效率指标,如人均能源消费量、单位 GDP 能源消费量(能耗强度)、单位 GDP CO_2 排放量(碳排放强度)等。能源指标的数据来源一般是能源统计系统和能源类统计年鉴或年度报告,比如我国的能源数据主要来源是《中国能源统计年鉴》。

(3)能源技术指标。能源技术发展对于能源供应和需求结构有相当大的影响,包括供给侧风能、太阳能、海洋能、潮汐能及制氢技术等,需求侧的交通、供热、建筑、民用等各类用能设施设备的具体技术对能源系统的清洁化、低碳化都极为重要。技术指标一般会涉及成本、效率类指标。能源技术指标一般需要跟踪和积累,有时需要现场调研;需要不断根据技术进步更新系统中的各类技术及相关指标的具体取值。

3.3.3 建模与功能模块设计

一般来说,为一个国家或地区建立能源系统模型并进行碳中和分析,先要正确研究把握好这个国家或地区的能源经济基本发展规律。比如,建立我国的能源系统模型并进行碳中和分析时,要立足我国的能源经济基本特征,把经济发展作为我国能源系统模型构建的外生驱动因素,把其中的预测模型作为解释从经济到能源,再到碳排放的桥梁。我国以工业子行业为基础建立的工业能源模型一般下分 39 个子行业,其中钢铁、建材、化工、石化、发电以及有色金属六大高耗能行业占较高的能源消费比例;以国家五年经济社会发展规划作为输入依据,结合能源及相关行业五年规划,建立符合中国国情的能源供应和需求系统,并随着形势的发展和规划的调整不断更新分析系统;以能源转换效率作为外生技术参数,主要包括火力发电效率、炼厂收油率、锅炉供热效率、燃油经济性、各类成本等效率指标和技术经济性指标,我们需要分析这些指标的趋势和稳定性、技术替代弹性等;从结构上看,模型分为需求侧和供给侧两部分,两部分分别使用不同的分析预测方法,分析预测方法一般分为统计类和优化类,基本的逻辑是从经济发展出发预测能源需求,从规划和预期出发预测能源供应及其相应的技术和成本等,并在此基础上计算能源系统的碳排放。在需要优化的时候,进行优化分析,比如电力技术优化、减排方案的优选等。

图 3.12 是一个能源系统建模基本逻辑关系[13]。

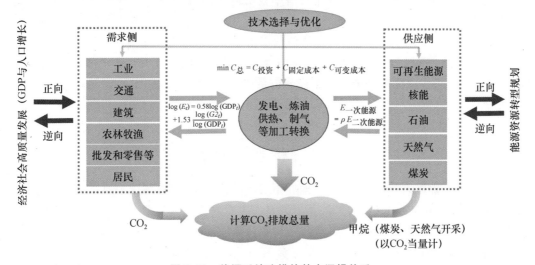

图 3.12 能源系统建模的基本逻辑关系

3.3.4 情景设计与碳减排、碳中和路径分析

情景分析是能源系统建模预测和碳达峰、碳中和研究最为典型的方法,一般而言,把核心变量或主要变量组(主要是因为这些变量的不同会对能源系统的供需和碳排放结果有较大的影响,分别代表了不同的未来预期、预判)作为情景分析指标,比如:可以用不同油价作为情景分析的控制指标,也可以把全球温升 1.5℃、2℃、3℃ 等作为情景分析的控制指标,需要倒推每种情景对应的能源供需和 CO_2 排放等。

这里以"中国能源经济发展路径分析系统"[13] 为例,介绍一下能源经济与气候变化领域第二代分析系统的基本思路(简称"第二代分析系统")。传统的分析系统是静态的,主要由单个模型分析系统专家或团队自身维护和更新,一般模型和数据系统都是"黑箱",一般不会是一个较为成熟的软件分析系统,有的即使成为软件,用户也只能按照其设定的模型系统结构输入固定的参数数据计算结果,这样的系统最为致命的是:当能源系统或碳排放体系发生变化时(比如,不同国家能源系统供需结构差异较大,同一国家在不同时期的系统构成也会经常发生变化),现成的分析系统可能就不适合或已经过时,而用户又不能改变系统结构,使分析结果存在很大的偏差或不确定性,造成模型不适合使用。第二代分析系统的基本特征包括:

① 技术上充分利用了互联网技术,使传统的能源模型分析系统更加开放、包容,因为读者可以通过访问互联网(一般被称为"网络版")参与情景分析,把自己认为合理的情景通过选择若干个控制变量的不同数量级别后,系统通过后台模型的自动计算生成其自己的情景。比如,控制变量设定为 45 个,那么,理论上讲,如果每个变量都分 4 个级别计算,一共可以生成 4^{45} 个情景,这就大大增加了基本可能路径的数量,读者也可以通过网络版上的"论坛"功能对系统的任何指标的任何数据提出质疑和建议(系统的包容性),之后,系统专家或者专家组可在一定时段对系统保存的若干种情景的所有可行解进行评价、甄别、优选(以一定的判据)。

② 第二代分析系统充分考虑了来自不同背景、不同行业的能源专家、经济专家、环境和气候专家对未来的预期和判断,并反映他们的经验和不同偏好等。之后,综合分析人员或部门可充分分析吸纳这些情景,最后在可行解中找出最优解,或者通过一定的模拟优化计算出相对最优解。

③ 该系统可以不断通过网络版进行信息积累、迭代更新,把全社会最新、最全的预期判断挖掘出来。最终可以使我们的能源战略规划及碳减排、碳达峰、碳中和决策更科学。图 3.13 是网络版中国能源经济发展路径分析系统首界面的一个截图,读者可访问该系统并生成自己的情景(http://2050pathway.chinaenergyoutlook.org.cn/)。

3.4 本 章 小 结

本章主要从能源系统与碳排放、能源转型与碳减排、基于能源系统模型的碳中和三个方面介绍了"能源结构转型与碳减排"的基本逻辑。主要内容包括三个方面。首先,"能源系统与碳排放"一节是在对能源系统及其碳排放知识体系介绍的基础上,从静态的角度分析了经济社会发展、能源消费、碳排放之间的相互关系,并阐述了基本的能源及碳排放计量统计方法。其次,"能源转型与碳减排"一节从动态的角度讲述能源系统正在向低碳绿色方向转型,

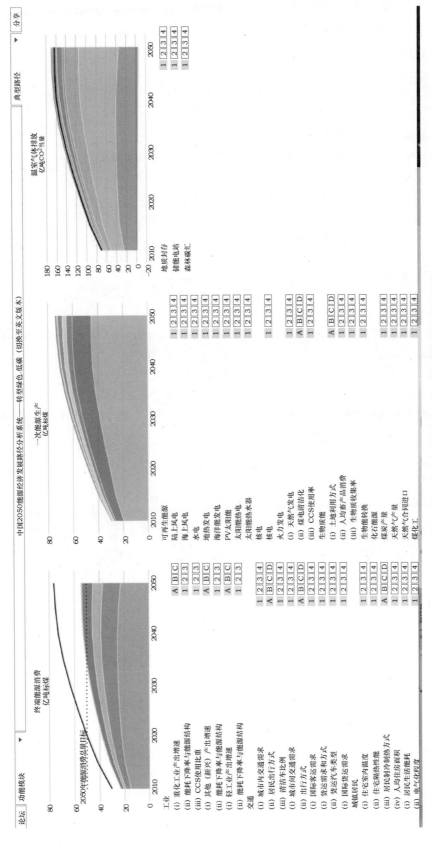

图3.13 网络版中国能源经济发展路径分析系统首页面

其主要驱动力是经济的高质量增长,长期趋势是经济增长与碳排放脱钩,并分别从供给侧和需求侧介绍了能源转型与碳减排的关系。最后,以案例的形式说明了如何基于实际能源系统进行情景设计与碳减排、碳中和分析研究。

参 考 文 献

[1] 中华人民共和国国务院新闻办公室.北京中国的能源状况与政策,2007-12.

[2] 水电水利规划设计总院.中国可再生能源发展报告 2021.北京:中国水利水电出版社,2022.

[3] 国际能源署.能源统计手册,2007.

[4] 国家统计局.中国能源统计年鉴 2022.北京:中国统计出版社,2022.

[5] Gerardus Blokdyk. Cobb-Douglas production function Second Edition,5STARCooks,2022.

[6] Jeff E. Biddle. Progress through Regression:The Life Story of the Empirical Cobb-Douglas Production Function(Historical Perspectives on Modern Economics). London:Cambridge University Press,2021.

[7] 国家统计局.中国统计年鉴 2021.北京:中国统计出版社,2021.

[8] 国家统计局.中国能源统计年鉴 2021.北京:中国统计出版社,2021.

[9] IEA.联合国经济和社会事务部,国际能源统计建议,2019.

[10] Montfort Mlachila, René Tapsoba, and Sampawende J A Tapsoba. A Quality of Growth Index for Developing Countries:A Proposal. IMF Working Paper,WP/14/172.

[11] 中国电力企业联合会统计信息部.电力工业统计资料汇编,2021.

[12] 白荣春.节能依然是中国的第一能源//《迈向绿色发展之路》第二部分"专家观点",2021.

[13] 杨玉峰,张波.中国能源经济展望//韩文科,杨玉峰.中国能源展望.2 版.北京:中国经济出版社,2012.

第4章 新型电力系统低碳路径

电力是人类文明发展进步的关键标志,电力的出现使得人类社会摆脱了依靠燃料燃烧驱动各类工农业生产生活活动的桎梏,推动了人类文明的发展。如果说石油等化石燃料是推动工业革命的动力、是工业生产的"血液",那么电力则是当前及未来人类发展的主要动力,例如全社会用电量指标早已是衡量我国经济社会发展状况的重要风向标和晴雨表。

电力在当前终端能源消费中占比还不够高,但未来随着能源结构调整、终端用能方式转变等,这一比重将大幅上升,有研究表明未来 2060 年碳中和阶段我国终端用能的电力占比将达到 70%[1]。在碳中和这一新的人类发展目标要求下,推动电力系统的低碳化发展是实现碳中和的关键:一方面,要求终端能源消费领域的电气化,推动全社会的生产生活要素领域实现电气化、再电气化,如建筑、交通、工业等各终端领域都纷纷提出了相应的电气化转型路径来作为其实现终端领域碳中和的重要途径;另一方面,需要电力系统自身结构的转变来实现电力系统的零碳化,电力来源、电源分布、电网调控、储能资源等"源网荷储"涉及的诸多方面均会产生系统性变革。要推动电力系统的全面低碳化、绿色化,就必须对碳中和目标下电力系统的全局、全貌形成更深刻的认识,更加深刻地理解实现电力系统转型需要解决的问题,以此促进新型电力系统的建成。

本章将对碳中和目标下电力系统低碳转型路径、新型电力系统面临的挑战与构建路径、新型电力系统的"源网荷储"特征等方面的内容进行介绍。

4.1 电力系统低碳转型路径

实现电力系统的低碳转型是实现全社会"双碳"目标的重要支撑,电力系统的低碳/零碳化发展,需要充分发挥风电、光电等可再生电力的重要作用。多个研究机构对实现电力系统低碳转型的任务进行了深入研究,得到的结论尽管在未来全社会用电总量、电力系统装机容量等方面存在一定差异,但均表明未来的电力系统将以风电、光电(简称"风光电")等可再生电力为主。如图 4.1 所示[2],2030 年碳达峰、2060 年碳中和时期新能源的装机容量将大幅提升,未来碳中和时期将由风光电等可再生电力占主导,其装机容量可达电力系统总装机的约 80%,相应的由风光电提供的发电量则可占到约 60%[3]。

根据国家能源局公布的可再生电力发展评价结果,截至 2021 年年底,全国可再生能源发电累计装机容量 10.63×10^8 kW,同比增长约 13.8%,占全部电力装机的 44.8%;其中,水电装机 3.91×10^8 kW(抽水蓄能 0.36×10^8 kW)、风电装机 3.28×10^8 kW、光伏发电装机 3.06×10^8 kW、生物质发电装机 3798×10^4 kW。2021 年,全国可再生能源发电量达 2.48×10^{12}(太,T) kW·h,占全部发电量的 29.7%;其中水电发电量 1.34×10^{12} kW·h,占全部电量的 16.0%;风电发电量 6556×10^8 kW·h,占全部发电量的 7.8%;光伏发电量 3259×10^8 kW·h,占全部发电量的 3.9%;生物质发电量 1637×10^8 kW·h,占全部发电量的 2.0%。

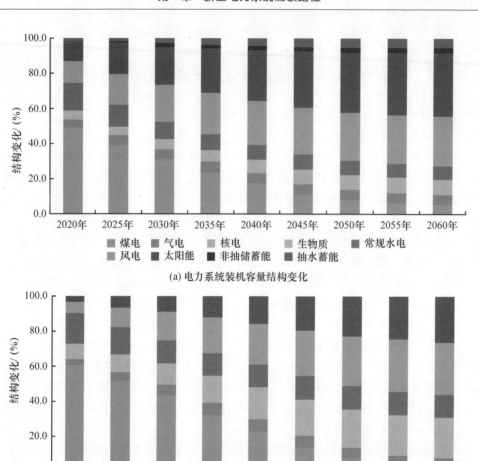

(a) 电力系统装机容量结构变化

(b) 电力系统发电量结构变化

图 4.1   电力系统电源装机结构与发电量发展预测[2]

4.2   新型电力系统面临的挑战与构建路径

4.2.1   新型电力系统面临的问题与挑战

什么是新型电力系统？为什么要构建新型电力系统？新型电力系统面临什么样的困难和挑战？如何构建新型电力系统？这些都是亟须回答的关键问题。

新型电力系统是面向"双碳"目标与能源革命需要构建的电力系统，是以风、光、水、核、生物质等新能源电力为主体，以火电等传统电力作为补充的电力系统，与当前电力系统相比在电力系统中的"源网荷储"各个环节均有显著区别，是破解能源"不可能三角"（同时实现能源安全、经济、绿色目标）需要面对的关键领域。

建设新型电力系统的初衷，与我国"双碳"目标、能源革命有着相同的着眼点和出发点，这一任务的提出更多地是从推动自身可持续发展、实现更好的经济社会建设的内因出发而产生的主动作为,并非单纯为实现"双碳"目标而出现的外力驱动。从推动经济社会可持续发展的目标需求来看,可持续的能源系统是实现上述目标的关键支撑,而当前依靠传统化石能源为基础的能源系统显然无法支撑完成我国经济社会永续发展的任务。在化石燃料之外,利用可再生能源成为促进人类文明未来发展、实现人类社会永续发展的重要根基,可再生能源利用就需要整个能源系统的供给侧与需求侧均做出变革,并且应协同变革。从需求侧来看,不能再依赖化石燃料,而应当从利用可再生能源的角度出发充分解决自身需求,促使其用能结构由化石燃料转向电气化;供给侧也不能再以化石燃料作为主力,而应当转变供给侧结构、转向以风光电等可再生能源为主体的供给。这样,供需两侧都需要面向充分可再生能源利用的方向发展,这也是驱动新型电力系统构建的关键内生动力。

新型电力系统不单单意味着电源结构的改变,也并非简单地将原有的火电等化石电源替换为风光电等可再生电力,而是整个电力系统的全面变革,"源网荷储"各个方面都需要适应新型电力系统的发展要求。由当前以煤电为主导的电力系统转变为未来以风光电等可再生能源为主体的电力系统,需要应对多方面的挑战,克服多种基础性、系统性难题[4,5]。

(1)在电力供应保障方面。风光电等新能源为主体的电力系统将面临可再生能源波动大、预测难等问题,并且面临气候变化进程下可再生能源未来长期演化存在不确定性等问题,这是电源结构改变导致的重大变化。罕见天象、极端天气下的可再生能源电力出力特性会受到明显影响,例如我国在2021年发生的东北电荒、2022年夏季发生的川渝电荒很大程度上都是由于风、光、水电等可再生电力供应不足导致。未来极端天气出现的比例可能越来越多,如何更好应对也是需要重点回答的问题。这一挑战也反过来推进对电力系统保障任务的重新认识,在以风光电等可再生电力为主体的电力系统中,电网承担的任务不能再以简单地完全保障用户需求为目标,需要统筹供给侧和用户侧的特征来实现更好调节,适应未来可再生电力占主导的发展需求。

(2)在系统平衡调节方面。现有化石电力为主体的电力系统中能够实现较好的"源随荷动",其根源在于系统中有较好的调节资源,例如足够的转动惯量、同步电源,但当未来以风光电为主体时,供给侧的不确定性突出,依靠传统的供需平衡理论要想实现"源随荷动"就需要付出极其巨大的调节资源和储能能力,但这种系统显然无法实现;风光电的不确定性突出也使得未来电力系统面临全年、季节性、日间或日内供需不匹配的难题,依靠什么样的技术手段、怎么解决这些调节问题都需要逐一解答;与此同时,电力系统中将呈现集中与分布电源并存的状态,未来将有海量的分布式电源存在于用户侧,很难单纯依靠电力系统来实现对这些分布式电源的统一集中调度。这就需要转变供需平衡调节理念,整个电力系统的调节将从当前的集中式、统一式发生很大转变,需要逐步由"源随荷动"变为"荷随源变"甚至"荷随源动",如何实现这种转变、各环节如何协调配合,都需要深入研究。

(3)在安全稳定运行方面。呈现"双高"(高比例电力电子、高比例新能源)特征的新型电力系统面临新的运行控制问题。传统电力系统的控制资源主要是同步发电机等同质化大容量设备,新能源发电有别于常规机组的同步机制及动态特性;新型电力系统中,海量新能源和电力电子设备从各个电压等级接入,高比例的电力电子设备导致系统动态呈现多时间尺度交织、控制策略主导、切换性与离散性显著等特征,传统集中式控制难以适应。随着新能源大量替代常规电源,维持电力系统安全稳定的根本要素被削弱,例如:旋转设备被静止设备替代,缺少转动惯量,电网频率控制更加困难;电压调节能力下降,高比例新能源接入地区的电压控制困难,高比例受电地区的动态无功支撑能力不足;同步电源占比下降、电力电子设备支撑能力不足导致宽频振荡等新形态稳定问题[4]。这些新问题都需要在构建新型电力系统中加以解决。

4.2.2　新型电力系统构建发展路径

如何构建新型电力系统,是值得深入探讨的关键问题。面对前述提及的构建新型电力系统所面临的挑战,需要多方面的协同,不单单是电源侧、电网侧的转变,而且要引导电力系统各环节全面参与、促进新型电力系统建成。党的二十大报告指出,要积极稳妥推进碳达峰碳中和。立足我国能源资源禀赋,坚持先立后破,有计划分步骤实施碳达峰行动。深入推进能源革命。新型电力系统的建设是实现"双碳"目标的关键,也必须遵循我国能源革命与"双碳"工作的整体思路,循序渐进、先立后破,既要着眼于未来,也要兼顾当前,统筹推进"源网荷储"各部分的逐步转变,协同推进新型电力系统的构建目标。

在当前电力系统向碳达峰阶段发展过程中,风光电等可再生能源快速发展,"双高"影响处于"量变"阶段,常规电源仍是电力电量供应主体,风光电等可再生电力作为补充。发用电的实时平衡仍然是主要特征,跨区输电、交流电网互联的规模进一步扩大并"达峰"[4]。这一时期要做好"源网荷储"各部分的支撑能力建设,面向未来以可再生能源为主体的电力系统结构要逐步适应,例如:电源侧应加快促进既有机组的灵活性改造;电网侧积极建设抽水蓄能等储能设施;负荷侧要主动转变,开发自身分布式可再生能源并使得自身具备柔性用电能力,为向"荷随源动"的转型提供支撑(表 4-1)。

在新型电力系统形成期,"双高"影响转入质变,风光电等可再生能源成为装机主体,具备相当程度的主动支撑能力;常规电源功能逐步转向调节与支撑。存量电力系统向新形态转变,交直流互联大电网与局部全新能源直流组网、微电网等多种形态共存。到新型电力系统建成期,风光电等可再生能源成为主力电源,发用电基本解耦[3],电力系统实现"源网荷储"各部分协同发挥作用。

表 4-1　不同阶段的电力系统特点对比[5]

类别/阶段	碳达峰期	碳中和期
电源侧	新能源逐渐发展为装机主体,煤电保容减量转变为灵活调节电源	清洁能源发展为电力电量主体,部分煤电"退而不拆",保障安全备用
电网侧	呈现大电网与分布式并举,总体维持较高转动惯量和交流同步运行特点	交直流混联大电网、柔直电网、主动配网、微电网等多种形态电网并存
负荷侧	清洁取暖等多种形式的电能替代加速、电动汽车等可调节灵活负荷加快发展	与建筑、工业、交通等终端部门深度融合,建成清洁智慧的未来能源互联网
储能侧	抽蓄与电化学储能快速发展	多尺度多技术类型的储能体系与共享模式
体制机制	基本建成全国统一电力市场体系	全面建成全国统一电力市场和电碳市场

4.3　新型电力系统的"源网荷储"特征

4.3.1　电源侧

构建以新能源为主体的新型电力系统,是实现我国电力系统低碳化目标的重要途径,也是达成全社会"双碳"目标的关键。新型电力系统中的电源侧结构将发生系统性转变,由当前以集中电厂、化石燃料电厂为主的电源结构转变为可再生电源为主、集中与分布式并存的电源结构,电源的出力特点、空间分布、各类电源职责等都将随之改变(图4.2)。

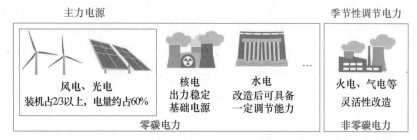

图 4.2　未来新型电力系统中的电源结构示意

新型电力系统电源侧的重要特征:

其一,风光电等可再生电力将成为电力系统的主力电源[6],这对风电、光电的大规模发展具有重大推动作用。支撑风光电等可再生电力大规模应用的重要基础是其经济性正不断提升,一方面是风光电自身发电效率的提升,另一方面也得益于组件制造成本的快速下降,例如光伏组件的成本近十年来下降超过 90%,为其大规模应用提供了重要基础。在很多地区,光伏发电直接的度电成本已明显低于化石电力,集中或分布式光电的经济性已得到广泛验证。

其二,另一重要特征是集中式电源与分布式电源并存,传统的电力系统中火电、气电、水电等都是具有一定规模的集中电厂/电站,即便是小水电其容量也绝非能达到海量分布式电源的程度;而太阳能、风能的资源可以说是无处不在但能量密度低,使得分布式利用、就地消纳成为发展和有效利用分布式电源的重要途径,这也使得未来新型电力系统中除了仍有一定数量的传统集中式电源,风光电可再生能源的发展需要走出集中式与分布式并重的路径。

发展大比例的风光电必须解决安装空间、适应其波动特点、有效消纳等问题。风光电受到风光等自然资源能量密度低的限制,需要投入相应的安装面积、占用一定的空间资源。从解决安装空间的需求来看,风光电的单位水平面积发电功率仅在 $100\ \mathrm{W \cdot m^{-2}}$ 左右,远低于传统火电 $100\ \mathrm{kW \cdot m^{-2}}$ 的场地发电密度,在哪里找到这样巨大的空间资源是发展风电、光电首先要解决的问题。集中式风光电发展的优势在于可以利用闲置土地资源,例如我国西部有广袤的荒漠等土地资源可供发展集中式风光电站。但需要指出的是,西部集中式风光电站远离东部用电负荷中心,西部开发的大规模集中式风光电需要远距离输送至东部负荷中心区,由西部向东部输送风光电这种波动性电力时为了保持输电通道的稳定性,往往又需要配置相应的补充电源或集中储能,例如火电、水电与风光电打捆输送,但若把未来用于调峰的宝贵的火电资源简单用来调节风光电的波动就变得得不偿失;输送至负荷处后由于电力很难与负荷变化特征完全匹配,又需要设置一部分储能,这就导致集中式风光电的整体利用成本显著上升。这样,风光电密度低、波动性显著的特点使得"就地开发、就地消纳"的分布式利用方式具有一定的优势。已有研究表明建筑屋顶等是适宜发展分布式光伏的重要场合,我国拥有的建筑屋顶面积资源可达数百亿平方米,未来若有相当比例的建筑屋顶安装分布式光伏,其能发挥的可再生发电能力将十分可观,有望成为未来光伏电力的重要组成。

　　与集中式风光电站相比,分布式光伏等可再生电力可利用建筑屋顶等电力终端用户的表面资源进行安装敷设,而产生的电力也可优先就近利用、就地消纳,多余电力再反送至电网。城乡建筑具有丰富的表面资源,是发展分布式光伏的理想场所,但也需要解决分布式光伏更好利用的问题。未来分布式光伏将成为数量众多的分布式电源,但其利用方式、调节方式等应当与传统的集中电源有明显区分,不应再按照传统集中电源的调度思路来调控。分布式电源适宜分布式消纳,目前已有研究提出可根据分布式光伏电源的发电特征与城乡建筑等电力用户用电来进行合理匹配,确定分布式光伏的消纳目标,也是基于充分实现分布式可再生能源"就地开发、就地消纳"的原则所建议的发展路径。这样,在很多情景下可以实现可再生能源的充分就地利用和消纳,例如很多城市建筑利用自身具有的建筑屋顶等表面资源可以安装光伏,通过建筑光伏一体化(BIPV)等方式实现对建筑表面资源的充分利用,这时分布式光伏可解决的电力需求通常不超过建筑自身总电量需求的30%,通过用户侧自身的合理设计、系统配置,就有望实现分布式光伏充分的自我消纳、就地利用(图 4.3),避免集中式生产可再生电力所需的储能配置、调节电源设置、电力远距离输送等问题,是值得大力发展的分布式可再生能源利用途径。而乡村具有较多分布式光伏安装潜力的场景,光伏电量远超过自身用电需求时,可将多余电量反送至电网,但应和就近的城镇相连通,尽量促进分布式可再生能源在本地的消纳。

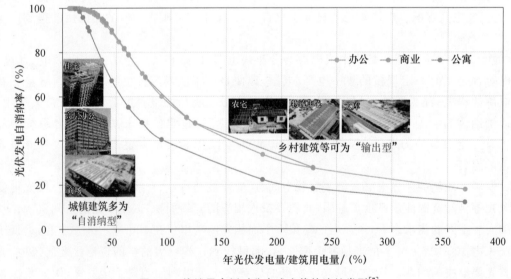

图 4.3　终端用户侧对分布式光伏的消纳类型[7]

　　与光伏发电相比,光热发电也是一种利用太阳能发电的方式,一般由聚光集热器、吸热器、传热系统、储热系统、发电机等装备构成,多通过聚光集热器来实现太阳热量的收集,并利用收集的热量来驱动发电机组。总体来看,光热发电系统相对复杂、综合发电效率水平也偏低,但其优势在于可以通过较好的储热来实现太阳热量的储存,改变发电出力特征,更好地实现发电出力与用电需求间的匹配,也是一种得到关注、逐步发展起来的太阳能发电技术,未来也有望在我国西部等太阳能资源、土地资源丰富地区得到一定比例的应用,成为太阳能发电的一种可选技术途径。

风光电的波动特征,导致其很难与用电需求相匹配,也很难满足大规模长距离输电的经济性要求。为了应对风光电的显著波动性特点,就需要灵活调节资源、储能资源的有效配合,方能调和风光电巨大波动性与终端需求这两大不确定性供需两端之间的矛盾,这也是新型电力系统在主体电源结构改变后亟待破解的重要难题。例如当前针对集中光伏电站建设即要求配置一定比例的储能设施,这也是为了适应光伏发电的波动性、提高输电的整体经济性。随着风光电占据电力系统中越来越高的比例,所需要的储能或灵活调节资源也将逐步增加,必须有足够的调节资源或储能资源才足以应对风光电的波动性并满足终端的用电需求。因而,新型电力系统并非简单地将电源结构主体转变为风光电为主,而是要在风光电为主体时能够解决所面临的调节、储能等关键瓶颈问题,寻求适宜的解决之道,方能真正做到以风光电为主体。

除了风光电外,电力系统中的其他电源包括火电、气电等化石燃料电源和水电、核电、生物质等零碳电源,未来需要根据以风光电为主体的电源结构对上述各类电源进行合理配置。为了适应风光电等可再生电力的波动性、季节性特点,电力系统中亟须可调节、可调度的灵活电源,这也需要各类其他电源适应灵活性发展的要求:"风光打捆""火光打捆""水光打捆"等电源侧互补方式都是从更好地利用风光电资源来促进其合理发展的途径[8];火电未来一方面需要承担基础保供电力、季节性调峰电力的责任,另一方面也要适应灵活性调节需求,对火电的灵活性改造是当前及未来火电厂发展的重要方向,火电在承担冬季电力调峰的功能之外,也可承担冬季集中供暖热源的角色,当前已有研究提出要解决电力热力的协同问题,电热协同、热电协同等都为火电厂更好地发挥作用提供了新思路;相比火电,气电具有更好的调节灵活性,未来需要更好地利用气电资源及其调节能力;核电是出力稳定的基础性电源,可以保证每年很高的运行小时数,未来在一些核电比例高的省份如海南,其核电比例可以达到区域电力总量的近40%,也就为其新型电力系统提供了特别好的基础电源;水电本身就是零碳电力,我国水电资源丰富但多集中在西部,建成的大规模水电站电力需要再输送至东部负荷密集区,水电与风光电资源间的协同也是值得探索的利用方向,目前一些西部省份实行了"水光打捆"的可再生电力发展模式,探索将水电作为风光电的调节补充电源,一些既有水电设施也有望开展适应灵活调节需求的改造,补充整个电源测对发展集中风光电需要灵活电源的需求。

要适应以风光电为主体的新型电力系统,需要配置能够与风光电特点相适应的灵活电源或储能资源,来解决新型电力系统中可能面临的电力供需季节差、日间差、日内差等问题。例如季节性缺电问题指的是风光电等可再生电力在不同季节间、年内差异大,难以通过用户侧或电网侧储能解决,需要配置一定的季节性电源,如部分火电等电源未来将转为季节性支撑电力。日间差或日内差可通过抽水蓄能等方式进行调节,灵活性改造后的火电等也有望作为灵活性电源支撑日间差的调节;日内差则可通过电力系统中的电网侧储能、终端用户如建筑自身具有的分布式储能等来进行辅助调节(对新型电力系统中储能、电网调节的介绍详见后续小节)。

　　这样,与当前的电源结构相比,新型电力系统的电源侧将发生结构性变革,以新能源为主体、基础性电源与调峰电源需适应灵活调节要求,风光电的分布式发展使得电源数量大规模增加,改变了电力系统的电源侧基本结构、分布形态,也对电力系统调控提出新的挑战。

4.3.2　负荷侧

　　负荷侧的特征一方面体现在能源终端再电气化、各类用电负荷不断增长,另一方面是负荷侧将由单纯的刚性转变为柔性,由单纯电力系统的用户转变为可集电力生产、消费与调蓄"三位一体"的复合体。

　　新型电力系统中电力来源将以风、光、水、核等零碳电力为主,取消终端化石燃料的直接利用、终端电气化是实现终端运行直接碳排放归零的最重要途径。建筑、交通等终端用户首选的低碳化途径即是实现电气化,例如当前终端用户中建筑领域的电气化率约为 40%,建筑侧的电气化率水平将进一步提升,除北方集中供暖外的建筑用能方式均有望实现电气化替代,越来越多的热泵设备促进了热力方式的电气化,电炊具设备也为实现炊事电气化提供了可选方案,一些"全电建筑"也得到示范应用;交通领域私家车的最重要低碳发展途径即是电动汽车,这一产业目前已实现跨越式发展,电动汽车既能实现交通终端领域的低碳,又反过来促进了电力系统与电动汽车等终端用户间的深度融合,需要将电动汽车作为重要的电力系统负载用户统筹考虑。工业领域在一些合适的场景也在推进电气化水平的提升,例如钢铁行业在推动电转炉炼钢的技术应用,在实现化石燃料替代的基础上还有望使得炼钢过程成为电力系统中的灵活性负载,在响应电力系统调节中成为重要的终端可调度资源;对于需要蒸汽的场合,也在开发电驱动的蒸汽热泵产品,替代依靠化石燃料燃烧获取蒸汽的传统方式;未来除了部分工业过程仍需要燃料(但其燃料可以是非化石燃料,而可以是由可再生电力制取的氢燃料)外,工业领域也将实现高比例的电气化。

　　在终端电气化或再电气化基础上,负荷侧需要主动适应未来新型电力系统的调节需求,不再仅是刚性的电力用户,而是能够在一定程度上成为适应电力系统供给侧变化特点的柔性用户。负荷侧的柔性或灵活性应体现在一方面能够满足终端用户的用电需求,另一方面根据电网的指令可以通过调节自身具有的储能能力或灵活用电资源来使得自身用电功率在一定范围内可调节,实现与外部电力供给侧的友好互动。

　　要想使得负荷侧由刚性变为柔性,需要对负荷侧的用电特征、用电需求及可调节能力进行深入刻画,并以适应柔性调节需求为目标促进终端用电负载的柔性响应。当前,终端各类用电负载可区分出可时移、可中断、可比例调节等基本类型,未来可发展的负载类型可进一步根据以实现电力系统柔性响应、用电功率或用电时间的响应来使得终端负载如各类电器设备具有柔性调节能力。从各类终端负载的发展趋势来看,电气化、柔性调节要求会进一步驱动终端用电负载的直流化发展。未来的终端电气化负载宜于直流化,越来越多负载转变为调速型负载,如热泵大部分时间运行在变频部分,各类风机水泵也在变频化,由各类电机驱动的终端负载高效化目标使其选择了直流化路径,负载内部的直流化反过来推动了终端用户侧配电系统的直流化。负荷侧电气化后,越来越多的终端将实现直流化,未来的用户侧配电系统有望呈现"宜直则直,交直混联"的形态,实现低压用户侧配电系统的革新。国家重点研发计划项目"中低压直流配用电系统关键技术及应用""建筑机电设备直流化产品研制与示范"等都对低压配电系统的直流化及终端直流负载开展了有益探索,适应直流化需求的机电设备产品将为从根本上改变用户侧配电系统提供底层硬件支撑。

负荷侧形态的改变为实现其功率调节响应提供了重要基础,负荷侧能够实现柔性或灵活性还在于其将具有一定的储能或等效储能能力。负荷侧具有的储能能力,既可通过安装分布式蓄电池,也可以挖掘其具有的冷热类(如终端蓄冷蓄热手段)、电池类(如电动汽车蓄电池)等效储能资源,作为负荷侧重要的可调节能力。

负荷侧同时具有分布式电源(配电网有源化)[9],这是未来负荷侧与当前仅为电力用户的重要区别。按照分布式光伏"就地发就地用"的发展思路,负荷侧需要适应这种主动消纳自身可再生能源的发展需求,例如建筑领域提出的光储直柔方式即是利于分布式光伏自消纳的重要途径。在此基础上,负荷侧需要协调自身具有的光伏等分布式电源与外部电力供给间的关系,既能充分利用自身具有的可再生能源,又能基于自身具有的柔性用电能力来为外部电网的调节提供有力支持。

这样,未来随着分布式光伏在负荷侧发展、分布式储能的利用,负荷侧将兼具有"源网荷储"的多种形态特征(图4.4),这是当前得到快速发展的用户侧微电网、光储直柔建筑等技术的关键基础。伴随负荷侧基本形态的改变,其能够承担的任务也更加多样,在当前负荷侧为刚性用户的状况下,电力系统中用户侧的用电安全性、可靠性等几乎全部由外部电力系统承担,对于有更高保障性要求的场合则通过设置备用电源的方式来进一步增加其用电可靠性,例如一些高要求的终端用户采用双路供电、数据中心多采用 UPS 蓄电池作为备用电源、一些建筑中设置柴油发电机作为应急电源等,这些备用电源的依据即是由于外部电力系统难以实现更高级别的保障度,需要终端用户侧自身解决更高级别的保障要求。未来当用户侧具有了光伏等分布式电源、分布式储能资源及柔性用电能力后,就相当于具有了一定数量的备用电源或供电保障能力,也就可以根据自身具有的资源在某种程度上实现对自身用电可靠性的保障,反过来可以降低对外部电力系统的保障要求,这也是新型电力系统驱动下负荷侧的变化对未来整个电力系统保障要求和调节理念的根本变化。

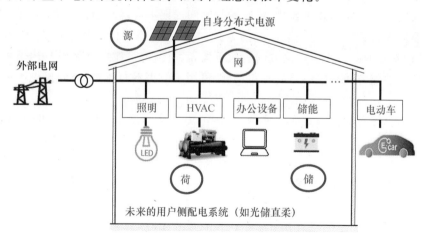

图 4.4 未来用户侧兼具"源网荷储"多重特征

与此同时,负荷侧未来也不单单是节能、节电的任务,还应当以成为电力系统的友好用户为目标,寻求与外部电力供给间良好互动的途径。在自身具备柔性用电的调节能力后,终端负载应能够实时响应电力系统的调节需求,例如可以根据电力系统发出的调节指令(可为逐时或更细颗粒度的引导参数)来实现自身用电功率的调节,当外部电力系统的可再生电力富余、期望终端用户积极消纳富余电力时,用户就可以主动增加从外部电网的取电、帮助消纳;而当外部电力供给不足时,用户亦可以在仍能够保障自身用电需求的前提下降低从外电网的取电,例如目前已有一些研究提出通过空气源热泵夜间供热来消纳夜间多余的可再生风电,就是利用建筑用户侧具有的等效调节能力来辅助电网实现更好消纳可再生能源的任务,未来这一用户侧对电网的响应或互动将成为电力系统调节的重要手段。这与简单购买绿电认证的方式相比,更加契合未来以风光电为主体时的实时波动性特点,真正意义上促进终端实现用电零碳。

4.3.3　储能侧

以风光电等可再生电力为主体的电力系统,需要破解风光电出力不稳定、与负荷侧难以实现完全匹配的难题,为此,未来电力系统中需要设置相当规模的储能容量,来应对风光电等可再生能源出力波动、供需难以实时匹配的瓶颈。

储能是构建新型电力系统的重要支撑,储能实际上是为电力系统的运行、调节提供了容量,为保障系统平衡提供了缓冲空间,是实现源、荷之间一定程度上解耦的重要抓手。当前电力系统中考虑的主要储能方式包括化学电池、蓄冷/蓄热、抽水蓄能、压缩空气、飞轮、储氢等,各类储能方式的实质是通过储存电能或将电能转换为其他能量形式储存起来,储存后的释能方式也根据不同储能方式有所区别,也可大致分为释能时转换为电能和释能时直接用于终端两种类型。例如飞轮是将电能转换为机械能,释能时再将机械能转换为电能;压缩空气是将电能转换为压缩空气的压力能,释能时再将空气压力能转换为电能;抽水蓄能是利用水体高差形成的重力势能,释能时是将重力势能再转换为电能,这些都是对电能实现储能的方式,释能时仍是电能;而蓄冷/蓄热、储氢等方式,更多情景下应是为了消纳富余的电能来实现冷热量、氢的储存,释能时也宜直接用于满足冷热需求、一些场合的零碳燃料需求,而不宜再反过来转换为电能释出,否则会导致非常大的效率损失。

不同储能方式对应的规模容量、可应对的时间周期不同,例如对于年内或季节尺度上的跨季节储能需求,需要一些跨季节储能的方式如储氢、跨季节储热等解决方案;对于日间的储能需求,抽水蓄能等可作为电网侧的应对手段,蓄电池等可应对日间或日内不平衡下的储能需求。这些储能方式对应不同的时间尺度,可用于解决不同体量/时间尺度下的能量调蓄问题。

依靠现有储能电池等方式实现能源/零碳电力系统的调蓄,需要投入极大的成本,这就需要经济合理、可负担的调蓄方式。为此可探索的路径包括:一方面降低储能成本、提高储能技术,对于电池、电力系统中储能技术的研究一直是热门领域;另一方面则是寻求降低对储能蓄能容量的需求,寻求替代的方式、寻求减少投入的路径,这就使得建筑、电动汽车等用户侧有望成为重要的等效储能或调蓄资源。

根据所处位置的不同,电力系统中可设置或可利用的储能资源主要包括电源侧储能、电网侧储能和用户侧储能(图4.5)。三种储能资源发挥的作用不同,需要对各类储能资源的合理配置、合理调度进行整体规划。

1. 电源侧储能

在电源侧,风光打捆、水光打捆等实际上是利用了各类电源间的互补性,有助于降低对电源侧储能的要求、更好地利用可再生能源。为了更好地平衡风光电等电源侧出力,电源侧需设置集中储能方式,例如风光电电站均需要设置一定容量的储能,来尽可能实现风光电电源侧的储能调节,一定程度上缓解风光电出力的波动性。一些可再生能源发电方式例如光

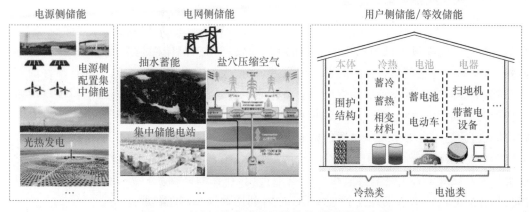

图 4.5 电力系统中可利用的储能/等效储能资源

热发电,具有较好的出力特点,自身即可实现太阳热量的储蓄和发电能力调节,也是一种在电源侧改善可再生电力波动的手段。

2. 电网侧储能

在电网侧,从整体协调电源与终端用户间电力需求、实现电力系统调节的任务出发,也在寻找、设置合理的储能方式。抽水蓄能是电网中重要的电力峰谷调节手段(如图 4.6),可实现非常高的储能效率,发展抽水蓄能需要的是适宜的场地,需要蓄水上库、下库间具有较大高差,需要各地结合适宜的地理条件规划建设;目前各地规划建设抽水蓄能电站规模达到上亿千瓦,未来可达到$(4\sim5)\times10^8$ kW,有助于缓解电网的供需平衡问题。抽水蓄能电站的建设除了解决电力系统自身调节能力的需求外,在很多场景下还成为发展水电站旅游、促进"绿水青山就是金山银山"建设的成功途径,成为能源革命与"双碳"工作反哺经济社会可持续发展的经典范例。此外,利用废弃矿坑等开展的抽蓄设施,也是电网侧集中储能的可选手段,但通常需要结合所在地的地理资源条件来统筹考虑适宜的电网侧储能手段。电网侧的储能方式还包括压缩空气储能方式,例如利用盐穴开展的压缩空气储能,但需要注意的是,抽水蓄能方式可以实现较高的储电、发电效率,综合效率高;压缩空气方式则在储电、放电过程中导致大量的冷热产生(须对冷热进行有效利用以提高系统综合性能),单从储蓄电能的角度看,其综合效率不够高。

(a) 某抽水蓄能电站上库

(b) 某抽水蓄能电站模型

图 4.6 抽水蓄能电站是电网重要的调蓄手段

3. 用户侧储能

尽管受到安全性制约,目前还较少有在用户侧布置实施的化学电池分布式储能设施,但在用户侧建设储能设施已经提上日程,如何合理发展用户侧储能是需要破解的重要问题。另外,用户侧本身已经具有很多的蓄电池资源,例如大规模发展的电动汽车具有很好的蓄电池资源,用户侧的电器设备如消费电子设备产品也多是自带蓄电池,未来的电器设备很多将实现蓄能化或蓄电池化,这些用户侧具有的蓄电池资源实际上占据了当前绝大多数电池资源比例,远远超过电力系统中设置的储能电池的比例。据统计,当前锂电池用途中有超过一半用于电动汽车,1/3 左右用于消费电子产品,而仅有一成左右用于集中储能或其他用途,这也从侧面反映了各类终端具有很大的电池资源,在保障终端用户需求的基础上也有望发挥其具有的电池资源来成为整个电力系统中可利用的等效储能资源。

用户侧的储能或等效储能资源,使得未来用户侧将具有一定的柔性或灵活性用电能力,为实现日内电力平衡、匹配提供了重要调节手段。用户侧储能/蓄能可不再局限于传统的化学电池、压缩空气、储氢等方式,而是可以从用户侧整体可利用、可调度的资源来重新认识终端用户侧的蓄能手段和相应具有的储蓄能力。从终端用户侧来看,有研究提出电动汽车具有大量的蓄电池资源,未来会成为与电力系统互动的重要调蓄能力,开展的车网互动等试点研究得到了广泛关注,但还是致力于电力系统与车之间直接互动,需要较大规模的车集中参与系统调度;也有研究提出建筑作为终端用户也可以发挥与电网的互动,建筑中的空调等是造成电网用电尖峰的最主要原因,建筑中的冷热资源等可发挥等效储能的能力来与电网互动。而从更好地实现终端用户与电力系统间的友好互动来看,应当统筹从用户侧来考虑其具有的储能资源。

在与电力系统互动方面,建筑、电动汽车是其两大重要的终端用户,目前开展的用户侧需求响应研究或示范也多是针对不同类型的建筑或电动汽车等开展。从建筑、电动汽车两大终端用户与电力系统的互动来看,二者具有各自的优势,电气化驱动下建筑与电网(B2G)、电动汽车与电网(V2G)等均受到了广泛重视。而从整个电力系统的视角来看,用户侧应当协同起来与电力系统间友好互动,更重要的是建筑、电动汽车作为两大电力终端用户二者具有很好的互补性,既有建筑与电动汽车用户使用特点的高度一致性,又有二者联合可在实现与电力系统互动上发挥协同作用的重要优势:建筑缺少蓄电能力,但有功率富余;电动汽车缺少功率,但有容量/电池富余,两者可实现完美互补(图 4.7)。建筑、电动汽车两大

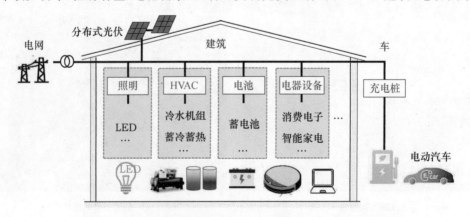

图 4.7 终端用户侧(建筑+电动汽车)协同参与电力系统互动

终端用户协同起来与电力系统互动(VBG 模式),比单一类型用户与电力系统互动更有潜力,有望发挥出"1+1>2"的协同效果,可以实现在消纳自身分布式光伏、满足建筑及电动汽车电力需求及协同促进电力系统供需匹配等方面的有效协同。

与电源侧、电网侧的集中储能方式相比,用户侧多是分布式储能资源或等效储能资源,但海量用户具有的储能或等效储能能力是巨大的,有望成为实现用户侧友好响应的重要手段,并成为辅助新型电力系统调节的重要可用资源。如何对电力系统中不同位置、不同规模的储能或等效储能资源进行统筹考虑,如何协调整个电力系统中的各类储能资源、充分发挥各类储能资源的调节能力来促进新型电力系统的供需匹配,仍是需要开展系统性研究的重大问题。

4.3.4 电网侧

新型电力系统的发展促进"源网荷储"多方面的转变,相应地电网侧面临的任务也发生变化,电网需要承担的职责、采用的调控手段和调控方式等都会发生显著改变。

当前电网承担了供电保电、电力安全、电力实时平衡调节等多重重要职责,"源随荷动"全力保障终端用户的电力需求;未来的新型电力系统有望实现"荷随源变"的根本性转变,电力系统的整体架构发生改变,电网需要承担起更好地满足供需匹配、平衡的职责,根据电源侧、终端用户侧的特点来实现更好地协调。

随着分布式光伏等风光电的大规模发展,未来电力系统中会包含无数个电源,电源的分布形态与当前可集中调度的有限个电厂完全不同;电力系统中各处存在一定数量的储能,电源侧储能、电网中的储能、用户侧的分布式储能等诸多可利用储能资源成为电网调节、稳定运行的重要支撑;用户侧自身兼具"源网荷储"多重特征,并成为具有一定灵活用电调节能力、具有分布式储能或等效储能资源的柔性资源。

电力系统可调节的资源仍主要集中在电源侧、电网侧,集中式可再生电源侧自身具有一定储能资源,可一定程度上平衡出力,灵活电源如火电等将成为电网可调度的调节资源;电力系统中存在电源侧、电网侧、用户侧等多类储能资源,但在电网调控中,其可利用的储能资源仍主要集中在电源侧和电网侧,尽管当前也提出由用户侧实现需求响应、虚拟电厂等功能,但很难由电网直接调度海量用户侧的储能或等效储能资源,用户侧的响应调节方式仍应当以电网发布调节指令来引导用户侧积极参与调节、充分发挥用户自身具有的柔性用电能力为发展路径。

这些发展变化与当前的形态显著不同,电源侧、可利用储能资源及终端用户侧的形态改变对电力系统调节也提出了新的要求,也需要在电网调控手段、方法上适应这些将由"量变引起质变"的变化。电力系统的调节将发生根本性转变,以往依靠转动惯量来实现调节的方式难以维持,一部分管理、调节权限或用户用电需求的保障应当下放到终端用户侧。未来电力系统中包含无数个电源,充分自消纳的分布式电源可不再视作必须由电力系统集中调度、管理的电源,例如在终端用户对自身分布式电源进行充分消纳时,不需要外部电力系统为其提供整体调节,而是由终端用户自身实现对其具有的分布式可再生能源和自身用电需求、储能能力间进行协调,在此基础上再通过与外部电力系统的接口来实现由外部电力系统补足剩余所需电力。

未来的用户侧终端具有了一定的储能能力和柔性用电能力后,电网不再需要严格满足终端电力用户的实时电力需求,而是具有了一定的缓冲空间和功率调节余地,如前面对负荷侧特征的介绍,负荷侧具有分布式储能能力、分布式电源、柔性调节能力,可以对自身用电功率在一定时间(如日内、日间)进行灵活调节,可以更好应对外部电力供给不足或富余的情况,也就是说未来用户侧能够在更大时间尺度上容许外部电力供给侧功率的变化,并且其自身供电可靠性的保障可通过自身具有的分布式储能能力等来部分满足,这样就把当前几乎全部由外部电力系统承担的供电可靠性保障任务进行了有效分解,某种程度上降低了对外部电力系统供给的要求,这也更加符合未来电力系统中将存在用户侧自身具有的海量分布式电源、分布式储能资源的特点。但从全年来看,电网仍需要负担总电量平衡的调节任务,这是由于在长时间尺度上,终端用户侧仍会面临难以完全满足自身电量需求的问题,需要由外部电力系统供给。

这样,电力系统调节的目标不再是要严苛保障终端需求、高度保障用电可靠性等任务,而是更侧重于保障电力系统电源侧、电网侧的稳定运行和充分发挥可再生电源等资源潜力,对用户侧可以提供基础电力保障,保障基本的总电量需求;而更高的用电可靠性、用电功率的调节等保障要求或权限可以由用户侧自身来承担,这也可以促进用户侧对自身具有的"源网荷储"特征和柔性用电能力进行充分挖掘,发挥用户侧自身能力来满足自身的更高用电保障需求。这也是一种"由集中系统提供基本供应、由分散用户解决更高要求"的协同思路,能够更好地促进未来新型电力系统下的供需平衡,更好发挥"集中与分散并重"的协同效果,某种程度上也与冷热供应中更好满足不同终端用户不同需求的解决思路相近。例如以台区为界,台区之上的电力系统调节,需要综合考虑台区之下对外部的电力需求和外部电力供给变化特点之间的关系,依照供需特点保证用户侧对外部的全年电量需求,功率上则可根据电力供给侧变化、用户侧柔性用电能力来实现一定的调节;台区之下的用户侧电力系统,则可充分利用自身可再生能源、实现光伏等可再生电力的就近利用、自我消纳,并在台区之下解决用户侧自身电力的日内调节或平衡问题,并实现用户侧与外部电力系统间的友好互动,这是当前快速发展的微网系统或光储直柔建筑等相近方式可实现的重要功能。

新型电力系统面临年内、季节内、日内等多种时间尺度的不平衡、不匹配问题,需要对不同时间尺度的调节问题采取不同的协调解决方案,这是未来需要电网侧协调电源侧、终端用户侧来共同完成的任务。

电力系统中的灵活电源、电源侧、电网侧的储能能力是解决长时间周期上电力不平衡、不匹配问题的可用手段。对于年内或季节间的电力供需不匹配,属于长时间周期上的不匹配问题,需要配置一定数量的调峰电源,例如未来火电或气电将承担起冬季电力调峰的重任,并在实现电力调峰的同时还能发挥一部分余热供暖的作用;也有提出利用储氢、跨季节储热(解决热力需求的季节不匹配问题)的方式来应对这种季节间的可再生能源不平衡问题。电网侧具有的储能能力、可调度的储能资源是电网可利用的重要调节手段,将作为电网维持系统运行稳定性的重要支撑,例如抽水蓄能电站也可作为协调日内或日间电力不平衡的有效手段。

对于日内的实时不平衡问题,除了发挥电网侧的储能能力,也可通过充分利用用户侧的柔性响应、实时调节能力来辅助实现。未来用户侧具有了一定的分布式储能或等效储能资源,具备一定的用电需求柔性调节能力,可以实现与外部电力系统之间的供需互动。例如对于建筑＋电动汽车的用户侧协同方式,是未来用户侧实现日内的功率调节和能量调蓄的重要途径,终端用户侧联合起来有望提供十分可观的与电力系统互动所需的调节功率、电量能力。

目前电力系统中多对用户采取峰谷电价的响应调节方式,未来以风光电为主的电力供给特点下,需要能够更加实时反映电力供给特点、引导用户积极参与电力系统供需关系调节的指标参数,这一指标应是与电力供给特点相符的动态指标,从而能够引导供需两端更好地实现实时调节。与当前已有的需求侧响应、虚拟电厂等仅服务于较少时刻下的调度调节方式相比,未来负荷侧应能够实现依据电力系统指标参数的实时响应、参与调节,从而更好地发挥海量用户负载能够产生的集群效应。

4.4 本章小结

电力系统低碳化是实现"双碳"目标的最关键路径,构建以新能源为主体的新型电力系统是实现电力系统低碳化目标需要重点推进的关键任务。与现有的电力系统相比,新型电力系统在"源网荷储"各方面均存在显著差异,需要在全方位认识各环节特征的基础上寻求适宜的技术发展路径,从系统层面深刻认识新型电力系统带来的变革性影响,以此来促进新型电力系统的建设。在电源侧,新型电力系统将以风光电等可再生电力为主体,电源结构发生改变,数量由有限向海量转变,分布特征由集中向集中与分散并存发展,现有的火电等基础性电力将转变为未来的调峰电力,火电的灵活性改造成为既有火电的重要任务;与此同时,与风光电波动性相适应的灵活电源需求日益增长,未来需要对各类电源进行合理配置,满足风光电作为主力的低碳电源结构需求。

在负荷侧,全面电气化一方面会带来终端用电需求的进一步增长,另一方面终端将由单纯负载转变为集分布式发电、终端用电和调蓄于一体的复合体,负荷侧有望从刚性变为具有一定调节能力的柔性终端。要发挥好建筑、电动汽车等电力终端用户的作用,使得终端用户能够参与到与电力系统供给间的互动中来,降低新型电力系统中对储能容量的要求,助力解决电力系统供需不匹配问题,促进电力系统由传统的"源随荷动"转变为"荷随源变",实现供需匹配。

在储能侧,要统筹规划好电力系统中可用的储能资源,既包含在电源侧、电网侧的储能资源,又可挖掘用户侧具有的储能或等效储能资源,并应对未来电力系统中各处储能资源开展协调利用、协同起来发挥作用。电源侧的储能主要是用于应对风光电等可再生电力的波动性出力问题,电网侧可调度的抽水蓄能、集中电池储能等手段将成为支持电网系统稳定运行的重要手段,用户侧的分布式储能或等效储能资源则可广泛调度起来实现用户侧柔性用电、促进"荷随源变"。充分调动这些集中储能、分布式储能的能力来解决电力系统源、荷之间的不匹配问题。

在电网侧,新型电力系统将呈现集中式大电网与分布式电网并存的格局。电网的职责发生转变,由全力保障供电、满足终端用电需求转变为调动系统中的电源侧、储能侧、用户侧等来实现协同,共同完成电力系统的平衡、调节等任务。用户侧配电网将接入建筑、电动汽车等用户侧资源,用户侧更好地协同起来参与与外部电力系统间的互动,而用户侧具有的灵活调节能力也将使得配电网更容易实现就地平衡。

参 考 文 献

[1] 舒印彪,谢典,赵良,等.碳中和目标下我国再电气化研究.中国工程科学,2022,24(3):195—204.

[2] 中国电机工程学会.新型电力系统导论.北京:中国科学技术出版社,2022.

[3] 周孝信,赵强,张玉琼."双碳"目标下我国能源电力系统发展前景和关键技术.中国电力企业管理,
2021,31(11):14—17.

[4] 舒印彪,陈国平,贺静波,等.构建以新能源为主体的新型电力系统框架研究.中国工程科学,2021,23
(6):61—69.

[5] 张智刚,康重庆.碳中和目标下构建新型电力系统的挑战与展望.中国电机工程学报,2022,42(8):
2806—2818.

[6] 舒印彪,赵勇,赵良,等."双碳"目标下我国能源电力低碳转型路径.中国电机工程学报,2023,43(5):9.

[7] 刘晓华,张涛,刘效辰,等."光储直柔"建筑新型能源系统发展现状与研究展望.暖通空调,2022,52(8):
1—9.

[8] Ren G R, Liu J Z, Wan J, et al. Investigating the complementarity characteristics of wind and solar power for
load matching based on the typical load demand in China. Ieee Transactions On Sustainable Energy, 2022, 13
(2):778—790.

[9] 马钊,周孝信,尚宇炜,等.未来配电系统形态及发展趋势.中国电机工程学报,2015,35(6):1289—
1298.

第5章 工业系统减碳与主要技术

工业是我国国民经济的主导产业,同时也是能源资源消耗和环境污染排放的重点领域。工业部门是 CO_2 排放的大户,碳减排难度大,工业系统减碳对我国实现整体碳中和目标至关重要。本章将聚焦钢铁、水泥、石化、煤化工等重点行业,介绍各行业产业发展和碳排放现状,分析工业系统各行业减碳的关键环节;对行业未来产量、减碳情况进行预测,并介绍各行业可能的碳中和路径及典型的减碳技术,为工业系统各行业实现碳达峰碳中和目标提供科学参考。此外,工业系统深度脱碳及其高质量发展最终还要依靠产业的转型升级或对传统工艺路线的改造,因此,本章还以工业过程中的冷热能源供给为例,深入分析我国工业过程中冷热能源制备的现状和存在的问题,并介绍新型工业冷热一体化低碳技术,提出了发展工业过程冷热能源制备新兴产业的创新发展思路。本章前四节分别介绍钢铁、水泥、石化、煤化工行业的碳排放现状和主要的减碳思路,第五节以工业过程中的冷热能源制备为例介绍新型冷热一体化减碳技术。

5.1 钢铁行业碳排放现状与减碳主要技术

5.1.1 钢铁行业碳排放现状

1. 钢铁行业产量情况

2001 年以来中国粗钢产量快速上涨,一直保持增长趋势,带来的是钢铁行业 CO_2 排放量的逐年上涨。世界钢铁协会统计数据显示[1],2020 年,全球 64 个产钢经济体合计粗钢产量为 18.78×10^8 t,其中中国占比为 56.7%。2001 年以来全球及中国粗钢产量如图 5.1 所示。

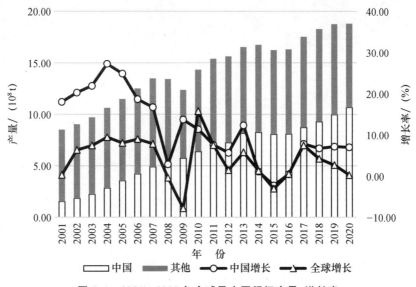

图 5.1 2001—2020 年全球及中国粗钢产量、增长率

2. 钢铁行业碳排放情况

中国钢铁行业始终高度重视节能降耗工作,在工业领域率先实施能耗限额标准,率先推广能源管控中心建设,应用了烧结废气余热回收利用、高温高压煤气发电机组、高炉炉顶均压煤气回收、高炉冲渣水余热回收、加热炉蓄热式燃烧技术等节能技术,并取得了积极成效。截至 2018 年,中国粗钢产量达 $9.283×10^8$ t,钢铁行业 CO_2 排放量达 $18.844×10^8$ t,吨钢 CO_2 排放量为 2.03 t;与 2000 年相比,粗钢产量增长 622.4%,而钢铁行业 CO_2 排放量仅增长 382.7%,吨钢 CO_2 排放量下降 33.2%[2];中国钢铁行业节能减排工作取得了有效进展,CO_2 排放控制水平得到很大提升。

但是在"双碳"背景下,中国钢铁行业依然面临严峻的降碳形势。全球钢铁碳排放量占全球能源系统排放量的 7% 左右,其中中国占比超过 60%。同时,中国钢铁行业碳排放量占全国碳排放总量的 15% 左右,是制造业 31 个门类中碳排放量最大的行业[3]。《碳排放权交易管理办法(试行)》已于 2021 年 2 月 1 日起正式施行,全国碳市场发电行业第一个履约周期正式启动。钢铁行业、有色金属行业作为拟首批纳入的八大重点排放行业,将按照"成熟一个,纳入一个"的原则,逐步纳入全国碳市场,碳交易将成为支撑碳达峰及降碳工作的重要工具。未来,钢铁行业作为重点排放行业将面临碳排放强度的"相对约束"、碳排放总量的"绝对约束",以及严峻的"碳经济"挑战。

3. 主体技术与工艺流程

钢铁生产主工艺如图 5.2 所示。长流程工序中原料经过焦化工序、烧结工序、高炉工序、转炉炼钢工序、连铸工序、轧钢工序,加工成各种钢材。短流程炼钢工序由废钢投入电炉,经电炉工序、连铸工序、轧钢工序,加工成各种钢材。

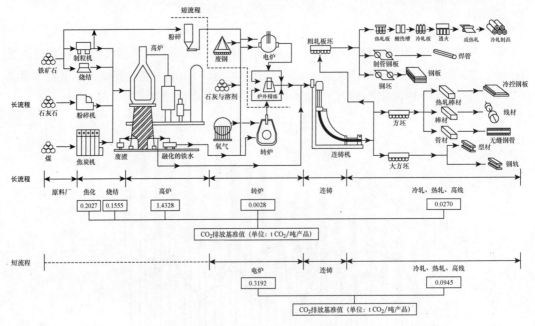

图 5.2　钢铁生产主工艺示意

(1) 焦化工序。炼焦化学工业是钢铁工业的一个重要部分。煤炭主要加工方法是高温炼焦(950~1050℃)和回收化学产品。

（2）烧结工序。烧结就是在粉状铁物料中配入适当数量的溶剂和燃料，在烧结机上点火燃烧，借助燃料燃烧的高温作用产生一定数量的液相，把其他未熔化的烧结料颗粒黏结起来，冷却后成为多孔质块矿。

（3）高炉工序。高炉炼铁是在高炉里进行还原反应的过程。炉料——矿石、燃料、熔剂从炉顶装入炉内，从鼓风机来的冷风经热风炉后，形成热风从高炉风口鼓入，随着焦炭燃烧，产生热煤气流由下而上运动，而炉料则由上而下运动，互相接触，进行热交换，逐步还原，最后到炉子下部，还原成生铁，同时形成炉渣。积聚在炉缸的铁水和炉渣分别由出铁口和出渣口放出。

（4）转炉炼钢工序。转炉炼钢是一种不需要外加热源、主要以液态生铁为原料的炼钢方法。靠转炉内液态生铁的物理热和生铁内各组成成分，如碳、锰、硅、磷等与送入炉内的氧气进行化学反应所产生的热量作为冶炼热源来炼钢。

（5）连铸工序。连铸就是将钢液直接冷却，凝固成符合轧材规格的方坯或板坯。

（6）轧钢工序。轧钢系统把符合要求的钢锭或连铸坯按规格尺寸和形状加工成钢材。

5.1.2 钢铁行业产量预测[4]

"十四五"前期，我国宏观政策将继续保持连续性、稳定性、可持续性，带动钢材需求保持小幅增长。"十四五"中后期钢材需求总量将保持平稳波动态势，钢材需求结构发生变化，建筑用钢占比下降，机械、汽车、家电、交通、新能源等制造业用钢占比上升。

下面采用消费强度法、下游行业消费调研法、国际比较方法对我国国内钢需求总量展开预测。

随着工业化完成、城镇化趋于稳定及产业结构调整进程，并结合美国、日本和德国人均粗钢表观消费量的发展历程，预测我国 2026—2030 年的粗钢需求。我国人均粗钢表观消费量预计将在"十四五"前期达到峰值水平，约为 750 kg，高于美国、日本、德国的人均峰值点。到 2025 年，我国粗钢需求量将大体保持在 10.0×10^8 t 左右。预测到 2030 年，我国人均粗钢表观消费量将明显下降，人均粗钢表观消费量将降至 550 kg。考虑到我国人口自然增长率因素，2030 年我国人口将达 14.5 亿人，届时我国粗钢需求量将降至 8×10^8 t。

2031—2035 年，我国经济仍将延续增长态势，但由于我国经济基数不断扩大，经济增速将进一步下降，服务业、装备制造业、新兴产业将成为我国经济发展的主要驱动力。预测到 2035 年我国人均粗钢表观消费量将降至 450 kg，我国人口将基本稳定在 14.5 亿人左右，届时我国粗钢需求量降至 6.5×10^8 t。国家不鼓励钢材出口。考虑未来我国每年净出口钢材约 $(0.3 \sim 0.4) \times 10^8$ t（取中值为 0.35×10^8 t），到 2025 年我国粗钢产量 10.35×10^8 t；到 2030 年为 8.35×10^8 t；到 2035 年为 6.80×10^8 t，见表 5-1。

表 5-1　2025 年、2030 年和 2035 年我国粗钢需求量和产量预测

年　　份	粗钢需求量/(10^8 t)	粗钢产量/(10^8 t)
2025	10.0	10.35
2030	8.0	8.35
2035	6.5	6.85

5.1.3　钢铁行业减碳的关键环节与减碳预测

1. 钢铁行业减碳的关键环节

煤炭在钢铁行业的消费主要集中在焦化、烧结和炼铁工序。焦化生产中需要消耗大量的洗精煤和少量原煤作为原料生产焦炭。烧结工序中能源消耗主要是固体燃料、点火煤气和电耗,这三种能耗占烧结工序能耗 90%以上。在这三种能耗中,数量最大的是固体燃料,占 75%～85%;第二是电耗,占 5%～10%;第三是点火煤气,占 3%～8%。烧结节能的重点是要减少固体燃料消耗[5]。炼铁生产中需要用焦炭作为还原剂,喷吹部分烟煤和无烟煤用以降低燃料比。炼铁工序中,煤炭主要是以焦炭、喷吹煤和焦粉的形式,作为高炉燃料提供冶炼所需的热量,固体碳及其氧化产物一氧化碳同时作为还原剂参与高炉炼铁过程中的还原反应,少量作为渗碳进入铁水。

因此,控制钢铁行业的煤炭消耗重点是设法控制焦化、烧结、炼铁工序中焦炭、喷吹煤、焦粉、洗精煤的量,提高煤炭质量,降低生产工序的焦炭消耗占比和煤炭消耗占比。

2. 钢铁行业减碳预测[4]

本小节对钢铁行业煤炭消耗量的预测需要先确定各生产工序产品产量,然后依据目前各工序单位产品消耗煤炭量,以及未来钢铁行业节能和废钢利用情况来确定各单位工序产品消耗量的变化趋势,再依据已确定的各年度单位产品产量最终获得钢铁行业煤炭的消耗量预测。在对钢铁行业煤炭消费总量的预测中,综合考虑原燃料结构调整、技术进步、政策推动等多方面因素,设置不同情景,包括基准情景、化石能源退出情景和加强化石能源退出情景。各情景的参考条件如表 5-2 所示。

表 5-2　基准、化石能源退出、加强化石能源退出三种情景中的关键要素设置

情景	基　准	化石能源退出	加强化石能源退出
流程结构	在现有工艺流程结构基础上,短流程占比随废钢积蓄量增加而有所提升,长流程仍消耗大量废钢	鼓励发展短流程,2025 年电炉钢占比提升至 15%左右;2030 年之后进一步提升	大力支持短流程发展,2025 年电炉钢占比提升至 20%左右;2030 年之后进一步提升
	非高炉炼铁占比维持在 5% 以上	2030 年,非高炉炼铁占比提升至 25%	2030 年,非高炉炼铁占比提升至 30%以上
原料结构	维持现有炉料结构,适当降低烧结矿占比	2030 年,烧结矿占比降低至 65%以下	2030 年,烧结矿占比降低至 55%以下
	2025 年,废钢比 25%左右,且大量进入转炉;2040 年提升至 40%	2025 年,废钢比提升至 30%,支持废钢进口;2040 年增长至 50%	2025 年,废钢比提升至 35%以上,之后持续增长
能源结构	维持以煤炭/焦炭为主的长流程生产工艺	2035 年,煤炭占比降低至 50%左右,采用富氢/全氢冶金的钢产量占比提升至 15%,并持续增长。绿电稳定供应	2035 年,煤炭占比降低至 40%左右,采用富氢/全氢冶金的钢产量占比提升至 20%,并持续增长。绿电稳定供应

分别考虑废钢比、球团矿占比、非高炉炼铁、氢冶金技术发展等多方面因素,通过模型测算后,钢铁行业煤炭消费总量变化情况如表 5-3 所示。

表 5-3 三种不同情景下煤炭消费总量预测(含外购焦炭)

煤炭消费总量/(10^8 tce)	2020	2025	2030	2035	2040	2050	2060
基　准	5.42	4.15	3.13	2.37	2.01	1.55	1.48
化石能源退出	5.42	4.38	2.99	2.10	1.46	1.06	1.01
加强化石能源退出	5.42	4.05	2.84	1.87	1.28	0.84	0.83

根据上述预测结果,在化石能源退出情景下,在提高行业废钢比、普及推广能效提升技术、非高炉炼铁、全废钢电炉等工艺推广、能源替代等保证措施下,钢铁行业煤炭消耗总量有较大下降空间。预计在 2030 年,全国碳达峰目标达成时,钢铁行业煤炭消耗总量降低至 2.99×10^8 tce;2035 年,随着废钢积蓄量进一步增加,氢冶金等替代技术日益成熟,行业煤炭消费总量进一步降低至 2.10×10^8 tce。至 2030 年,吨钢煤炭消费量降低至 358 kgce·t^{-1} 左右 (2030 年预测钢铁产量 8.35×10^8 t);至 2035 年,进一步降低至 307 kgce·t^{-1} 左右(2035 年预测钢铁产量 6.85×10^8 t),降幅显著。在氢冶金(含全氢冶金和富氢冶金)普及率超过 50% 的前提下,钢铁行业煤炭消费总量有望在 2050—2060 年降低至 1×10^8 tce 左右。

5.1.4 钢铁行业碳中和路径及主要减碳技术

如图 5.3 所示[6],麦肯锡预测了中国钢铁行业从 2020 年到 2030 年和 2050 年的减排路径,常规情形下的需求缩减(A)预计到 2050 年将贡献约 35% 的 CO_2 减排。能效提升(B)之路预计到 2050 年有约 1.8×10^8 t CO_2 的减排潜力;预计到 2050 年将贡献全行业约 10% 的 CO_2 减排。废钢利用(C)是更优先、成熟且灵活的手段,利用废钢可以采用碳排放更低的电炉短流程(EAF)进行生产,并且通过绿电实现碳减排也更具有经济性。随着国内废钢供应量的上升,预计中国未来的电炉钢比例将由当前的约 10% 增加到 2025 年的 15%,并且长流程废钢利用能力也可能进一步提升。预计到 2050 年通过电炉+废钢替代长流程炼钢,可贡献钢铁行业 CO_2 累计减排量的 20% 左右。

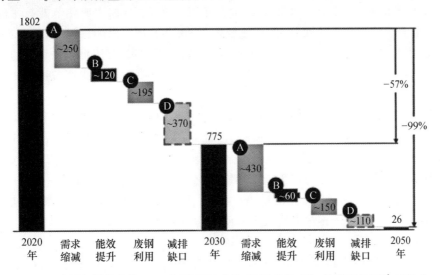

图 5.3 中国钢铁行业从 2020 年到 2030 年和 2050 年的 CO_2 排放变化(10^6 t CO_2)

钢铁行业的特殊性在于煤炭的不可替代,对于长流程钢铁企业,煤炭是不可或缺的原燃料,构成了钢铁生产过程的碳素流:煤炭不仅作为燃料提供了钢铁生产、冶炼过程所需的热量,固体 C 及其氧化产物 CO 同时作为还原剂参与高炉炼铁过程中的还原反应。钢铁行业的控煤降碳和低碳转型应多管齐下,从总量控制、过程控碳、末端控碳等多环节推进钢铁行业低碳可持续发展,见图 5.4[4]。

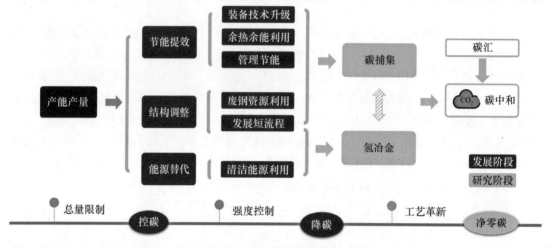

图 5.4   钢铁行业控煤降碳路径

1. 总量控制

钢铁行业碳达峰主要取决于粗钢产量的峰值,但是钢铁行业和钢铁企业可通过结构调整、技术进步、管理优化和碳市场交易机制等节能降碳途径,在产量达峰前实现碳排放的率先达峰。

2. 过程控碳

2030 年工业碳达峰目标实现前,过程控碳仍将是钢铁行业低碳发展的重要手段。

(1)从技术角度,提升能源利用效率,降低能耗。一方面,加大成熟节能技术的推广力度,如焦炉上升管荒煤气显热回收、循环氨水余热回收、加热炉黑体保温等;另一方面,贯通节能低碳技术"产学研用"一体化,着力突破低碳绿色技术约束,解决低碳关键核心技术和能源资源高效回收利用技术制约问题,进一步提升行业能源利用效率,提高二次能源综合回收利用水平。

(2)从调整工艺结构(即提高电炉钢比例)、改善原料结构(提高废钢比和球团比)、优化能源结构(实施煤炭减量替代,充分利用可再生能源)等入手,减少煤炭消耗,降低煤炭占比。

(3)积极研发和示范新工艺,攻克氢冶金、绿氢制备、碳捕集与封存(CCS)的技术及成本壁垒,此类突破性技术的推广将成为未来钢铁行业实现碳中和的必要途径。

2030 年以后,随着废钢积蓄量的进一步增加、低碳能源供应充足、氢能冶炼技术日渐成熟并逐步推广,钢铁行业碳排放会有较大幅度下降的空间。

3. 末端控碳

CCS[7]是一种可以大幅减少燃煤电厂和工业生产过程中 CO_2 排放的技术。目前,国内外 CCS 技术尚处于示范推广阶段,商业应用与普及还不成熟。

5.2 水泥行业碳排放现状与减碳主要技术

5.2.1 水泥行业碳排放现状

1. 水泥行业产量情况

图 5.5 显示了我国 2010—2020 年水泥产量、熟料消费量和熟料系数的发展变化情况。中国水泥产量（消费量）自 1985 年以来，已经连续 36 年排名世界第一，近几年约占世界水泥产量的 57%。2020 年水泥产量为 23.8×10^8 t，人均水泥消费量约 1700 kg，远高于发达国家 $600 \sim 700$ kg 的人均水泥消费量峰值[8]。

图 5.5 水泥产量、熟料消费量及熟料系数(2010—2020 年)

决定水泥生产排放强度的关键参数除了使用的燃料以外，还有每吨水泥所使用的熟料量（熟料是水泥的活性成分，也是排放最密集的成分）。如今中国的熟料-水泥比例为 0.66，而全球平均值为 0.72。因此，中国水泥的平均碳强度比世界水平低 7% 左右[9]。水泥工业碳排放的直接工艺排放和燃料燃烧都集中在熟料煅烧工艺过程，"十三五"期间水泥工业碳排放增长 1.45×10^8 t，2020 年同比 2016 年增长约 12%，水泥行业在节能减碳方面面临较大的压力和挑战，详见表 5-4。

表 5-4 "十三五"期间水泥行业统计数据[10]

年 份	2016	2017	2018	2019	2020
熟料产能/(10^8 t)	18.3	18.2	18.2	18.2	18.3
熟料产量/(10^8 t)	13.7	14.0	14.2	15.2	15.8
碳排放量/(10^8 t)	12.17	12.3	12.45	13.28	13.62

数据来源：中国水泥协会，碳排放数据为经验估算值。

2. 水泥行业碳排放情况

水泥工业碳排放主要由三部分组成：一是过程工艺排放，二是燃煤能源活动排放，三是电力消耗间接排放。燃煤能源活动碳排放大约占水泥生产总碳排放的 30% 以上；过程工艺碳排放约占水泥生产总碳排放的 60% 以上，是水泥工业主要的碳排放来源。水泥碳排放因子的世界平均值为 0.95 t CO_2/t 水泥。以我国目前的水泥工艺水平，吨水泥的碳排放强度约为 0.58 t CO_2，吨熟料的碳排放强度约为 0.86 t CO_2[9]。据估算"十三五"期间，水泥工业碳排放量如表 5-5 所示，呈现逐年上涨的趋势。

表 5-5　"十三五"期间水泥行业碳排放[10]

指　标	2016	2017	2018	2019	2020
行业能源消费量（煤耗）/(10^8 tce)	1.71	1.57	1.56	1.67	1.7
碳排放量/(10^8 t)	12.17	12.3	12.45	13.28	13.62
过程排放/(10^8 t)	6.96	7.48	7.69	8.17	8.41
燃煤活动碳排放/(10^8 t)	4.55	4.18	4.15	4.44	4.52
间接排放（电力）/(10^8 t)	0.66	0.64	0.61	0.67	0.69

数据来源：中国水泥协会，碳排放数据为估算值。

3. 主体技术与工艺流程

水泥的生产工艺可概括为"两磨一烧"，即原料经过采掘、破碎、磨细和混匀制成生料，生料经 1450℃ 的高温烧成熟料，熟料再经破碎，与石膏或其他混合材料一起磨细成为水泥。水泥生产工艺流程（图 5.6）介绍如下：

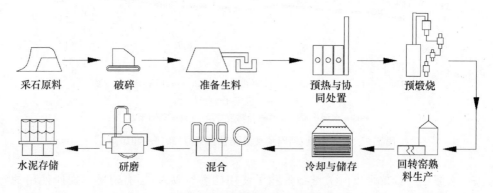

采石原料　　破碎　　准备生料　　预热与协同处置　　预煅烧

水泥存储　　研磨　　混合　　冷却与储存　　回转窑熟料生产

图 5.6　水泥生产工艺流程[11]

（1）采石原料。自然产生的钙质沉积物，如石灰石、泥灰岩或白垩岩等，可提供碳酸钙，这是水泥的关键成分。它们由重型机器从采石场提取，采石场通常位于水泥厂附近。还可以从矿床中挖掘出少量的其他材料，如铁矿石、铝土矿、页岩、黏土或砂，以提供原料混合料的化学成分中所需的额外氧化铁、氧化铝和二氧化硅，满足工艺和产品性能要求。

（2）破碎。开采的材料被压碎，通常尺寸小于 10 cm，然后被运到水泥厂。

（3）准备生料。在一个称为"预均化"的过程中，将原材料进行混合以达到所需的化学成分。然后将碾碎的材料研磨成一种被称为"生料"的细粉。对原材料和生料的化学成分进行监测和控制，以确保水泥的一致性和高质量。

（4）预热与协同处置。预热器是生料通过的一系列垂直循环，在这个过程中，生料接触到向相反方向旋转的热窑废气。热能从这些循环中的热烟气中回收，生料在进入窑炉之前被预热。因此，化学反应发生得迅速而有效。根据原料含水量的不同，一个窑可能有多达 6 个阶段的循环，每个阶段的热回收率不断增加。生料温度提高到 900℃ 以上。水泥生产可以共同处理来自其他工业和城市产生的废物和副产品,作为原料或作为热处理的燃料。废物和副产品的性质和水分组成差别很大。在进入水泥窑之前,它们可能需要分类、粉碎和干燥。

(5)预煅烧。煅烧是指将石灰石分解成石灰。在大多数过程中,它发生在"前煅烧炉"中。这是窑上方预热器底部的燃烧室,部分在窑内。在这里,石灰石分解成石灰和CO_2,这一过程通常会排放60%～70%的CO_2。在使用预煅烧炉技术的工厂中,大约65%的燃料被燃烧。燃料燃烧也会产生碳排放。

(6)回转窑熟料生产。预煅烧好的生料进入窑炉。燃料直接进入窑炉,提供1450℃的高温。随着窑炉的旋转(大约每分钟3～5次),生料会通过逐渐变热的区域进入火焰。高温引起化学反应和物理变化,将生料融化成熟料。窑中的反应包括完成在预煅烧器中没有发生分解的石灰石的煅烧,CO_2从含碳化合物中排放出来。在生产过程中从原材料中释放出来的CO_2被称为"过程二氧化碳排放"。

(7)冷却与储存。来自窑炉的热熟料在炉排冷却器上快速从1000℃以上冷却到100℃,然后将进入的燃烧空气吹到熟料上。鼓风机利用电和热空气循环来提高热效率。一个典型的水泥厂将在熟料生产和水泥研磨过程之间储存熟料。熟料可以装载、运输,可以交易或进一步加工成水泥。

(8)混合。熟料与其他矿物成分混合制成水泥。所有类型的水泥都含有4%～5%的石膏,以控制水泥的凝固时间。矿渣、粉煤灰、石灰石或其他材料可以混合或混合代替部分熟料,生产出各种类型的混合水泥。

(9)研磨。冷却后的熟料和石膏混合物被磨碎成灰色粉末,称为硅酸盐水泥,或与其他矿物成分一起磨碎制成混合水泥。传统工厂一般用球磨机进行研磨,辊压机和垂直磨机因具有更高的能源效率经常用于现代工厂。

5.2.2 水泥行业产量预测[10]

经济发展模式和结构变化对水泥熟料需求会产生很大影响,主要的影响因素包括:城镇化率、人均GDP、固定资产形成总额、三次产业结构、固定资产投资结构等。依据对上述因素发展趋势的分析,并基于多因素拟合分析模型,预测我国未来水泥熟料消费量。随着包括越南、印尼、菲律宾等东南亚国家水泥产能继续扩张,其对中国的出口动力可能进一步增强,中国水泥熟料进口规模还有进一步扩大的可能性。初步预测,中国水泥熟料进口量将不低于现有水平,维持在0.30×10^8 t以上。表5-6给出了对中国2025年、2035年及2060年三个时间节点的水泥熟料产量预测数据。未来随着我国经济进入平稳阶段,水泥熟料产量预计将呈现逐年下降的趋势,CO_2排放总量也将随之下降。此外,我国还需要采取更强有力的措施和发展新的减排技术来进一步降低吨水泥熟料的能耗。目前,我国水泥熟料碳排放因子距离《巴黎协定》2050目标仍需要压减12%,距离国际能源署(IEA)2030年预计均值须压减7%。

表5-6 中国水泥熟料产量预测表

年　　份	2020	2025	2035	2060
熟料消费量/(10^8 t)	16.1	15.5	10.8	6
熟料产量/(10^8 t)	15.8	15.2	10.5	5.7

5.2.3　水泥行业减碳的关键环节与减碳预测

1. 水泥行业减碳的关键环节

由于水泥生产的规模及其生产过程的特点（过程排放），水泥工业被认为是人为 CO_2 排放的主要来源之一，占全球碳排放的 $8\%^{[12]}$。过程排放约占直接 CO_2 排放量的 60% 以上，其次是燃料燃烧、电耗（间接 CO_2 排放）。水泥工业碳排放中的直接工艺排放，主要来源于碳酸钙（石灰石）转化成氧化钙（生石灰）的过程，碳酸钙分解释放出大量的 CO_2，因此降低每吨水泥的熟料使用量将有助于水泥行业的减碳。而对于燃料燃烧环节，目前在中国水泥窑的能源投入中，煤炭约占 75%，其余投入包括电力、天然气，以及少量的石油产品、废弃物和生物能。先进的节煤技术和煤炭替代燃料技术等也将大幅度减少水泥生产中的煤炭消耗，降低燃煤碳排放。此外，水泥生产过程的特殊性（原料碳酸盐化合物的分解），决定了水泥行业实现碳中和还需要 CCUS、林业碳汇等负碳技术的普及应用。

2. 水泥行业减碳预测[10]

基于多因素拟合法对 2025 年、2035 年、2050 年和 2060 年水泥消费量做了预测，并依据水泥熟料系数变化分别预测计算了各时间节点的熟料消费量（表 5-7）。

表 5-7　中国水泥和熟料消费预测表

年　　份	2025	2035	2050	2060
熟料消费量/(10^8 t)	15.5	10.8	7.5	6
水泥熟料系数/(%)	70.0	75.0	75.0	75.0
水泥消费量/(10^8 t)	22.1	14.4	10	8

依据上述熟料消费量预测，针对一般情景下，水泥行业能耗提升和实施技术性减碳措施推算煤炭消费量，如表 5-8 所示。

表 5-8　中国水泥行业煤炭消耗量及碳减排估算

年　　份		2020	2025	2035	2060
煤炭消耗量/(10^8 t)	基准情景	1.71	1.64	1.06	0.58
	退出情景		1.55	0.97	0.39
	加强情景		1.36	0.80	0.27
备　　注		实际数据	基准情景：单耗 108；退出情景：燃料替代率 5%；加强情景：单耗 100，燃料替代率 10%	基准情景：单耗 101；退出情景：单耗 98，燃料替代率 6%；加强情景：单耗 95，燃料替代率 20%	基准情景：单耗 100；退出情景：单耗 95，燃料替代率 30%；加强情景：单耗 92，燃料替代率 50%
燃煤碳排放量/(10^8 t)（退出情景）		4.55	4.12	2.58	1.04

备注：单耗指熟料单位产品煤耗。

从表 5-8 可知，相比 2020 年，退出情景下 2025 年、2035 年、2060 年水泥行业的煤炭消耗量将分别下降 9.36%（0.16×10^8 t）、43.27%（0.74×10^8 t）、77.19%（1.32×10^8 t），影响的主要因素为水泥消费下降。而在加强情景下，水泥行业的煤炭消耗量将下降 20.47%（0.35×10^8 t）、

$53.22\%(0.91\times10^8\ t)$、$84.21\%(1.44\times10^8\ t)$,此时能效水平和燃料替代率提升等技术因素影响显著增加。制定有效的碳中和路径和开发先进的减碳技术,对于我国水泥行业如期实现碳中和目标非常重要。

5.2.4　水泥行业碳中和路径及主要减碳技术

根据落基山研究所和中国水泥协会的预测[9],如图 5.7 所示,中国到 2050 年,水泥生产的碳排放量将下降到目前水平的 1/6 以下,吨水泥与吨熟料的碳强度将下降到目前的一半左右;至 2060 年,水泥行业的 CO_2 净排放以及水泥产品的碳强度将接近净零水平。

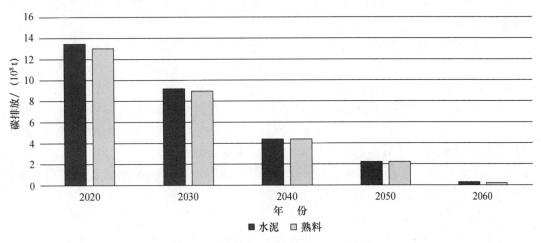

图 5.7　中国水泥与熟料生产碳排放趋势

对水泥行业来说,面对碳达峰、碳中和的挑战,主要从总量控制和技术创新两个维度共同发力来应对。

1. 产能总量控制措施[10]

调整优化产业结构,推动行业绿色低碳转型发展。严格执行新修订发布的《水泥玻璃行业产能置换办法》,遏制新增产能,实施重点地区 1∶2、一般地区 1∶1.5 产能置换要求,对置换项目和非置换的技改项目实施污染排放指标、碳排放指标和能耗指标控制,在保证产能总量逐年减少的前提下,实现污染物排放、总能耗和碳排放总量下降。保护生态红线,依法淘汰影响生态环境的产能。对矿山资源匮乏地区,限定区域产能资源。配套激励政策,鼓励行业大型集团公司在"十四五"期间以大换小,加快淘汰能耗水平低的产能,例如对 2000 t 及以下的普通水泥熟料生产线实施产能置换或转型。

2. 先进技术减排措施[10]

(1) 以先进烧成系统技术促进煤炭消耗量降低

新型干法水泥生产线核心技术和装备主要是预分解系统、熟料冷却系统和燃烧器,这三大部分是水泥生产节能的重点。采用多途径对烧成系统实施节能改造,以先进技术促进煤炭消耗量降低,提升能源利用效率。

① 六级预热分解系统或者两档窑使用。新建、改建水泥窑建议推广使用新型高效低压损的六级预热分解系统或者两档式短窑,配备高效低氮燃烧器等高能效烧成关键技术。

② 第四代冷却机推广使用。更换"强换热中置辊破前移第四代冷却机",使大的熟料颗粒提前得到破碎:第一,有利于熟料冷却;第二,有利于提高冷却机余风温度,从而提高余热发电量;第三,增加破碎后的熟料冷却时间,有利于降低出篦冷机的熟料温度。

③ 窑炉系统辅助技术改造。在已有窑炉节能技术改造方面,可以采取如配备低一次风量新型燃烧器,加强循环风使用,减少新风助燃;采用新型撒料装置、弱涡流高效低压损旋风筒、自脱硝技术等,提高热效率的同时有效控制氮氧化物初始浓度。

④ 回转窑高效密封技术推广使用。水泥回转窑,由于锁风技术的落后,窑头和窑尾的漏风成为常态,漏风量可达 $0.05 \sim 0.08$ $Nm^3 \cdot kg^{-1} \cdot cL^{-1}$,这部分漏风会增加热耗 $14 \sim 24$ $kcal \cdot kg^{-1} \cdot cL^{-1}$。同时,由于漏风引起的高温风机及废气风机负荷加大,会增加 0.5 $kW \cdot h \cdot t^{-1} \cdot cL^{-1}$ 电耗。

(2) 余热发电技术升级

水泥窑余热发电技术直接对水泥窑在熟料煅烧过程中窑头窑尾排放的余热废气进行回收,通过余热锅炉产生蒸汽带动汽轮发电机发电。熟料生产线可解决 60% 的生产自用电。对原发电系统进行升级更换或改造,逐渐淘汰 2012 年前的落后系统,更换带独立分离器的窑头余热锅炉,进一步推广部分或全部循环风回用,充分改进篦板结构、增加篦床面积、增大冷却风机能力等,从而提高余热发电能力,同时减少窑头排放量,预计较常规方案提高发电量 10%~25%。研发在窑洞体辐射热回收和低品位热回收系统上的 ORC 技术应用。期望未来吨熟料发电量提高 $0.3 \sim 0.5$ kW。

(3) 新型隔热、保温耐火材料推广

新型隔热、保温耐火材料的推广可以减少环境热损失,提升窑炉热效率。对现有窑炉耐火材料进行更新,在预热器、分解炉、篦冷机、三次风管和回转窑等五大高温部位采用新型隔热、保温耐火材料,减少散热损失。新型纳米隔热材料、低导热复合砖等新型材料,可实现表面散热降低 10%~20%。

(4) 燃料替代技术的推广与应用

水泥行业可以利用的替代燃料有 100 多种,替代燃料经预处理后投入回转窑中,可实现煤的替代,是水泥行业重要的节煤减碳技术。欧洲部分国家燃料替代率水平较高,大型水泥企业 CRH、CMEX、HEIDLBERG 替代燃料率超过 20%,部分工厂实现全年 80% 以上的替代率。国内水泥行业应大力推广相关燃料替代技术应用,力争实现 2025 年水泥行业替代燃料率达到 15%,2035 年达到 40% 的目标。

(5) 数字智能技术助力能效提升

水泥生产过程具有大型化、连续化生产特点,基于新一代信息通信技术与先进制造技术深度融合水泥生产过程的在线数字智能优化控制系统,使生产过程中的各种原燃材料以及各工序的工况波动稳定控制,实现了各项生产控制参数、过程产品和成品性能的优化,降低了过程能耗和管理能耗,提高了生产效率,有力助力企业的能效提升。逐步推广基于自适应控制、模糊控制、专家控制的先进技术,实现矿山开采、配料管控、熟料烧成、水泥粉磨全过程的数字化和智能优化,可提高生产效率,降低生产能耗。

(6) 富氧煅烧助力劣质燃料使用和高原节能

水泥窑富氧燃烧技术是利用氧含量在 30%~40% 的富氧空气,通过窑头和分解炉进入窑、炉辅助燃烧,提高燃料效率,特别是劣质燃料和高原缺氧的生产线,燃烧效率、燃尽率及窑炉内温度都有所提高,有效提高水泥窑熟料的产量、质量,达到节能降耗的目的。但是,目前制氧技术成本仍旧较高,制约了该技术进一步推广应用。

(7) 鼓励高标号水泥熟料和高性能水泥使用、生产

高标号和高性能水泥的使用,可以有效降低水泥的使用量,从而降低水泥的需求量。生产高标号水泥熟料,可降低资源的消耗,提高资源的利用率,而且高标号水泥熟料可以降低熟料在水泥中的掺加量,从而降低熟料的需求量,减少煤炭消耗,也就降低了碳的排放量。

(8) 加大清洁能源使用比例,促进能源结构清洁低碳化

逐步提高使用电力等清洁能源的比重,鼓励烘干等工序使用余热或电,禁止采用独立热源的烘干设备,减少煤炭消耗。此外,鼓励企业利用适宜的地理条件,开发使用光伏、风能、氢能等可再生能源。

(9) 加强新型节能降碳技术研发

开发和挖掘技术性减排路径和空间,探索水泥行业低碳排放的新途径,优化工艺技术。研究碳捕集利用与封存等碳汇技术,太阳能、氢能煅烧水泥新技术,积极推进实现碳中和。

5.3 石油炼化行业碳排放现状与减碳主要技术

5.3.1 石油炼化行业碳排放现状

1. 石化行业原油消费量情况分析

根据国家统计局数据[8],如图 5.8 所示,2010—2019 年中国原油消费量逐年增长。由于我国"富煤贫油"的资源禀赋特点,石油占能源消费总量的比重不到 20%,但近十年来逐年有所上升。我国作为制造业大国,近年来化工产品产量逐年增加,带动我国石油消费量的上涨。

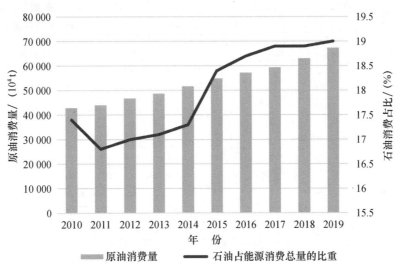

图 5.8 2010—2019 年我国原油消费量及石油占能源消费总量的比重

2. 石化行业碳排放情况[13]

2021 年石化行业 CO_2 排放量约 4.45×10^8 t，占中国 CO_2 排放总量的 4％左右。石化行业产品中有机合成材料均为含碳材料。当前多数人造有机含碳产品都是石化产品。由于产品含碳的特性，使得石化行业也具备很大的固碳潜力。按照占比来分析，中国石化行业碳排放中燃料及动力（电、蒸汽）等排放占 66.2％，占主要部分，工业生产产生的碳排放占 33.8％（图 5.9）。

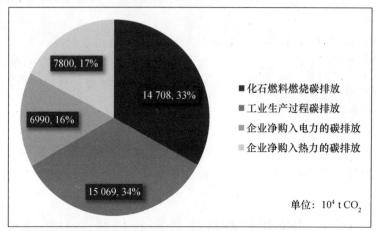

图 5.9   2021 年中国石化行业碳排放量结构分布

3. 主体技术与工艺流程

石油炼化常用的工艺流程（图 5.10）为常减压蒸馏、催化裂化、延迟焦化、加氢裂化、溶剂脱沥青、加氢精制、催化重整[14]。

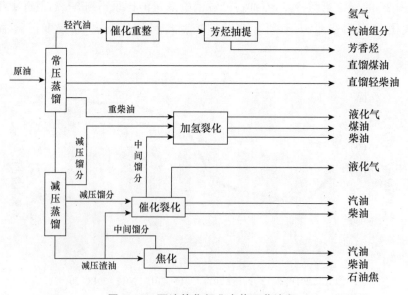

图 5.10   石油炼化行业主体工艺流程

（1）常减压蒸馏。常减压蒸馏是常压蒸馏和减压蒸馏的合称，基本属物理过程：原油在蒸馏塔里按蒸发能力分成沸点范围不同的油品（称为馏分），这些油一部分经调和、加添加剂后以产品形式出厂,相当大的部分是后续加工装置的原料。常减压蒸馏是炼油厂石油加工的第一道工序,称为原油的一次加工,包括:① 原油的脱盐、脱水;② 常压蒸馏;③ 减压蒸馏。

(2) 催化裂化。一般原油经过常减压蒸馏后可得到的汽油、煤油及柴油等轻质油品仅有 $10\%\sim40\%$,其余的是重质馏分油和残渣油。如果想得到更多轻质油品,就必须对重质馏分油和残渣油进行二次加工。催化裂化是最常用的生产汽油、柴油的生产工序,是一般石油炼化企业最重要的生产环节。

(3) 延迟焦化。焦化是以贫氢重质残油(如减压渣油、裂化渣油以及沥青等)为原料,在高温($400\sim500$℃)下进行深度热裂化反应。通过裂解反应,使渣油的一部分转化为气体烃和轻质油品;由于缩合反应,使渣油的另一部分转化为焦炭。一方面由于原料重,含相当数量的芳烃,另一方面焦化的反应条件更加苛刻,因此缩合反应占很大比重,生成焦炭多。延迟焦化装置的生产工艺分为焦化和除焦两部分,焦化为连续操作,除焦为间隙操作。

(4) 加氢裂化。加氢裂化属于石油加工过程的加氢路线,是在催化剂存在下从外界补入氢气以提高油品的氢碳比。加氢裂化实质上是加氢和催化裂化过程的有机结合,一方面能使重质油品通过裂化反应转化为汽油、煤油和柴油等轻质油品,另一方面又可防止像催化裂化那样生成大量焦炭,而且还可将原料中的硫、氯、氧化合物杂质通过加氢除去,使烯烃饱和。按反应器中催化剂所处的状态不同,可分为固定床、沸腾床和悬浮床等几种形式。

(5) 催化重整。用直馏汽油(即石脑油)或二次加工汽油的混合油作原料,在催化剂(铂或多金属)的作用下,经过脱氢环化、加氢裂化和异构化等反应,使烃类分子重新排列成新的分子结构,以生产 $C_6\sim C_9$ 芳烃产品或高辛烷值汽油为主要目的,并利用重整副产氢气供二次加工的热裂化、延迟焦化的汽油或柴油加氢精制。一套完整的重整工业装置大都包括原料预处理和催化重整两部分。以生产芳烃为目的的重整装置还包括芳烃抽提和芳烃精馏两部分。

5.3.2 石油炼化行业主要石油产品产量预测[13]

本小节主要预测中国国内主要石油产品的产量,包括成品油(汽油、柴油、煤油、燃料油)和其他石油制品的产量。首先根据北京大学能源研究院"中国能源经济发展路径分析系统",对国内的石油消费总量做出预测。预计未来主要用于交通行业的成品油,包括汽油、柴油、煤油和燃料油随着交通电气化和新型燃料的发展,需求将会逐步降低,石化产品将成为石油的最大需求方,三大合成材料需求还将继续增长,其中新材料类产品增速要快于通用型产品。同时参考国内石油产品进口量为($4000\sim5000$)$\times10^4$ t,取中位数 4500×10^4 t,得出我国 2025 年、2030 年及 2035 年的石油产品产量,如表 5-9 所示,中国石油产品产量预计将在 2030 年左右达峰。

表 5-9 2025 年、2030 年及 2035 年中国石油产品产量预测

年 份	2020	2025	2030	2035
石油消费总量/(10^8 t)	6.54	6.70	6.90	6.80
石油产品产量/(10^8 t)	6.09	6.25	6.45	6.35

5.3.3 石油炼化行业减碳的关键环节与减碳预测

1. 石化行业减碳的关键环节

石油工业是化工行业最主要的原料来源,化工行业是石油加工的下游产业。其中常减压装置的常/减压加热炉是主要 CO_2 排放源,其排放量约占炼厂总排放量的 1/3;石脑油催化重整和汽柴油加氢处理装置的 CO_2 排放量约占 1/4;催化裂化装置主要是催化剂再生烧焦烟气中排放的 CO_2,占 15%~20%。化工企业主要排放 CO_2 的装置为乙烯裂解炉烟气和合成氨装置副产物。因此炼化行业减碳的关键环节主要在于常减压蒸馏、催化重整、催化裂化、制氢、乙烯生产、合成氨等装置和动力工程[15]。

2. 石化行业减碳预测[13]

基于目前的石化行业和市场惯性发展模式,能耗及碳减排措施按照目前政策要求正常发展,假设包括到 2060 年不再引入更大力度减碳措施;炼油、乙烯产品碳强度到 2030 年比 2021 年下降 8% 左右,50% 的产能能耗达到目前的标杆值水平,到 2060 年整体下降 20% 以上,全部产能能耗达到目前的标杆值水平。在此情景下,预计我国石化行业碳排放于 2035 年左右达峰,碳排放量 6×10^8 t 左右。

如进一步加强我国石化行业的节能减碳措施、进出口结构调整,比如 2030 年以后乙烯当量自给率达到 70%,炼油、乙烯等重点产品碳强度到 2030 年比 2021 年下降 15% 左右,行业内全部产能能耗达到目前的标杆值水平,到 2025 年石化行业绿氢应用达到 10×10^4 t·a^{-1},到 2030 年达到 30×10^4 t·a^{-1}。在此强化情景下,预计我国石化行业碳排放于 2027 年左右达峰,碳排放量 2.3×10^8 t 左右(表 5-10)。

表 5-10 石化行业减碳预测表

假设情景	达峰年份	碳排放量/(10^8 t)
基准情景	2035	6
强化情景	2027	2.3

5.3.4 石油炼化行业碳中和路径及主要减碳技术

石化行业作为能耗和碳排放均十分显著的重要行业,能耗和碳排放控制对国家实现"双碳"目标有重要影响[16]。控制行业产能,提高工艺生产效率,优化工艺路线,使用可再生能源提供热力动力,使用低碳原料,采用碳捕集、利用与封存(CCUS)技术等,是实现石化行业碳达峰碳中和任务的重要手段。

能效提升、工艺流程改进升级仍是当前较为成熟和主要的降碳措施。如高效精馏系统产业化应用,原油直接裂解制乙烯、新一代离子膜电解槽、重劣质渣油低碳深加工、合成气一步法制烯烃、高效换热器、工艺供热电气化和可再生能源供热、中低品位余热余压利用等。在能效提升的基础上,采取资源循环利用、绿氢技术等,实现行业的净零碳排放。鼓励企业合理有序开发绿氢技术,包括电解水制氢技术、生物质气化制氢技术,推进炼化、煤化工与"绿电""绿氢"等产业耦合示范。增加低碳和可再生原料的使用率,比如生物基原料。加大风能、太阳能、核能等零碳能源电力的使用比例。鼓励行业发展绿色循环经济技术,如废塑料循环利用。CCUS 技术是可以有效消纳、转化 CO_2 的重要负碳技术之一,开展 CO_2 规模化捕集、利用与封存技术是必要的固碳措施,鼓励开展 CO_2 驱油、制化学品、冷热联供等新型 CO_2 消纳利用示范项目[17]。

此外,配合行政、金融、市场等方面举措共同发力,是石化行业实现碳中和目标的重要支撑和补充手段。① 要加强行业管理:严格控制炼油产能,淘汰落后产能,推进炼油产业结构调整,到 2025 年控制炼油产能在 9.3×10^8 t·a^{-1} 以内。对东部地区及环渤海地区 500×10^4 t·a^{-1} 及以下炼厂淘汰或者进行产能等量减量置换。② 要制定评价体系:针对低碳发展导向,完善重点产品能耗限额标准,编制重点产品碳排放限额标准。在绿色制造体系的基础上,建立完善低碳评价体系,建立碳回收再利用产品的认证、绿色低碳技术评估等服务体系和平台。③ 要推动资金支持:完善有利于绿色低碳发展的财税、价格、金融、土地、政府采购等政策。积极发展绿色金融,配套专项基金、低碳转型资金、低碳信贷等相关政策,对应用绿色低碳技术的企业和行业进行扶持。④ 积极参与碳市场建设:按照计划,石化行业在"十四五"期间也将纳入全国碳排放市场交易。加快推进碳交易体系建设,尽快推动石化行业纳入碳交易市场[13]。

5.4 煤化工行业冷热能源供给过程减碳技术

5.4.1 煤化工行业发展现状及能耗情况[18]

煤化工作为能源化工行业的重要分支,以煤为原料,生产清洁油气燃料和基础化学品,按照发展阶段,分为传统煤化工和现代煤化工。前者主要包括焦化,合成氨、电石-乙炔、甲醇,后者以煤制油、天然气、烯烃、乙二醇等为主。至"十三五"期末,我国现代煤化工产业发展初具规模,煤制油、气作为战略技术产能储备,打通了工艺流程,发挥了一定产能产量补充作用;煤(合成气)路线乙二醇产能占我国乙二醇总产能的 38.1%,产量占比 33.4%;煤(甲醇)路线乙烯产能占比 20.1%,产量占比 21.2%;煤(甲醇)路线丙烯产能占比 21.5%,产量占比 23.1%,为减少油气资源进口发挥了关键作用。

"十三五"以来,随着现代煤化工产业示范逐步成熟、产能稳步提升,以及国家加大散煤治理等因素,现代煤化工用煤量逐年上涨,在煤炭消费总量中占比持续提高。如表 5-11 所示,自 2016 年至 2021 年,现代煤化工用煤量逐年上涨,在煤炭消费总量中的占比也逐年提高,但增幅逐步收窄。特别是自 2020 年后,煤化工用煤比例进入"平台期"(图 5.11),说明后期增长乏力、增幅有限。

表 5-11 "十三五"前期现代煤化工用煤情况

年 份	现代煤化工用煤量/(10^8 t)	煤炭消费总量/(10^8 t)	占比/(%)
2016	0.61	38.9	1.57
2017	0.66	39.1	1.69
2018	0.96	40.0	2.40
2019	1.17	40.2	2.91
2020	1.31	39.8	3.29
2021	1.47	41.4	3.31

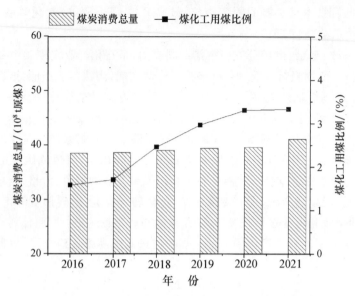

图 5.11   2016—2021 年我国现代煤化工用煤走势

煤化工是架通煤与油气、化工品转换的桥梁,契合我国"富煤贫油少气"的能源资源国情,可以适量补充油气短缺,降低对外依存度,在保障国家能源安全、推动经济社会发展等方面扮演着不可或缺的角色,应当保持发展定力和耐心。但由于原料的高碳特征和加工工艺高碳排放属性,大力推动煤化工节能减煤、降低"碳足迹",是服务"双碳"战略、构建现代能源体系的重要举措和关键抓手。

5.4.2   煤化工行业冷热能源供给现状及存在的问题

煤化工领域的煤炭消费占比约为 23%,随着国家政策的倾斜,我国的能源结构正在发生转变,煤炭用于发电的比例将会逐渐减少,而这些煤炭将会逐步向高效、节能、绿色的现代煤化工产业转移。《现代煤化工"十四五"发展指南》指出:这五年现代煤化工产业应科学规划、优化布局,合理控制产业规模,积极开展产业升级示范,推动产业集约、清洁、低碳、高质量发展和可持续发展。《煤炭工业"十四五"现代煤化工发展指导意见》也强调:转化量达到 1.6×10^8 t。煤化工目前主要集中在煤制甲烷、煤制烯烃、煤制甲醇、煤制乙二醇、煤制油、电石及 PVC 等几大产业。

1. 煤化工工艺过程存在的问题

在整个煤化工工艺过程中其冷热能源需求存在很大的不平衡性。

(1) 在制冷方面,主要有三大领域:① 前端的空分工艺,消耗大量的能源制冷,从空气中分离出氧气、氮气等,用于后续工艺过程的需求。研究[19]表明,空分单元投资占工程总投资的 6%～10%,但其能耗占总装置能耗的 20% 左右;目前空分装置主要靠动力煤制取 9.8 MPa、540℃ 左右的过热蒸汽进行驱动。② 后端低温甲醇洗,目前依靠氟利昂和烯烃类工质,通过蒸汽压缩循环制取 -60～-20℃ 的冷量。③ 为保持整个工艺的温控参数以及设备的保护,依靠大量的循环冷却水,经空冷装置进行冷却。

(2) 在用热方面,除电石行业依靠电极直接加热外,大部分的煤化工行业由于是放热反应,其蒸馏等过程依靠副产蒸汽足以满足需求。因此,煤化工的用热主要是用于驱动各类压缩机、泵以及制备自用电等,这也导致大量 110℃的低压蒸汽在夏季直接排空浪费。

从目前我国煤化工的冷热能源供给现状来看,冷热处于分离状态。在制冷方面主要依靠蒸汽压缩进行制冷,其压缩驱动主要依靠中压过热蒸汽来实现;而用热主要依靠煤燃烧以及化工过程的反应热来实现,但是利用率非常低。以鄂尔多斯某电石煤化工企业为例,企业每年消耗 24×10^8 kW·h 电用于 $CaO + 3C \longrightarrow CaC_2 + CO$ 电石制取工艺,但是 80% 以上高于 1500℃ 的热量被自然冷却[①]。由此可见,煤化工企业冷热分离是导致整个煤化工过程能耗居高不下的一个重要原因。

2. 煤化工企业存在的问题

煤化工企业制冷和热利用环节也存在着诸多问题。

(1)在蒸汽压缩制冷方面:① 一部分仍然以传统的氟利昂类工质为主,工质本身不环保,具有较高的 GWP 值,而且效率不高,导致制冷能耗较大;② 空分工艺过程中,目前国内大多采用法国空分装置,国内杭氧的空分设备在噪声、能效、稳定性等方面与国外还存在一定的差距,而且空分工艺本身也存在一定的优化空间;③ 绝大部分热量由循环冷却水冷却,而且循环冷却水带走的热量直接排放到空气中,没有有效回收利用,不仅增加泵耗成本,而且消耗大量的水资源。

(2)在热利用方面。煤化工过程的反应热除少部分用于制取副产蒸汽外,大部分都通过循环冷却水带走,尤其是高品位的反应热利用率非常低,这也导致现有煤化工需要燃烧大量的动力煤制取蒸汽。

如何在综合煤化工冷热需求的情况下,结合煤化工工艺,实现冷热协同一体化,是煤化工实现"双碳"目标,走向绿色、可持续发展亟须解决的问题。

5.4.3 煤化工行业未来发展预测[18]

1. 基准情景

考虑到煤化工发展过程的特殊性、运行的波折性以及政策影响因素主导的不确定性,按以下几点假定,预测"十四五"及后期产量、煤耗状况。

基准情景下,为落实"双碳"战略目标,煤化工产能原则上不再新增,按细分行业划定煤炭消费总量"天花板",部分有扩能意愿的业主,通过实施等量置换、兼并重组、内部升级改造等方式,维持产能或煤炭消费总量不变,提升整体质量。

多因素叠加下,产能利用率维持 2021 年较高水平。近中期国际油价或将维持总体高位,原料用煤也不计入能耗总量,煤化工项目积极释放产能,但受煤炭"去产能"、电煤优先保障、清洁能源取代、限制"两高"等因素影响,煤化工买煤难、用煤贵,不足以支撑产能的进一步释放,大概率停留在现有水平。

煤化工用煤需要控制总量上限,但也须给予兜底保障底线,满足刚性需求,为其不断实施技术创新、发挥能源保供和经济功能留出空间。

"十四五"及后期,在"双碳"目标节点倒逼下,传统煤化工产能适度削减、煤炭原料供应总体紧张,导致煤化工产品和耗煤量均逐年下降。根据中国煤炭加工利用协会的预测,基准情景下传统煤化工产量及煤耗情况如表 5-12 所示。

---

① 电石行业的冷却是直接将熔解的电石在空气中自然冷却;其烘干生石灰的热量来源于生石灰煅烧过程的烟气余热。

表 5-12　基准情景下传统煤化工产量及煤耗预测

项　　目	2020	2025	2030	2035	2040	2050	2060
1. 产量预测							
焦炭/(10^8 t)	4.71	4.5	3.35	2.45	2.3	1.2	1.1
合成氨/(10^4 t)	5117	5000	4900	4600	4500	3500	2500
电石/(10^4 t)	2888	2700	2100	1500	1300	1000	0
甲醇/(10^4 t)	6357	7000	8200	8900	7500	5000	3400
2. 传统煤化工煤耗预测/(10^8 t)	7.92	7.71	6.18	5.15	4.56	2.75	2.10
焦炭/(10^8 t)	5.37	5.13	3.75	2.82	2.65	1.38	1.27
合成氨/(10^4 t)	8698.9	8500	7840	6900	6300	4900	3500
电石/(10^4 t)	6007	5400	4200	3000	2340	1800	0
甲醇/(10^4 t)	10 806.9	11 900	12 300	13 350	10 500	7000	4760
3. 现代煤化工煤耗预测/(10^8 t)	1.4	1.5	1.5	1.5	1.2	9000	7000
4. 煤化工总煤耗预测/(10^8 t)	9.32	9.21	7.68	6.65	5.76	3.65	2.8

2. 化石能源退出情景

加速发展可再生能源已成为全球能源低碳转型和应对气候变化的重大战略和一致方向,在化石能源退出情景下,煤化工面临严苛的政策要求以规范全行业高质量发展。

短期内煤化工行业按照国家发展和改革委与工信部等部门公布的《高耗能行业重点领域能效标杆水平和基准水平(2021 年版)》和《煤炭清洁高效利用重点领域标杆水平和基准水平(2022 年版)》要求,开展节能降碳改造升级。

(1) 到 2025 年,全行业力争 30%产品达到行业标杆水平,基准水平以下产能基本清零。

(2) 到 2030 年,全行业 70%产能达到目前的标杆水平,部分企业试验示范进行"绿电""绿氢""绿氧"耦合;2035 年全行业达到目前的标杆水平,部分企业按照新工艺路线实施新的能源替代工程,"绿氢"替代"灰氢"完成示范。

(3) 到 2050 年,部分企业完成化石能源制氢替代,更低能耗的生产工艺全面实施,煤与新能源"一步法"生产工艺积极推进;到 2060 年,煤化工能耗及煤炭消费量大幅度降低。

根据中国煤炭加工利用协会的预测,化石能源退出情景下传统煤化工产量及煤耗情况如表 5-13 所示。

表 5-13　化石能源退出情景下传统煤化工产量及煤耗预测

项　　目	2020	2025	2030	2035	2040	2050	2060
1. 产量预测							
焦炭/(10^8 t)	4.71	4.5	3.25	2.35	2.1	1.1	1.0
合成氨/(10^4 t)	5117	5000	4900	4600	4200	3300	2300
电石/(10^4 t)	2888	2700	2100	1500	1200	800	0
甲醇/(10^4 t)	6357	7000	8200	7900	7200	4500	3200

续表

项　　目	2020	2025	2030	2035	2040	2050	2060
2. 传统煤化工煤耗预测/(10^8 t)	7.92	7.43	5.90	4.60	4.11	2.41	1.85
焦炭/(10^8 t)	5.37	5.00	3.61	2.61	2.33	1.22	1.11
合成氨/(10^4 t)	8698.9	8100	7350	6100	5880	4620	3220
电石/(10^4 t)	6007	5200	4050	2700	2160	1440	0
甲醇/(10^4 t)	10 806.9	11 000	11 500	11 060	9720	5850	4160
3. 现代煤化工煤耗预测/(10^8 t)	1.4	1.45	1.45	1.35	1.15	0.85	0.6
4. 煤化工总煤耗预测/(10^8 t)	9.32	8.88	7.35	5.95	5.26	3.26	2.45

3. 加强化石能源退出情景

为落实"双碳"目标,全球加速构建以可再生能源为主的新型能源系统,带来新一轮的能源生产消费革命和能源科技革命。加速可再生能源的全面发展和实施可再生能源替代行动,是未来构建独立可控能源系统的主攻方向,中国将在加强化石能源退出情景下,全面实施化石能源的替代,基本实现煤化工"零碳工厂"建设并实现 CO_2 "厂内碳中和"。

(1) 煤化工行业到 2025 年,按照国家发展和改革委与工信部等部门公布的《高耗能行业重点领域能效标杆水平和基准水平(2021 年版)》和《煤炭清洁高效利用重点领域标杆水平和基准水平(2022 年版)》要求,全面开展升级改造,50%产品产能达到行业标杆水平,基准水平以下产能全面淘汰退出。

(2) 到 2030 年,全行业 80%产能达到目前的标杆水平,绝大多数企业试验示范进行"绿电""绿氢""绿氧"耦合;2035 年全行业达到目前的标杆水平,20%的企业产能按照新工艺路线完成新的能源替代工程,"绿氢"替代"灰氢"取得实质性工程化突破。

(3) 到 2050 年,50%企业产能完成化石能源制氢替代,更低能耗的生产工艺全面实施,煤与新能源"一步法"生产工艺积极推进;到 2060 年,实现煤化工行业"零碳排放",合成氨与甲醇生产技术力争全面采用绿色合成工艺。

根据中国煤炭加工利用协会的预测,加强化石能源退出情景下传统煤化工产量及煤耗情况如表 5-14 所示。

表 5-14　加强化石能源退出情景下传统煤化工产量及煤耗预测

项　　目	2020	2025	2030	2035	2040	2050	2060
1. 产量预测							
焦炭/(10^8 t)	4.71	4.5	3.01	2.1	1.8	1.0	0.8
合成氨/(10^4 t)	5117	5000	4900	4200	3500	2000	0
电石/(10^4 t)	2888	2700	2100	1300	1000	800	0
甲醇/(10^4 t)	6357	7000	8200	7200	6000	3500	0
2. 传统煤化工煤耗预测/(10^8 t)	7.92	7.22	5.48	4.03	3.41	1.96	0.88

项　目	2020	2025	2030	2035	2040	2050	2060
焦炭/(10^8 t)	5.37	4.95	3.34	2.33	2.00	1.11	0.88
合成氨/(10^4 t)	8698.9	7900	6860	5460	4550	2600	0
电石/(10^4 t)	6007	5000	3900	2210	1700	1360	0
甲醇/(10^4 t)	10 806.9	9800	10 600	9360	7800	4550	0
3. 现代煤化工煤耗预测/(10^8 t)	1.4	1.4	1.25	1.2	1.0	0.75	0.55
4. 煤化工总煤耗预测/(10^8 t)	9.32	8.62	6.73	5.23	4.41	2.71	1.43

5.4.4　煤化工行业新型冷热能源联供技术助力碳中和

鉴于目前煤化工行业冷热分离,能耗、碳排放过大的现状,开展以 CO_2 为工质的新型冷热联供技术研究,对实现整个煤化工行业的碳中和有着非常重要的作用。

在煤制电石产业中,通过优化布局换热管道,利用 CO_2 吸收辐射热,构建如图 5.12 所示的局部跨临界 CO_2 热力学循环发电技术。这不仅可以快速冷却电石,避免水冷产生的危害以及自然冷却的热能损失,而且能实现大部分电石制取时电力的补充,减少碳排放,还能避免热排放造成的环境热污染。

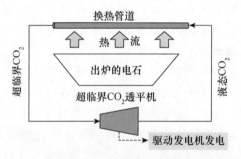

图 5.12　电石产业 CO_2 冷热循环发电技术示意

在煤制甲醇、乙二醇、烯烃等产业中,发展如图 5.13 所示新型的 CO_2 跨临界冷热一体化技术,为空分、低温甲醇洗高效提供冷量,将空分、循环冷却水制冷过程吸收的废热制取高温热水或低压蒸汽,用于补给锅炉用水以及部分工艺流程用热,这不仅可以减少动力燃煤的使用,而且减少氟利昂制冷剂的使用,减少循环冷却水的使用量。这是降低环境污染、助力碳中和的有效途径。

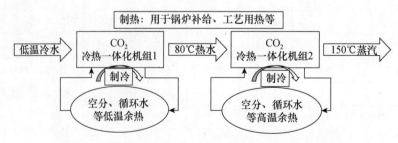

图 5.13　煤化工行业新型 CO_2 跨临界冷热一体化技术示意

5.5　工业过程制冷制热减碳技术

5.5.1　工业过程冷热制备现状及能耗情况

1. 工业过程冷热制备现状

近半个世纪以来,特别是改革开放以来,我国工业迅速发展,伴随而来的是工业用冷用热需求的增加。目前工业领域常用的热源包括电热源、蒸汽热源、太阳能热源,其中蒸汽热源输送方便、热交换率高、在易燃易爆环境场合中使用安全性高,被广泛应用于生产中。这也使得蒸汽热源几乎成为整个工业产业用热的主要来源。而蒸汽的产生主要依靠煤、石油、天然气等化石能源。

在工业生产过程中,冷需求是必不可少的。工业用冷涉及能源化工、食品加工、建筑等各行业的生产、加工、存储等系列过程。在传统工业中,包括电力行业、纺织行业、钢铁行业等,常用的冷却方法是使用大量的自来水、河水、海水等冷却水进行冷却和冷凝。而在食品加工等行业,制冷来源以氟利昂制冷设备为主。2021年,能源化工行业工业冷冻设备总体规模为34.6亿元,同比增长16%;食品加工领域工业冷冻设备规模为38亿元,同比上年增长19%,为五年来增速最快的一年[20]。

2. 工业过程冷热能耗情况

在工业中,能源供应是非常重要的,图5.14展示了我国目前冷热能耗占比情况。我国工业能耗占全国总能耗的近70%[21],而在能源消耗中,用热能耗占了相当大的比重。在工业领域,工业锅炉是工业生产过程中主要耗能设备,每年能耗量巨大,尤其在冶金、建材、陶瓷、玻璃、化工及机电企业的热加工过程中,工业锅炉的能耗可占工业生产过程总能耗的40%~70%。而各种工业锅炉的热损失一般都很大,在大多数情况下它们的热效率很低,能源利用率仅为30%左右。

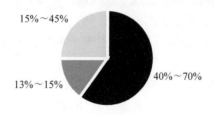

图5.14　我国工业过程总能耗中冷热能耗占比情况

在用冷方面,冷却/冷凝设备也是工业耗能、耗水大户。据统计,冷却/冷凝设备耗能量占工业过程总能耗的13%~15%。我国工业冷却用水量占工业用水总量的80%左右,取水量占工业取水总量的30%~40%。火力发电、钢铁、石油、石化、化工、造纸、纺织、有色金属、食品与发酵9个行业(均为冷却/冷凝设备的应用领域)取水量约占全国工业总取水量的60%[22]。因此,不仅新建工业设备需要冷却设备,原有的耗水量大、能耗高的冷却系统也需要及时进行更新和技术改造。

5.5.2 工业过程冷热过程减碳的关键环节分析

实现碳达峰、碳中和,是中国着力解决资源环境约束突出问题的必然选择。工业领域是碳排放的主要来源,而工业领域中,冷热制备是主要耗能单元。如图 5.15 所示,我国在工业过程中长期处于"冷热制备分离"的状态,即"用热时烧锅炉,用冷时吹空调",导致工业行业出现能耗大、碳排高的问题。工业过程冷热制备减碳的关键环节包括工业锅炉减碳、制冷设施减碳这两大部分。作为世界工业大国,中国工业领域的减碳任务更是重中之重。当前,依靠科技创新的减碳仍然是工业进步的必由之路,也是全球工业的大势所趋。

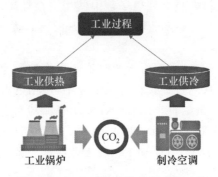

图 5.15 工业过程冷热制备现状示意

下面将分别介绍工业过程冷热减碳关键环节:

(1) 在工业供热过程中,仍有大量的工业蒸汽锅炉存在热效率低、能耗高、碳排放高等问题,能源不能得到有效利用,造成浪费;此外,污染物排放不控制。因此工业锅炉需要采用更先进的技术,如:① 使用清洁能源,加快太阳能、风能等可再生能源作为补充供热源头;② 优化锅炉系统,选用喷煤粉、分层燃烧,提升锅炉的运行效率,将效率提升到 86% 以上,或改造燃料类型,使用燃气、燃油、生物质,进一步提高工业锅炉的效率;③ 逐步推进区域能源系统构建,实现区域集中供热,缩小供需不平衡,减少损耗;④ 对工业锅炉余热充分利用,包括发展和应用余热发电、热泵、超临界 CO_2 发电等节能环保技术。充分降低碳排,符合"双碳"目标。

(2) 在工业制冷过程中,目前也存在诸多问题,氟利昂制冷剂的使用会导致温室效应,单位氟利昂碳排放是 CO_2 的上千倍,这将对全球变暖产生巨大的影响,为了进一步降低工业制冷方面的碳排和能耗,须加快技术迭代,如:① 开发更加成熟的变频技术,结合电子膨胀阀实现不同工况的用冷需求;② 使用更环保的制冷剂,如天然工质 CO_2 等;③ 更高效热力学系统的构建,发展更节能的部件,如喷射器等。

除了在供冷供热各自环节进行节能、降耗、减碳外,还应推动工业过程冷热制备协同联供,充分利用新型低碳技术改造工业生产过程实现减碳。如构建以 CO_2 为主体的集中式能源站,梳理不同工业过程中的用冷用热环节,统一规划分配用冷用热需求,形成冷热全回收利用,一定程度避免工业过程"冷热制备分离"的状态。这符合未来冷热能源利用的发展方向,符合我国"双碳"目标,也是工业过程冷热制备减碳必经之路。

5.5.3 工业过程冷热制备碳中和路径与关键技术

1. 工业过程冷热制备碳中和的总体思路

我国工业过程冷热制备碳中和的主要路径是什么？

首先是"开源"，更替能源领域供冷供热的源头。根据 IEA 统计，我国工业生产部门碳排放量占所有排放源排放量的比例从 1990 年的 71% 上升至 2018 年的 83%[23]。对于工业过程的冷热过程减少碳排放而言，通过更换原燃料、采用清洁能源等方式替代燃煤、燃油供热锅炉是必经之路。随着科技的发展，太阳能制热/制冷已逐步走入了实际应用，包括发展光伏、风能、储能等绿色供热、供冷方式，并逐渐形成商业闭环。

其次是"节流"，在工业生产过程中，提高冷热利用率也是实现减碳的路径之一。从能量及热力学角度来看，在工业过程中并没有实现冷热良性联供，造成大量能源的浪费。据统计，我国工业用能中有近 60% 的能源变成了余热资源，这部分余热仅有约 30% 被回收利用，能源利用率较低[24]。因此，增强工业生产过程中余热、余冷的利用，需要对工业生产过程中的各工艺冷热需求进行系统性设计，利用不同的回收技术对不同温度品位的余热、余冷资源加以回收利用。例如在供热温度低于 100℃，供冷高于 −50℃ 区间的范围内可使用 CO_2 冷热联供，实现冷热一体化，使冷热更合理地被应用，达到节能减排的效果，对降低企业能耗，实现我国节能减排、环保发展战略目标具有重要的现实意义。

2. 关键技术

(1) CO_2 冷热联供技术

CO_2 冷热联供技术是一种充分利用低品位热能的高效节能装置，可以实现 −50~100℃ 大温度范围内的供冷供热。如图 5.16 所示，原理是利用跨临界 CO_2 蒸汽压缩循环，消耗少量的逆循环净功，就可以得到较大、较高品质的热量，将低品位的热能转化为高品位的热能。利用这一技术可以实现工业锅炉供热末端环节的余热利用，替代冷却塔系统，同时将低品位热能转化为高品位，为工业过程其他环节供热，从而达到节能的目的。与此同时还可以提供冷量，实现冷热高效联供。

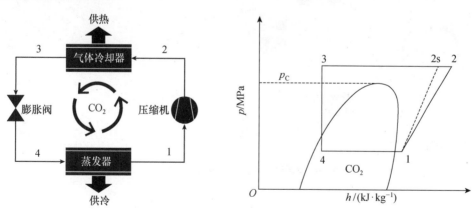

图 5.16　CO_2 冷热联供系统示意和 p-h 图

(2) 压缩天然工质储能冷热电联供技术

如图 5.17 所示，利用压缩 CO_2、空气等天然工质作为储能介质，在压缩过程中压缩机会输出高品质热量，首先经过热回收，再经过储能装置，最后用于驱动膨胀机进行发电，与此同时可产生大量冷量,实现冷热电三联供。压缩 CO_2、空气储能系统可用于电力系统削峰填谷、可再生能源平滑波动、可再生能源与工业余热耦合利用、火电厂/核电厂变工况辅助运行等。该技术对经济效益和社会效益贡献巨大,可以代替煤炭发电,可以节约很多不可再生的能源,同时 CO_2、空气也不会爆炸和燃烧,稳定安全,对环境没有污染。

图 5.17　压缩储能冷热电联供系统

(3) 超临界 CO_2 发电技术

图 5.18 展示了超临界 CO_2 作为布雷顿/朗肯循环系统的工质来进行发电的技术。其原理是超临界 CO_2 经过压缩机升压;然后利用余热或废热将 CO_2 等压加热;其次,CO_2 进入涡轮机,推动涡轮做功,涡轮带动电机发电;随后在膨胀机中再一次做功发电;最后,CO_2 进入冷却器,恢复到初始状态,再进入压缩机形成闭式循环。超临界 CO_2 环保、无毒且具有良好的传热传质性能,由于其拥有较高的能量密度,因此在系统结构、尺寸、成本、发电效率等方面都体现出明显的优势,能够将工业过程中的余热、废热转化为电能。此发电系统在余热利用发电方面有较宽泛的应用优势,各项技术指标都优于目前同类的热电系统。目前该技术处于中试阶段,有望规模化应用。未来会对超临界 CO_2 循环发电技术进行下一步的研究,会将超临界 CO_2 循环发电技术与光伏、电热储能、核电和火电结合,这项技术彻底成熟并普及时,中国将有望摆脱能源和碳排放的困扰。

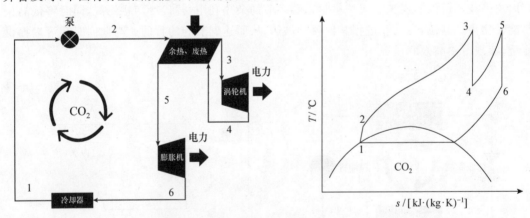

图 5.18　超临界 CO_2 发电系统示意和 T-s 图

5.6　本章小结

2000 年以来,中国粗钢产量快速上涨,但中国钢铁行业始终高度重视节能降耗工作,截至 2018 年,粗钢产量增长 622.4%,CO_2 排放量仅增长 382.7%,吨钢排放量 2.03 t,下降33.2%。在产业转型升级背景下,预计钢铁产量在"十四五"前期小幅增长,"十四五"中后期保持平稳波动态势,2030—2050 年呈现缓慢下降趋势。煤炭在钢铁行业的消费主要集中在焦化、炼铁和烧结工序,是钢铁行业减碳的关键环节。钢铁行业的控煤降碳和低碳转型,首先应从技术角度,继续提升能源利用效率,降低能耗;并在产业政策支撑和指导下,从调整工艺结构(即提高电炉钢比例)、改善原料结构(提高废钢比和球团比)、优化能源结构(实施煤炭减量替代,充分利用可再生能源)等入手,减少煤炭消耗,降低煤炭占比;积极研发和示范新工艺,攻克氢冶金、"绿氢"制备、CCS 技术及成本壁垒,此类突破性技术的推广将成为未来钢铁行业实现碳中和的必要途径。

中国是水泥生产和消费大国,"十三五"期间水泥熟料产量年均增长 3%,2020 年水泥熟料产量较 2016 年增长约 15.3%,碳排放增长约 12%,水泥行业在节能减碳方面面临较大的挑战。随着中国城镇化进程逐步完善,预计中国在"十四五"期间水泥产量将进入平台期;"十五五"之后将逐年缓慢下降。在当前水泥工业生产技术没有重大变革的条件下,水泥行业减碳主要通过产能总量控制和工艺技术升级改造、先进节煤技术、替代燃料技术等应用普及来实现节煤降碳。同时通过积极开发太阳能、氢能煅烧水泥等零碳技术以及 CCUS 等负碳技术实现水泥行业的碳中和。

2021 年中国石化行业 CO_2 排放量约 4.45×10^8 t,占中国 CO_2 排放总量的 4% 左右。随着交通电气化和新型燃料的发展,主要用于交通行业的成品油需求将逐步降低,石化产品将成为石油的主要需求方。预计到 2025 年中国石化行业的耗油量将达到 1.62×10^8 t。在加强石化行业节能减碳措施,进出口结构调整的情景下,预计中国石化行业碳排放将于 2027 年左右达峰,碳排放量 2.3×10^8 t 左右。石化行业将通过推广先进技术(能效提升、工艺流程改进、资源循环利用、利用"绿电"和"绿氢"、增加可再生原料使用率、CCUS 等)、推进炼油产业结构调整、制定产品低碳评价体系、完善绿色金融、推进石化行业碳市场建设等途径推进行业实现碳中和。

煤化工是能源化工行业的重要组成部分之一。2020 年中国现代煤化工耗煤量占煤炭消费总量的 23%,现代煤化工产业发展初具规模,煤制油、气对我国减少油气资源进口发挥了重要作用。在"双碳"目标背景下,煤化工行业进入了"平台期",出现增长乏力的现象,在未来煤化工产品和耗煤量也会出现逐年下降的趋势。煤化工属于高能耗、高碳排行业,当前,煤化工产业需要在工艺技术、冷热能源供给两方面探索节能减碳的途径。通过节能降碳改造升级、利用"绿电""绿氢""绿氧"耦合、探索煤与新能源"一步法"生产工艺、开展以 CO_2 为工质的新型冷热联供技术研究、推进全面化石能源制氢替代等一系列途径,结合"双碳"目标下煤化工行业政策方针的不断更新,将有力推动整个煤化工行业实现碳中和。

目前我国工业能耗占全国总能耗的近 70%,在工业领域中,冷热制备是主要耗能单元,一方面,工业锅炉是工业生产过程中主要耗能供热设备,能耗可占整个工业生产总能耗的 40%~70%;另一方面,冷却/冷凝设备耗能占工业生产总能耗的 13%~15%。我国在工业过程中长期处于"冷热制备分离"的状态,即"用热时烧锅炉,用冷时吹空调",导致工业行业出现能耗大、碳排高的问题。作为世界工业大国,中国工业领域的减碳任务更是重中之重。当前,工业生产过程中冷热制备需进行技术革新,通过改变冷热供应源头、优化生产工艺冷热联供、推进末端绿色排放等确定减碳方向,积极开发 CO_2 冷热联供、发电和压缩空气冷热电联供等新技术。同时通过深度融合新一代信息技术与冷热制备过程、加大金融政策支持力度等途径推进行业实现碳中和。

参 考 文 献

[1] 世界钢铁协会(worldsteel). 2021 年世界钢铁统计数据. [2022-03-25]. https://worldsteel.org/world-steel-in-figures-2021/

[2] 郑常乐. 我国钢铁行业 CO_2 排放现状及形势分析. 世界金属导报, 2020.

[3] 李新创. 中国钢铁工业绿色低碳高质量发展路径. 2022(第十三届)中国钢铁发展论坛, 2022.

[4] 陈瑜. 面向"碳中和"的中国钢铁行业煤炭总量控制路径研究//北京大学能源研究院气候变化与能源转型项目工作报告, 2022.

[5] 单继国, 石红梅. 采用小球烧结法, 促进烧结节能减排. 2008 年全国炼铁生产技术会议暨炼铁年会文集(上册), 2008: 259—262.

[6] 华强森(Woetzel J), 许浩, 汪小帆, 等. "中国加速迈向碳中和"钢铁篇: 钢铁行业碳减排路径. [2022-03-25]. https://www.mckinsey.com.cn

[7] 陈兵, 肖红亮, 李景明, 等. 二氧化碳捕集、利用与封存研究进展. 应用化工, 2018, 47(03): 589—592.

[8] 国家统计局. 中国能源统计年鉴 2020. [2022-03-20]. http://www.stats.gov.cn/

[9] 落基山研究所(RMI), 中国水泥协会. 加速工业深度脱碳: 中国水泥行业碳中和之路, 2022.

[10] 高旭东. 中国水泥行业"十四五"和 2035 煤炭减量和退出的路径//北京大学能源研究院气候变化与能源转型项目工作报告, 2022.

[11] International Energy Agency (IEA). Technology Roadmap Low-Carbon Transition in the Cement Industry, 2018.

[12] Penetron. 2022 Towards Zero Carbon Concrete(2022 迈向零碳混凝土). [2022-03-25]. http://www.penetron.com.cn/

[13] 王敏. 中国石化行业碳达峰碳中和及油控路径研究//北京大学能源研究院气候变化与能源转型项目工作报告, 2022.

[14] 中技油联. 石油炼化七种常用工艺流程, 全面了解原油到石油的生产过程!. [2022-03-20]. https://www.sohu.com/a/258096050_716941

[15] 王禹. 我国石化行业二氧化碳减排与低碳产业开发途径浅析. 资源节约与环保, 2014(01): 3.

[16] 曹湘洪. 炼油行业碳达峰碳中和的技术路径. 炼油技术与工程, 2022, 52(1): 1—10.

[17] 甘凤丽, 江霞, 常玉龙, 等. 石化行业碳中和技术路径探索. 化工进展, 2022, 41(03): 1364—1375.

[18] 杨芊. 碳达峰碳中和战略下煤化工产业发展与煤控策略研究//北京大学能源研究院气候变化与能源转型项目工作报告, 2022.

[19] 付庭强. 煤气化工艺的空分装置选型研究. 西北大学, 2018.

[20] 杨萍. 2021 冷链设备市场分析和 2022 展望. 中国制冷协会, 2022.

[21] 费尚燕. 现代工业企业节能降耗标准与措施探讨. 大众标准化, 2022(07): 4—6.

[22] 中研普华产业研究院. 2022—2027 年中国换热器行业市场竞争格局分析及发展前景预测报告, 2022.

[23] 陈素梅. 中国工业低碳发展的现状与展望. 城市, 2022(01): 63—69.

[24] 路哲. 我国工业余热回收利用技术现状分析. 装备制造技术, 2019(12): 204—206.

第6章　交通系统减碳与主要技术

交通运输是支撑全球实现碳中和目标的关键领域,其中道路交通(公路交通)是交通运输部门最大的碳排放源,全球主要经济体都在持续加码新能源汽车产业,以期加快道路交通领域的低碳化转型。本章主要通过梳理道路交通减碳路径、市场进展、关键产业链、重要保障体系等方面,为读者初步呈现当前道路交通低碳化转型的进展,并对中国道路交通碳减排远景进行展望。

6.1　交通系统概述

6.1.1　交通系统分类

交通指所有通过运输装备(火车、汽车、轮船、飞机等)或仅靠人力进行的人流、客流和货流的交流运输。根据不同的运输方式,交通领域主要包括公路运输、铁路运输、水路运输、航空运输。运输工具方面,公路运输工具包括客运车辆和货运车辆;铁路运输工具主要包括铁路机车、铁路车辆和列车等;水路运输工具也称浮动工具(浮动器),包括船、驳、舟、筏;航空运输工具通常指专门用于运送旅客或货物的民用飞机[1]。

6.1.2　道路交通是交通系统碳排放的主要贡献者

交通行业是全球温室气体主要排放源之一。根据 Climate Watch 数据,2019 年全球温室气体排放总量达到 49.76 Gt CO_2e(10^9 t 二氧化碳排放当量),其中 75.6% 的温室气体排放来源于能源消耗,11.6% 来源于农业,6.1% 来源于工业过程,3.3% 来源于废物处理,3.4% 来源于林业和土地利用(图 6.1)。在能源排放活动中,发电和供热行业排放占全球温室气体排放比重最高,达 31.8%;交通运输行业是另一主要排放源,占全球排放量的17.0%。

道路交通电气化是当前交通领域低碳化转型的推动重点。全球范围内,道路交通是交通行业的主要排放源,根据世界资源研究所数据,2019 年全球道路交通温室气体排放量在交通行业中的占比高达 73.5%[2]。在中国,道路交通也是碳排放的重要贡献力量,2019 年我国交通运输领域碳排放总量为 926.36 Mt CO_2e(10^6 t 二氧化碳排放当量),占全国碳排放总量的 8.7%[3],其中道路交通碳排放量占整个交通领域的比例高达 86.8%[4](表 6-1)。当前,道路交通电气化正处于由政策驱动向市场驱动转型的关键阶段,电气化转型的路径及市场化配套等是当前政府、企业及消费者关注的焦点,因此我们将道路交通电气化作为交通领域低碳化发展研究的重要内容。

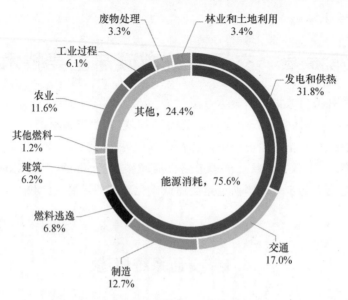

图 6.1   全球分领域温室气体排放(2019 年)[3]

表 6-1   中国交通排放及电气化情况对比[4-6]

交通系统	整体碳排放水平 (2019 年)	电气化水平 (2020 年)	电气化所处阶段	规　　模
公路	86.8%	1.75%	开始进入市场化、 规模化发展阶段	规模大,私人占比高
铁路	0.7%	72.8%	成熟	—
航空	6.1%	商用航空运输几乎为 0	萌芽	—
水运	6.5%	部分观光/客船实现电动化, 货运几乎为 0	萌芽	—

　　汽车是道路交通电气化转型的核心。基于国家标准《机动车辆及挂车分类》(GB/T 15089—2001)[7]和《城市温室气体核算工具指南》[8]的分类,道路交通涉及的车型主要是指移动的两轮、三轮和四轮机动车。由于两轮、三轮机动车数量不易统计、电气化技术转型相对汽车较容易且 CO_2 排放相对较小,本章所涉及车辆车型将集中于四轮机动车,即汽车,但不含四轮低速电动车。

6.2   道路交通减碳路径

6.2.1   电动汽车是道路交通减碳的主要手段

　　电动汽车的减碳效应正逐步体现,其主要包括纯电动汽车和插电式混合动力汽车。

1. 纯电动汽车

　　纯电动汽车是指车辆的驱动力全部由电机供给,电机的驱动电能来源于车载可充电蓄电池或其他电能储存装置的汽车[9]。其动力系统基本结构如图 6.2 所示。

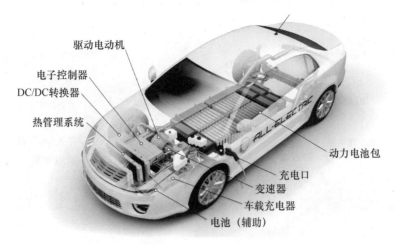

驱动电动机

电子控制器

DC/DC转换器

热管理系统

动力电池包

充电口

变速器

车载充电器

电池（辅助）

图 6.2　纯电动汽车动力系统结构示意[10]

纯电动汽车减排效果明显,是道路交通减碳的重要技术路线。根据中汽中心的相关研究,纯电动乘用车生命周期平均单位行驶里程碳排放较燃油车降低 39.4%,较柴油车降低 55.8%,如图 6.3 所示。同时,随着技术进步、成本下降、供应链完善等因素影响,电动汽车开始实现规模经济效益,预计未来仍将是道路交通领域低碳化发展的主要方向。

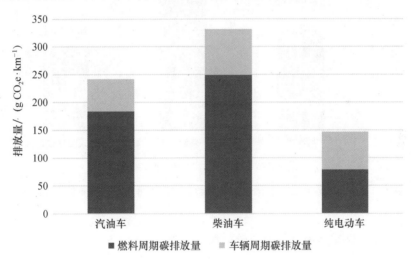

■ 燃料周期碳排放量　■ 车辆周期碳排放量

图 6.3　2020 年汽油、柴油、纯电动乘用车平均单位行驶里程碳排放[11]

2. 插电式混合动力汽车

插电式混合动力汽车是指车辆的驱动力由驱动电机及发动机同时或单独供给,并且可由外部提供电能进行充电,纯电动模式下续驶里程符合相关标准规定的汽车[9]。其动力系统基本结构如图 6.4 所示。

插电式混合动力汽车是道路交通碳减排发展初中期的有效方案。插电式混合动力乘用车生命周期平均单位行驶里程碳排放较燃油车降低 12.7%,较柴油车降低 36.3%,如图 6.5 所示。虽然插电式混合动力汽车减排效果不如纯电动汽车,但在转型早期和中期,推广插电式混合动力汽车,仍然能够实现道路交通减排的目的。

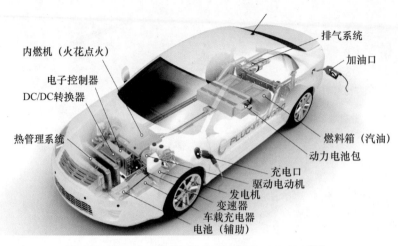

内燃机（火花点火）
排气系统
加油口
电子控制器
DC/DC转换器
热管理系统
燃料箱（汽油）
动力电池包
充电口
驱动电动机
发电机
变速器
车载充电器
电池（辅助）

图 6.4　插电式混合动力汽车动力系统结构示意[12]

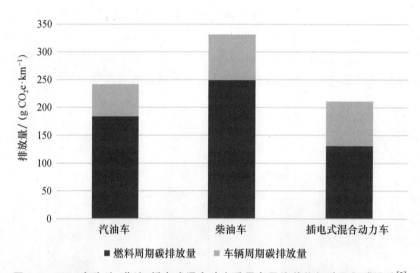

图 6.5　2020 年汽油、柴油、插电式混合动力乘用车平均单位行驶里程碳排放[9]

6.2.2　氢燃料电池汽车是道路交通减碳的重要补充

氢燃料电池汽车的动力系统主要由燃料电池发动机、燃料箱（氢瓶）、电机、动力电池组等组成,采用燃料电池发电机发电作为主要能量源,通过电机驱动汽车行驶[13]。其动力系统基本结构如图 6.6 所示。

氢燃料电池汽车是货运领域减碳的重要补充。氢能补给时间与传统加油时间接近,同时,近些年氢燃料电池汽车的续驶里程持续扩大,功率持续提升,应用潜力在逐步释放。尽管纯电动汽车仍然适用于城市货运以及部分场景的中重型货运,但氢燃料电池汽车可能成为长途重型货运零排放车辆的选择。对于氢燃料电池汽车的减碳效果,由于氢气来源、电力结构、储运方式等方面的不同,其全生命周期碳排放的结果差异较大[15]。整体看,制氢环节对车辆生命周期碳排放影响最大,其中"灰氢"难减碳,应用"绿氢""蓝氢"是实现减碳的可行路径[16]。

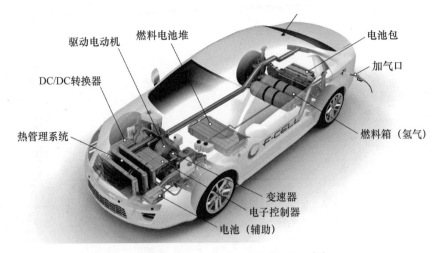

图 6.6　氢燃料电池汽车动力系统结构示意[14]

6.2.3　自动驾驶技术发展蕴含巨大减碳潜力

　　现有研究指出,在乐观情景下,自动驾驶可使燃油消耗量减少 5%~45%[17],并且与传统车辆相比,车辆整个使用寿命周期的能源和温室气体排放量减少了 9%[18]。随着新一代人工智能、大数据、云计算、智能网联技术的进一步发展,未来智能网联汽车在自动驾驶、车路协同、智能决策等领域得到快速进步,并装载于电动汽车上,进一步有效化解碳排放、环境污染、道路拥堵等问题,有力促进道路交通"双碳"目标实现。

6.3　道路交通电气化转型全球市场进展

　　基于市场成熟度等方面考虑,本节主要介绍电动汽车及其充电基础设施市场化进展情况。

6.3.1　全球电动汽车市场概况

　　近几年,在各国政策支持、技术进步等因素推动下,全球电动汽车市场增长迅速。2021年全球电动汽车销量接近 660 万辆,渗透率达到 9% 以上,同比增速高达 119.5%[19]。中国、欧洲、美国等是全球电动汽车主要销售区域,2021 年合计销量占到全球的 97% 以上;销量增速基本也实现了较快增长,2021 年中国、欧洲、美国的电动汽车销量增速分别达到 157.8%、34.4%、113.7%,如图 6.7 所示。

　　中国是当前全球最大的电动汽车市场,欧洲、美国等加速布局。中国电动汽车产业布局较早,截至 2021 年年底中国电动汽车保有量达 892.5×10^4 辆,但由于中国汽车市场体量大(截至 2021 年年底中国汽车保有量达 3.02×10^8 辆),2021 年年底电动汽车保有量的市场份额尚未突破 5%(图 6.8)。近些年,在碳中和、排放法规等政策影响下,欧洲主要国家加大对电动汽车的支持力度,电动汽车推广得到快速发展,其中 2021 年德国电动汽车保有量达 131.6×10^4 辆,成为全球第三大电动汽车保有量市场;挪威则是全球成功普及电动汽车的典型国家,2021 年挪威电动汽车销量渗透率已接近 90%,电动汽车保有量的

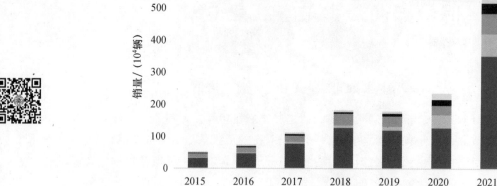

图6.7　2015—2021年部分国家电动汽车销量[19]

市场份额也已超过20%（图6.8）。美国近几年也开始重视发展电动汽车市场，2021年美国电动汽车保有量达206.4×10⁴辆，是全球第二大电动汽车保有量市场，但其市场份额仅为0.9%[13]（图6.8）。

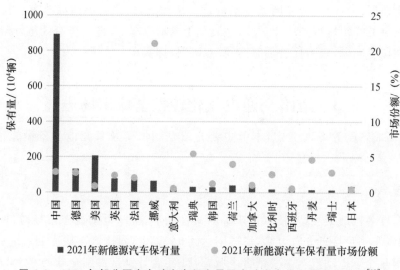

图6.8　2021年部分国家电动汽车保有量及电动汽车保有量市场份额[19]

各国电动汽车技术路线选择上有所差异。中国电动汽车市场以纯电动汽车为主导，2021年保有量结构中纯电动汽车占比超过80%；韩国电动汽车市场也主要以纯电动汽车为主；从整体上看，欧洲电动汽车市场，纯电动汽车与插电式混合动力汽车份额相当，如欧洲前三大电动汽车市场的德国、英国、法国，2021年保有量结构中纯电动汽车占比均在50%左右（2021年德国、英国、法国纯电动汽车保有量占比分别为52%、55%、66%）；日本电动汽车市场中插电式混合动力汽车占有一定优势，如图6.9所示。

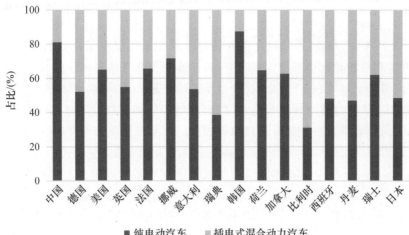

图 6.9　2021 年部分国家电动汽车保有量分动力类型占比[19]

　　乘用车电动化是当前各国发展的重点,商用车电动化具有较大发展空间。从车型方面看,目前全球主要国家的电动汽车保有量结构中,乘用车占比基本都在 80% 以上,如图 6.10所示,一方面由于乘用车市场基数大,另一方面由于乘用车电动化在技术、成本等方面较商用车更有优势。但中国电动汽车市场早期是从公交车示范应用开始发展的,与其他国家相比,中国公交车的电动化程度较高。厢式货车、卡车等商用车电动化程度仍有较大提升空间,也是未来各国电动汽车重要发展领域之一。

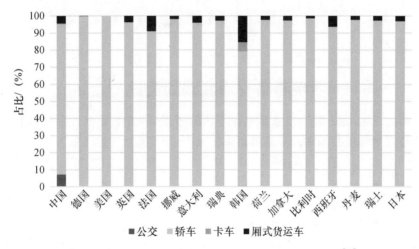

图 6.10　2021 年部分国家电动汽车保有量分车型占比[19]

6.3.2　全球充电基础设施市场概况

　　充电基础设施是电动汽车普及应用的基础。目前电动汽车的能量补给方式主要分为充电模式和换电模式,其中充电模式是主要补能方式。对充电桩的分类,若按所有权,则分为公共充电桩和私人充电桩;若按充电速度/功率,则分为快充桩和慢充桩。通常可以通过公共充电桩的普及率,大致判断电动汽车在该地区/国家的使用便利性。

全球主要国家公共慢充桩保有量普遍高于快充桩,中国公共充电桩保有量最多,欧洲车桩比普遍较高。截至 2021 年年底,如图 6.11 所示,中国公共快充桩和慢充桩的合计保有量达到 114.7×10^4 个,车桩比(电动汽车保有量与公共充电桩保有量的比值)约为 8:1,与国家规划的 1:1 车桩比相比仍有较大提升空间,补能便利性有待进一步提高。欧洲主要国家公共充电桩保有量基本均在 10 万个以下,且车桩比普遍较高,如挪威 34:1 的车桩比、德国 26:1 的车桩比,但仍有部分国家公共充电桩分布较广,如荷兰的车桩比达到 5:1,具有较好的便利性。美国公共充电桩保有量达到 10 万以上,车桩比约为 18:1,公共桩发展也有较大增长空间。

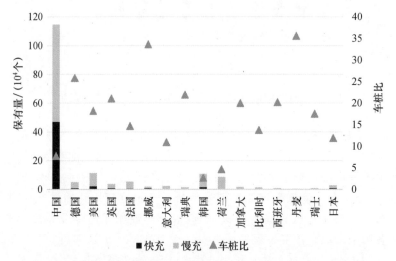

图 6.11　2021 年部分国家公共快充桩和慢充桩保有量以及车桩比[19]

6.4　实现道路交通减碳的关键产业环节

基于对道路交通减碳潜力、产业成熟度等因素考虑,本节主要介绍纯电动汽车和氢燃料电池汽车关键零部件的技术和产业进展。

6.4.1　纯电动汽车产业链

动力电池系统和电驱动系统是纯电动汽车的核心零部件。其中动力电池作为纯电动汽车最关键的零部件之一,直接影响整车的安全性、续驶里程、使用寿命、充电速度、环境适应性等性能。电驱动系统作为纯电动汽车的"心脏",对整车的动力性、经济性、舒适性、安全性等性能影响较大。

1. 动力电池系统

动力电池产业链主要包括上游的矿产开采及原材料制造、中游的电芯/模组/电池包生产制造以及下游的整车应用。当前锂离子液态电池是应用在车辆上的主流电池,如图 6.12 所示,电芯是最小的能量单元,由正极、负极、电解液和隔膜组成;一个电池模组中由多个电芯组成,并以串联和并联的方式封装在壳体中;电池包是将数个电池模组和多种辅助部件集成在一起的系统,直接安装至车中。根据正极材料的不同,动力电池可分为磷酸铁锂电池、三元锂电池、钛酸锂电池、锰酸锂电池等,其中磷酸铁锂电池和三元锂电池占据动力电池市

场的主导地位。一般而言,三元锂电池具有更高的能量密度、更高的充电效率、更佳的低温
适应性,而磷酸铁锂电池具有相对更优的安全性和较低的成本。

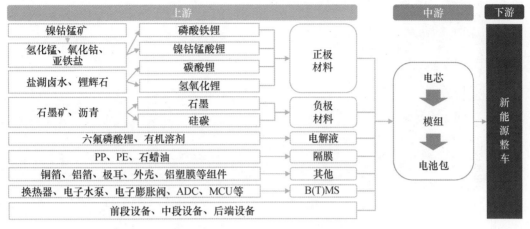

图 6.12 动力电池系统产业链构成[20]

动力电池技术已取得长足进步,创新潜力依然较大。当前,动力电池依然处于创新活跃
期,材料、系统及结构等创新不断,电池材料创新出现了低钴、添硅补锂、磷酸锰铁锂、半固态等
技术,如固液混合电解质软包电池能量密度可达 360 Wh·kg^{-1},磷酸铁锂电池补锂、添硅等改
进后能量密度突破 200 Wh·kg^{-1};中国企业通过结构创新提升电池系统比能量,如宁德时代
的 CTP(cell to pack,电芯直接集成到电池包)、比亚迪的刀片电池、国轩高科的 J2M(jelly roll to
module,卷芯到模组),而更加激进的模组直接到车、电芯直接到车等底盘电池技术理念正在推
动[21]。行业判断 2025 年以后将重点转移至固态电池、富锂锰基固溶体电池等,远期开发锂硫、
金属空气电池和金属负极电池等,动力电池性能还有较大的提升潜力(图 6.13)。

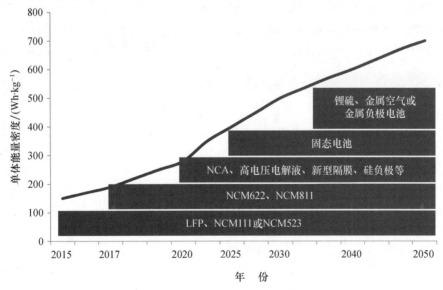

图 6.13 动力电池技术路径[20]

备注:1. LFP 是指正极材料由磷酸铁锂构成的电池;2. NCM 是指正极材料由镍钴锰三种材料按一
定比例组合而成的电池,产品类型从 NCM111(Ni:Co:Mn=1:1:1)到 NCM523、NCM622、
NCM811;3. NCA 是指正极材料由镍钴铝构成的电池,三种材料通常的配比为 8:1.5:0.5

在材料体系变革、生产自动化水平提升及规模化效益等因素的综合带动下,动力电池的成本还将继续下降,预计 2030 年量产动力锂电池系统成本将降至 0.5 元 · Wh^{-1} 以下(图 6.14)。

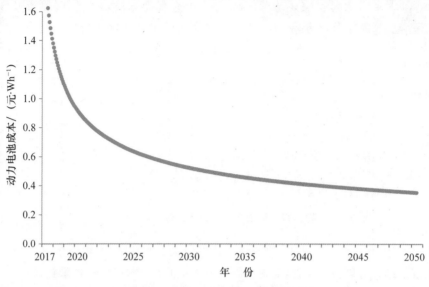

图 6.14　动力电池系统成本预测[23]

2. 电驱动系统

电驱动系统由驱动电机总成、控制器总成、传动总成构成(图 6.15)。驱动电机总成的作用是将动力电池的电能转化为旋转的机械能,是输出动力的来源;控制器总成是基于功率半导体的硬件及软件设计,对驱动电机的工作状态进行实时控制,并持续丰富其他控制功能;传动总成是通过齿轮组降低输出转速提高输出扭矩,以保证电驱动系统持续运行在高效区间。纯电动汽车的电驱动系统,在复杂工作环境下,基于实时响应的软件算法,高频精确地控制电力电子元件的功率输出特性,实现对驱动电机的控制,最终通过精密机械零部件对外

图 6.15　电驱动系统构成[22]

传输动力[22]。电驱动系统可以按器件、部件、总成、系统进一步拆分，其中 IGBT（Insulated Gate Bipolar Transistor，绝缘栅双极型晶体管）模块、定子、转子等是关键零部件。

　　随着电动汽车整车性能的提升，电驱动系统也具有一定的创新空间。对于驱动电机总成，高速、高密度、低振动噪声、低成本是未来重要发展方向。其中扁线绕组成为提升转矩、功率密度以及效率的主要技术选择，2021 年 1—6 月中国销量前 15 的电动汽车车型中，扁线电机渗透率已达到 28%[24]。对于电机控制器，提升功率密度和加强功能安全是主要发展方向，国外企业技术积累深厚，中国企业近些年正在加速追赶，已推出自主开发的车用 IGBT 芯片、双面冷却 IGBT 模块等。电驱动系统则向高集成度一体化设计的"三合一"（驱动电机总成、控制器总成、传动总成集成）产品方向发展，利用更紧凑的物理空间、更少的原料，提供更丰富的功能、更好的性能，中国企业在电驱动系统集成化方面与国外供应商基本同步。随着新技术的发展，以及关键材料、零部件及装备的国产化，电驱动系统成本下降潜力也较大（图 6.16）。

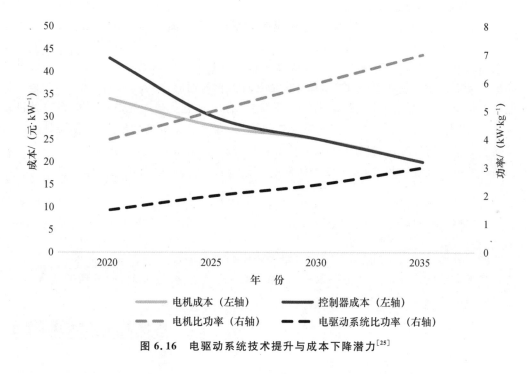

图 6.16　电驱动系统技术提升与成本下降潜力[25]

6.4.2　充电基础设施产业链

　　充电桩是当前主要的充电基础设施，产业链主要由上游元器件和设备生产、中游建设和运营服务、下游终端应用等构成。如图 6.17 所示，充电桩产业链上游参与主体为各类元器件和设备的生产商，提供充电组件、配电组件、管理组件等部件和充电设备，其中充电组件是核心零部件和主要成本来源，据相关统计数据，充电模块占整个充电桩设备成本的 50% 左右[26]。充电桩产业链中游主要参与主体为充电运营商，负责运营大型充电站或提供充电桩充电服务；目前充电运营商主要为第三方专业运营企业，此外还有部分电网企业、整车企业也涉足充电运营服务。充电桩产业链下游参与主体则为各类电动汽车用户。

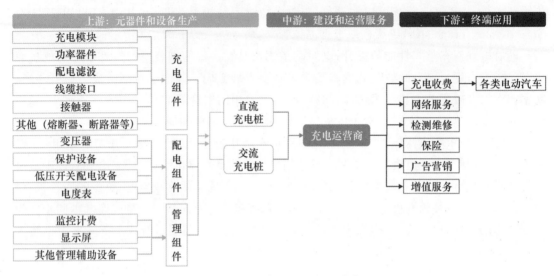

图 6.17　充电桩产业链构成[26]

　　快速充电、有序充电、智能充电以及换电模式等新业态将得到进一步普及。中国已基本形成私人电动汽车以停车位慢充为主、公共充电站快充为辅的格局。未来几年,小功率直流充电将替换交流充电成为社区充电服务的新趋势,有序充电及智能充电技术也将得到进一步普及。"快充＋快换"的电动汽车能源服务网络,将有效解决司机里程焦虑、能源补给时间长等痛点。基于有序充电、V2G(vehicle-to-grid)等技术的发展前景,未来电动汽车和电网将实现高效的能量互动。另外,分布式光伏发电和储能系统、充放电多功能一体化模式将得到进一步推广。

6.4.3　氢燃料电池汽车产业链

　　氢能产业链条长,涉及能源、化工、交通等多个行业,如图 6.18 所示。氢能产业的快速发展必将带动氢能产业链上下游零部件商、原材料商、设备商、制造商、服务商的快速发展,促进氢燃料电池汽车规模化应用。

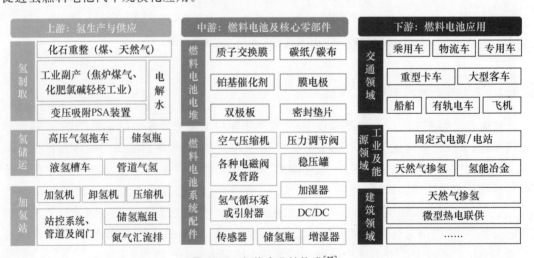

图 6.18　氢能产业链构成[27]

中国车用燃料电池技术近年来取得产业化突破。燃料电池功率密度、冷启动温度、寿命以及最高效率等指标上均有大幅度改善,如 2020 年石墨双极板电池堆体积功率密度为 $2.2\ kW\cdot L^{-1}$,相比 2015 年的 $1.5\ kW\cdot L^{-1}$ 提升 47%;2020 年金属双极板电池堆体积功率密度为 $3.0\ kW\cdot L^{-1}$,相比 2015 年的 $2.0\ kW\cdot L^{-1}$ 提高了 50%[28]。此外,中国氢燃料电池产业链已经建立,系统集成能力大幅增强。随着国产化水平的提升及规模效应推动下,燃料电池系统成本将继续下降,预计 2035 年乘用车燃料电池系统成本在 $1000\ 元\cdot kW^{-1}$,商用车燃料电池系统成本在 $600\ 元\cdot kW^{-1}$[29]。

6.5 实现道路交通减碳的重要保障体系

6.5.1 上游资源

动力电池生产需要消耗大量的矿产资源,其中锂、钴、镍是主要的上游资源,如 $1\ GW\cdot h$ 磷酸铁锂需要使用约 520 t 碳酸锂[30],每吨高镍三元(以 NCM811 为例)正极前驱体硫酸镍的消耗量为 $2.2\sim2.5$ t、硫酸钴的消耗量为 $0.32\sim0.38$ t[31],保障锂、钴、镍等关键上游资源有效供给是电动汽车健康发展的关键。

全球锂资源丰富,但分布不均匀。锂矿类型主要有盐湖卤水型、伟晶岩型、黏土型、锂沸石型、油气田卤水型和地热卤水型,目前以盐湖卤水型和伟晶岩型锂矿最为重要[32]。根据相关统计数据,截至 2020 年年底,全球锂矿储量 1.2828×10^8 t(碳酸锂当量),主要分布在智利、澳大利亚、阿根廷,三个国家锂储量合计占比达到全球总储量的 68%,如图 6.19 所示。中国锂矿储量全球排名第四,拥有卤水锂和硬岩锂,但大多数锂矿资源分布在青藏高原生态脆弱地区,开采技术、自然环境、基础设施等均面临一定的挑战[33],2020 年锂矿对外依存度超过 70% 以上[34]。

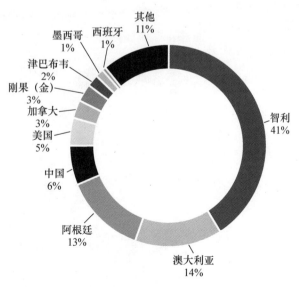

图 6.19 截至 2020 年年底全球锂资源储量分布[32]

全球钴资源相对稀少。钴矿大部分为伴生矿,主要类型有沉积岩型 Cu-Co 矿、红土型 Ni-Co 矿和岩浆型 Ni-Cu(-Co-PGE)矿[35]。根据相关统计数据,截至 2020 年年底,全球钴储量 $668×10^4$ t,如图 6.20 所示,主要分布在刚果(金)、印度尼西亚、澳大利亚,三者合计占全球钴储量的 70%;中国钴资源稀缺,储量仅占全球的 2% 左右,2020 年对外依存度超过 90%[34]。

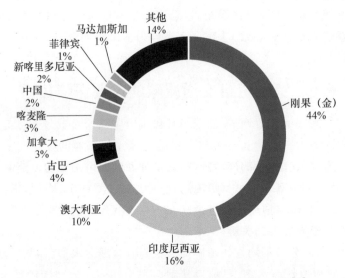

图 6.20   截至 2020 年年底全球钴资源储量分布[35]

全球镍资源丰富,分布也较为广泛。镍矿主要有硫化物型、红土型和海底多金属结核/结壳三种类型,目前开发的主要为硫化物型和红土型[35]。如图 6.21 所示,根据相关统计数据,截至 2020 年年底,全球镍资源储量 $9063×10^4$ t,其中印度尼西亚、澳大利亚、俄罗斯是全球镍资源主要分布地,三者合计占全球镍储量的 54%,中国镍资源匮乏,2020 年镍资源对外依存度超过 80%[36]。

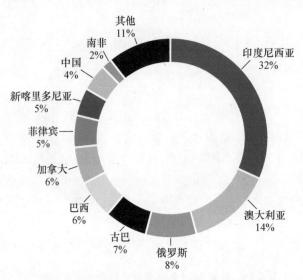

图 6.21   截至 2020 年年底全球镍资源储量分布[35]

6.5.2 消费市场

消费者已经开始考虑选购电动汽车作为自己的下一辆新车。根据 2021 年对全球主要国家消费者的调研数据,如图 6.22 所示,在多数国家中,更多的消费者选购新车时偏好电动汽车,其中韩国、中国和德国分别有 23%、17% 和 15% 的消费者选择纯电动汽车作为下一辆新车,日本消费者则更偏好混合动力汽车,美国消费者对电动汽车的接受度相对偏低。

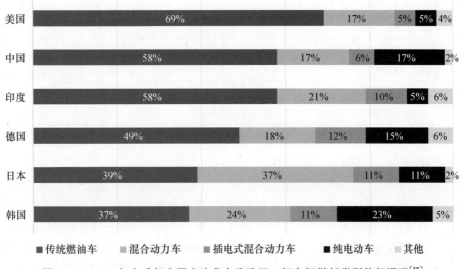

图 6.22   2021 年全球部分国家消费者选购下一辆车辆燃料类型偏好调研[37]

低排放、低燃料成本、高驾驶体验是消费者选购电动汽车主要因素。如表 6-2 所示,中国消费者购买电动汽车的主要驱动因素是气候变化/低排放和高驾驶体验,在美国、德国、日本、韩国、印度,气候变化/低排放和低燃料成本是驱动消费者购买电动汽车的主要因素。

表 6-2   驱动全球部分国家消费者选购电动汽车的因素[37]

驱动因素	中国	美国	德国	日本	韩国	印度
气候变化/低排放	1	2	1	2	2	1
个人健康	3	6	4	5	7	4
低燃料成本	4	1	2	1	1	2
车辆养护少	6	4	7	7	3	5
高驾驶体验	2	3	5	3	4	3
政府奖励/刺激计划	7	5	3	4	5	6
燃油车税负可能增高	5	7	6	6	6	7

备注:表格中数字表示在某一国家中消费者购买电动汽车考虑因素排名。

对于续驶里程和充电便利性的焦虑是阻碍消费者选购电动汽车的主要因素。如表 6-3 所示,中国、美国、德国消费者主要担忧车辆续驶里程是否能够满足出行需求,日本、韩国、印度的消费者认为不完善的公共充电基础设施是阻碍他们选购电动汽车的主要因素。

表 6-3　阻碍全球部分国家消费者选购电动汽车的因素[37]

阻碍因素	中国	美国	德国	日本	韩国	印度
续驶里程	22%	20%	24%	15%	10%	10%
成本高	6%	13%	12%	16%	9%	12%
残值低	4%	2%	2%	2%	1%	4%
电动汽车税负可能增高	6%	4%	2%	1%	2%	5%
充电时长	11%	10%	9%	8%	15%	11%
缺少公共充电基础设施	12%	14%	14%	19%	26%	23%
缺少家用充电桩	5%	8%	10%	19%	7%	4%
缺少家用备用电源(如太阳能)	4%	5%	4%	4%	3%	6%
电池安全性	16%	9%	8%	6%	19%	14%
缺乏可持续性(如电池制造/回收)	12%	6%	10%	4%	4%	8%
可选车型少	3%	3%	3%	1%	1%	3%

备注:表格中百分比表示各阻碍因素中消费者选择比例。

6.5.3　碳市场

与碳市场相融合是保障新能源汽车高质量、可持续发展的重要手段。纵观全球,碳排放交易体系仍然是气候减缓计划的关键组成部分,截至 2021 年年底全球已建立 25 个碳市场,覆盖了 17% 的温室气体排放,并有 22 个碳市场正在建设或考虑中,全球碳市场的拍卖收入达 1610×10^8 美元[38]。中国已于 2021 年 7 月 16 日正式启动碳市场,并将电力、石化、钢铁、有色等行业纳入碳排放管理的重点对象,覆盖超过 40×10^8 t CO_2 排放[38],通过对履约企业发放碳配额、搭建市场化交易平台推动企业碳减排行动。在新能源汽车(包括电动汽车、氢燃料电池汽车等)发展初期,主要通过购车补贴、税收优惠等政策拉动需求,以及减排监管等手段促进车企转型。未来补贴完全退坡之后,将道路交通纳入碳交易市场将是推动新能源汽车行业发展的重点。主要通过一系列标准、模型的建立,对各类新能源汽车进行碳核算,探索搭建企业间、个人间碳交易平台,利用交易与兑换途径形成碳减排的正向激励作用,有效助力道路交通电动化进程。

6.6　中国道路交通碳减排远景预测

基于旺盛的居民机动化出行与货物运输需求,中国汽车保有量在今后较长时间内仍将保持较高速增长,为保证 2060 年实现碳中和,道路交通碳排放必须控制在 1×10^8 t 以内,在汽车保有量不大幅降低的前提下,推动新能源汽车发展将发挥巨大的减碳潜力。

6.6.1　中国汽车保有量预测

中国汽车保有量增长潜力巨大。当前中国千人汽车保有量约 200 辆,相对于美国、欧盟、日本等国家或地区交通部门碳排放达峰时 845 辆、423 辆、575 辆的千人机动车保有量,仍有较大的发展空间[39]。乘用车保有量与人均 GDP、城镇化率、人口密度等因素均有较强的相关性,并受交通需求管理政策、城市规划、公共交通优先发展等多种措施共同影响,预计中国千人乘用车保有量峰值约为 333 辆,乘用车保有量将于 2035 年突破 4×10^8 辆,2050 年前达到峰值约 4.7×10^8 辆。商用车方面,中国旅客出行与货物运输需求还将随经济发展保持增长趋势,同时受到"八纵八横"高速铁路网络、大宗物资和中长途货运"公转铁、公转水"等发展格局的影响,未来商用车保有量的增长空间主要来自基于互联网的同城及城市圈冷链、短途高频商品运输场景对货运车辆的用车需求。预计未来中国客车保有量将保持在 $(350\sim380)\times10^4$ 辆的规模,货车保有量将从当前的 0.30×10^8 辆增长至 2060 年的 0.55×10^8 辆,如图 6.23 所示。

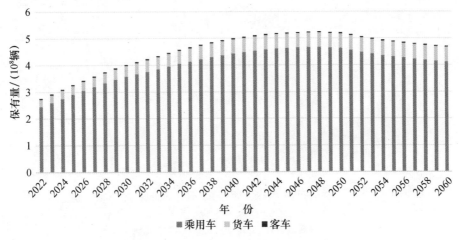

图 6.23　中国汽车保有量发展潜力[40]

6.6.2　中国汽车碳减排发展趋势预测

汽车电动化进程将推动道路交通用能低碳化,实现碳达峰碳中和目标。预计中国新能源汽车新车销量占比到 2030 年突破 60%,到 2050 年突破 90%,可保障道路交通领域碳排放在 2028 年左右达到峰值,约 12.4×10^8 t,于 2060 年降至 1×10^8 t(图 6.24)。

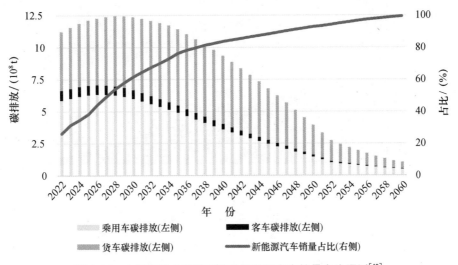

图 6.24　中国道路交通碳排放及新能源汽车销量占比预测[40]

　　乘用车市场将形成以电动汽车为主的竞争格局。如图 6.25 所示,2060 年碳中和情景下,传统燃油乘用车的市场将逐步被纯电动、插电式混合动力等电动汽车替代,且主要应用于短途客运出行领域,电动乘用车市场销量占比将于 2025 年、2030 年、2050 年分别提升至 41.9%、67.4%、93.2%。氢燃料电池乘用车在 SUV(sport utility vehicle)、大型乘用车等领域有商业化推广的潜力,预计 2050 年、2060 年其销量在乘用车市场的占比分别达到 1.7%、4.4%。

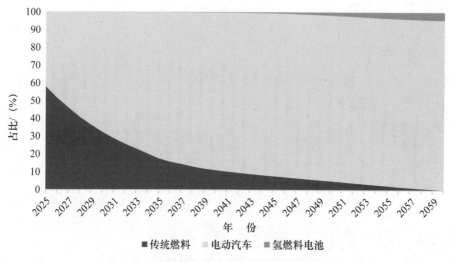

图 6.25　中国乘用车分技术路线的销量结构[40]

　　氢燃料电池技术将在中重型货车及中大型客车减碳方面成为重要的补充手段。2050—2060 年,中大型客车保有量在客车保有量中的占比将保持在 38% 左右,中重型货车在货车保有量中的占比将为 25% 左右,两者是道路交通碳减排的重要领域。由于氢燃料电池技术首先在商用车领域取得产业化突破,并在长途重载大型交通运载工具中具有优势,预计 2060 年氢燃料电池汽车在客车、货车保有量中的占比分别达到 24.2%、20.4%(图 6.26 和图 6.27)。

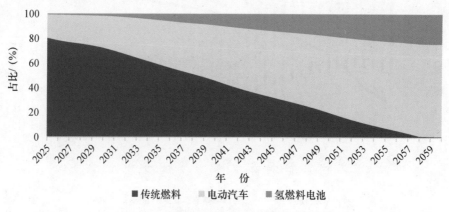

图 6.26　中国客车保有量的电动化占比[40]

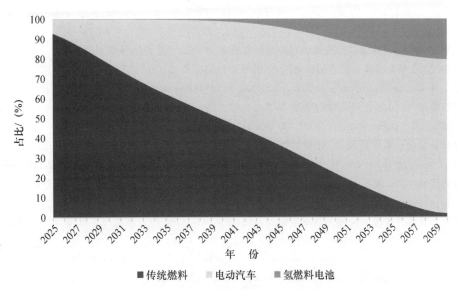

图 6.27　中国货车保有量的电动化占比[40]

6.7　本章小结

　　交通领域是温室气体排放的主要来源之一,其中道路交通是减排的重点领域。道路交通电气化是目前最为成熟的减碳方式,主要通过纯电动汽车、插电式混合动力汽车、氢燃料电池汽车等技术路线实现,同时自动驾驶技术也蕴含了巨大的减碳潜力。在世界各国为减少道路交通碳排放、促进道路交通绿色转型方面做出的持续、巨大的努力下,当前电动汽车市场实现规模化发展,基本进入市场驱动阶段;动力电池系统、电驱动系统、燃料电池系统等电动汽车核心产业链已经形成,创新技术不断涌现;充电基础设施初具规模,新型补能模式层出不穷。在保障电动汽车持续发展方面,关键上游资源正在被积极开发,成为各国重点布局领域;全球主要国家的消费者正在逐步接受电动汽车,需求潜力大;当各国补贴退坡后,将各新能源汽车等纳入碳交易市场是重要发展方向。在碳中和背景下,中国在保持汽车保有量增长态势的同时,要大力推动新能源汽车发展,预计到 2030 年新能源汽车销量占比突破 60%、到 2050 年突破 90%;以保障道路交通碳排放在 2028 年左右达到峰值,约 12.4×10^8 t,到 2060 年降至 1×10^8 t,实现中国道路交通碳中和。

参　考　文　献

[1] 百度百科. 交通运输工具. (2021-01-29)[2022-08-22]. https://baike. baidu. com/item/%E4%BA%A4%E9%80%9A%E8%BF%90%E8%BE%93%E5%B7%A5%E5%85%B7/22367922

[2] Ge M, Friedrich J, Vigna L. 4 Charts Explain Greenhouse Gas Emissions by Countries and Sectors. (2020-02-06)[2022-08-22]. https://www. wri. org/insights/4-charts-explain-greenhouse-gas-emissions-countries-and-sectors

[3] Climatewatch. Global Historical Emissions. [2022-08-22]. https://www. climatewatchdata. org/ghg-emissions? breakBy=sector&end_year=2019&regions=CHN&sectors=building%2Celectricity-heat%

2Cfugitive-emissions％ 2Cmanufacturing-construction％ 2Cother-fuel-combustion％ 2Ctransportation&　start_
year＝1990

［4］陆化普,冯海霞.交通领域实现碳中和的分析与思考.可持续发展经济导刊,2022(Z1)：63—67.

［5］公安部.2020 年全国新注册登记机动车 3328 万辆新能源汽车达 492 万辆.(2021-01-07)［2022-08-22］.
https：//www. mps. gov. cn/n2254314/n6409334/c7647242/content. html

［6］交通运输部.2020 年交通运输行业发展统计公报.(2021-05-19)［2022-08-22］. https：//xxgk. mot. gov.
cn/2020/jigou/zhghs/202105/t20210517_3593412. html

［7］国家质量监督检验检疫总局.机动车辆及挂车分类(GB/T 15089—2001).(2001-07-03)［2022-08-22］.
https：//openstd. samr. gov. cn/bzgk/gb/newGbInfo？ hcno＝A039667B892069449447E5DB4AB474AA

［8］世界资源研究所.城市温室汽车核算工具指南.(2015-04-20)［2022-08-22］. https：//wri. org. cn/re-
search/greenhouse-gas-accounting-tool-chinese-citiespilot-version-10

［9］节能与新能源汽车技术路线图战略咨询委员会,中国汽车工程学会.节能与新能源汽车技术路线图.北
京：机械工业出版社,2016：107.

［10］Office of Energy Efficiency ＆ Renewable Energy. How Do All-Electric Cars Work?. ［2022-08-22］.
https：//afdc. energy. gov/vehicles/how-do-all-electric-cars-work

［11］孙锌,赵明楠,李建新,等. 中国汽车低碳行动计划研究报告(2021).(2021-07-30)［2022-08-22］.
http：//www. auto-eaca. com/a/chengguofabunarong/ziliaoxiazai/zhongguoqichedit/2021/0719/397. html

［12］Office of Energy Efficiency ＆ Renewable Energy. How Do Plug-In Hybrid Electric Cars Work?.
［2022-08-22］. https：//afdc. energy. gov/vehicles/how-do-plug-in-hybrid-electric-cars-work

［13］何洪文,熊瑞,等.电动汽车原理与构造.2 版.北京：机械工业出版社,2018：20.

［14］Office of Energy Efficiency ＆ Renewable Energy. How Do Fuel Cell Electric Vehicles Work Using
Hydrogen?.［2022-8-22］. https：//afdc. energy. gov/vehicles/how-do-fuel-cell-electric-cars-work

［15］牟哲萱,郝瀚,刘宗巍,等. 车用氢能全生命周期碳排放综述.北京：机械工业出版社,2018：
2154—2158.

［16］袁志逸,李振宇,康利平,等.中国交通部门低碳排放措施和路径研究综述.气候变化研究进展,2021,
17(1)：27—35.

［17］Chen Y, Gonder J, Youngb S, et al. Quantifying autonomous vehicles national fuel consumption im-
pacts：A data-rich approach. Transportation Research Part A：Policy and Practice,2019,122：134—
145.

［18］Gawron J H, Keoleian G A, De Kleine R D, et al. Life cycle assessment of connected and automated
vehicles：Sensing and computing subsystem and vehicle level effects. Environmental Science ＆ Tech-
nology,2018,52(5)：3249—3256.

［19］International Energy Agency. Global EV Outlook 2022.(2022-03)［2022-08-22］. https：//www. iea.
org/reports/global-ev-outlook-2022

［20］中国电动汽车百人会. 创新驱动新一代电池繁荣.(2022-03-25)［2022-08-22］. https：//www.
ev100plus. com/content/details1018_4473. html

［21］德勤管理咨询.中国锂电行业发展.(2022-04)［2022-08-22］. https：//www2. deloitte. com/cn/zh/pa-
ges/strategy/articles/high-growth-opportunities-in-the-lithium-battery-industry-2022. html

［22］精进电动.精进电动招股说明书.(2021-10-21)［2022-08-22］. http：//www. cninfo. com. cn/new/disclo-
sure/detail？ plate＝sse&orgId＝nssc1000348&stockCode＝688280&announcementId＝1211339290&
announcementTime＝2021-10-21

［23］中国电动汽车百人会. 中国汽车全面电动化时间表的综合评估及推进建议.(2020-06)［2022-08-22］.
http：//www. nrdc. cn/information/informationinfo？ id＝256&cook＝2

［24］开源证券.电机产业链：受益电动化加速,重弹性和新技术.(2021-08-15)［2022-08-22］. https：//pdf.

dfcfw. com/pdf/H3_AP202108151510235860_1. pdf? 1638544756000. pdf

［25］中国汽车工业协会. 节能与新能源汽车技术路线图 2.0. 北京：机械工业出版社，2020：398

［26］东莞证券. 汽车加速电动化，充电桩站在风口. (2022-02-28)［2022-08-22］. https://pdf. dfcfw. com/pdf/H3_AP202202281549732283_1. pdf? 1646065643000. pdf

［27］中国电动汽车百人会. 中国氢能产业发展报告 2020. (2020-10)［2022-08-22］. https://www. ev100plus. com/content/details1041_4302. html

［28］中国汽车工业协会. 节能与新能源汽车技术路线图 2.0. 北京：机械工业出版社，2020：144.

［29］中国汽车工业协会. 节能与新能源汽车技术路线图 2.0. 北京：机械工业出版社，2020：165.

［30］吴悠. 镍钴锂都涨疯了，电池厂的成本压不住了?. (2022-03-08)［2022-08-22］. https://wallstreetcn. com/articles/3653647

［31］倪文祎. 锂系列深度（七）——需求对价格敏感度几何? (2022-03-06)［2022-08-22］. https://pdf. dfcfw. com/pdf/H3_AP202203071551176781_1. pdf? 1646670947000. pdf

［32］中国地质调查局全球矿产资源战略研究中心. 全球锂、钴、镍、锡、钾盐矿产资源储量评估报告(2021)，2021：1—7.

［33］中国地质调查局. 中国地质调查百项成果. 北京：地质出版社，2016：252—264.

［34］河北省自然资源厅(海洋局)科技外事处. 我国战略矿产资源安全保障若干问题的思考. (2022-03-30)［2022-08-22］. http://zrzy. hebei. gov. cn/heb/gongk/gkml/kjxx/kjfz/10706598623786307584. html

［35］中国地质调查局全球矿产资源战略研究中心. 全球锂、钴、镍、锡、钾盐矿产资源储量评估报告(2021)，2021：8—13.

［36］中国地质调查局全球矿产资源战略研究中心. 全球锂、钴、镍、锡、钾盐矿产资源储量评估报告(2021)，2021：14—19.

［37］Deloitte. 2022 Global automotive consumer study. (2022-01)［2022-08-22］. https://www2. deloitte. com/us/en/pages/consumer-business/articles/global-automotive-consumer-study. html

［38］International Carbo Action Partnership. Emissions trading worldwide: 2022 ICAP status report. (2022-03-29)［2022-08-22］. https://icapcarbonaction. com/en/publications/emissions-trading-worldwide-2022-icap-status-report

［39］王海林，何建坤. 交通部门 CO_2 排放、能源消费和交通服务量达峰规律研究. 中国人口·资源与环境，2018,28(2)：59—65.

［40］中国电动汽车百人会. 汽车、交通、能源协同实现碳达峰碳中和目标、路径与政策研究. (2022-03-25)［2022-08-22］. https://www. ev100plus. com/content/details970_4483. html

第7章 建筑领域的碳中和

7.1 建筑相关碳排放的核算方法

建筑的全生命周期主要包括建材的生产阶段、建材的运输与建筑建造阶段、建筑运行阶段、建筑修缮维护阶段以及建筑的拆除阶段。大量针对建筑的全生命周期案例研究表明,建筑运行阶段以及建材的生产阶段,是建筑全生命周期碳排放最主要的产生阶段,其中运行阶段碳排放约占70%,建筑材料生产阶段碳排放约占20%,修缮维护阶段约占5%,运输与建造阶段约占3%,拆除处理阶段约占2%[1-3]。

在核算建筑碳排放的时候,一般有全生命周期法和清单法两类方法(图7.1)。全生命周期法关注的是单个建筑(图中建筑A)从原材料采掘、建材生产、建材运输、建筑建造、建筑运行、建筑修缮和报废所有过程中的碳排放,其单位是一个建筑全生命的累计量(例如70年累计碳排放),这种方法适用于对单项技术、单个项目的碳排放核算与减碳措施优化选择。而清单法则关注的是全社会的碳排放(第$n+3$年),分别统计当年全社会由于建筑的建材生产、运输、建造等阶段产生的碳排放,以及当年全社会由于建筑运行产生的碳排放,其单位是碳排放·年$^{-1}$,这种方法适用于对全社会当年的碳排放进行拆分,了解当年全社会排放的主要来源,并对应设计全社会及建筑领域的减碳技术路径。本章的核算和分析采用清单核算法来核算某一年建筑相关的碳排放。

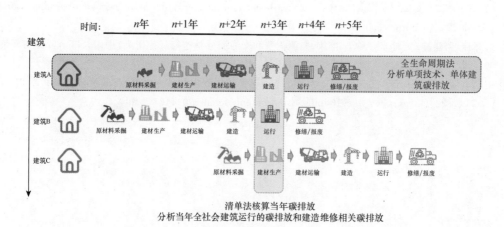

图 7.1 清单法与全生命周期法核算建筑碳排放的差别

因为建筑领域不存在碳汇,所以实现中和就意味着建筑部门的排放归零,就是建筑部门相关活动导致的CO_2排放量和同样影响气候变化的其他温室气体的排放量都为零。本章重点关注中国建筑领域的隐含碳排放和建筑运行碳排放的现状和中和路径。

7.2 建筑隐含碳排放的现状和中和

7.2.1 碳排放现状

隐含碳排放指的是建筑和基础设施建造与维修过程中的建材生产、运输和建造维修过程的碳排放。2020 年我国民用建筑和基础设施的隐含碳排放超过 40 t CO_2，接近我国碳排放总量的 1/2。其中民用建筑建造相关的隐含碳排放约为 15×10^8 t CO_2。我国民用建筑建造相关的隐含碳排放主要包括建筑所消耗建材的生产运输用能碳排放（77%）、水泥生产工艺过程碳排放（20%）和现场施工过程中用能碳排放（3%），见图 7.2。随着我国大规模建设期结束，每年新建建筑规模减小，民用建筑建造碳排放已于 2016 年达峰，近年呈逐年缓慢下降的趋势。

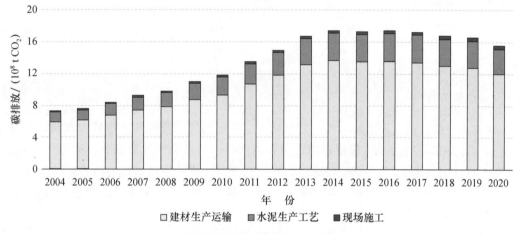

图 7.2 中国民用建筑建造碳排放（2004—2020）

我国快速城镇化的建造需求不仅直接带动能耗和碳排放的增长，还决定了我国以钢铁、水泥等传统重工业为主的工业结构。2020 年中国粗钢总产量 10.6×10^8 t，其中由建筑业消耗 4.8×10^8 t[4]；中国水泥总产量 23.9×10^8 t[5]，其中由建筑业消耗 23.2×10^8 t[6]。从能耗总量上来看，2020 年我国工业能耗总量 33.4×10^8 tce，由于建筑业用材生产所造成的工业用能约 14×10^8 tce，从 2012 年到 2020 年，建筑业相关用材生产能耗在工业总能耗中的占比均在 40% 左右。因此，我国快速城镇化造成的大量建筑用材需求，也是导致我国钢铁、建材、化工等传统重工业占比高的重要原因。

7.2.2 碳中和路径

从我国建筑面积的总量和人均指标来看，目前已经基本满足城乡居住和生产生活需要。对比我国与世界其他国家的人均建筑面积水平，也可以发现我国的人均住宅面积已经接近发达国家水平，但人均公共建筑面积与一些发达国家相比还处在低位。目前我国城乡建筑面积总量已经达到 660×10^8 m^2，在建项目还有约 100×10^8 m^2，未来总量很快就会达到 750×10^8 m^2，也就是说人均 53.6 m^2，已经超过了日本、韩国等亚洲发达国家的饱和水平。

综合上述,目前我国的大兴土木,是钢铁建材产量居高不下的主要原因,而钢铁建材的生产过程又在工业生产过程碳排放总量中占主要部分。因此:① 需要避免"大拆大建",使建筑的维修改造成为建筑业的主要任务,减少对钢铁建材的需求,将有效减少工业生产过程的碳排放。② 我国的房屋建设将逐渐由大规模建设转入既有建筑的维护与功能提升,未来我国每年的新建房屋面积将逐渐降至 10×10^8 m² 以下。改变既有建筑改造和升级换代模式,由大拆大建改为维修和改造,可以大幅度降低建材的用量,从而也就减少了建材生产过程的碳排放。建筑产业应加快转型,从造新房转为修旧房。这一转型将大大减少房屋建设对钢铁、水泥等建材的大量需求,从而实现这些行业的减产和转型。③ 应该积极研究新型的低碳建材及与其相配套的结构体系和建造方式,减少建材需求,是未来建筑业实现低碳的重要任务。通过政策、标准、市场价格机制引导建筑采用低碳结构体系,加大对新型低碳建材结构的研发和应用,推行新型建筑工业化。加强对新型低碳结构和低碳建材的研究,例如利用从烟气中分离出的 CO_2 生产新型建材,从而使建筑成为固碳的载体,还可以进一步使建筑业从目前的高碳行业转为负碳行业,为碳中和事业做出贡献。

7.3   建筑运行碳排放

7.3.1   核算方法

建筑运行阶段消耗的能源种类主要包括电、煤、天然气以及热力。建筑运行的碳排放主要包括:① 建筑运行过程中直接在建筑内部的化石燃料燃烧所导致的直接碳排放,例如燃煤锅炉、燃气锅炉、燃气炊事、燃气热水器、直燃机等;② 建筑用热和用蒸汽导致的用热间接碳排放;③ 建筑用热导致的用电间接碳排放。建筑运行阶段的碳排放总量按照公式(7-1)计算:

$$E = E_{燃烧} + E_{购入电} + E_{购入热} \tag{7-1}$$

式中,E—建筑 CO_2 排放总量,单位为吨二氧化碳($t\,CO_2$);$E_{燃烧}$—建筑由于化石燃料燃烧所产生的直接碳排放,单位为吨二氧化碳($t\,CO_2$);$E_{购入电}$—建筑由于使用外购电力所产生的间接碳排放,单位为吨二氧化碳($t\,CO_2$);$E_{购入热}$—建筑由于使用外购热力所产生的间接碳排放,单位为吨二氧化碳($t\,CO_2$)。建筑由于化石燃料燃烧所产生的直接碳排放按照公式(7-2)计算:

$$E_{燃烧} = \sum_{i=1}^{n} AD_i \times EF_i \tag{7-2}$$

式中,AD_i—建筑消耗的第 i 种化石燃料用量,单位为吨标准煤(tce);EF_i—第 i 种化石燃料的 CO_2 排放因子,单位为吨二氧化碳每吨标准煤($t\,CO_2 \cdot tce^{-1}$)。

建筑由于外购电力和热力所产生的间接碳排放按公式(7-3)和公式(7-4)计算:

$$E_{购入电} = \sum_{i=1}^{n} AD_{购入电} \times EF_{电} \tag{7-3}$$

式中,$AD_{购入电}$—建筑购入的电量,单位为兆瓦时($MW \cdot h$);$EF_{电}$—电力的 CO_2 排放因子,单位为吨二氧化碳每兆瓦时 $[t\,CO_2 \cdot (MW \cdot h)^{-1}]$。

$$E_{购入热} = \sum_{i=1}^{n} AD_{购入热} \times EF_{热} \tag{7-4}$$

式中,$AD_{购入热}$—建筑购入的电量,单位为吉焦(GJ);$EF_热$—热力的 CO_2 排放因子,单位为吨二氧化碳每吉焦($t\ CO_2 \cdot GJ^{-1}$)。

实际上,建筑用电所应承担的碳排放责任,是由电网实时的发电结构和当前时刻的碳排放因子所决定的。例如,煤电的单位度电碳排放因子最高,而水电、核电、风光电的单位度电碳排放因子为 0。因此,一天内逐时的平均度电碳排放因子会随着电网中逐时发电结构而实时变化(图 7.3),对于建筑用电产生的碳排放责任应该按照逐时的碳排放因子来进行计算,未来建筑通过光储直柔配电系统实现柔性用电的目的就是在风光发电占比高、电网碳排放因子低时多用电,而风光发电占比低、电网碳排放因子高时少用电,从而实现风光电的消纳,并且达到降低建筑用电碳排放责任的目的。

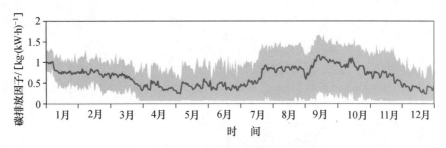

图 7.3 电网全年逐时碳排放因子示意

7.3.2 运行碳排放现状

根据清华大学建筑节能研究中心的研究,2020 年我国建筑运行过程中的碳排放总量为 $21.8 \times 10^8\ t\ CO_2$,折合人均建筑运行碳排放指标为 $1.5\ t \cdot 人^{-1}$,折合单位面积平均建筑运行碳排放指标为 $33\ kg \cdot m^{-2}$。总碳排放中,直接碳排放占比 27%,电力相关间接碳排放占比 52%,热力相关间接碳排放占比 21%,见图 7.4。

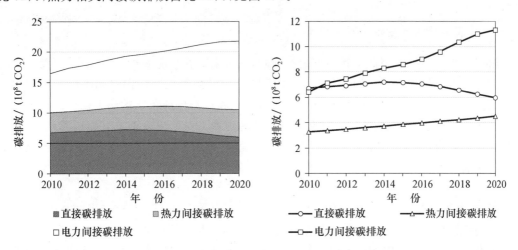

图 7.4 我国建筑运行相关二氧化碳排放量(2020)

考虑建筑用能的四个分项,将四部分建筑碳排放的规模、强度和总量表示在图 7.5 中的方块图中,横向表示建筑面积,纵向表示单位平方米的碳排放强度,四个方块的面积即是碳排放总量。可以发现四个分项的碳排放呈现与能耗不尽相同的特点：公共建筑单位建筑面积的碳排放强度最高，随着公共建筑用能总量和强度的稳步增长，这部分碳排放的总量仍处于上升阶段；而北方供暖分项由于大量燃煤，碳排放强度仅次于公共建筑，由于需热量的增长与供热效率提升、能源结构转换的速度基本一致，这部分碳排放总量基本达峰；而农村住宅和城镇住宅虽然单位平方米的一次能耗强度相差不大，但农村住宅由于电气化水平低，燃煤比例高，所以单位平方米的碳排放强度高于城镇住宅。

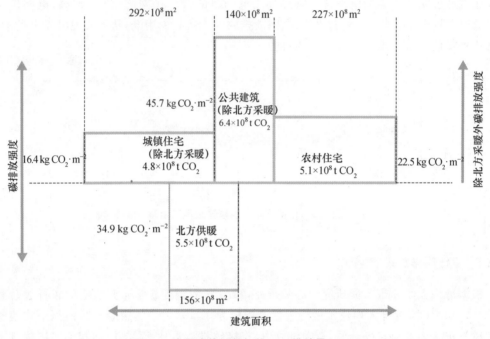

图 7.5　中国建筑运行相关 CO_2 排放量(2020)

7.3.3　建筑运行实现零碳的三大任务

　　根据对我国能源系统低碳转型方向的判断，在未来的城乡能源供给系统中，主要的能源形式就是电力和热力。在能源的生产侧，主要是一次能源和二次能源共同组成的能源供给系统，包括风光电、水电、火电、核电组成的电力供应和各类热源组成的热力供应。而在能源的消费侧，主要包括城镇的能源消费和农村的能源消费。对于未来的城乡能源系统来说，主要的能源形式应该是电力和热力，实现建筑运行碳中和的主要目标就是协助能源系统建成以可再生能源为主体的零碳电力系统和以零碳余热为主的零碳热力，实现零碳的用电和用热。

　　因此，我国建筑运行实现零碳的三大任务就是：① 全面推进城乡建筑用能全面电气化，不再使用任何化石燃料，从而取消建筑的直接碳排放；② 协助以零碳为目标的新型电力系统的建设，实现建筑的零碳用电；③ 建成以余热为热源的零碳供热系统，实现建筑的零碳用热。但实现零碳电力和零碳热力系统仍然面临空间资源、储能资源、成本限制等各方面的限制，因此，坚持绿色生活方式和节约的建筑使用方式仍然是建筑领域实现节能和零碳的前提条件。

7.4 促进建筑用电零碳化

7.4.1 调峰火电是解决冬季电力短缺的最好途径,同时可为建筑供暖

基于对各行业用能需求的估计,我国未来的能源系统需要提供每年$(12\sim14)\times10^{12}$ kW·h 的电力,来满足工业、交通和建筑行业的需求。图 7.6 给出了未来我国新型电力系统中的风、光、水、核四类电力的发电曲线,图 7.7 给出风光水核发电与预测用电曲线的匹配关系。可以发现,大部分时间风、光、水、核与用电曲线基本匹配,但由于水电、光电冬季短缺,导致夏季满足需求时,冬季分别有$(6.5\sim7)\times10^{8}$ kW·h、1.5×10^{12} kW·h 的季节性缺口。而且,如果冬季北方城镇再全面采用电驱动供暖、电热或电动热泵,则至少要增加 2×10^{8} kW 的电力装机,这将进一步增大冬季用电缺口。目前有各类低碳技术可解决冬季电力短缺的方式,包括:① 采用调峰火电,并通过 CCS 来固碳;② 通过制氢和储氢来实现储能,再将氢直接作为清洁燃料利用或通过燃料电池发电;③ 进一步增加风光电的容量,来满足冬季的用电短缺,这会进一步加剧其他时间的弃风弃光。对比这几种方式可以发现,通过调峰火电来满足季节性电力缺口是对我国最经济可行并且可实现低碳的调节方式。采用生物质、燃煤、燃气作为燃料,再依靠 CCS 回收排烟中的 CO_2,可用于化工和建材生产中。同时,调峰火电可热电联产,在冬季为建筑提供部分采暖热源;调峰火电还是电力系统安全可靠供电的保障,且满足连阴天供电。

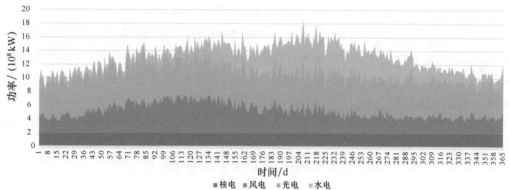

图 7.6 未来新型电力系统中风光水核的发电曲线

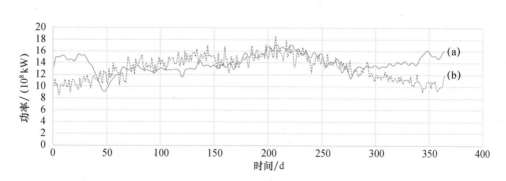

图 7.7 未来新型电力系统中风光水核发电曲线(a)与用电负荷曲线(b)

7.4.2　城乡建筑屋顶是安装光电的巨大空间资源

建立新型零碳电力系统的主要任务之一就是大量新增风光电,而我国进一步发展风光电主要面临着季节调峰、安装空间、有效消耗等关键问题。我国未来风光电的装机容量占比要从目前的 20% 增加到 80%,风光电提供的电量占比则要从目前的不到 10% 增加到 60% 左右。这样大比例的风光电必须解决安装空间和有效消纳问题。

风光电接收的是自然界风力能和太阳能,其发电功率几乎与占地面积成正比。按照目前的风电、光伏发电技术水平,单位水平面积的发电能力约为 100 $W \cdot m^{-2}$。如果我国未来需要的风光电装机容量为 60×10^8 kW,则需要约 600×10^8 m^2 的水平安装空间,约为 1 亿亩(1 亩=666.7 平方米)土地。我国为了保证基本的粮食供应,需要 18 亿亩基本农田,相比之下为能源的需要增加的 1 亿亩土地是巨大的空间需求。

如果集中在西部戈壁滩发展光电,西电东输,则需要用水电或火电进行"打捆",需要的水电/火电与光电的比例至少要达到 1:1。而我国西部地区水电的总装机容量不超过 5×10^8 kW。进一步发展光电只能依靠燃煤燃气火电来进行"打捆",难以实现零碳目标。如果在西部电源侧建立储能,使得光电经储能调节成为全天稳定的电力,需要配备的储能容量要达到全天发电量的 50%~60%。而恒定功率的西电东输,使得东部用电地区需再配备储能,将夜间剩余电力蓄存至白天高峰期使用。储能容量为一天用电总量的 30%~40%。经过两次储能和长途输电,东部地区的用电成本为西部光伏发电成本的 2.5 倍以上。

综合上述分析,我国未来光电的发展更适合在负荷密集的中东部地区,而西部地区光电比例很难超过 30%。那么东部地区土地资源极度紧张,在哪里安装光伏?可能的地方就是各类建筑的屋顶等各种目前尚闲置的空间。根据利用高分卫星图片和现场抽样调查统计分析所得到的结论,我国城乡可用的屋顶折合水平表面面积约 412×10^8 m^2,在充分考虑各种实际的安装困难、留有充分余地后,可得到结论:全国城镇空余屋顶可安装光伏 8.3×10^8 kW,年发电量 1.23×10^{12} kW·h;农村空余屋顶可安装光伏 19.7×10^8 kW,年发电量 2.95×10^{12} kW·h。这样,城乡可安装光伏共 28×10^8 kW,超过我国规划的未来光伏装机总量的 70%,潜在发电量 4.2×10^{12} kW·h,超过我国规划的未来光伏发电总量的 70%。因此,城乡建筑屋顶及其他可获得太阳辐射表面的光伏发电应是我国未来大规模发展光伏发电的主要方向。

7.4.3　利用建筑的用电柔性实现风光电的有效消纳

大规模发展风光电,除了解决风光电的安装空间问题之外,其功率变化与终端用电功率变化的不同步性也是要解决的重要瓶颈。对未来零碳能源系统的分析说明,建筑本身已成为发展光电的重要资源。充分利用城乡建筑的屋顶空间和其他可接受太阳辐射的外表面安装光伏电池,通过这种分布式光伏发电的形式,在很大程度上解决大规模发展光电时空间资源不足的问题,尽可能充分利用建筑表面安装光伏,应该成为建筑设计的重要追求,外表面的光伏利用率也应成为今后评价绿色建筑或节能建筑的重要指标。

除了光伏发电,在零碳能源系统中,建筑还承担着又一重要使命——协助消纳风光电。建筑自身的光伏电力的特点是一天内根据太阳辐射的变化而变化。中东部地区和海上的风光电基地的发电量也是在一天内根据天气条件随时变化。这些变化与用电侧的需求变化并不匹配,从而就需要有蓄能装置平衡电源和需求的变化。建筑与周边的停车场和电动车结合,完全可以构成容量巨大的分布式虚拟蓄能系统,从而在未来零碳电力中发挥巨大作用,实现一天内可再生电力与用电侧需求间的匹配。这就要通过光储直柔新型配电系统实现。

1. 城镇光储直柔配电系统

光储直柔的基本原理见图 7.8,配电系统与外电网通过交流电/直流电(AC/DC)整流变换器连接。依靠系统内配置的蓄电池、与系统通过智能充电桩连接的电动汽车电池以及建筑内各种用电装置的需求侧响应用电方式,AC/DC 可以通过调整其输出到建筑内部直流母线的电压来改变每个瞬间系统从交流外网引入的外电功率。当所连接的电动汽车足够多,且自身也配置了足够的蓄电池时,任何一个瞬间从外接的交流网取电功率都有可能根据要求实现零到最大功率之间的任意调节,而与当时建筑内实际的需电量无直接关系。这样,各个采用了光储直柔配电方式的建筑就可以直接接受风光电基地的统一调度,每个瞬间根据风光电基地当时的风电、光电功率分配各座建筑从外网的取电功率,调度各光储直柔建筑的AC/DC,按照这一要求的功率从外电网取电。如果光储直柔建筑具有足够的蓄能能力及可调节能力,完全按照风光电基地调度分配的瞬态功率来从外电网取电,则可以认为这座建筑消费的电力完全来自风光电,而与外电网电力中风光电的占比无关。

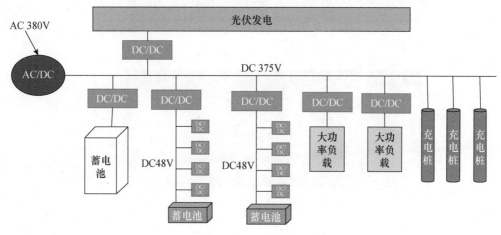

图 7.8 光储直柔建筑配电系统示意

对于城镇建筑,除了充分挖掘和利用屋顶、外表面空间外,安装分布式光伏可满足建筑用电和电动私家车用能的 1/4。其发电除特殊场合外,可完成自发自用,不需要向外电网返送电。更重要的是,大型公共建筑的冰蓄冷、水蓄冷系统,带有蓄热水箱的生活热水系统,以及建筑中的冷库、冷藏柜和电冰箱、电热泵等系统,还有建筑中带有蓄电池的各类蓄能系统,都可以实现储冷、储热和储电,从而实现用电的需求侧响应。更重要的是,建筑周边的电动私家车,也将为电网提供巨大的柔性用电负荷。大数据表明,私家乘用车上路时间平均小于15%,也就是这些车辆 85% 以上的时间停在停车场,且主要停留在住区和工作处这两个停车点,如图 7.9 所示,这就正好用其电池资源消纳风电光电和为电网削峰填谷。这些车辆又可以每天在停车位长时间连接充电桩,从而在电源电力大于负载需求时进行充电,增大用电负荷；而在电源电力不足时，还可以由电池反向供电，满足建筑的尖峰用电需求。5 座席电动私家车一般配备 70 kW·h 电池，在不准备外出长途旅行时，有 30 kW·h 可满足 100～150 km 行驶距离，这样在充满电的状态，可以有 40 kW·h 电量以 10～20 kW 的功率为建筑供电；而当其没有处在充满电的状态时，又可以接受 10～20 kW 的光伏发电或电网的低谷电力。当建筑用电功率为 100 W·m^{-2} 时，一辆电动私家车可满足 100～200 m^2 建筑的 2～4 h 的用电需要。当办公建筑每 4 个工位配备一个停车位，且全部是电动汽车时，汽车蓄电池可解决短时期建筑的用电需求；而当建筑屋顶光伏与建筑面积之比为 1∶10 时，为停车场的汽车蓄电池充电可以消纳 4 h 以上的屋顶光伏电池发电量。所以，电动汽车加上智能充电桩，对协调建筑屋顶光伏电力的消纳和缓解建筑用电造成的峰谷变化都可起到重要作用，更可避免大功率电动汽车充电站对电网造成的冲击。利用建筑自身的热惯性，以及建筑周边电动私家车的电池资源，实现分布式的蓄电，完成用电负荷 60% 的日内调节。

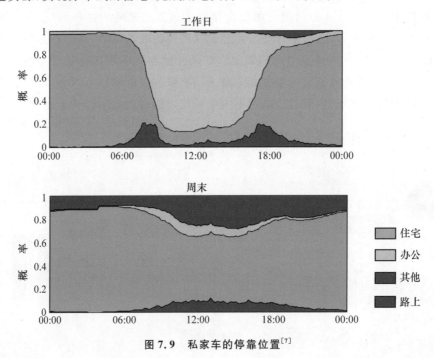

图 7.9 私家车的停靠位置[7]

2. 农村屋顶光伏

对于农村建筑，农村屋顶面积可安装屋顶光伏近 $20×10^8$ kW，年发电量在 $2.5×10^{12}$ kW·h 以上，在农村全面实现电气化，依靠光伏发电满足生活、生产和交通用能外，每年还可剩余超过 $1×10^{12}$ kW·h 发电上网，成为支撑电网的重要电源。因此，农村应该全面建立以分布式光伏为基础的新型能源系统（图 7.10），彻底取消农村散煤、天然气、燃油等化石燃料的使用，使用光伏发电全面满足农村地区的生活用能（包括炊事、采暖）、生产用能和交通用能。

以分布式光伏为基础的农村新型能源系统主要包括：分户的直流微网，每户 10～20 kW 的光伏装机，再加上 3～5 kW·h 蓄电池，每户年总发电量可达到 $(1.2～3)×10^4$ kW·h；通过光伏发电满足包括炊事、热水在内的生活用能，北方建筑还能满足 40～60 m^2 建筑冬季采

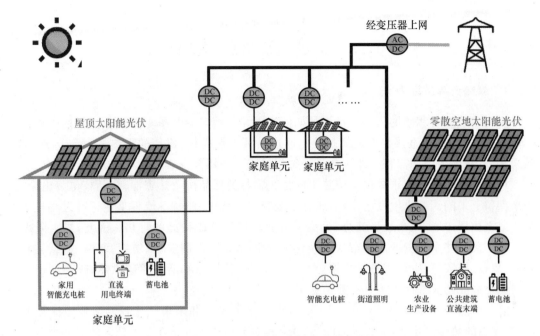

图 7.10　农村零碳新型能源系统示意

暖的需求,户均用电量不超过 5000 kW·h;对全部农机具进行电气化改造,利用屋顶光伏发电满足电动汽车、电动摩托、拖拉机和其他拖动农机的充电。同时,农村公用建筑及设施和空地也可安装部分光伏,按照村庄设 100 kW·h 蓄电池,同时为各类农业生产和农产品加工设备用电(水泵、磨面机等)供电。所有蓄电池和电动农机具、电动车用电都可采用"需求侧响应"模式,根据光伏状况运行。如此,农村地区每年尚余 1/3,约 $1×10^{12}$ kW·h 电力可选择合适的时段售电上网,协助城市电力削峰。这样既可以完全实现农村能源清洁化,可彻底消除由于燃油驱动的农机具造成的空气污染,还可以降低农民生产生活用能负担,增加农民收入。目前已经在山西芮城地区成功示范农村屋顶光伏与直流微网,实现了农村电器全直流化以及户户互联。

与屋顶光伏系统建设同步,应在农村实现全面电气化,包括炊事、采暖的各种生活用能都可电气化,灌溉、耕、种、收的各种农机电气化,以及运输和出行的各类车辆、农副业生产加工的电气化,将农村剩余的光伏电力经蓄存和调整后在电网需要电力的时间段上网,实现农村用电的"只出不进"。

同时,我国以农作物秸秆为主要代表的生物质资源总量丰富,根据估算,2017 年全国生物质资源折合标准煤共计 $9.26×10^8$ tce,主要包括:农业秸秆 $3.3×10^8$ tce,农产品加工剩余物 $0.62×10^8$ tce,畜禽养殖剩余物 $2.14×10^8$ tce,林业生物质 $1.73×10^8$ tce,生物垃圾 $0.33×10^8$ tce,能源作物 $1.14×10^8$ tce。采用分布式光伏发电,即可全面满足农村的生产、生活和交通用能。因此,为了进一步推广生物质的应用,应该将生物质压缩成型为生物质颗粒状燃料,或者转化为生物质燃气,作为能源商品进入流通市场,成为优质的零碳燃料,来帮助电力或者工业系统实现"双碳"目标。

7.5   促进建筑用热零碳化

7.5.1   余热资源的潜力

实现建筑运行零碳的另一大挑战是如何实现北方地区的冬季零碳采暖。目前这些热量都由燃煤、燃气锅炉直接提供或通过热电联产由其余热提供,每年的需热量为 50×10^8 GJ。除采暖外,我国各类非流程工业生产过程每年约需要使用 70×10^8 GJ 的热量。

可以为上述热量需求提供零碳热源的是我国各类低品位余热资源,包括核电发电余热,未来保留下来的调峰火电发电余热,还有冶金、有色、化工、建材等流程工业生产过程排放的余热以及数据中心、城市垃圾焚烧、大型电力变压器等基础设施的排热。因此,最大限度且有效地汇集这些余热资源用于解决建筑冬季供暖和非流程制造业(纺织、印染、造纸、制药、食品、皮革、橡胶等)生产用热等需求,对于实现"双碳"战略和清洁零碳供热、改善由于化石燃料燃烧造成的大气污染等具有显著意义。

这些余热的总和为 190×10^8 GJ·a^{-1},大于全国建筑和未来非流程制造业生产需要的 100℃ 左右的热量总量(120×10^8 GJ·a^{-1})。其中余热资源分布在北方地区的资源大概共有 60×10^8 GJ·a^{-1}。随着城镇化进一步发展和居民对建筑环境需求的不断提高,2060 年北方城镇冬季供暖面积将达到 220×10^8 m^2。如果按照当前每平方米需热量 0.3 GJ·a^{-1} 计算,那么未来总需求将达到 66×10^8 GJ·a^{-1},超过了北方地区全年可用余热资源的总量。因此,在未来要实现通过余热来降低采暖的碳排放,实现北方地区冬季采暖的零碳,首先就要减少供暖需求的热量。现在的 156×10^8 m^2 采暖建筑中,约 30×10^8 m^2 是 20 世纪 80—90 年代建造的不节能建筑,其热耗是同一地区节能建筑的 2~3 倍,远高于节能建筑低于 0.2 GJ·m^{-2} 的要求。此外,就是减少普遍出现的过热现象。很多采暖建筑冬季室内温度高达 25℃,远高于 20℃ 的舒适采暖温度。当室外温度为 0℃ 时,室温为 25℃ 的房间供暖能耗比室温为 20℃ 的房间高 25%。改造目前这 30×10^8 m^2 的不节能建筑,通过改进调节手段和政策机制尽可能消除室温过高的现象,未来可以把供暖平均热耗从 0.33 GJ·m^{-2} 降低到 0.25 GJ·m^{-2}。这样,未来北方城镇需要供暖的 220×10^8 m^2 建筑需要的供热量为 55×10^8 GJ·a^{-1},与现状的总需热量基本维持不变,就可以通过余热来提供北方城镇集中供热所需的零碳热源。由此可见,通过节能改造和节能运行降低热需求,是实现采暖低碳的首要条件。

7.5.2   采调储输一体的零碳供热网络

上述这些余热资源是在全年产生的,其热源的产热与终端存在时间、地理位置和参数上的不匹配。为了回收利用这些低品位余热资源,就需要对产生余热的生产过程做适当改造,增加相应的余热采集、回收装置。要有效利用这些余热为建筑采暖和非流程工业全面提供热量服务,还需要在目前北方已普遍建成供热管网的基础上,建设多热源、多用户的跨区域热量输配网,形成服务于低品位余热应用的集采、调、储、输于一体的热量输配网。围绕这一新型热量输配管网的建设,必须解决如下三个不匹配问题:

(1)热量产生时间与热量需求时间的不匹配。这使得有时候产出的热因为无需求而白白排放,而有的时候需要大量的热源却无处获得。为此,需要建设大规模跨季节储热系统来平衡热量产生侧与热量需求侧在时间上的不匹配。满足前述全年 120×10^8 GJ 的热量供给，需要跨季节储热容量达 50×10^8 GJ，即使采用 30 m 深的热水水库方式，也需要占地 750 万亩。

(2) 热量产生地域和热量需求在地理位置上的不匹配。例如核电一般都远离需要大量热量用于建筑采暖的城市。为此，就需要有长距离低成本的热量输送技术，使热量输送距离达到 200 km 的输送成本不超过用天然气制备同样热量的成本。分析表明，在 150 km 半径内，我国绝大多数城市和非流程制造业都可以找到足够的余热资源。目前已有大温差长距离热水输送技术，可满足 200 km 输送成本不高于天然气，并已在国内一批工程中规模化应用。

(3) 各种热源和用热终端要求的热参数不匹配。多种热源并网共同作为热量供给热源，需要使各类热源输出参数一致，有效避免掺混损失；各种用热终端需要的热量参数也不相同（不同温度，有些还要求各种压力的低压蒸汽），又要统一由热网供给。为此近年来系统地开发出各类热量变换装置，如同电力系统的变压器，可使热量在不同温度之间转换，在循环热水和蒸汽之间变换。近十年来在这一方向也已有重大技术突破，开发出系列的热量变换产品，并在国内有数个量产企业。

目前，围绕这一目标已经建成和正在规划准备实施的工程有：山东胶东半岛利用三个核电基地 3000×10^4 kW(30 GW, 30×10^9 W)核电余热的"水热联产，水热联供"工程，唐山曹妃甸基于首钢余热和华润电厂余热的"水热联产，水热联供"工程，利用秦山核电余热为绍兴柯桥轻纺印染基地提供生产用热工程，利用福建福清核电送余热为江阴工业园和东峤工业园零碳供热工程，河北怀来大数据中心余热利用工程，等等。

因此，总的来说，北方的各类余热资源是可以为北方建筑冬季采暖提供足够的零碳热源的，但必须建立在节能改造降低建筑需热量的基础上，同时要对现有的集中管网系统进行深度改造，建成产、调、储、输一体的零碳供热网络，实现零碳的供热。而对于北方未接入集中供热管网的部分城镇建筑，未来约占城镇建筑总量的 20%，可以采用各类电动热泵热源方式，包括空气源、地源、污水源以及 2000～3000 m 深的中深层套管换热型热泵方式，实现零碳电力作为能源的零碳采暖。

7.6 建筑用能系统的节能与低碳

7.6.1 建筑用能全面电气化

近年来，随着我国农村地区推进"煤改气""煤改电"工作以及炊事电气化程度的提升，建筑领域的直接碳排放实际上已经在 2015 年左右实现了峰值，目前处于缓慢下降阶段。为了实现建筑直接排放零碳化的目标，需要全面推进建筑的用能电气化，使得建筑的直接碳排放降低至零。

(1) 炊事电气化。我国城市居民、单位食堂和餐饮业多数采用燃气灶具，农村则使用燃气、燃煤和柴灶。近年来随着新一轮的全面电气化行动，各类电炊事设备不断出现。实现炊事电气化，取消燃煤燃气的关键是烹调文化。通过电动炊具的不断创新和电气化对实现低碳重要性的全民教育，我国炊事实现零直接碳排放应无大障碍。

(2) 生活热水电气化。目前我国城镇基本上已普及生活热水。除少数太阳能生活热水外，燃气和电驱动大致上平分天下。用电力替代燃气热水器，应该是未来低碳发展的必然趋势。采用热泵式、储热式的热水器,其综合成本低于燃气热水器,还可以成为建筑中储能的有效方式。通过文化宣传和电热水器的推广,电热水器替代燃气热水器也是指日可待。

（3）分散采暖电气化。北方城镇住宅建筑约 5% 为燃气壁挂炉,近几年华北农村清洁取暖改造也使燃气采暖炉进入了部分农户。此外就是目前 70% 以上的北方农村以及部分城乡接合部的居住建筑,冬季仍采用燃煤炉具取暖。这些采暖设备导致每年超过 3×10^8 t 的 CO_2 排放。采用分散的空气源热泵替代这些分散的燃煤、燃气锅炉,应该是全面取消建筑内 CO_2 直接排放工作的重点。

（4）蒸汽和热水锅炉电气化。医院、商业建筑、公共建筑使用燃气驱动的蒸汽锅炉和热水锅炉。在多数场合下,燃气热水锅炉可以由空气源热泵替代,并可以降低运行费用。而很多蒸汽锅炉提供的蒸汽实际用于制备热水,对于这种情况,应尽可能减少对蒸汽的需求,能用热水就用热水,用热泵制取热水满足需求。个别需要蒸汽的应用,可以通过小型电热式蒸汽发生器制备蒸汽,实际的运行费用并不会增加。

综合上述,各类建筑中实现炊事、采暖和生活热水电气化的电气化转型在 80% 以上情况不会增加运行费用,并且可在 5 年左右回收设备初期投资。推行建筑电气化的主要障碍不是经济成本,而是理念和认识上的转变以及烹调文化的变化。因此,加大公众对于电气化实现建筑零碳的宣传推广,在各类新建和既有建筑中推广"气改电",是实现建筑运行直接碳排放归零的最重要途径。

7.6.2　绿色生活方式与建筑节能

尽管未来电力系统将实现全面的零碳,但我国构建和实现新型零碳电力系统仍然有诸多制约:① 资源总量限制,因为核电、水电都有其可发展的资源上限,而风光电则受到空间资源的制约;② 经济合理的储能资源也有上限,且受限于空间资源;③ 零碳能源系统的建设成本也受到规模约束,规模一旦增加到一定程度,成本就会呈超线性增长。实现建筑用热零碳的基本前提也是开展建筑节能改造工作,使得建筑的需热量降低,才能通过余热资源来满足热源需求。因此,建筑节能是实现建筑低碳和碳中和目标的前提条件,通过节能降低建筑用能需求,在较小的用能基数的基础上,再进一步通过零碳电力系统和零碳热力系统,就可以实现建筑运行的低碳和碳中和目标;反之,如果用能基数很大,就很难实现建筑运行的碳中和目标。

我国目前的建筑用能与发达国家相比,在建筑使用方式、建筑系统形式等方面都有巨大的差异。目前,我国建筑部门的人均和单位面积能耗都仍远低于发达国家。这主要是由于我国居民"部分时间,部分空间"的建筑用能模式以及相应的建筑机电系统形式,与欧美发达国家"全时间,全空间"的用能模式有本质区别。例如在美国,无论是居住建筑还是商业建筑,其基本的使用模式都是一切依靠机械系统,"全时间,全空间"运行室内环境控制系统;而我国则是以自然环境为主,以机械系统为辅,即使运行机械系统,也是"部分时间,部分空间"的室内环境系统调控模式。尽管这一模式所提供的服务水平略低于发达国家的"全时间,全空间"模式,但用电量却有 2~5 倍之差。如果放弃这一传统的绿色使用模式,代之以美国目前的建筑使用和运行模式,将使得我国建筑运行用能大幅度增长,给我国的能源供给和减碳工作带来极大的负担。

所以,从生态文明的发展理念出发,科学和理性地规划我国建筑用能的未来,坚持"部分时间,部分空间"的节约型建筑用能模式,不使欧美国家在建筑用能上奢侈浪费的现象在我国出现,应该作为我国今后现代化建设和实现建筑运行碳中和目标的一个基本原则。

7.6.3 建筑和机电系统的节能高效

对于建筑运行碳排放,减排路径首先应在建筑设计和营造中,通过被动化技术,使建筑对机电系统提供的冷、热、人工采光的需求减少到最小;其次再通过供能系统的优化技术,使其供能效率得到最大限度的提高。也就是说,要实现建筑低碳发展目标,既应当从建筑设计、建筑本体上做文章,也应当针对建筑用能系统、主动式机电系统寻求解决方案。

因此,建筑低碳目标的实现要在建筑本体和机电系统两方面着手,建筑设计或建筑本体上应当注重"降需求,多开源",充分降低自身用能需求并充分利用建筑自身可利用的光伏等可再生资源;建筑用能系统或机电系统设计运行中应当遵循"电气化、分散式、高效率、柔性可调"的原则,把这四点作为建筑机电系统设计和改造的基本指导,更好地服务于整个能源系统的低碳目标。

"被动优先减少需求,主动优化提高效率"是降低建筑用能需求、降低建筑运行碳排放的重要基础,也是开展建筑节能工作的关键。在此基础上,实现建筑全面电气化或再电气化是建筑领域减排的重要举措。

针对建筑本体层面,应当在建筑设计上实现被动式设计以减少需求,例如通过围护结构性能的改进,可以有效降低建筑物的供冷供热需求,是实现建筑物本体节能的重要技术手段。建筑节能工作的开展已使得大家广泛重视建筑本体、围护结构层面的节能,当前已有多种新型围护结构、围护结构保温材料等方面的新技术得到研究应用,针对影响建筑本体的围护结构传热、太阳辐射热量等热扰也都有针对性技术解决方案。

与此同时,在建筑本体上应充分利用外表面空间资源安装光伏,以充分利用建筑自身可利用的光伏等可再生资源,使建筑成为能源的"产消者"。建筑表面对太阳能光伏的利用,根据光伏组件与建筑的结合程度,可分为建筑一体化光伏(building-integrated photovoltaic,BIPV)和建筑表面光伏(building-attached photovoltaics,BAPV)两大类。BIPV 指的是与建筑物同时设计、同时施工和安装并与建筑物形成一体化设计和有机结合的太阳能光伏发电系统。BAPV 指的是附着(安装)在建筑物上的太阳能光伏发电系统,也称"后安装型"建筑太阳能光伏。BAPV 多应用于既有建筑,BIPV 多应用于新建建筑。新建建筑更适用于建材式光伏构件,既有建筑更适用于普通型构件和安装型光伏组件。近些年,BIPV 因其发电成本降低、适用性广泛等特点,具有更广阔的应用空间。建筑表面安装光伏组件时,主要结合方式为光伏屋顶(平屋顶,坡屋顶)、光伏幕墙、光伏遮阳。同时,BIPV 设计需要多个专业相互协调合作,考虑建筑物当地的太阳能资源、气候状况、周围环境、建筑物功能、安装倾角与周围环境的协调性、负载情况分析等多个因素,在满足发电量使用需求下,寻找发电系统的高效性与建筑外形功能结合完美性的平衡点。光伏发电等可再生能源利用技术已在各类公共建筑中得到很好的利用,尽管一些高层、超高层建筑很难通过自身光伏利用解决其用能问题,但很多体形系数小的公共建筑则具有充分利用光伏的先天优势。例如交通建筑中的航站楼、高铁客站等具有大面积屋顶,建筑层数少,敷设光伏性价比高,高铁雄安站等新落成站房已很好地应用了光伏发电,更多的、不论改造还是新建的公共建筑都可以考虑将光伏利用最大化,充分利用宝贵的建筑外部面积资源(图 7.11)。

(a) 雄安高铁站   (b) 北京世园会中国馆

图 7.11　公共建筑光伏一体化设计案例

针对建筑机电系统,则应当遵循电气化、分散式、高效率和柔性用电四条原则。从构建低碳能源系统的目标需求出发,建筑用能系统/机电系统应当减少甚至避免化石能源在建筑中的消耗,并实现建筑用能系统的全面电气化/再电气化。在建筑机电系统设计、运行中,充分考虑建筑使用功能需求,避免集中式系统导致的浪费和不必要损失,尽可能面向分散可调需求来构建适宜的机电系统。在满足建筑功能需求的基础上重新定位、思考建筑在整个能源系统中的作用,更好地服务于碳减排目标。在现有建筑机电系统自身强调高效、设备系统追求更高的用能效率基础上,发挥建筑有效响应能源系统调度需求、促进能源系统供需匹配的重要作用。

建筑能源系统方面,提高机电系统的效率,包括: ① 冷机、冷站、风机水泵的效率提升; ② 排风的能量回收,各类室内余热的回收;③ 水系统、风系统形式,提高部分负荷特性,新型运行调节方式。建筑能源系统的选择上,应通过分散的系统形式获得灵活性,避免无效供给,采用"部分时间,部分空间"的室内环境营造模式。

7.7　本 章 小 结

本章全面介绍了我国建筑领域的隐含碳排放和运行碳排放的基本状况和发展趋势。为了实现建筑建造维修相关的隐含碳排放的降低和中和,应避免"大拆大建",使建筑的维修改造成为建筑业的主要任务,积极研究新型的低碳建材和与其相配套的结构体系及建造方式,减少建材的需求,实现低碳建造。

为了实现建筑运行碳排放的中和目标,在能源系统层面,应该全面推进建筑用能电气化,并协助建设零碳的新型电力系统和余热为主的零碳热力系统。针对新型电力系统面对的风光电安装空间和消纳不足、电源生产与电源消费不匹配的问题,应该利用城镇光储直柔建筑与私人电动车的储能资源,实现建筑的柔性充电与电动车的有序可调充电,来发挥需求侧的柔性,协助电力系统实现零碳。同时,应该充分利用我国农村建筑的屋顶空间,建立以屋顶光伏为基础的新型能源系统,通过农村的需求侧调控方式实现用电柔性和余电有序上网,有力支撑城镇电力消费。针对余热资源与末端用户在时间、空间和参数上的不匹配,应该利用北方集中供热管网,建立余热为主的"产调储输"零碳供热系统,来实现北方地区冬季采暖的零碳用热。而在建筑侧层面,首先应坚持生态文明理念下的绿色生活方式和建筑使用模式,然后在此基础上开展新建建筑的节能和既有建筑的节能改造,通过建筑本体和机电系统的节能高效,来实现建筑用能需求的合理增长,这是实现零碳电力和热力系统的前提条件。

可以总结出,面向未来的零碳能源系统,我国建筑实现运行零碳的几大关键任务就是:

(1) 节能是实现建筑低碳的前提条件,应该以生态文明发展理念作为基础,追求绿色生活方式和"部分时间,部分空间"的建筑使用模式,避免发达国家在历史上出现的建筑能耗剧烈增长。

(2) 发展创新的建筑节能技术,实现新建建筑的节能和既有建筑的改造,实现建筑围护结构和能源系统的能效提升,降低建筑的能源需求。

(3) 全面实现城乡建筑用能的电气化,包括炊事、生活热水、分散采暖等的电气化,不再在建筑中使用任何化石燃料,从而使得建筑中的直接碳排放归零。

(4) 在城镇和农村屋顶安装分布式光伏,助力以可再生能源为主体的零碳新型电力系统的建设,实现建筑用电的零碳。

(5) 发展零碳热源,建立采、调、储、输一体的零碳供热系统,实现北方建筑冬季采暖的零碳。

参 考 文 献

[1] Sharma A，Saxena A，Sethi M，et al. Life cycle assessment of buildings：A review. Renewable and Sustainable Energy Reviews，2011，15(1)：871—875.

[2] Cabeza L F，Rincón L，Vilariño V，et al. Life cycle assessment(LCA)and life cycle energy analysis (LCEA)of buildings and the building sector：A review. Renewable and Sustainable Energy Reviews，2014，29：394—416.

[3] Ramesh T，Prakash R，Shukla K K. Life cycle energy analysis of buildings：An overview. Energy and Buildings，2010，42(10)：1592—1600.

[4] 冶金规划院.2020 年我国钢铁需求预测//2020 中国和全球钢铁需求预测研究成果、钢铁企业竞争力评级发布会,2019.

[5] 国家统计局.中国统计年鉴 2021.北京:中国统计出版社,2021.

[6] 国家统计局固定资产投资统计司.中国建筑业统计年鉴 2021.北京:中国统计出版社,2021.

[7] Wang Y，Infield D. Markov Monte Carlo simulation of electrical vehicle use for netword integration studies. International Journal of Electrical Power & Energy Systems，2018,99：85—94.

第8章 农田温室气体减排增汇与主要技术

8.1 概　述

农业活动导致的温室气体排放主要来自水稻种植、农业土壤、动物肠道发酵、动物粪便管理和农业废弃物田间焚烧。水稻田排放大量甲烷(CH_4)，约占人类活动 CH_4 排放总量的 11%[1]，但氧化亚氮(N_2O)排放较少。农业活动，尤其是氮肥施用，是 N_2O 的主要排放源，约占人类活动 N_2O 排放总量的 59%[1]。2010 年我国农业活动排放 CH_4 22.41 Tg(1 Tg＝10^9 kg＝10^{12} g)，N_2O 1.15 Tg；水稻田 CH_4 排放占比 39%，农田 N_2O 排放占比 79%[2]。与森林和草地等自然生态系统不同，农田生态系统受人类活动的影响剧烈。农田生态系统不仅向大气排放 CH_4 和 N_2O，而且吸收大气中的 CO_2 或向大气排放 CO_2。农作物收获时移走地上部分或还田，或供人、畜食用分解。而后，在短时间内重新以 CO_2 形式返回到大气中。因此，农田 CO_2 源或汇只考虑土壤有机碳(SOC)的变化。在一定时段内，SOC 减少表示 CO_2 源，SOC 增加则表示 CO_2 汇。

本章不涉及动物肠道发酵、动物粪便管理和农业废弃物田间焚烧的温室气体排放，主要介绍农田温室气体来源和 SOC 周转过程、全球和中国农田温室气体排放及 SOC 变化、农田温室气体减排增汇技术和中国农田温室气体减排增汇潜力等。由于缺乏必要的基础数据，本章涉及的中国农田温室气体排放、土壤碳汇和减排增汇潜力均不含香港、澳门特别行政区和台湾省的数据。

8.2 农田温室气体来源和 SOC 周转

8.2.1 稻田 CH_4 的产生与排放

在稻田灌水期间由于水层将土壤与大气隔离，土壤中 O_2、Fe^{2+}、NO_3^- 和 SO_4^{2-} 很快被依次消耗，从而形成了一个还原性厌氧环境，产甲烷菌和其他一些厌氧细菌便在土壤中繁殖、分解土壤中的有机物产生 CH_4[3]。土壤中的有机物主要包括水稻根系分泌物和外源有机物的输入，如粪肥和作物秸秆等。厌氧土壤中产生的 CH_4 在向大气传输过程中被微生物氧化，淹水稻田中 CH_4 氧化主要发生在土壤表层的氧化层和根际氧化膜中。淹水稻田的分子氧很快被消耗，只在水土交界面薄薄的表层土壤中有游离氧气存在，称其为氧化层。氧化层的厚度取决于氧的供给和土壤中氧的消耗，一般为 $0 \sim 2$ cm[3]。稻田土壤的 CH_4 排放有三条途径，水稻植株的通气组织、气泡和水中液相扩散。在稻田 CH_4 的总排放量中，有 50%~90% 是通过水稻植株排放的，通过液相扩散排放的比例不到 5%[3]。水稻田 CH_4 排放主要出现在抽穗前，占生长季总排放量的 70% 以上。

水稻植株对稻田 CH_4 的产生、氧化及排放起着决定性的作用。水稻生长期间，其根系分泌物为甲烷菌提供基质，促进根区 CH_4 的产生。Minoda 等[4]用 ^{13}C 同位素示踪技术的研究结果表明，由水稻叶片光合作用同化的^{13}C $3 \sim 11$ h 便可通过根系释放到根区，并转化成

CH_4 排放到大气中。在没有外源有机物输入的条件下,水稻光合产物对 CH_4 排放的贡献为 $40\% \sim 60\%$[5]。水稻植株向下输送 O_2 促使 CH_4 氧化,同时为 CH_4 排放提供通道。

影响水稻田 CH_4 排放的主要因素包括:水稻生长、水稻品种、土壤温度、土壤质地、有机肥施用、水分管理和大气 CO_2 浓度。在淹水或 SOC 较低的条件下,CH_4 排放量与水稻生物量呈显著正相关[6]。一般而言,杂交稻的 CH_4 排放低于常规稻[7]。常规稻不同品种的 CH_4 排放也存在很大差异,高排放和低排放品种的 CH_4 排放量相差 $50\% \sim 85\%$[8]。在双季稻种植区,早稻生长季 CH_4 排放量通常较低,晚稻通常是在早稻收获后土壤仍处于湿润状态时立即灌水插秧,而且移栽至分蘖盛期(7 月下旬—8 月中旬)处于高温淹水状态,因而 CH_4 排放很高,CH_4 排放通量(单位时间、单位面积的排放量)为早稻季的 $2.6 \sim 5.2$ 倍[9-11]。稻田 CH_4 排放通量与土壤温度呈指数关系,土壤温度越高,CH_4 排放通量越高[12]。砂性水稻土的 CH_4 排放往往比黏性土壤高[13],CH_4 排放通量与土壤砂粒含量呈正相关,与黏粒含量呈负相关[14]。施用作物秸秆和粪肥等有机物料为产甲烷菌提供基质,促进 CH_4 的产生与排放[15]。长期淹水条件下,有机物料中的碳转化为 CH_4 碳排放的比例约为 6.5%,长期淹水条件下转化比例高,间隙灌溉条件下转化比例低。与持续淹水相比,水稻生长期内间歇性灌溉和分蘖期烤田能显著减少 CH_4 排放[16],有机物料中的碳转化为 CH_4-C 排放的比例也低。在无外源有机碳输入的情况下,大气 CO_2 浓度升高促进稻田 CH_4 排放[17]。

8.2.2 农田 N_2O 的产生与排放

土壤微生物硝化和反硝化作用产生 N_2O。一般认为,硝化作用指在好氧区域中自养硝化细菌将铵离子(NH_4^+)氧化为硝酸或亚硝酸的过程,其间释放 N_2O;反硝化作用是指反硝化细菌在厌氧条件下用硝酸或亚硝酸作为电子受体进行呼吸,从而将底物还原成气体 NO、N_2O 和 N_2。自养硝化细菌以 CO_2 为 C 源,从 NH_4^+ 的氧化过程中获得能量。反硝化细菌一般皆为异养菌,从有机质中获得能量和碳源。由农业活动导致的土壤 N_2O 排放包括两部分:直接排放和间接排放[18]。直接排放是由农用地当季氮输入引起的排放。输入的氮包括氮肥、粪肥和秸秆还田等。间接排放包括大气氮沉降引起的 N_2O 排放和氮淋溶径流损失引起的 N_2O 排放。本章不涉及农田 N_2O 的间接排放。

影响农田 N_2O 排放的主要因素包括施肥、灌溉、作物类型、土壤性质和气候条件等。氮肥施用是全球农田 N_2O 排放的主要来源,氮肥施用量越大,N_2O 排放越高。旱作农田灌溉促进 N_2O 排放,淹水稻田 N_2O 排放远低于旱作农田[18]。玉米地 N_2O 排放高于小麦地[19]。土壤有机碳含量或 C/N 越高,N_2O 排放越低,酸性土壤 N_2O 排放低于碱性土壤[14]。降水促进旱作农田的 N_2O 排放[20],在适宜的土壤湿度和养分条件下,N_2O 排放随土壤温度的升高而增加[20]。

8.2.3 农田 SOC 周转

SOC 周转是指由输入、分解、转化、输出决定的碳收支过程。农田 SOC 变化取决于其形成量和分解量的相对大小。一方面是外源有机碳不断输入土壤,并经微生物分解、转化形成新的 SOC;另一方面是 SOC 不断地被分解和矿化离开土壤。当形成量大于分解量时,SOC 增加,表现为碳汇;反之,SOC 减少,表现为碳源。

施入土壤中的有机碳可分为易分解(labile-C)与难分解(resistant-C)两种组分。易分解组分包括糖类、蛋白质、半纤维素等；难分解组分包括木质素等。易分解组分的半衰期为 2～3 个月，难分解组分的半衰期为 1.5～2 年甚至更长。SOC 可区分为轻组（light-C）和重组（heavy-C）两部分[21,22]：前者主要是新形成的碳，这部分碳极易分解，半衰期介于几个月到几年之间；重组有机碳是与黏粒和粉粒相结合的有机矿质复合体，具有很高的物理和化学稳定性，半衰期可达数百年甚至数千年[23]。

影响农田 SOC 周转的主要因素包括气候、土壤理化性质、外源有机质特性、农业管理等。SOC 分解与温度呈指数关系[24,25]。黏性 SOC 分解速率对温度的敏感性高于砂性土壤[26]；酸性 SOC 分解速率较低[27]。不同植物残体或作物秸秆在土壤中的分解速率与其初始氮含量呈正相关，与初始木质素含量呈负相关[28]；初始木质素与氮含量之比越高，分解速率越慢，两者呈指数关系[24]。与常规耕翻相比，农田少（免）耕减少对土壤的扰动，降低 SOC 分解速率。一般情况下，少（免）耕土壤的固碳速率高于常规耕翻，但在寒冷潮湿和热带潮湿的气候条件下，少（免）耕将降低 SOC[29]。

8.3　全球和中国农田温室气体排放和 SOC 变化

8.3.1　估算方法

按照 IPCC 国家温室气体清单指南，估算农田温室气体排放有三种方法[18]。方法 1，根据排放因子（emission factor）和（或）换算系数的缺省值估算；方法 2，根据国家特定排放因子和（或）换算系数估算；方法 3，采用经广泛验证的经验模型或机理模型估算。

稻田 CH_4 排放因子指单位面积日平均 CH_4 排放量，单位为 $kg\ CH_4 \cdot ha^{-1} \cdot d^{-1}$，将排放因子乘以水稻生长期天数和种植面积，即可得到 CH_4 排放总量。在水稻生长期持续淹水和无外源有机物添加的情况下，稻田 CH_4 排放因子的缺省值为 $1.19(0.80～1.76)\ kg$ $CH_4 \cdot ha^{-1} \cdot d^{-1}$，括号内数值为不确定性范围[18]。灌溉模式、外源有机物类型和添加量、土壤质地和水稻品种类型等影响稻田 CH_4 排放因子，持续淹水的 CH_4 排放因子高于间隙灌溉[18]。农田 N_2O 直接排放因子指输入 $1\ kg$ 氮肥排放多少 N_2O-N，单位为 $kg(N_2O\text{-}N) \cdot (kg\ N)^{-1}$ 输入。旱作农田 N_2O 直接排放因子的缺省值为 $0.010(0.001～0.018)kg(NO_2\text{-}N) \cdot (kg\ N)^{-1}$，水稻田为 $0.004(0.000～0.029)kg(NO_2\text{-}N) \cdot (kg\ N)^{-1}$[18]，排放因子 0.010 和 0.004 分别指输入 $1\ kg$ 氮排放 $10\ g\ N_2O$-N 和 $4\ g\ N_2O$-N。将排放因子乘以氮输入量和种植面积，即可得到 N_2O-N 排放总量，将 N_2O-N 排放总量乘以（44/28）得到 N_2O 排放总量。N_2O 直接排放因子受肥料类型、种植制度和气候条件等影响。化肥氮的 N_2O 直接排放因子高于动物粪便氮，湿润区高于干旱区[18]。

估算农田土壤碳库变化有三种方法，约定的土壤深度为 0～30 cm[18]。方法 1，差值法；方法 2，采用国家特定碳库变化因子；方法 3，经广泛验证的经验模型或机理模型。差值法最简单，计算方法为 $\Delta SOC = (SOC_t - SOC_0)/t$。其中 ΔSOC 为碳库变化（单位为 $Mg\ C \cdot ha^{-1} \cdot a^{-1}$）（1 Mg = 1000 kg），$SOC_0$ 和 SOC_t 分别为初始碳库和第 t 年碳库（单位为 $Mg\ C \cdot ha^{-1}$），在没有 SOC_0 的情况下，采用 IPCC 给出的缺省值[18]。将 ΔSOC 乘以面积，即可得到给定区域的碳库变化总量。差值法虽然简单，但在土壤类型、气候条件、耕作制度和农业管理措施等方面需要有代表性。方法 2 与方法 1 类似,但必须具有初始碳库 SOC_0,以及气候、土壤类型、有机碳输入和农业管理时空变化的信息[18]。方法 3 是 IPCC 推荐的最优方法,目前国际上只有少数国家能用模型估算农田温室气体排放和土壤碳库变化[18]。我国自主研发了稻田甲烷排放模型 CH4MOD[30] 和农田生态系统碳收支模型 Agro-C[27],这两个模型已分别用于编制国家稻田甲烷排放清单和农田 SOC 变化清单[2];稻田甲烷排放模型 CH4MOD 也是 IPCC 国家温室气体清单指南推荐的全球 3 个农田温室气体模型之一[18]。

8.3.2 全球和中国稻田 CH$_4$ 排放

20 世纪 80 年代、20 世纪 90 年代、21 世纪 00 年代和 21 世纪 10 年代全球水稻种植面积分别为 144.3 Mha、149.4 Mha、153.5 Mha 和 162.2 Mha,中国约占全球的 19%～23%(https://www.fao.org/faostat/en/)。采用方法 1 估算的结果显示,全球稻田 CH$_4$ 排放从 20 世纪 80 年代的 21.71 Tg·a^{-1} 增加到 2008—2017 年的 24.32 Tg·a^{-1}(表 8-1)。可以看出,采用方法 1 估算的稻田 CH$_4$ 排放与水稻种植面积线性相关。采用方法 3 的多模式模拟结果显示,20 世纪 80 年代和 90 年代全球稻田 CH$_4$ 排放分别为 45.0(41～47)Tg·a^{-1} 和 35.0(32～37)Tg·a^{-1}[1]。不同团队对 21 世纪 00 年代全球稻田 CH$_4$ 排放的多模式模拟结果有所不同,为 36.0(33～40)Tg·a^{-1}[1] 和 28.0(23～34)Tg·a^{-1}[31]。2008—2017 年全球稻田 CH$_4$ 排放为 30.0(25～38)Tg·a^{-1}[31]。总体而言,方法 3 的估算结果高于方法 1,但方法 3 是基于过程的模型模拟,具有很强的机理性,故估算结果比较客观。

CH4MOD 模拟结果显示,20 世纪 80 年代—21 世纪 10 年代中国稻田 CH$_4$ 排放总体呈增加趋势,从 20 世纪 80 年代的 5.39 Tg·a^{-1} 增加到 21 世纪 10 年代的 6.53 Tg·a^{-1}(图 8.1)。20 世纪 80 年代中国稻田 CH$_4$ 排放占全球的 12%,2008—2017 年为 21.5%(表 8-1)。中国双季稻种植区(江西、湖南、浙江、福建、广东、广西)CH$_4$ 排放最高,占稻田 CH$_4$ 排放的 55.3%;水-旱轮作区(湖北、江苏、安徽、四川、重庆)占 29.5%;一年一熟单季稻区(黑龙江、吉林、辽宁)占 9.0%;其他省、自治区、直辖市占 8.0%[32]。

表 8-1 全球和中国不同时段水稻种植面积和甲烷排放

时 段	水稻种植面积 /Mha		中国占比 /(%)	稻田 CH$_4$ 排放/(Tg·a^{-1})			中国占比[c] /(%)
	全球[a]	中国[b]		全球[c] 方法1	全球[d] 方法3	中国[e] 方法3	
20 世纪 80 年代	144.3	32.8	22.7	21.71	45.0	5.39	12.0
20 世纪 90 年代	149.4	31.5	21.1	22.62	35.0	5.93	16.9
21 世纪 00 年代	153.5	28.8	18.7	23.29	32.5	6.04	18.6
2008—2017	161.1	30.4	18.9	24.32	30.0	6.45	21.5

a 数据来源:联合国粮农组织(https://www.fao.org/faostat/en/#data/GR)

b 数据来源:国家统计局(https://data.stats.gov.cn/)

c 根据联合国粮农组织数据统计(https://www.fao.org/faostat/en/#data/GT)

d 文献[1][31]

e 根据文献[32]数据整理

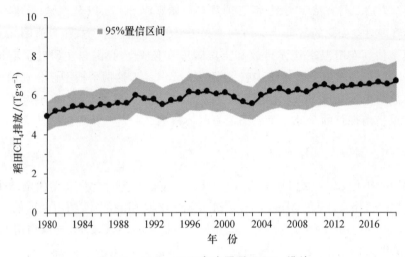

图 8.1　1980—2019 年中国稻田 CH_4 排放

8.3.3　全球和中国农田 N_2O 排放

根据联合国粮农组织的数据,1980—2019 年全球农田化肥氮施用量增加显著,从 20 世纪 80 年代的 69.1 Tg N·a^{-1} 增加到 21 世纪 10 年代的 106.1 Tg N·a^{-1}。1980—1999 年年均增加速率为 1.08 Tg N·a^{-1},2000—2019 年年均增加速率为 1.58 Tg N·a^{-1}。中国农田化肥氮施用量从 1980 年到 2014 年增加显著,年均增加速率为 0.58 Tg N·a^{-1}。农业部于 2015 年 2 月 17 日发布《到 2020 年化肥使用量零增长行动方案》,通过推广测土配方施肥技术,化肥氮施用逐年下降,从 2014 年的 31.14 Tg N·a^{-1} 下降到 2019 年的 26.87 Tg N·a^{-1}(国家统计局数据),下降了约 17%。21 世纪 10 年代前五年中国化肥氮施用量占全球的 29.2%,21 世纪 10 年代后五年下降到 27.2%(表 8-2)。

表 8-2　全球和中国不同时段化肥氮施用量和农田 N_2O 直接排放

时　段	化肥氮施用量 /(Mt·a^{-1})		中国占比 /(%)	农田 N_2O 直接排放[c] /(Gg·a^{-1})			中国占比 /(%)	
	全球[a]	中国[b]		全球[c]方法1	中国[c]方法1	中国[d]方法2	方法1	方法2
1980—1984	63.46	12.96	20.4	997.3	203.7	152.1	20.4	15.3
1985—1989	74.78	16.32	21.8	1175.1	256.4	211.5	21.8	18.0
1990—1994	73.52	19.40	26.4	1155.7	304.9	289.5	26.4	25.1
1995—1999	81.71	23.81	29.1	1284.1	374.1	371.9	29.1	29.0
2000—2004	84.58	24.33	28.8	1329.5	382.3	400.0	28.8	30.1
2005—2009	94.04	28.02	29.8	1479.9	440.4	427.8	29.8	28.9
2010—2014	104.75	30.58	29.2	1646.2	480.6	470.1	29.2	28.6
2015—2019	107.54	29.27	27.2	1701.6	468.4	451.8	27.5	26.6

a 数据来源:联合国粮农组织(https://www.fao.org/faostat/en/#data/RFN)

b 数据来源:国家统计局(https://data.stats.gov.cn/)

c 根据联合国粮农组织数据统计(https://www.fao.org/faostat/en/#data/GT)

d 采用旱作农田降水修正、水稻田灌溉模式修正的农田 N_2O 直接排放因子估算[33]

采用方法 1 的估算结果显示,全球农田 N_2O 直接排放从 20 世纪 80 年代的 1086.2 Gg·a^{-1} (吉克 Gg,即 10^9 g)增加到 21 世纪 10 年代的 1673.9 Gg·a^{-1},中国从 230.1 Gg·a^{-1} 增加到 474.5 Gg·a^{-1}。从表 8-2 可以看出,无论是全球还是中国,采用方法 1 估算的农田 N_2O 直接排放均与化肥氮施用量线性相关,但与方法 2 的估算结果比较一致。

通过对旱作农田和水稻田 N_2O 直接排放因子分别按降水和灌溉模式进行修正(方法 2)[33,34],中国农田 N_2O 直接排放从 20 世纪 80 年代的 181.8 Gg·a^{-1} 增加到 21 世纪 10 年代的 460.9 Gg·a^{-1}(图 8.2)。由于从 2015 年起化肥氮施用量逐年下降,2015—2019 年 N_2O 直接排放比 2010—2014 年下降了约 4%;若按方法 1 的估算结果,则下降了约 3%(表 8-2)。20 世纪 80 年代中国农田 N_2O 直接排放量占全球的 15%~22%;21 世纪 00 年代最高,约占 29%;2015—2019 下降到 26% 左右(表 8-2)。

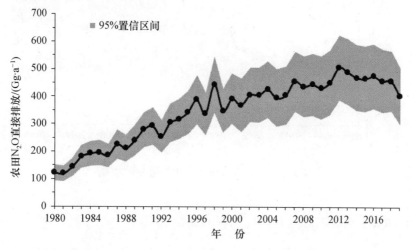

图 8.2　1980—2019 年中国农田 N_2O 直接排放

山东、河南、河北、湖北、四川、江苏、安徽和云南作物播种面积占全国的 40.1%,农田 N_2O 直接排放量占 59.4%,其主要原因是这些省以旱作(如山东、河南)或水-旱轮作(如湖北、江苏)为主。山西、陕西、重庆、贵州、广东、广西、吉林、辽宁和黑龙江作物播种面积占全国的 39.0%,农田 N_2O 直接排放占全国的 29.2%;其他省、自治区、直辖市作物播种面积占全国 20.9%,农田 N_2O 直接排放占 11.4%[35]。

8.3.4　全球和中国农田 SOC 变化

全球耕地面积约 1400 Mha,中国约占全球的 9%。DLEM-Ag 模型模拟结果显示,20 世纪 50 年代—21 世纪 00 年代全球农田 SOC 总体呈增加趋势[36],20 世纪 50—90 年代增加较快,增加速率为 0.61 Pg·a^{-1}(拍克 Pg,即 10^{15} g);20 世纪 90 年代—21 世纪 00 年代增加较慢,增加速率为 0.33 Pg·a^{-1}。其中,亚洲农田 SOC 的增加尤为明显,20 世纪 50—90 年代和 21 世纪 00—10 年代的增加速率分别为 0.32 Pg·a^{-1} 和 0.33 Pg·a^{-1},但 20 世纪 90 年代—21 世纪 00 年代欧洲和澳大利亚农田 SOC 呈下降趋势,下降速率为 0.10 Pg·a^{-1}[36]。

Agro-C 模型[27]模拟结果显示,中国农田 SOC 在 1980—2005 年显著增加,但从 2005 年起增加速率略有下降(图 8.3),2005—2019 年的平均增加速率为 33.9 Tg·a^{-1}。21 世纪 00 年代华中和华东地区农田 SOC 增加最为显著,分别占全国农田 SOC 增加总量的

32.6％和 32.2％,西南地区占 16.0％,华北和西北地区占 15.5％,东北地区占 3.7％[37]。华中和华东地区 SOC 增加显著的原因是外源有机碳输入较高,且 SOC 初始值较低;东北地区的农田很多是从湿地开垦而来[38],SOC 初始值(54.0 Mg·ha⁻¹)远高于全国平均值,外源有机碳输入及其在土壤中的转化不足以抵消土壤异养呼吸导致的碳损失,因而东北三省农田 SOC 只在极少部分地区呈增加趋势。

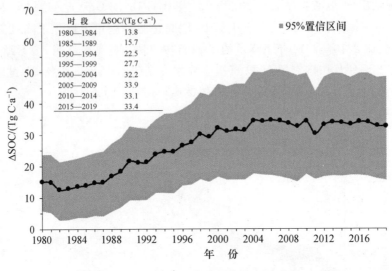

时　段	ΔSOC/(Tg C·a⁻¹)
1980—1984	13.8
1985—1989	15.7
1990—1994	22.5
1995—1999	27.7
2000—2004	32.2
2005—2009	33.9
2010—2014	33.1
2015—2019	33.4

图 8.3　1980—2019 年中国农田 SOC 变化

8.3.5　中国农田土壤碳汇对抵消 CH_4 和 N_2O 排放的贡献

不同温室气体对气候变暖的效应大不相同,CH_4 和 N_2O 在大气中滞留时间长,为长寿命温室气体。CH_4 在大气中的平均滞留时间为 12.4 年,N_2O 为 121 年[39],单位质量 CH_4 和 N_2O 的增温效应高于单位质量 CO_2。全球增温潜势(global warming potential,GWP)是衡量温室气体对全球变暖产生影响大小的一个指标,即:将特定的温室气体与相同质量的 CO_2 相比较,得到一段时期内其造成全球变暖的能力大小。在 100 年时间尺度上,CH_4 和 N_2O 的 GWP 分别是 28 和 265[39],即 1 kg CH_4 相当于 28 kg CO_2 当量(CO_2e),1 kg N_2O 相当于 265 kg CO_2 当量。将图 8.1 的稻田 CH_4 排放量乘以 28,得到 CH_4 的 CO_2 当量;将图 8.2 的农田 N_2O 直接排放量乘以 265,得到 N_2O 的 CO_2 当量;将图 8.3 的农田 SOC 变化乘以 44/12,得到土壤 CO_2 变化量。

在 100 年时间尺度上,中国稻田 CH_4 排放的 CO_2e 高于农田 N_2O 排放(图 8.4)。20 世纪 80 年代最高,占农田温室气体排放总量的 76％,其后由于农田 N_2O 排放的急剧增加(图 8.2),CH_4 排放的占比逐步下降,21 世纪 10 年代下降到 60％。中国农田土壤固碳能显著抵消温室气体排放,从 20 世纪 80 年代的 27.2％增加到 21 世纪 00 年代的 43.5％(图 8.4);由于 21 世纪 10 年代土壤固碳速率略有下降(图 8.3),且稻田 CH_4 排放呈增加趋势(图 8.1),故土壤碳汇对温室气体排放的抵消作用略有下降(图 8.4)。山东和河北省农田土壤碳汇对温室气体排放的抵消最为明显,超过 50％,主要原因是这两个省水稻种植面积较少,21 世纪 10 年代水稻种植面积不到全国的 1％,稻田 CH_4 排放量低,而且土壤碳汇量大。

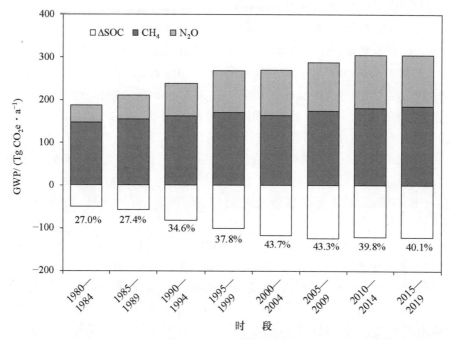

图 8.4 1980—2019 年不同时段中国农田温室气体(CH_4，N_2O)排放和 SOC 变化

ΔSOC 正值为向大气排放，负值为从大气中移除；图中百分比为土壤碳汇抵消温室气体排放的比例

8.4 农田温室气体减排增汇技术

8.4.1 稻田 CH_4 减排技术

不同类型的水稻品种生长特性差异很大，其 CH_4 排放具有明显的差异。常规籼稻的 CH_4 排放量显著高于常规粳稻[40]，杂交稻的 CH_4 排放低于常规稻[7,41]。在不同地点的田间试验结果表明，21 世纪 00 年代的水稻品种 CH_4 排放比 20 世纪 60 年代品种低 30%[42]。即便有秸秆施入，高产低排品种的 CH_4 排放也显著低于低产高排品种[43]。在湖南双季稻区进行的田间试验结果显示，高产杂交早稻品种潭原优 4903 的 CH_4 排放比品种陆两优 4026 低 17%，但两者的籽粒产量无显著差异；高产杂交晚稻品种娄优 988 的 CH_4 排放比品种丰优 800 低 40%，两者的籽粒产量亦无显著差异[10]。有研究表明，通过现代生物育种技术，调节水稻光合产物的分配，将其更多地转运到水稻的地上部分，可减少 CH_4 排放 50% 以上，产量提高 4%[44]。显然，在确保高产稳产的前提下，通过选择适当的水稻品种可以显著降低稻田 CH_4 排放。从长远的目光来看，通过现代生物育种技术极有可能从根本上降低稻田 CH_4 排放。

施用有机肥是改良土壤、促进水稻高产的重要农艺措施，但同时也为土壤产甲烷菌提供丰富的产甲烷基质，从而促进 CH_4 的产生与排放。不同类型有机肥对 CH_4 排放的影响存有差异，施用作物秸秆的 CH_4 排放最高，其次是鸡粪，最低的是猪粪[45]。根据 Sang 等[46]连续 3 年的测定数据，在双季稻种植区，紫云英碳转化为早稻生长季 CH_4 碳排放的比例为

2.8%～5.6%,水稻秸秆碳转化为晚稻生长季 CH_4 碳排放的比例为 8.5%～29.0%。这主要与两者的 C/N 有关,紫云英和水稻秸秆的 C/N 分别为 16.8 和 58.7,有机肥的 C/N 越高,对稻田 CH_4 排放的促进作用越大。与施用新鲜有机肥(秸秆、动物粪便、绿肥等)相比,施用腐熟或发酵的秸秆、厩肥和沼渣等能有效降低 CH_4 排放[47-49]。在等量碳输入下,腐熟秸秆比未腐熟秸秆的稻田 CH_4 排放低 63%[50]。对试验数据的整合分析(meta-analysis)显示,施用作物秸秆的稻田 CH_4 排放比施用粪肥的高 29%,比施用沼渣的高 123%[51]。与水稻移栽期秸秆还田相比,作物秸秆在旱作季还田能大幅削弱秸秆对水稻季 CH_4 排放的促进作用[35,52]。连续两年 6 个点的试验结果表明,水稻收获后(秋季)秸秆还田的 CH_4 排放比水稻移栽期(春季)还田低 24%～43%[52]。整合分析结果还显示,秸秆还田对 CH_4 排放的促进效应随还田年限延长而呈极显著减弱趋势,还田>5 年的 CH_4 排放只有≤5 年的约 35%[53]。

水分管理方式与水稻产量形成密切相关,同时对稻田 CH_4 排放具有重要的影响。我国早稻和晚稻的水分管理模式分别为:灌溉—烤田—复水灌溉—间歇灌溉、灌溉—烤田—间歇灌溉;中稻(单季稻)水分管理模式为:灌溉—烤田—复水灌溉—间歇灌溉(北方稻区)、灌溉—烤田—间歇灌溉(南方稻区)。这些水分管理模式(简称烤田—间隙灌溉)能有效改善土壤通气性,增加土壤氧气含量,减少 CH_4 的产生和排放[7,42,54],约占我国水稻种植面积的 78%[42]。虽然烤田—间隙灌溉能显著降低 CH_4 排放,但同时促进 N_2O 排放[16,54]。然而,对大量试验数据的整合分析结果显示,烤田—间隙灌溉的综合全球增温潜势(CH_4+N_2O)比持续淹水的低 48%～53%[16,42],产量增加 16%[16]。因此,烤田—间隙灌溉不失为高产低排的稻田水分管理模式。与烤田—间隙灌溉的水分管理模式相比,根据土壤水分状况进行控制灌溉能大幅降低 CH_4 排放[55,56],但控制灌溉需要连续监测土壤水分含量,难以大面积推广。

冬水田,指拦截天然降雨、蓄水越冬的一类稻田,主要分布于中国南方稻区,尤以西南丘陵地区分布最广,四川省约有冬水田 $35×10^4$ ha。由于冬季蓄水,土壤处于长期厌氧状态,因而后续水稻生长期 CH_4 排放很高。多年测定结果表明,越冬期排干并种植旱作作物(小麦或油菜)能减少后续水稻生长期 CH_4 排放 58%～64%,水稻垄作并降低冬季垄沟水位可减少 CH_4 排放 73%[57]。在休闲季排水落干也能有效降低后续水稻生长期的 CH_4 排放[58,59]。

稻田种养结合是我国一种古老而传统的稻作模式。稻田养鸭、养鱼等种养结合系统中,鸭、鱼等对稻田的扰动改善土壤通气性,从而降低 CH_4 排放。与单一水稻种植相比,稻田养鸭可降低 CH_4 排放 19%～43%[60,61];稻田养鱼(或虾),CH_4 排放降低 8%～56%[62,63]。

综上所述,选择高产低排水稻品种、有机肥腐熟还田或秸秆旱作季还田、烤田—间隙灌溉、冬水田休闲季排水落干和种养结合等可有效降低稻田 CH_4 排放。表 8-3 给出了不同减排技术的 CH_4 减排量。

表 8-3　水稻田 CH_4 减排技术和减排量

减排途径	减排技术	对　照	CH_4 减排[a]/(%)	文　献
品种选择/选育	高产低排品种	高产高排品种	30～50	[8][10][43][64]
	生物技术育种	常规品种	50～90	[44]

续表

减排途径	减排技术	对　　照	CH₄ 减排[a]/(%)	文　　献
有机肥施用管理	有机肥腐熟还田	新鲜或风干有机肥	42~76	[47][49][65][66]
	秸秆旱作季还田	水稻移栽期还田	24~85	[35][52][67]
水分管理	烤田—间隙灌溉	持续淹水	36~66	[7][16][42][54]
	冬水田休闲季排水落干等	冬水田休闲季淹水	15~79	[57][58][59]
种养结合	稻鱼、稻虾、稻鸭共生	单一水稻种植	8~56	[60][61][62][63]

a 与对照相比

8.4.2 农田 N_2O 减排技术

化学氮肥施用是影响农田 N_2O 排放最重要的因素,合理施氮、提高氮肥利用率是减少农田 N_2O 排放的关键。农田合理施氮主要包括 5 个方面,即:降低施氮量及优化肥料配比、施用高效氮肥、添加生物抑制剂、选择最佳施肥时间和化肥深施[68,69]。

我国大部分农区过量施用氮肥,氮肥利用率低。21 世纪初水稻、小麦和玉米氮肥利用率分别为 28.3%、28.2% 和 26.3%[70]。对全国不同区域的测定结果表明,氮肥优化管理可分别降低水稻、小麦和玉米氮肥施用量 21%、29% 和 25%,产量提高 8%、16% 和 10%[69]。在江苏稻-麦轮作系统连续 4 年的田间试验结果显示,与农户习惯施肥相比,水稻季和小麦季分别减少化肥氮施用 40% 和 33%,可削减 N_2O 排放 49% 和 35%,籽粒产量无显著差异[71]。在四川稻-麦轮作系统连续 3 年的田间试验结果显示,氮肥施用量从 250 kg·ha⁻¹ 降低到 150 kg·ha⁻¹ 时,水稻季和小麦季的 N_2O 分别减少 33% 和 45%,籽粒产量无显著差异[72]。优化肥料配比指通过测土配方等方法确定氮肥施用量。2005 年中央一号文件《中共中央 国务院关于进一步加强农村工作提高农业综合生产能力若干政策的意见》明确提出推广测土配方施肥。在该文件的指引下,我国测土配方施肥得到大面积推广,从 2006 年的 17.3 Mha 增加到了 2013 年的 93.3 Mha[73]。据测算,2006—2013 年我国三大作物(水稻、小麦、玉米)累计节氮量达 1419.6×10⁴ t,N_2O 直接排放减少 18.96×10⁴ t[73]。整合分析结果表明,与传统施肥量相比,根据配方施肥法确定氮肥用量能降低我国三大作物 N_2O 排放 31%(26%~36%)(括号内数值为 95% 置信区间,下同),并保持产量基本不变或略有增加;在 SOC 含量较高(≥20 g·kg⁻¹)的情况下更为明显,减少 N_2O 排放 32%(18%~47%),增产 4.2%(1.7%~6.4%)[74]。

高效氮肥一般指缓(控)释氮肥,其特点是养分缓慢释放,延长作物对其的吸收和利用。施用高效氮肥能够更好地协调作物氮素需求和土壤氮素供应关系,提高作物氮素吸收,减少 N_2O 等各种活性氮损失。与施用尿素相比,施用控释氮肥分别降低麦田和玉米地 N_2O 排放 15%~43% 和 15%~26%[75],降低小麦-玉米轮作季 N_2O 排放 28%~64%[76]。文献数据的整合分析显示:施用控释氮肥可减少我国三大作物 N_2O 排放 31%~45%,增产 6.8%~9.1%;在 SOC 含量较低(<10 g·kg⁻¹)的情况下更为明显,减少 N_2O 排放 31%~54%,增产 8.8%~12.1%[74]。黏土的减排效果高于壤土和砂土[77]。

硝化抑制剂能抑制土壤硝化细菌活性,脲酶抑制剂能够有效抑制氨水解。田间试验结果表明,与纯施化肥＋作物秸秆相比,添加硝化抑制剂降低小麦-玉米轮作季 N_2O 排放 55%[78]。整合分析的研究结果表明,添加硝化抑制剂可降低我国三大作物 N_2O 排放 39.8%(34.0%~

45.6%),增产 10.0%(8.2%~12.9%);在 SOC 含量较高(≥20 g·kg^{-1})的情况下更为明显,减少 N_2O 排放 59.5%(48.4%~69.4%),增产 10.0%(6.9%~13.3%)[74]。壤土的减排效果高于黏土和砂土[79]。添加脲酶抑制剂可降低 N_2O 排放 27.8%(17.0%~40.9%),增产 7.1%(5.5%~8.9%);在氮肥施用量为 200~300 kg·ha^{-1} 时减排效果更为明显[74]。虽然添加生物抑制剂能有效削减农田 N_2O 排放,但同时促进了氮肥的氨挥发。整合分析结果显示,添加硝化抑制剂增加氨挥发 35.7%(25.7%~46.7%),在中性土壤中更高[80]。

最佳施肥时间指根据作物生长需求施用氮肥,一般指减少基肥施用比例或增加氮肥施用次数。采用最佳施肥时间通常能提高作物产量和氮肥利用率,但对 N_2O 的减排效应具有很大的不确定性。整合分析结果显示,减少氮肥作为基肥的比例以及增加氮肥施用次数能够分别提高我国三大作物产量 4.1%(2.8%~5.5%)和 5.9%(4.9%~6.8%),提高氮肥利用率 8.0%(−0.8%~16.1%)和 30.0%(20.5%~41.5%);增加氮肥施用次数平均减少 N_2O 排放 5.4%($n=14$),但其 95% 置信区间分别为增加 N_2O 排放 3.6% 和减少排放 14.8%[74]。另一个针对我国水-旱轮作系统文献数据的整合分析结果显示,每个作物生长季施肥 3~4 次($n=28$)的周年 N_2O 排放比施肥 1~2 次($n=18$)的高 18%[81]。也有为期一年的田间试验结果显示,小麦生长期施肥 2 次比作为基肥一次性施入显著降低 N_2O 排放,但籽粒产量无显著差异[82];小麦生长期施肥 4 次的 N_2O 排放显著低于施肥 3 次,但降低基肥施用比例并不减少 N_2O 排放[83];水稻生长期施肥 3 次的 N_2O 排放显著高于施肥 1 次,产量无显著差异[84]。显然,为期一年的田间试验不足以说明施肥次数对 N_2O 的减排效应,在不同区域、不同轮作系统开展多年试验是必要的。

与传统的化肥表施相比,化肥深施能够促进作物根系对氮素的吸收,提高氮肥利用率[68]和作物产量[74]。目前全国大部分农田的化肥均以表施为主,化肥深施对 N_2O 排放影响的研究较少。对有限数据($n=4$)的分析结果显示,与化肥表施相比,深施可减少 N_2O 排放 30.0%,但也可增加排放 1.8%,4 组数据的均值是减少排放 14.6%[74]。

综上所述,降低施氮量及优化肥料配比、施用缓(控)释氮肥和添加生物抑制剂能有效削减农田 N_2O 排放,但增加氮肥施用次数以及化肥深施对 N_2O 的减排效果存在极大的不确定性,亟须开展系统的研究。表 8-4 给出了三条减排途径的 N_2O 减排量。

表 8-4　农田 N_2O 减排技术与减排量

减排途径	减排技术	对　照	N_2O 减排[a]/(%)	文　献
优化施肥管理	降低施氮量	农户习惯施肥	20~60	[71][72][85][86][87]
	优化肥料配比	农户习惯施肥	26~36	[73][74][88]
使用高效氮肥	施用缓(控)释氮肥	常规化肥	15~64	[74][75][76][77]
添加抑制剂	添加硝化抑制剂	不添加抑制剂	30~55	[74][78][79][89]
	添加脲酶抑制剂	不添加抑制剂	17~68	[74][89][90]

a 与对照相比

8.4.3　农田 SOC 提升技术

与稻田 CH_4 和农田 N_2O 排放不同,农田 SOC 变化是一个连续过程,SOC 增加或减少取决于投入和支出的动态平衡。当碳投入大于支出时,SOC 增加(碳汇),反之,则 SOC 降低

（碳源）。不合理的农田管理措施，譬如有机碳投入减少（如秸秆移除）、土地频繁耕翻等会导致农田 SOC 净损失而成为碳源。合理的管理措施，包括施用有机肥、秸秆还田和保护性耕作等能有效提升农田 SOC 含（储）量。

对全球文献数据整合分析的结果显示，施用化肥＋有机肥的农田土壤固碳效应是化肥＋秸秆的 1.75 倍，有机肥的固碳效率高于秸秆还田[91]。尽管如此，秸秆还田不失为提升农田 SOC 的重要途径。不同学者对我国秸秆还田的固碳效应进行了整合分析，总体而言，秸秆还田具有提升农田 SOC 和增加产量的双重效应，但同时增加稻田 CH_4 排放。Liu 等[92]的结果显示，秸秆还田增加有机碳 12.8%（$n=343$），产量提高 12.3%（$n=108$），稻田 CH_4 排放增加 110.7%（$n=56$）。Zhao 等[93]发现，秸秆还田增加有机碳 12.3%～36.8%（$n=802$），产量提高 7.8%（$n=902$），稻田 CH_4 排放增加 138.9%（$n=92$）。秸秆还田对土壤的固碳效率（单位秸秆碳投入量转化为 SOC 的比例）存在区域差异。整合分析结果显示，我国东北地区的转化效率最高，其次是华南，华北和西北的转化效率较低[94]。

大量研究表明，土壤固碳速率与秸秆还田量呈正相关[92,95,96]，但与初始 SOC 含量呈负相关[96,97]，这意味着初始 SOC 高的土壤必须加大有机碳投入，方可保持 SOC 不下降。我国东北地区的耕地很多来自湿地垦殖，从 1950 年到 2000 年耕地面积增加了 2.91 Mha[38]，其初始有机碳含量远高于全国平均值，但碳投入较少，故 SOC 下降[96]。有研究表明，为确保我国农田 SOC 不下降，最低的有机碳投入为 2.1 Mg C·ha^{-1}·a^{-1}。若 SOC 以每年 0.4%、0.8% 和 1% 的速率增加，则有机碳投入需要分别增加到 3.0、4.1 和 5.1 Mg C·ha^{-1}·a^{-1}[98]。

保护性耕作是指通过少（免）耕、地表微地形改造及地表覆盖、合理种植等综合配套措施，以减少农田土壤侵蚀，保护农田生态环境，并获得生态-经济-社会效益协调发展的可持续农业技术。对全球保护性耕作 SOC 变化和作物产量数据的整合分析结果表明，在干旱地区实施保护性耕作，可实现提高作物产量和增加农田 SOC 的双赢；在温带半干旱和湿润地区，保护性耕作增加土壤碳，但对作物产量没有影响；在寒温带和热带潮湿地区，保护性耕作可能导致农作物减产和降低 SOC 的双重损失[29]。整合分析结果显示，冬休闲季种植豆科植物能增加农田 SOC 0.32 Mg C·ha^{-1}·a^{-1}[99]；将覆盖作物（cover crops）纳入年内轮作显著增加农田 SOC 15.5%（13.8%～17.3%），黏土 SOC 增加最多（39.5%），壤土和砂土较低（10.3%～11.4%）[100]。

关于少（免）耕技术对 SOC 的影响具有很大的不确定性，这主要与土壤采样深度、土壤质地和气候条件有关。有研究指出，少（免）耕对 SOC 积累的促进作用仅发生在表层土壤，深层土壤则无显著变化或有下降[101,102]。整合分析结果显示，虽然少（免）耕促进表层土壤（0～10 cm）有机碳积累，但深层 SOC 则下降，故少（免）耕并不促进整层 SOC 积累[103,104]。然而，Boddey 等[105]对巴西不同地区长期定位试验点的观测数据分析表明，免耕对 SOC 积累的促进作用可深达 100 cm 土层，免耕条件下 0～100 cm SOC 的增加量是 0～30 cm 的1.59 倍。Ogle 等[106]的整合分析结果还显示，热带和温带气候区少（免）耕对 SOC 的促进作用高于寒带。与传统耕翻＋秸秆还田相比，少（免）耕＋秸秆还田增加农田土壤（0～30 cm）有机碳 3.8%（1.4%～6.3%）[107]。

综上所述，农作物秸秆还田、实施保护性耕作能极大提升农田 SOC，但少（免）耕对 SOC 的促进作用存在极大的不确定性，亟须在不同地区开展长期定位试验，以明确少（免）耕技术的区域适用性。表 8-5 给出了农田 SOC 提升技术与 SOC 增加量。

表 8-5　农田 SOC 提升技术与增加量

增汇途径	增汇技术	对　照	SOC 增加[a]/(%)	文　献
秸秆还田	秸秆还田、施用有机肥	秸秆移除、无有机肥	12～37	[91][92][93][94][95][96]
保护性耕作	休闲季种植绿肥	休闲	14～17	[29][99][100]
	少(免)耕＋秸秆还田	传统耕翻＋秸秆还田	1～9	[107][108]

a 与对照相比

8.5　中国农田温室气体减排增汇潜力

8.5.1　中国农田温室气体减排潜力

种植高产低排水稻品种具有很大的减排潜力(见表 8-3)。若我国高产低排水稻品种逐步得到推广种植,至 21 世纪 50 年代这类品种占所有品种的 40%,则 CH_4 减排 12%～20%。文献数据表明,我国稻田 CH_4 排放的 35% 来自秸秆还田和有机肥施用[30],若采用旱作季秸秆还田,按表 8-3 结果估算,CH_4 减排潜力为 8%～29%。目前我国大部分稻区的水分管理模式以烤田—间隙灌溉为主[42],显著降低了 CH_4 排放,这些稻区的 CH_4 减排潜力不大。冬水田的特征是冬季蓄水,其后的水稻生长期持续淹水,CH_4 排放高。虽然冬水田面积约占稻田面积 8%,但 CH_4 排放占 15.4%[109]。若冬季排水落干,种植旱作作物可望减少冬水田 CH_4 排放 63%～72%[57,110],相当于稻田总排放的 10%～11%。综上所述,种植高产低排水稻品种、旱作季秸秆还田和冬水田水分管理可望削减我国稻田 CH_4 排放 30%～60%。

降低氮肥施用量、提高氮肥利用率是削减我国农田 N_2O 排放行之有效的途径。我国三大作物的化肥氮施用量占全部作物的 44.6%。有研究表明,将氮肥利用率从 30% 提高到 40%,三大作物的 N_2O 直接排放将减少 20%～24%[111],相当于农田 N_2O 直接排放总量的 7%～9%。若测土配方施肥技术覆盖所有小麦和玉米种植区,则 N_2O 直接排放将减少 26%～41%[88],相当于农田 N_2O 直接排放总量的 11%～15%。施用缓(控)释氮肥可减少我国三大作物 N_2O 直接排放 31%～45%[74],相当于农田 N_2O 直接排放总量的 13%～16%。虽然添加生物抑制剂能有效削减农田 N_2O 排放(见表 8-4),但同时促进氨挥发[80]。从综合效应来看,添加生物抑制剂并不是农田 N_2O 减排的最佳选择。综上所述,通过测土配方施肥提高氮肥利用率和施用缓(控)释氮肥可望削减我国农田 N_2O 排放 24%～31%。

8.5.2　中国农田 SOC 提升潜力与碳中和

土壤对碳的固持不能无限度增加,而是存在一个最大的保持容量,即饱和水平(saturation level)。初始 SOC 含量愈远离饱和水平,碳的累积速率则愈快。而随着有机碳含量增长,土壤对碳的固持将变得愈加困难。当 SOC 接近或到达饱和水平时,增加外源有机碳投入将不再增加 SOC 库[112]。SOC 提升潜力可以用饱和水平减去现存库容量得到。采用不同方法计算得到的我国农田土壤(0～30 cm)有机碳提升潜力为 1.6～3.2 Pg C(1 Pg＝10^{15} g)[37,112-115],即有机碳密度为 12.3～24.6 Mg C·ha^{-1}。目前我国农田土壤(0～30 cm)有机碳密度为 37.4 Mg C·ha^{-1}[113],若实现固碳潜力,则 SOC 密度为 49.7～62.0 Mg C·ha^{-1}。

全球农田土壤(0～30 cm)有机碳密度为 53.0 Mg C·ha^{-1}[113]，因此，实现我国农田土壤固碳潜力是完全可能的。

最近的一项研究结果表明，若采取目标管理措施，包括逐年增加秸秆还田和扩大少(免)耕面积等，21 世纪 50 年代我国农田土壤固碳速率将达到 52.6～58.4 Tg C·a^{-1}[116]。按 21 世纪 50 年代我国稻田 CH$_4$ 减排 30%～60% 和农田 N$_2$O 减排 24%～31% 估算，至 21 世纪 50 年代我国将基本实现农田温室气体净零排放(net zero emissions)，即广义的碳中和[117]，甚至可能负排放(见表 8-6)。

表 8-6 中国农田减排增汇与碳中和

温室气体与土壤碳汇	21 世纪 00 年代		21 世纪 50 年代	
	管理措施	GWP^a/(Tg CO$_2$e·a^{-1})	目标管理	GWP/(Tg CO$_2$e·a^{-1})
CH$_4$	烤田—间隙灌溉、水稻季秸秆还田、冬水田持续淹水	180.6	种植高产低排水稻品种、旱作季秸秆还田、冬水田水分管理	72.2～126.4
N$_2$O	常规施肥，化肥利用率<30%	122.2	优化施肥，化肥氮利用率>40%	84.3～92.8
ΔSOC	秸秆还田率<30%、少(免)耕面积<15%	158.0	秸秆还田率达 60%、少(免)耕面积达 30%	192.9～214.1
CH$_4$＋N$_2$O－ΔSOC	144.8		—	－36.4～5.1

a 按 100 年时间尺度计算，CH$_4$ 和 N$_2$O 的 GWP 分别为 28 和 265[117]。

8.6 本章小结

农田生态系统排放 CH$_4$ 和 N$_2$O。水稻田主要排放 CH$_4$，N$_2$O 排放较少。水稻品种、有机肥施用、水分管理方式、土壤理化性质和气候条件等影响 CH$_4$ 的产生、氧化和传输过程。旱作农田排放大量 N$_2$O，土壤微生物硝化和反硝化作用是 N$_2$O 排放的关键过程。施肥、灌溉、作物类型、土壤性质和气候条件等影响农田 N$_2$O 排放。氮肥施用是农田 N$_2$O 排放的主要来源，氮肥施用量越大，N$_2$O 排放越高。农田 SOC 变化取决于其形成量和分解量的相对大小，当形成量大于分解量时，SOC 增加，表现为碳汇；反之，SOC 减少，表现为碳源。

20 世纪 80 年代以来，全球农田温室气体排放和 SOC 总体呈增加趋势。21 世纪 00 年代全球和中国稻田 CH$_4$ 排放分别为 32.5 Tg CH$_4$·a^{-1} 和 6.04 Tg CH$_4$·a^{-1}，中国占 18.6%；农田 N$_2$O 直接排放分别为 1.40 Tg N$_2$O·a^{-1} 和 0.41 Tg N$_2$O·a^{-1}，中国占 29.3%；农田 SOC 分别增加 330 Tg C·a^{-1} 和 33 Tg C·a^{-1}，中国占 10%。21 世纪 00—10 年代中国农田土壤碳汇抵消农田温室气体排放 42%。

稻田 CH$_4$ 减排的技术主要包括种植高产低排水稻品种、冬水田排水落干并种植旱作作物以及旱作季秸秆还田等。通过测土配方施肥技术和施用缓(控)释氮肥等能提高氮肥利用率，有效削减农田 N$_2$O 排放。提升农田 SOC 的主要技术包括秸秆还田、施用有机肥和实施保护性耕作等。21 世纪 00 年代我国农田综合全球增温潜势为 144.8 Tg CO$_2$e·a^{-1}，若采取目标管理措施，至 21 世纪 50 年代我国能基本实现农田温室气体净零排放，即土壤碳汇完全抵消农田温室气体排放。

参 考 文 献

[1] Ciais P，Sabine C，Bala G，et al. Carbon and Other Biogeochemical Cycles//Climate Change 2013：The Physical Science Basis. Contribution of Working Group I to the Fifth Assessment Report of the Intergovernmental Panel on Climate Change [Stocker T F，Qin D，Plattner G K，et al.（eds.）]. Cambridge：Cambridge University Press，2013.

[2] 中华人民共和国生态环境部. 中华人民共和国气候变化第三次国家信息通报.（2019-07）[2022-04-15]. https：//www. mee. gov. cn/ywgz/ydqhbh/wsqtkz/201907/P020190701762678052438. pdf

[3] 王明星. 中国稻田甲烷排放. 北京：科学出版社,2001.

[4] Minoda T，Kimura M，Wada E. Photosynthates as dominant source of CH_4 and CO_2 in soil water and CH_4 emitted to the atmosphere from paddy fields. Journal of Geophysical Research，1996，101：21091—21097.

[5] Tokida T，Adachi M，Cheng W，et al. Methane and soil CO_2 production from current-season photosynthates in a rice paddy exposed to elevated CO_2. Global Change Biology，2011，17：3327—3337.

[6] Huang Y，Sass R L，Fisher F M. Methane emission from Texas rice paddy soils. 2. Seasonal contribution of rice biomass production to CH_4 emission. Global Change Biology，1997，3：491—500.

[7] Feng Z Y，Qin T，Du X Z，et al. Effects of irrigation regime and rice variety on greenhouse gas emissions and grain yields from paddy fields in central China. Agricultural Water Management，2021，250，https：//doi. org/10. 1016/j. agwat. 2021. 106830

[8] Zhang Y，Jiang Y，Li Z，et al. Aboveground morphological traits do not predict rice variety effects on CH_4 emissions. Agriculture，Ecosystems & Environment，2015，208：86—93.

[9] 傅志强,朱华武,陈灿,等. 双季稻田 CH_4 和 N_2O 排放特征及品种筛选研究. 环境科学,2012,33(7)：2475—2481.

[10] 肖志祥,傅志强,徐华勤,等. 双季稻品种 CH_4 排放差异比较研究. 江苏农业科学,2018,46(6)：250—255.

[11] 周文涛,戈家敏,王勃然,等. 不同水稻品种甲烷排放与土壤酶的关系. 农业环境科学学报，2020，39(11)：2675—2682.

[12] Zhou M，Wang X，Wang Y，et al. A three-year experiment of annual methane and nitrous oxide emissions from the subtropical permanently flooded rice paddy fields of China：Emission factor，temperature sensitivity and fertilizer nitrogen effect. Agricultural and Forest Meteorology，2018，250—251：299—307.

[13] Sass R L，Fisher F M，Lewis S T，et al. Methane emission from rice fields：effect of soil properties. Global Biogeochemical Cycles，1994，8：135—140.

[14] Huang Y，Jiao Y，Zong L G，et al. Quantitative dependence of methane emission on soil properties. Nutrient Cycling in Agroecosystems，2002，64(1—2)：157—167.

[15] Yuan J，Yuan Y，Zhu Y，et al. Effects of different fertilizers on methane emissions and methanogenic community structures in paddy rhizosphere soil. Science of the Total Environment，2018，627：770—781.

[16] Liu X，Zhou T，Liu Y，et al. Effect of mid-season drainage on CH_4 and N_2O emission and grain yield in rice ecosystem：A meta-analysis. Agricultural Water Management，2019，213：1028—1035.

[17] Qian H，Huang S，Chen J，et al. Lower-than-expected CH_4 emissions from rice paddies with rising CO_2 concentrations. Global Change Biology，2020，26(4)：2368—2376.

[18] Intergovernmental Panel on Climate Change. 2019 Refinement to the 2006 IPCC Guidelines for Nation-

al Greenhouse Gas Inventories. Calvo Buendia E, Tanabe K, Kranjc A, et al. (eds). Switzerland: IPCC, 2019.

[19] Linquist B, Van Groenigen K J, Adviento-Borbe M A, et al. An agronomic assessment of greenhouse gas emissions from major cereal crops. Global Change Biology, 2012, 18(1): 194—209.

[20] Zheng X, Wang M, Wang Y, et al. Impacts of soil moisture on nitrous oxide emission from croplands: A case study on the rice-based agro-ecosystem in Southeast China. Chemosphere-Global Change Science, 2000, 2(2): 207—224.

[21] Post W M, Izaurralde R C, Mann L K, et al. Monitoring and verifying changes of organic carbon in soil. Climatic Change, 2001, 51: 73—99.

[22] Rodeghiero M, Heinemeyer A, Schrumpf M, et al. Determination of soil carbon stocks and changes. In: Soil Carbon Dynamics. (eds Kutsch W, Bahn M, Heinemeyer A). Cambridge: Cambridge University Press, 2009.

[23] Schulze E D, Freibauer A. Carbon unlocked from soils. Nature, 2015, 437: 205—206.

[24] Chapin F S, Matson P, Mooney H A. Principles of Terrestrial Ecosystem Ecology(Second Edition). New York: Springer-Verlag, Inc. , 2011.

[25] Koven C D, Hugelius G, Lawrence D M, et al. Higher climatological temperature sensitivity of soil carbon in cold than warm climates. Nature Climate Change, 2017, 7(11): 817—822.

[26] Ding F, Sun W J, Huang Y, et al. Larger Q_{10} of carbon decomposition in finer soil particles does not bring long-lasting dependence of Q_{10} on soil texture. European Journal of Soil Science, 2018, 69: 336—347.

[27] Huang Y, Yu Y Q, Zhang W, et al. Agro-C: A biogeophysical model for simulating the carbon budget of agroecosystems. Agricultural and Forest Meteorology, 2009, 149(1): 106—129.

[28] 黄耀, 沈雨, 周密, 等. 木质素和氮含量对植物残体分解的影响. 植物生态学报, 2003, 27(2): 183—188.

[29] Sun W J, Canadell J G, Yu L J, et al. Climate drives global soil carbon sequestration and crop yield changes under conservation agriculture. Global Change Biology, 2020, 26(6): 3325—3335.

[30] Huang Y, Zhang W, Zheng X H, et al. Modeling methane emission from rice paddies with various agricultural practices. Journal of Geophysical Research, 2004, 109, D08113, doi: 10.1029/2003JD004401

[31] Saunois M, Stavert A R, Poulter B, et al. The global methane budget 2000—2017. Earth System Science Data, 2020, 12(3): 1561—1623.

[32] Zhang W, Yu Y Q, Huang Y, et al. Modeling methane emissions from irrigated rice cultivation in China from 1960 to 2050, Global Change Biology, 2011, 17: 3511—3523.

[33] Zou J W, Lu Y Y, Huang Y. Estimates of synthetic fertilizer N-induced direct nitrous oxide emission from Chinese croplands during 1980—2000. Environmental Pollution, 2010, 158: 631—635.

[34] Lu Y Y, Huang Y, Zou J W, et al. An inventory of N_2O emissions from agriculture in China using precipitation-rectified emission factor and background emission. Chemosphere, 2006, 65(11): 1915—1924.

[35] Zhang W, Yu Y Q, Li T T, et al. Net greenhouse gas balance in China's croplands over the last three decades and its mitigation potential. Environmental Science & Technology, 2014, 48(5): 2589—2597.

[36] Ren W, Banger K, Tao B, et al. Global pattern and change of cropland soil organic carbon during 1901—2010: Roles of climate, atmospheric chemistry, land use and management. Geography and Sustainability, 2020, 1(1): 59—69.

[37] Yu Y Q, Huang Y, Zhang W. Modeling soil organic carbon change in croplands of China, 1980—2009. Global and Planetary Change, 2012, 82—83: 115—128.

[38] Huang Y, Sun W J, Zhang W, et al. Marshland conversion to cropland in northeast China from 1950 to 2000 reduced the greenhouse effect. Global Change Biology, 2010, 16: 680—695.

[39] IPCC. Climate Change 2014: Synthesis Report. Contribution of Working Groups I, II and III to the Fifth Assessment Report of the Intergovernmental Panel on Climate Change [Core Writing Team, R. K. Pachauri and L. A. Meyer(eds.)]. Geneva, Switzerland: IPCC, 2014.

[40] Zheng H, Huang H, Yao L, et al. Impacts of rice varieties and management on yield-scaled greenhouse gas emissions from rice fields in China: A meta-analysis. Biogeosciences, 2014, 11(13): 3685—3693.

[41] Liao P, Sun Y, Jiang Y, et al. Hybrid rice produces a higher yield and emits less methane. Plant, Soil and Environment, 2019, 65(11): 549—555.

[42] Zhang Y, Jiang Y, Tai A P K, et al. Contribution of rice variety renewal and agronomic innovations to yield improvement and greenhouse gas mitigation in China. Environmental Research Letters, 2019, 14(11): 114020.

[43] Jiang Y, van Groenigen K J, Huang S, et al. Higher yields and lower methane emissions with new rice cultivars. Global Change Biology, 2017, 23(11): 4728—4738.

[44] Su J, Hu C, Yan X, et al. Expression of barley SUSIBA2 transcription factor yields high-starch low-methane rice. Nature, 2015, 523(7562): 602—606.

[45] 霍莲杰,纪雄辉,吴家梅,等. 有机肥施用对稻田甲烷排放的影响及模拟研究. 农业环境科学学报, 2013,32(10): 2084—2092.

[46] Shang Q, Yang X, Gao C, et al. Net annual global warming potential and greenhouse gas intensity in Chinese double rice-cropping systems: A 3-year field measurement in long-term fertilizer experiments. Global Change Biology, 2011, 17(6): 2196—2210.

[47] Chen R, Lin X, Wang Y, et al. Mitigating methane emissions from irrigated paddy fields by application of aerobically composted livestock manures in eastern China. Soil Use and Management, 2011, 27(1): 103—109.

[48] Sanchis E, Ferrer M, Torres A G, et al. Effect of water and straw management practices on methane emissions from rice fields: A review through a meta-analysis. Environmental Engineering Science, 2012, 29(12): 1053—1062.

[49] 周贝贝,王一明,林先贵. 不同处理方式的粪肥对水稻生长和温室气体排放的影响. 应用与环境生物学报, 2016,22(3): 430—436.

[50] Khosa M K, Sidhu B S, Benbi D K. Effect of organic materials and rice cultivars on methane emission from rice field. Journal of Environmental Biology, 2010, 31(3): 281—285.

[51] Guo J, Song Z, Zhu Y, et al. The characteristics of yield-scaled methane emission from paddy field in recent 35-year in China: A meta-analysis. Journal of Cleaner Production, 2017, 161: 1044—1050.

[52] Song H J, Lee J H, Jeong H C, et al. Effect of straw incorporation on methane emission in rice paddy: Conversion factor and smart straw management. Applied Biological Chemistry, 2019, 62(1): 1—13.

[53] Jiang Y, Qian H, Huang S, et al. Acclimation of methane emissions from rice paddy fields to straw addition. Science Advances, 2019, 5(1): 9038.

[54] Zou J W, Huang Y, Jiang J Y, et al. A 3-year field measurement of methane and nitrous oxide emissions from rice paddies in China: Effects of water regime, crop residue and fertilizer application. Global Biogeochemical Cycles, 2005, 19, GB2021, doi: 10.1029/2004GB002401

[55] Hou H, Peng S, Xu J, et al. Seasonal variations of CH_4 and N_2O emissions in response to water management of paddy fields located in Southeast China. Chemosphere, 2012, 89(7): 884—892.

[56] Hou H, Yang S, Wang F, et al. Controlled irrigation mitigates the annual integrative global warming potential of methane and nitrous oxide from the rice-winter wheat rotation systems in Southeast China. Ecological Engineering, 2016, 86: 239—246.

[57] 蔡祖聪,谢德体,徐华,等. 冬灌田影响水稻生长期甲烷排放量的因素分析. 应用生态学报,2003,14(5): 705—709.

[58] Kang G, Cai Z, Feng X. Importance of water regime during the non-rice growing period in winter in regional variation of CH_4 emissions from rice fields during following rice growing period in China. Nutrient Cycling in Agroecosystems, 2002, 64(1): 95—100.

[59] Belenguer-Manzanedo M, Alcaraz C, Camacho A, et al. Effect of post-harvest practices on greenhouse gas emissions in rice paddies: Flooding regime and straw management. Plant and Soil, 2022, 474: 77—98.

[60] Huang Y, Wang H, Huang H, et al. Characteristics of methane emission from wetland rice-duck complex ecosystem. Agriculture, Ecosystems & Environment, 2005, 105(1—2): 181—193.

[61] Zhan M, Cao C, Wang J, et al. Dynamics of methane emission, active soil organic carbon and their relationships in wetland integrated rice-duck systems in Southern China. Nutrient Cycling in Agroecosystems, 2011, 89(1): 1—13.

[62] 戴然欣,赵璐峰,唐建军,等. 稻渔系统碳固持与甲烷排放特征. 中国生态农业学报(中英文),2022,30(4): 616—629.

[63] Sun Z, Guo Y, Li C, et al. Effects of straw returning and feeding on greenhouse gas emissions from integrated rice-crayfish farming in Jianghan Plain, China. Environmental Science and Pollution Research, 2019, 26(12): 11710—11718.

[64] 孙会峰,周胜,付子轼,等. 高温少雨对不同品种水稻CH_4和N_2O排放量及产量的影响. 中国环境科学,2016,36(12): 3540—3547.

[65] Zhou B, Wang Y, Feng Y, et al. The application of rapidly composted manure decreases paddy CH_4 emission by adversely influencing methanogenic archaeal community: A greenhouse study. Journal of Soils and Sediments, 2016, 16(7): 1889—1900.

[66] Kim S Y, Pramanik P, Gutierrez J, et al. Comparison of methane emission characteristics in air-dried and composted cattle manure amended paddy soil during rice cultivation. Agriculture, Ecosystems & Environment, 2014, 197: 60—67.

[67] 徐华,蔡祖聪,贾仲君,等. 前茬季节稻草还田时间对稻田CH_4排放的影响. 农业环境保护,2001,20(5): 289—292.

[68] Zhu Z L, Chen D L. Nitrogen fertilizer use in China-Contributions to food production, impacts on the environment and best management strategies. Nutrient Cycling in Agroecosystems, 2002, 63(2): 117—127.

[69] Zhang F, Cui Z, Chen X, et al. Integrated nutrient management for food security and environmental quality in China. Advances in Agronomy, 2012, 116: 1—40.

[70] 张福锁,王激清,张卫峰,等. 中国主要粮食作物肥料利用率现状与提高途径. 土壤学报,2008,45(5): 915—924.

[71] Yao Z, Zheng X, Wang R, et al. Greenhouse gas fluxes and NO release from a Chinese subtropical rice-winter wheat rotation system under nitrogen fertilizer management. Journal of Geophysical Research: Biogeosciences, 2013, 118(2): 623—638.

[72] Zhou M, Zhu B, Wang X, et al. Long-term field measurements of annual methane and nitrous oxide

emissions from a Chinese subtropical wheat-rice rotation system. Soil Biology and Biochemistry, 2017, 115: 21—34.

[73] 张卫红,李玉娥,秦晓波,等. 应用生命周期法评价我国测土配方施肥项目减排效果. 农业环境科学学报,2015,34(7): 1422—1428.

[74] Xia L, Lam S K, Chen D, et al. Can knowledge-based N management produce more staple grain with lower greenhouse gas emission and reactive nitrogen pollution? A meta-analysis. Global Change Biology, 2017, 23(5): 1917—1925.

[75] Jiang J Y, Hu Z H, Sun W J, et al. Nitrous oxide emissions from Chinese cropland fertilized with a range of slow-release nitrogen compounds. Agriculture, Ecosystems & Environment, 2010, 135: 216—225.

[76] Yan G, Yao Z, Zheng X, et al. Characteristics of annual nitrous and nitric oxide emissions from major cereal crops in the North China Plain under alternative fertilizer management. Agriculture, Ecosystems & Environment, 2015, 207: 67—78.

[77] Feng J, Li F, Deng A, et al. Integrated assessment of the impact of enhanced-efficiency nitrogen fertilizer on N_2O emission and crop yield. Agriculture, Ecosystems & Environment, 2016, 231: 218—228.

[78] Hu X K, Su F, Ju X T, et al. Greenhouse gas emissions from a wheat-maize double cropping system with different nitrogen fertilization regimes. Environmental Pollution, 2013, 176: 198—207.

[79] Qiao C, Liu L, Hu S, et al. How inhibiting nitrification affects nitrogen cycle and reduces environmental impacts of anthropogenic nitrogen input. Global Change Biology, 2015, 21(3): 1249—1257.

[80] Wu D, Zhang Y, Dong G, et al. The importance of ammonia volatilization in estimating the efficacy of nitrification inhibitors to reduce N_2O emissions: A global meta-analysis. Environmental Pollution, 2021, 271: 116365.

[81] 朱利群,王春杰,杨曼君,等. 施肥对长江中下游稻田温室气体排放的影响: 基于 Meta 分析. 资源科学,2017,39(1): 105—115.

[82] Huang M, Liang T, Wang L. Nitrous oxide emissions in a winter wheat-summer maize double cropping system under different tillage and fertilizer management. Soil Use and Management, 2015, 31(1): 98—105.

[83] 牛东,潘慧,丛美娟,等. 氮肥运筹和秸秆还田对麦季土壤温室气体排放的影响. 麦类作物学报,2016, 36(12): 1667—1673.

[84] 张枝盛,汪本福,李阳,等. 氮肥模式对稻田温室气体排放和产量的影响. 农业环境科学学报,2020,39 (6): 1400—1408.

[85] Ju X, Lu X, Gao Z, et al. Processes and factors controlling N_2O production in an intensively managed low carbon calcareous soil under sub-humid monsoon conditions. Environmental Pollution, 2011, 159 (4): 1007—1016.

[86] 李昕,孙文娟,黄耀,等. 中国小麦和玉米农田 N_2O 减排措施及潜力. 气候变化研究进展,2017,13 (3): 273—283.

[87] 许宏伟,李娜,冯永忠,等. 氮肥和秸秆还田方式对麦玉轮作土壤 N_2O 排放的影响. 环境科学,2020, 41(12): 5668—5676.

[88] Sun W J, Huang Y. Synthetic fertilizer management for China's cereal crops has reduced N_2O emissions since the early 2000s. Environmental Pollution, 2012, 160: 24—27.

[89] Zhao Z, Wu D, Bol R, et al. Nitrification inhibitor's effect on mitigating N_2O emissions was weakened by urease inhibitor in calcareous soils. Atmospheric Environment, 2017, 166: 142—150.

[90] Tosi M, Brown S, Machado P V F, et al. Short-term response of soil N-cycling genes and transcripts

to fertilization with nitrification and urease inhibitors, and relationship with field-scale N_2O emissions. Soil Biology and Biochemistry, 2020, 142: 107703.

[91] Han P, Zhang W, Wang G, et al. Changes in soil organic carbon in croplands subjected to fertilizer management: A global meta-analysis. Scientific Reports, 2016, 6(1): 1—13.

[92] Liu C, Lu M, Cui J, et al. Effects of straw carbon input on carbon dynamics in agricultural soils: A meta-analysis. Global Change Biology, 2014, 20(5): 1366—1381.

[93] Zhao X, Liu B Y, Liu S L, et al. Sustaining crop production in China's cropland by crop residue retention: A meta-analysis. Land Degradation & Development, 2020, 31(6): 694—709.

[94] Han X, Xu C, Dungait J A J, et al. Straw incorporation increases crop yield and soil organic carbon sequestration but varies under different natural conditions and farming practices in China: A system analysis. Biogeosciences, 2018, 15(7): 1933—1946.

[95] Lu F. How can straw incorporation management impact on soil carbon storage? A meta-analysis. Mitigation and Adaptation Strategies for Global Change, 2015, 20(8): 1545—1568.

[96] Zhao Y, Wang M, Hu S, et al. Economics-and policy-driven organic carbon input enhancement dominates soil organic carbon accumulation in Chinese croplands. Proceedings of the National Academy of Sciences, 2018, 115(16): 4045—4050.

[97] Berhane M, Xu M, Liang Z, et al. Effects of long-term straw return on soil organic carbon storage and sequestration rate in North China upland crops: A meta-analysis. Global Change Biology, 2020, 26 (4): 2686—2701.

[98] Wang G, Huang Y, Zhang W, et al. Quantifying carbon input for targeted soil organic carbon sequestration in China's croplands. Plant and Soil, 2015, 394: 57—71.

[99] Poeplau C, Don A. Carbon sequestration in agricultural soils via cultivation of cover crops: A meta-analysis. Agriculture, Ecosystems & Environment, 2015, 200: 33—41.

[100] Jian J, Du X, Reiter M S, et al. A meta-analysis of global cropland soil carbon changes due to cover cropping. Soil Biology and Biochemistry, 2020, 143: 107735.

[101] Blanco-Canqui H, Lal R. No-tillage and soil-profile carbon sequestration: An on-farm assessment. Soil Science Society of America Journal, 2008, 72(3): 693—701.

[102] Li T, Zhang J, Zhang H, et al. Fractionation of soil organic carbon in a calcareous soil after long-term tillage and straw residue management. Journal of Integrative Agriculture, 2022,21(12): 15.

[103] Luo Z, Wang E, Sun O J. Can no-tillage stimulate carbon sequestration in agricultural soils? A meta-analysis of paired experiments. Agriculture, Ecosystems & Environment, 2010, 139 (1—2): 224—231.

[104] Cai A, Han T, Ren T, et al. Declines in soil carbon storage under no tillage can be alleviated in the long run. Geoderma, 2022, 425: 116028.

[105] Boddey R M, Jantalia C P, Conceicao P C, et al. Carbon accumulation at depth in Ferralsols under zero-till subtropical agriculture. Global Change Biology, 2010, 16(2): 784—795.

[106] Ogle S M, Alsaker C, Baldock J, et al. Climate and soil characteristics determine where no-till management can store carbon in soils and mitigate greenhouse gas emissions. Scientific Reports, 2019, 9 (1): 1—8.

[107] Du Z, Angers D A, Ren T, et al. The effect of no-till on organic C storage in Chinese soils should not be overemphasized: A meta-analysis. Agriculture, Ecosystems & Environment, 2017, 236: 1—11.

[108] Li Y, Li Z, Chang S X, et al. Residue retention promotes soil carbon accumulation in minimum tillage systems: Implications for conservation agriculture. Science of the Total Environment, 2020, 740: 140147.

[109] 中华人民共和国气候变化初始国家信息通报. 北京：中国计划出版社，2004.

[110] 蔡祖聪，徐华，卢维盛，等. 冬季水分管理方式对稻田 CH_4 排放量的影响. 应用生态学报，1998，9(2)：171—175.

[111] Huang Y，Tang Y H. An estimate of greenhouse gas(N_2O and CO_2)mitigation potential under various scenarios of nitrogen use efficiency in Chinese croplands. Global Change Biology，2010，16：2958—2970.

[112] Qin Z C，Huang Y，Zhuang Q. Soil organic carbon sequestration potential of cropland in China. Global Biogeochemical Cycles，2013，27：711—722.

[113] Sun W J，Huang Y，Zhang W，et al. Carbon sequestration and its potential in agricultural soils of China. Global Biogeochemical Cycles，2010，24，GB3001，doi：10.1029/2009GB003484

[114] Yu Y Q，Huang Y，Zhang W. Projected changes in soil organic carbon stocks of China's croplands under different agricultural managements，2011—2050. Agriculture，Ecosystems & Environment，2013，178：109—120.

[115] Cheng K，Zheng J，Nayak D，et al. Re-evaluating the biophysical and technologically attainable potential of topsoil carbon sequestration in China's cropland. Soil Use and Management，2013，29(4)：501—509.

[116] Huang Y，Sun W J，Qin Z C，et al. The role of China's terrestrial carbon sequestration 2010—2060 in offsetting energy-related CO_2 emissions. National Science Review，2022，9(8)：nwac057.

[117] IPCC. Annex I：Glossary [Matthews J B R(ed.)]//Global Warming of 1.5℃. An IPCC Special Report on the impacts of global warming of 1.5℃ above pre-industrial levels and related global greenhouse gas emission pathways，in the context of strengthening the global response to the threat of climate change，sustainable development，and efforts to eradicate poverty [Masson-Delmotte V，Zhai P，Pörtner H O，et al.(eds.)]. Cambridge：Cambridge University Press，2018.

第9章 陆地生态系统碳汇

9.1 陆地生态系统碳循环概念及全球碳收支

9.1.1 碳循环基本概念

总初级生产力(gross primary productivity，GPP)，亦称总第一性生产力，是指在单位时间和单位面积上，生产者(主要是绿色植物，下同)经光合作用固定的有机碳总量(图 9.1)。GPP 是陆地-大气物质交换的重要通量之一，决定了进入陆地生态系统的初始物质和能量，是陆地生态系统碳循环的起点。目前，基于不同方法的全球陆地生态系统 GPP 总量估算结果具有较大不确定性，介于 $83 \sim 175$ Pg C $\cdot$ a^{-1} 不等[1-3]。

净初级生产力(net primary productivity，NPP)，亦称净第一性生产力，是指在单位时间和单位面积上，生产者通过光合作用的净固碳量，是 GPP 减去生产者自养呼吸消耗后剩余的部分。NPP 是包括人类在内的几乎所有生命有机体的物质和能量的基础。当前，基于遥感观测的估算表明，全球陆地生态系统 NPP 总量约为 54 Pg C $\cdot$ a^{-1} [4]，但仍存在较大不确定性。

净生态系统生产力(net ecosystem productivity，NEP)是指 NPP 减去异养呼吸消耗后的剩余部分，可用于指示生态系统碳收支。当前，全球 NEP 的大小和格局的估算较难。原因主要有二：① NPP 估算结果存在较大不确定性；② 学界对异养呼吸过程了解不足，异养呼吸估算结果的不确定性较大。

净生物群区生产力(gross biome productivity，NBP)是指 NEP 减去各类自然和人为干扰(如火灾、病虫害、动物啃食、森林间伐以及农林产品收获)等非生物呼吸消耗后的剩余部分。NBP 是在区域或更大尺度上对生态系统碳平衡度量最准确的指标。全球变化正以多种方式深刻影响着 NBP。一方面，所有影响 NEP 的因子都会影响 NBP；另一方面，当 NEP 一定时，NBP 主要取决于自然和人为干扰产生的非呼吸代谢的碳消耗量，而这一过程与人类的生产经营活动密切相关。因此，与 NEP 相比，NBP 估算结果的不确定性更大。

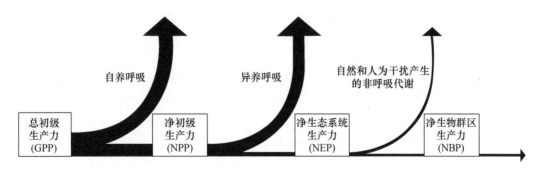

图 9.1 陆地生态系统碳循环示意

9.1.2 工业革命以来的全球碳收支

工业革命以来,人类通过燃烧化石燃料和改变土地利用方式两个方面向大气中累计排放了(690 ± 80)Pg C[5],其中 67% 源于化石燃料燃烧。20 世纪中期以前,土地利用变化碳排放量高于化石燃料燃烧碳排放量,之后化石燃料燃烧碳排放量快速增加,逐渐主导了人为碳排放量(图 9.2)。

通过对大气 CO_2 浓度变化的研究发现,工业革命以来,由于人为碳排放不断增加,大气 CO_2 浓度从 1750 年的约 277 ppm(10^{-6},百万分率)增长到 2020 年的约 412 ppm。人类向大气中排放的碳并未全都存留在大气中。1850—2020 年,人为碳排放量的 59% 被陆地和海洋吸收,其中海洋吸收 26%,陆地吸收 33%[5]。需要注意的是,上述陆地碳吸收量的计算方式是人为碳排放总量减去大气 CO_2 增长量和海洋碳吸收量,也称剩余陆地碳汇(图 9.2)。之所以如此估算,是因为估算全球碳收支各组分时,陆地碳汇估算结果的不确定性最大。这意味着陆地碳循环过程仍有待进一步深入研究。此外,湖泊、河流等水体与大气同样存在碳交换过程[6,7],这些过程考虑不足会影响陆地生态系统碳汇的准确评估。

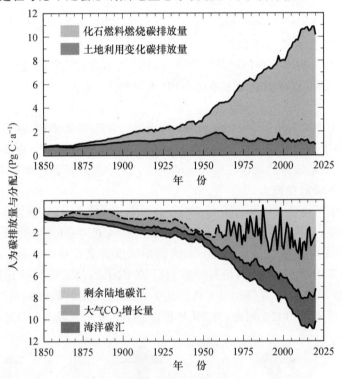

图 9.2 1850—2020 年全球碳收支

注:人为碳排放量包含化石燃料燃烧碳排放量(考虑水泥生产过程中的碳吸收)和土地利用变化碳排放量。剩余陆地碳汇的估算方式是人为碳排放量减去大气 CO_2 增长量和海洋碳汇

9.1.3 1980 年以来全球陆地碳汇及不稳定性

1. 全球碳收支

1980—2020 年,土地利用变化碳排放量整体保持相对稳定[5,8],但化石燃料燃烧碳排放量逐渐增加,以至于人为碳排放量从 6.41 Pg C·a^{-1} 增长到 10.16 Pg C·a^{-1}(图 9.2),大

气 CO_2 浓度增长率则从 1.71 ppm·a^{-1} 增至 2.36 ppm·a^{-1}。近 60 年,每年大气中 CO_2 增量占每年人为碳排放量的比例较为稳定,约为 45%[5]。换言之,尽管人为碳排放量不断增长,总有约 55% 的人为碳排放量被陆地和海洋吸收,但是,这一比例在未来是否仍保持稳定尚不清楚。1980 年以来,全球陆地碳汇增强,主要是因为大气 CO_2 浓度增加和气候变化等导致的植被生长增加以及生长季延长[9],以至于全球陆地碳汇持续高于海洋碳汇。具体来说,过去 40 年陆地平均每年吸收 2.46 Pg C,而海洋平均每年吸收 2.20 Pg C。这说明陆地生态系统固碳是减缓大气 CO_2 浓度升高的重要途径。

2. 陆地碳源汇空间格局

鉴于植被和气候因地而异,陆地碳源汇具有明显空间异质性。阐明陆地碳汇的空间分布特征对准确理解碳循环机制具有重要意义。自 20 世纪 90 年代起,各国科学家围绕陆地碳汇大小的空间分布进行了大量研究[10]。基于大气和海洋模型以及大气 CO_2 浓度观测数据,Tans 等[11]率先指出北半球中高纬度陆地是一个巨大的碳汇,但无法进一步对北半球不同地区陆地碳汇的差异进行评估。随后,大范围地面清查(如森林资源清查)以及涡度相关通量观测法被用于估算碳通量,为研究区域尺度碳收支提供了有力的数据支撑。学术界普遍认为北美、欧洲和东亚等地区的生态系统是重要的碳汇,且森林生态系统碳汇能力较强[12,13],但对碳汇大小仍有争议。陆地生态系统空间异质性较强,仅根据样点或者站点尺度结果,难以准确估算区域尺度碳汇[14]。不同于此,大气反演法基于大气 CO_2 浓度观测数据和大气传输模型,结合化石燃料燃烧的碳排放数据,可用于直接估算区域尺度碳汇。该方法的估算结果支持北美、欧洲和东亚等地区生态系统碳汇能力较强的观点[15,16]。但是,限于大气 CO_2 浓度观测站点的数量较少和分布不均以及大气传输模型的不确定性等,大气反演法尚难以准确估算区域尺度陆地碳汇大小。

与单一方法相比,采用多种方法综合则可降低北半球区域尺度陆地碳汇估算结果的不确定性[17-19],有助于准确理解陆地生态系统碳循环过程。随着对碳循环过程机制认识的逐渐深入,生态系统过程模型快速发展并成为研究陆地碳汇空间分布的重要工具。生态系统过程模型的结果显示,北美东部、欧洲东部和中国的森林生态系统碳汇明显大于北半球其他地区。

热带生态系统碳汇大小及其空间分布的不确定性更大。生态系统过程模型结果显示,若不考虑土地利用变化导致的碳排放,由于大气 CO_2 浓度升高,热带陆地生态系统是一个强碳汇[5];考虑森林砍伐等人为活动的影响后,热带生态系统碳吸收显著减少,但仍为碳汇[20]。不同于生态系统过程模型结果,基于大气 CO_2 浓度数据推算,若考虑人为活动对陆地碳汇的影响,热带陆地生态系统则是一个弱碳源[5,21]。

解决热带地区是碳源抑或碳汇的争议,关键在于准确估算两个碳通量:① 原生林和再生林的净碳吸收量;② 森林砍伐和森林退化的净碳释放量[22]。森林样地监测数据表明,无人为干扰的情况下,亚马孙和非洲热带森林均为碳汇,尽管碳汇变化趋势不同[23,24]。森林砍伐和森林退化则会使热带生态系统释放大量碳,甚至可能导致热带森林整体上表现为碳源[25]。利用大气 CO_2 浓度垂直分布的观测数据,有研究发现亚马孙地区东南部表现为碳源,且森林砍伐可能是重要原因[26]。因此,森林砍伐和森林退化对生态系统碳汇功能的影响成为近年来的研究热点。多项基于遥感卫星观测的结果均表明,由于森林砍伐和森林退化,热带森林面积在持续减小,不利于生态系统固碳[27,28]。有研究进一步指出,在亚马孙地区,相比于森林砍伐,森林退化面积更大[29],造成的碳排放量更大[30]。然而,热带地区森林砍伐和森林退化导致的碳排放强度,较之于原生林和再生林的碳吸收强度,二者孰大孰小以及地区差异如何尚待进一步研究。

近年来,温室气体监测卫星提供了范围覆盖全球的大气 CO_2 柱浓度观测数据。基于该数据的大气反演法可有效估算陆地碳源汇分布,尽管有较大不确定性,仍可在一定程度上解决地面大气 CO_2 浓度观测站点数量不足和分布不均的问题。2016 年,中国发射了全球二氧化碳监测科学实验卫星(简称"碳卫星"),是全球第三颗专门用于观测全球大气 CO_2 含量的卫星,将为区域碳收支评估和中国碳中和目标的实现提供科学支撑。

3. 陆地碳汇年际变化及其驱动机制

相比于海洋生态系统,陆地生态系统碳汇强度更大,但更不稳定。据全球碳计划估算,近 40 年陆地生态系统碳汇年际波动大小约为海洋碳汇波动大小的 7 倍[31],导致大气 CO_2 浓度增长率存在强烈的年际波动(图 9.2)。各地区对全球陆地碳汇年际变化的贡献存在明显差异。热带生态系统碳汇的年际变化主导了全球陆地碳汇的年际波动。其中,热带半干旱区和热带雨林地区均贡献较大,反映了这些地区生态系统的脆弱性。例如,2015—2016年,受厄尔尼诺的影响,热带地区发生大范围干旱,导致热带生态系统表现为较强的碳源,致使大气 CO_2 浓度加速升高。此外,美国东部、欧洲和东亚地区碳汇的年际波动也较强。2003 年,欧洲发生了一场严重干旱事件,该事件产生的碳释放量甚至可以抵消过去几年的碳吸收量[32]。因此,厘清陆地碳汇年际变化机制对于准确认识陆地碳汇变化规律至关重要。

陆地碳汇的年际波动主要由生态系统 GPP 和生态系统呼吸两方面因素控制。在大部分地区,生态系统 GPP 对陆地碳汇年际波动的影响大于生态系统呼吸,因此从全球尺度看,生态系统 GPP 的年际变化是陆地碳汇年际变化的主导因子[33]。然而,在部分地区,如北半球高纬度地区,生态系统呼吸波动较强,对陆地碳汇年际变化有着重要影响。此外,尽管火灾碳排放在个别年份可以解释大部分陆地碳汇异常(如 1997—1998 年),但从整体上看,火灾碳排放年际波动幅度很小,不足以解释全球陆地碳汇的年际变化。

陆地碳汇的年际波动反映了生态系统碳循环对气候异常的响应。厄尔尼诺-南方涛动影响全球温度和降水,是控制全球陆地碳汇年际变化最主要的气候模态。在厄尔尼诺年,热带地区常发生高温和干旱事件,导致生态系统碳吸收减少,甚至成为碳源;而在拉尼娜年,气候较为湿润,热带植被生产力提高,净碳吸收增强[34]。除了厄尔尼诺-南方涛动,火山活动改变大气气溶胶含量,也会对全球陆地碳汇产生显著影响。火山喷发向大气中释放大量气溶胶,气溶胶增多一方面可以通过增加散射辐射比例而促进植物光合作用,另一方面也可以通过降低地表温度抑制生态系统呼吸。1991 年,皮纳图博火山喷发增强陆地碳汇,导致 1992年大气 CO_2 增长率比正常年份低近 $2\ \mathrm{Pg\ C \cdot a^{-1}}$[35,36]。需要指出的是,火山活动的影响仅在强火山喷发后的年份较为明显。

温度和水分是陆地生态系统碳汇年际波动的主要驱动因子。在热带地区,气温接近光合作用最适温度,温度升高不利于植物光合作用,却有利于生态系统呼吸,因而不利于生态系统净碳吸收。大气反演模型、生态系统过程模型和基于通量塔观测的机器学习模型结果均表明,相比于降水和太阳辐射,温度与全球陆地碳汇年际变化更相关[33]。然而,这并不意味着土壤湿度等水分条件对陆地生态系统碳汇的调控作用弱。相比于降水,水分条件对生态系统固碳的作用更为直接,因而对陆地碳汇的影响更大。有研究发现,无论从格点尺度还是全球尺度,水分对陆地生态系统碳汇的影响都不弱于温度[37,38]。温度对北半球陆地碳汇的影响因季节而异,春季变暖促进陆地碳汇,夏季变暖抑制陆地碳汇,这削弱了年际尺度上温度对陆地碳汇的作用,以至于水分的作用相对更强[39]。值得注意的是,温度和水分对陆地碳汇的影响并非相互独立。温度升高会增大饱和水汽压差,降低土壤湿度,这可能导致干旱事件的发生。而土壤水分的变化通过对大气的反馈作用,可放大温度和饱和水汽压差的异常波动,从而影响全球陆地碳汇年际变化[40]。此外,研究发现,陆地碳汇对温度波动的敏感性与干旱程度有关[41]。这进一步说明研究陆地碳汇年际变化规律,须同时关注温度和水分两方面因素的影响。

9.2 中国陆地生态系统碳汇现状

陆地生态系统固碳增汇是减缓全球大气 CO_2 浓度升高的重要手段,也是最为经济有效的途径之一。全球尺度陆地生态系统碳汇能够通过碳平衡方程残余项解析法进行量化[5],但区域尺度陆地生态系统碳汇的准确估算仍存在较大不确定性。近几十年来,中国社会经济高速发展,并伴随着人为碳排放量的加速攀升。与此同时,作为世界上人工林面积最大的国家,中国实施的植树造林等生态工程具有重要固碳潜力[42]。准确核算中国陆地生态系统碳汇大小,不仅可为科学认识陆地生态系统-气候相互作用机制提供理论基础,还可为制定气候减缓和适应政策提供数据支撑,为实现中国碳达峰、碳中和目标提供科学依据。

9.2.1 国家尺度陆地生态系统碳汇估算

围绕中国陆地生态系统碳汇大小这一科学问题已有大量学者基于不同方法进行了广泛研究。在方法学上,区域尺度陆地生态系统碳收支所采用的估算方法主要包括两类:① 以陆地为对象的自下而上(bottom-up)方法;② 以大气为对象的自上而下(top-down)方法。其中,自下而上方法一般包括地面清查法、涡度相关通量观测法和生态系统模型模拟法;自上而下方法主要指大气反演法。如图9.3所示,这些方法分别适用于不同的时间和空间尺度,各具优势,但也各有其局限。

1. 地面清查法

地面清查法主要通过收集不同时期植被与土壤碳储量的野外观测资料(如森林和草地资源清查数据、土壤普查数据),根据植被与土壤碳储量的变化推算研究时段内生态系统的碳收支情况[12,13]。地面清查法是生态学调查的基本方法,简单易行,能够直接获取样地尺度较高精度的植被与土壤碳储量观测数据。然而,地面清查法往往需要耗费大量人力、物力,清查周期长,且时间序列不连续。此外,当前地面清查法常结合模型模拟和遥感数据,用于估算土壤有机碳储量的变化,但受限于土壤有机碳的空间异质性和采样点的空间代表性,基于地面清查法估算土壤有机碳储量变化的不确定性依然很大[43]。地面清查法的局限性还包括:未考虑内陆水体碳沉积、无机过程碳吸收和木材产品碳储量变化等;除典型生态系统外,缺乏湿地、荒漠等生态系统的实测数据;无法提供明确的陆地碳源汇空间分布格局,且尺度转换方法存在一定的不确定性。

2. 涡度相关通量观测法

涡度相关通量观测法可以基于微气象学原理,通过计算垂直风速与 CO_2 浓度脉动的协方差,以非破坏性手段直接测定该生态系统与大气间的净碳交换量(net ecosystem exchange, NEE),NEE 与 NEP 互为相反数[44,45]。涡度相关通量观测法目前已成为国际通用的生态系统通量观测技术。经过近 20 年的发展,全球通量观测网络(FLUXNET)已覆盖近千个观测站点,遍布全球不同气候区与生态系统类型,为研究典型陆地生态系统碳收支提供了大量连续可靠的观测数据[46]。就空间尺度而言,涡度相关通量观测法观测范围通常为数百平方米到数平方千米。从时间尺度来看,涡度相关通量站点通过长期连续定位观测,可以提供小时、天、月以及年际尺度的观测数据。中国通量观测研究联盟(ChinaFLUX)已建成为拥有近 80 个站点,覆盖森林、草地、湿地、荒漠等多种生态系统类型的研究网络体系[47]。涡度相关通量观测法的不确定性来源主要包括:存在观测缺失、复杂气象条件与下垫面地形条件的影响以及能量收支不闭合和数据插补方法等带来的误差;未考虑火灾、采伐等干扰因素和农田生态系统作物收获等管理措施的影响;涡度通量观测站点非均匀分布,多布设在人类活动影响较小的地区。

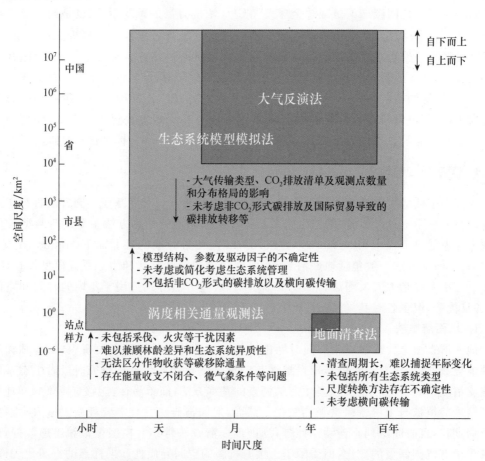

图 9.3 不同陆地生态系统碳汇估算方法的时空尺度及不确定性来源

3. 生态系统模型模拟法

生态系统模型以物质和能量守恒为理论基础,不仅能够模拟历史时期生态系统碳循环过程及其与环境的相互作用,区分不同驱动因子的贡献,还可预测未来气候变化条件下的碳循环过程,是估算区域和全球碳收支的重要工具[48,49]。生态系统模型中采用的参数通常根据自下而上的方法获取,因此,一般将生态系统模型模拟法归于自下而上方法。需要注意的是,当前的生态系统模型往往基于我们当下对现实世界的理解进行简化,但是,学界对全球碳循环过程机制的认知仍然有限。多数模型尚未涵盖许多复杂生态系统管理措施(如施肥、灌溉、人为采伐等)的影响,亦未考虑非 CO_2 形式的碳排放以及横向碳输送过程,模型结构、参数和驱动数据(如气候、土地利用变化数据等)的不确定性也会对模拟结果产生影响。

4. 大气反演法

大气反演法采用大气传输模型,结合大气 CO_2 观测数据和化石燃料燃烧碳排放等先验碳通量,反演全球和区域尺度陆地生态系统碳源汇[50,51]。大气反演法能够实时估算区域尺度上碳源汇的时空分布格局,但输出碳通量数据的空间分辨率通常较低,甚至无法准确区分森林与非森林地区。大气反演法估算精度受限于大气传输模型的不确定性、先验碳通量数据(如化石燃料燃烧和生物质燃烧碳排放、海洋碳通量等)的不确定性、大气 CO_2 观测站点的数量与分布格局的代表性等[52,53]。在一些国家和地区,比如中国,大气反演模型的不确定性甚至与陆地生态系统碳汇估算结果的大小相当[19]。此外,大气反演法尚未涵盖木材与食品国际贸易导致的碳排放转移、非 CO_2 形式碳排放等过程,估算结果需要进一步校正。

20 世纪 80 年代以来,众多学者为准确核算中国陆地生态系统碳汇大小开展了大量研究,已基本明确了国家尺度陆地生态系统的碳汇强度。研究结果一致表明,过去几十年中,中国陆地生态系统表现为碳汇。尽管如此,由于不同学者进行估算时所采用的数据、方法和研究时段存在差异,相应估算结果仍存在一定的分歧。

早期,中国陆地生态系统碳汇研究多关注森林植被,比如,Fang 等[12]利用大量野外实测资料及森林清查数据,建立了生物量与木材蓄积量之间的换算关系,研究发现中国森林植被碳汇为 $0.011 \sim 0.035$ Pg C·a^{-1}(1949—1998 年)。然而,草地、灌木、农田等非森林生态系统植被及土壤碳储量变化的研究相对较少,缺乏对中国陆地生态系统碳收支进行全面而系统的评估。Piao 等[19]结合地面清查与遥感观测、生态系统过程模型和大气反演 3 种互相独立的方法,定量估算了 20 世纪 80 年代和 90 年代中国陆地生态系统碳收支的空间格局。结果表明,中国陆地生态系统碳汇为 $0.19 \sim 0.26$ Pg C·a^{-1},首次实现了对中国陆地生态系统碳汇大小的闭合估算。此后,基于不同方法估算中国陆地生态系统碳汇的研究逐年增多。比如中国科学院"应对气候变化的碳收支认证及相关问题"项目(简称"碳专项")中,基于森林、灌丛、草地和农田生态系统约 17 000 个野外样地的实测数据,估算 2001—2010 年中国陆地生态系统碳汇约为 0.201 Pg C·a^{-1}[54]。综合已有研究结果,基于地面清查法估算的中国陆地生态系统碳汇为 $0.21 \sim 0.33$ Pg C·a^{-1}(图 9.4)。

近年来,随着涡度相关通量观测数据的不断积累,许多研究采用机器学习算法将站点尺度的通量数据进行空间尺度拓展,从而估算区域及全球尺度的生态系统 NEP[55-57]。例如,Yao 等[57]利用模型树集成方法,结合中国及其周边地区 46 个涡度通量站点的数据,估算 2005—2015 年中国陆地生态系统 NEP 为 (1.18 ± 0.05) Pg C·a^{-1},远高于地面清查法的估算结果。其原因在于:一方面,目前已有的涡度相关通量塔多布设在环境条件较好的区域,少有火灾或其他干扰情况发生,存在代表性偏差;另一方面,森林通量观测网络中通常以幼龄林和中龄林为主,其固碳能力与老龄林相比较高。基于气候因子与植被特征指数在涡度通量观测数据尺度上推得的生态系统 NEP,在表征碳汇强度时会存在显著高估。因此,基于涡度相关通量观测法的估算结果通常用于分析区域尺度碳循环的特征及演变规律,而较少用于直接表征陆地生态系统的碳汇大小[14]。

　　20 世纪 90 年代中期以来,陆地生态系统模型开始被广泛用于模拟全球碳循环过程及其驱动机制。在中国,许多学者基于过程模型评估了陆地生态系统的碳收支情况。例如,Tian 等[58]基于 2 个模型(TEM,DLEM)估算 1961—2005 年中国陆地碳汇为 0.21 Pg C·a^{-1}。Piao 等[19]基于 5 个模型(HYL,LPJ,ORCHIDEE,Sheffield-GVM,TRIFFID)的研究结果为 0.173 Pg C·a^{-1}(1980—2002 年)。He 等[59]利用 3 个模型(CEVSA2,BEPS,TEC)估算 1982—2010 年的中国陆地生态系统碳汇为 0.118 Pg C·a^{-1}。近年来,许多国际多模式比较计划得到快速发展,成为理解碳循环过程机制、预估未来变化不可或缺的手段。例如,《全球碳收支报告》采用的 TREDNY 模式集合结果表明 21 世纪 10 年代中国陆地生态系统碳汇大小为 0.26 Pg C·a^{-1}[31]。综合前人研究,基于生态系统模型模拟法得到的中国陆地生态系统碳汇大小为 0.12~0.26 Pg C·a^{-1},与基于地面清查法的估算结果相近(图 9.4)。

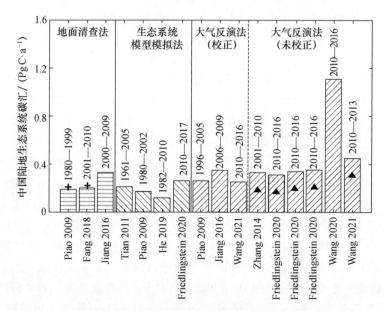

图 9.4　不同研究估算的中国陆地生态系统碳汇大小(改自朴世龙等[14])
注:＋表示考虑内陆水体碳沉积后的结果,▲表示校正横向碳输送与非 CO_2 形式碳排放后的结果

　　除此之外,大气反演法作为一种自上而下的独立估测手段,可以验证和补充基于自下而上方法的结果。近年来,已有众多学者基于大气反演模型对中国陆地生态系统碳汇进行估算,指出其估算的碳汇强度为 0.17~0.45 Pg C·a^{-1}(图 9.4,未包括 Wang 等[60]显著高估的碳汇值)[14,60-62]。需要指出的是,大气反演法估算区域尺度陆地碳汇强度,很大程度上受限于反演模型的准确性与地面 CO_2 浓度观测站点的空间代表性,须与传统自下而上的方法相结合,方可更准确估算区域和国家尺度陆地生态系统碳汇。

　　总结以往研究发现,校正国际贸易碳排放转移量以及非 CO_2 形式碳排放量后,中国陆地生态系统碳汇大小为 0.17~0.35 Pg C·a^{-1},平均值为 0.24 Pg C·a^{-1}(图 9.4)。中国陆地面积约占全球陆地面积的 6.5%,但其碳汇强度约为全球碳汇的 10%~31%,表明中国陆地生态系统对减缓全球大气 CO_2 浓度升高具有重要作用。在我国力争 2060 年实现"碳中和"的长期战略目标下,如何降低陆地碳汇估算结果的不确定性是当前学界面临的重要挑战。为此,两方面举措殊为关键:一方面,翔实可靠的观测数据是准确估算陆地碳汇功能的基本前提。因此,未来亟须开展并积累更为长期的定位连续观测资料,补齐中国陆地生态系统碳汇关键区观测短板,建立更高时空分辨率的大气CO_2监测网络,研发人-地耦合的碳循环过程模型,为区域和全球尺度碳收支研究提供有力的数据支持。另一方面,如前所述,不同研究手段均存在方法论层面的局限性。因此,未来研究应将地面清查、涡度相关通量观测、大气反演与生态系统模型模拟等多种技术手段相结合,进行相互补充与验证,以提高陆地生态系统碳汇的估算精度[14]。

9.2.2 中国典型生态系统类型的碳汇估算

中国地域辽阔,自然条件复杂多样,分布着森林、草地、灌丛、农田、荒漠等不同生态系统。受多种自然因素和人类活动的综合影响,这些生态系统的碳收支情况亦有所差异。近年来,我国学者采用多种技术途径对中国典型生态系统的碳源汇强度开展了广泛研究。

森林是陆地生态系统的主体,不仅可以防风固沙、涵养水源、保护物种多样性,同时在区域和全球尺度碳平衡中具有举足轻重的作用[13]。一方面,森林生态系统储存有大量的碳,是全球最大的陆地生态系统碳库,森林如果受到强烈干扰或破坏,会导致大量碳被释放到大气中,成为大气CO_2浓度升高的重要来源。另一方面,森林碳吸收能力远高于其他生态系统,且储存在树木木质器官中的碳较难分解,系统的碳周转时间较长,因而具有更强的固碳能力[63]。20世纪80年代至90年代的清查资料显示,中国森林生态系统平均碳汇强度为$68\sim79$ Tg C·a^{-1}[64]。随后,我国大规模生态系统工程的实施使得森林生态系统固碳速率进一步增加。"碳专项"大量调查数据表明,2000—2010年中国森林生态系统碳汇强度增至163.4 Tg C·a^{-1}[54]。综合不同研究结果,我国森林生态系统碳汇大小为$79.2\sim180$ Tg C·a^{-1}(表9-1)。

中国草地生态系统资源丰富,类型多样,主要分布在我国干旱半干旱地区。相比于其他生态系统,我国草原多位于生态脆弱带,对气候与环境变化的响应更加敏感,且受人类活动影响强烈,碳源汇功能具有很大不确定性[65]。基于地面清查法和模型模拟法的结果显示,我国草地生态系统整体表现为碳汇,其大小为$13.07\sim17.58$ Tg C·a^{-1}[19,66]。不同于此,Fang等[54]基于"碳专项"大量调查数据研究发现,我国2000—2010年草地生态系统表现为弱的碳源(-3.36 Tg C·a^{-1})。因此,草地生态系统的碳源汇功能仍需要结合多种观测资料进一步整合分析。

灌丛是以灌木为优势种的生态系统类型,其生态适应范围较为广泛,常见于我国干旱半干旱地区与高海拔地区[67]。近年来,由于全球变暖和大规模生态工程的实施,灌木分布范围显著增加,在陆地生态系统碳收支过程中发挥着越来越重要的作用。需要指出的是,由于不同研究对灌丛的定义不一致,且灌丛分布范围变化较大,我国早期鲜有针对灌丛的系统研究,甚至将其归类为森林或者草地生态系统进行评估[68,69]。受限于不同研究采用的灌丛面积存在较大偏差,前人研究中基于地面清查法得到的中国灌丛生态系统碳汇总量之间的差异可达3倍以上(表9-1)。尽管如此,这些研究所报道的灌丛单位面积固碳速率结果相近,为$0.230\sim0.284$ Mg C·ha^{-1}·a^{-1}[19,54]。

农田生态系统不仅对于保障国家粮食安全和农业生产具有重要意义,而且是陆地生态系统碳循环中的重要组成部分[70]。考虑到农田生态系统受人类活动干扰强烈,其作物固碳量经由收获和人类食物消耗在短期内重新返回大气,因此农田生态系统的植被碳汇可基本忽略不计[19]。农田生态系统的碳汇能力主要在于土壤固碳,人为管理措施(如施肥、灌溉和秸秆管理等）、农业种植结构等都会对农田系统的碳汇强度产生重要影响。由于当前生态系统模型对人为管理措施的考虑较为简单，相应模拟结果仍存在较大不确定性。汇总基于地面清查法的不同研究结果，我国农田生态系统碳汇大小为 $9.6 \sim 26$ Tg C · a^{-1}（表9-1）。

表 9-1　中国典型生态系统的碳汇大小（改自 Yang 等[64]）

生态系统	类　别	方　法	固碳速率/(Tg C · a^{-1})		参考文献
森林	植被	地面清查法	$50 \sim 174$	75.2	[19]
				174	[75]
				115	[13]
				116.7	[54]
				50	[76]
				68	[77]
				109	[76]
	土壤	地面清查法	$4 \sim 60$	60	[13]
				46.6	[54]
				4	[19]
		模型模拟法	68	68	[78]
	生态系统	地面清查法	$79.2 \sim 170$	163.4	[54]
				79.2	[19]
				150	[79]
				$120 \sim 170$	[80]
		模型模拟法	180	180	[81]
草地	植被	地面清查法	$-0.8 \sim 9.62$	-0.8	[54]
				7.04	[19]
				9.62	[66]
	土壤	地面清查法	$-2.56 \sim 28.3$	-2.56	[54]
				13	[82]
				28.3	[83]
				6	[19]
		模型模拟法	7.96	7.96	[66]
	生态系统	地面清查法	$-3.36 \sim 13.07$	-3.36	[54]
				13.07	[19]
		模型模拟法	17.58	17.58	[66]
灌丛	植被	地面清查法	$3.5 \sim 21.7$	3.5	[54]
				19	[75]
				21.7	[19]
		模型模拟法	$19.6 \sim 34$	19.6	[84]
				34	[58]
	土壤	地面清查法	$13.6 \sim 39.4$	39.4	[19]
				13.6	[54]
		模型模拟法	12	12	[58]
	生态系统	地面清查法	$17.1 \sim 61.1$	61.1	[19]
				17.1	[54]
		模型模拟法	46	46	[58]

续表

生态系统	类 别	方 法	固碳速率/(Tg C·a^{-1})		参考文献
农田	植被[a]	地面清查法	13	13	[19]
	土壤	地面清查法	9.6~26	23.6	[85]
				26	[19]
				24.9	[86]
				21.9	[87]
				19.9	[88]
				17.8	[89]
				9.6	[90]
				24	[54]
				23.7	[91]
		模型模拟法	−95~24.3	−95	[92]
				−79.9	[93]
				−36.7	[94]
				24.3	[95]

a 农田生态系统植被碳周转时间较短,因此其植被碳汇对农田生态系统碳汇总量贡献相对较小,可忽略不计。

此外,荒漠生态系统的无机碳固持过程愈来愈受关注,但荒漠生态系统碳汇大小与驱动机制尚存争议[71]。荒漠地区水资源匮乏,植被稀疏,通过植被光合作用吸收固定有机碳的过程极其微弱,即生物途径的固碳量可忽略不计。近期研究发现,荒漠地区存在很强的非生物途径碳吸收现象,引发广泛关注。分析结果显示,大气中大量CO_2可以通过盐碱性土壤水溶液吸收以及碳酸盐岩风化等无机碳化学过程,经由淋洗进入地下水形成咸水层,从而被封存在荒漠生态系统[71,72]。然而,也有研究表明,由于大气氮沉降和气候变化等因素,以无机碳形式固存在荒漠系统的CO_2难以形成稳定碳汇,以至于荒漠固碳潜力有限[73,74]。总体上,目前学界多关注有机碳循环过程,对荒漠地区无机碳固持过程的研究相对薄弱,未来亟待加强。

9.2.3 陆地生态系统碳汇的驱动机制

阐明陆地生态系统碳汇的驱动机制对于理解和预测全球变化对陆地生态系统碳循环的影响至关重要,是陆地生态系统碳循环与全球变化领域的前沿问题。一般来讲,影响陆地碳汇功能的主要驱动力包括大气CO_2浓度升高、气候变暖、氮沉降增加以及土地利用与土地覆盖变化等。此外,火灾、病虫害等干扰因素在区域尺度也有重要贡献。近几十年来,为了研究陆地生态系统碳汇功能的驱动机制,众多学者开展了一系列野外样方调查、控制实验、遥感监测和生态系统模型模拟等研究。就中国而言,综合各种研究结果表明,大气CO_2浓度升高对植被的施肥效应和过去几十年来广泛实施的植树造林、退耕还林等生态工程措施是我国陆地生态系统碳汇的主要驱动因素[42,96]。本小节讲解主要的全球变化和人类活动因子对陆地生态系统碳汇功能的影响机制。

1. 大气CO_2浓度升高

CO_2是植被光合作用的重要底物,大气CO_2浓度升高可增加光合作用速率,从而促进植被固碳,即大气CO_2的"施肥效应"[97,98]。陆地生态系统过程模型和野外控制实验是探索

CO_2 施肥效应的两种有效手段。为准确量化 CO_2 施肥效应,自 20 世纪 80 年代以来,全球范围内广泛开展了大量 CO_2 富集实验,其观测结果较为准确,但局限于站点尺度。过程模型能够模拟较大时空尺度上 CO_2 增加对生态系统碳循环的影响,但由于不同模型间的结构和参数存在较大差异,导致模型模拟结果不确定性较大。Liu 等[99] 将两种方法相结合,采用站点尺度控制实验的观测结果约束过程模型的模拟结果,发现 20 世纪 60 年代以来,CO_2 浓度升高对全球陆地碳汇增加的贡献为 (2.0 ± 1.1)Pg C·a^{-1},指出 CO_2 浓度升高是同期全球陆地碳汇增加的主要原因。此外,大多控制实验结果表明,CO_2 浓度升高可导致植被碳储量增加,但其对土壤碳储量变化的影响,尚有较大不确定性。最新研究表明,CO_2 施肥对植被和土壤碳储量变化的影响存在权衡,这可能与不同类型植物-菌根真菌共生体的养分获取策略有关[100]。

2. 气候变暖

气候变暖深刻地影响着陆地生态系统的碳循环过程:一方面,温度升高可提高植被光合作用效率,延长生长季长度,直接提高生态系统碳吸收能力[101,102];另一方面,随着温度升高,植物自养呼吸和土壤异养呼吸也会随之明显增强[103,104]。因此,气候变暖对陆地生态系统碳汇强度的影响同时取决于植被生产力和呼吸作用对温度升高敏感性的变化。此外,温度升高可能使得土壤水分蒸发强烈,导致植物出现"生理干旱",进而限制植物的生长[105]。需要指出的是,陆地生态系统碳收支对气候变暖的响应存在显著的季节差异:秋季温度升高导致的呼吸作用碳释放增速大于光合作用碳积累增速,加速生态系统碳流失;春季则相反,温度升高有利于生态系统碳吸收,从而促进陆地生态系统碳汇[106]。

3. 大气氮沉降增加

自工业革命以来,人类活动强烈地影响并改变了氮元素从大气进入陆地生态系统的速率和方式,并进一步影响了陆地生态系统碳收支过程[107,108]。中国是全球氮沉降的三大热点地区之一,随着中国经济快速发展,农业施肥和工业活动导致氮污染物排放量大幅增加,大气氮沉降显著增加,缓解了生态系统氮限制,提高了植被生产力和生态系统碳汇能力[109]。基于全球森林生态系统野外控制实验的整合分析研究表明,氮沉降总体上贡献了森林生物量增加的 12%[110]。尽管目前大多数研究认为氮沉降有利于植被碳汇,但氮沉降对土壤碳汇影响的研究结果迥异,导致当前学界对陆地生态系统"氮促碳汇"的评估及其相对贡献存在较大不确定性,仍有待深入研究。

4. 实施植树造林等生态工程

中华人民共和国成立初期,为了适应日益增长的粮食生产、工业化和经济发展需求,中国经历了以森林砍伐和耕地扩张为主要特征的对自然资源的过度开发,由此引发许多重大的环境问题,并导致储存在生态系统中的碳大量释放到大气中[111]。20 世纪 80 年代以来,中国相继实施了多项重大生态工程,如植树造林、退耕还林还草和天然林保护等,不仅改善了当地生态环境质量,同时扭转了我国土地利用变化导致大量碳排放的局面。我国森林覆盖率从 20 世纪 80 年代的 12% 提高到 2020 年的 23.04%,成为全球人工林面积最大的国家[112]。研究表明,2001—2010 年中国重大生态工程年固碳速率可达 74 Tg C·a^{-1},贡献了重大生态工程区内陆地生态系统碳汇的 56%[42]。

9.3 未来中国陆地生态系统碳汇潜力

2020 年 9 月,中国向世界郑重宣布,力争于 2030 年前实现碳达峰,努力争取 2060 年前实现碳中和(以下简称"双碳")。实现这一国家目标的关键途径有二:① 减排,通过技术进步实现能源脱碳转型,减少人为碳排放;② 增汇,通过推进碳捕集、利用与封存技术(CCUS)和生态工程等措施,巩固提升陆地、海洋生态系统的固碳能力。其中,陆地生态系统增汇是缓解气候变暖最为经济有效的方式之一。因此,如能充分发挥我国陆地生态系统的碳汇潜力,将有助于我国"双碳"目标的实现。鉴于我国当前陆地生态系统碳汇主要由大气 CO_2 施肥效应和植树造林所贡献[42,96],本节将从这两个角度分别探讨未来我国陆地生态系统的碳汇潜力。

9.3.1 不同大气 CO_2 浓度变化情景下的碳汇潜力

工业革命前,大气 CO_2 浓度相对稳定,陆地生态系统碳排放与碳吸收相平衡,净交换量接近于零。自工业革命以来,人为排放导致大气 CO_2 浓度剧增,为植物提供了更多的光合作用底物,导致陆地生态系统碳吸收大于碳排放,碳储量增加[113,114]。如前所述,大气 CO_2 浓度升高是全球陆地生态系统碳汇的主导驱动因素[99,115]。然而,随着"碳中和"战略的实施,陆地生态系统的固碳能力将逐渐趋于减弱,其主要原因如下:

首先,随着大气 CO_2 浓度继续升高,CO_2 施肥对陆地生态系统的增汇效应呈非线性降低趋势。在大气 CO_2 浓度较低时,CO_2 浓度是植物光合作用的限制因素,CO_2 浓度增加可促进植被生长。然而,随着 CO_2 浓度继续升高,植被光合作用底物亏缺得以缓解并逐渐饱和,此时 CO_2 浓度增加对植物光合的促进作用将渐趋于零[97,116,117]。除此之外,氮、磷等营养元素的养分限制作用亦会导致 CO_2 浓度对陆地生态系统固碳的促进作用减弱[118]。

其次,碳中和目标实现后,大气 CO_2 浓度不再增加,陆地生态系统碳汇能力将逐渐减弱趋零。如图 9.5 所示,若能在 2060 年左右实现碳中和,则大气 CO_2 浓度将停止升高并保持不变(实线,"碳中和"情景),甚至随 CCUS 等技术的实施而继续降低(虚线,SSP1-2.6 可持续发展情景),此时植被光合作用导致的陆地生态系统碳吸收量趋于稳定。然而,由于陆地生态系统的碳吸收仍旧大于碳排放,陆地生态系统碳储量增加,为土壤异养呼吸提供充足底物,进而导致生态系统碳排放量随之逐渐增加,直至碳排放与碳吸收达到平衡,碳汇渐趋于零。朴世龙等[113]基于 ORCHIDEE-MICT 生态系统过程模型,结合 SSP1-2.6 可持续发展情景和"碳中和"情景预估了 2015—2100 年中国陆地生态系统碳汇的变化情况。结果显示,在两种情景下中国陆地生态系统碳汇均于 2060 年左右达峰,随后逐渐降低。基于 ORCHIDEE-MICT 和 CIMP6 多模式集合平均的模拟结果一致显示,在 SSP1-2.6 可持续发展情景下,中国陆地生态系统碳汇将于 2100 年左右趋近于零(图 9.5)。因此,尽管大气 CO_2 浓度增加是过去几十年陆地生态系统增汇的主要原因,但随着"碳中和"战略实施,导致大气 CO_2 浓度停止升高,CO_2 施肥效应将逐渐消失。

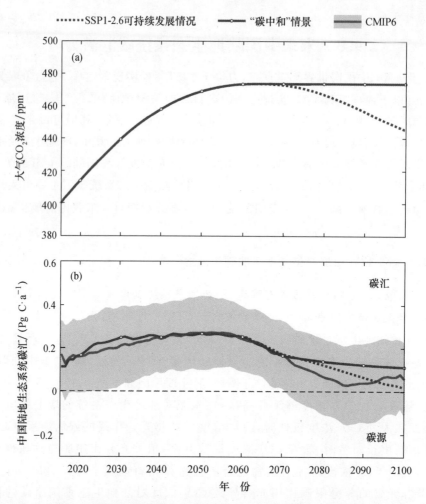

图 9.5   基于不同 CO_2 排放情景预估未来中国陆地生态系统碳汇变化 (改自朴世龙等[113]) :
(a) 2015—2100 年全球大气 CO_2 浓度变化趋势;(b) 2015—2100 年中国陆地生态系统碳汇变化趋势
注:(a)中无阴影实线和虚线分别表示"碳中和"情景(大气 CO_2 浓度在大约 2060 年达峰后保持
不变)和 SSP1-2.6 可持续发展情景(大气 CO_2 浓度在大约 2060 年达峰后继续降低)下的大气
CO_2 浓度变化;(b)中无阴影实线和虚线分别表示"碳中和"情景和 SSP1-2.6 可持续发展情景下
基于 ORCHIDEE-MICT 模型的模拟结果,含阴影实线区域表示 SSP1-2.6 可持续发展情景下基
于 CMIP6 的多模式集合平均结果与模式间的标准差

9.3.2   中国植树造林的碳汇潜力

作为一种基于自然的解决方案,植树造林以其成本低且效益高的优势,在减缓全球变暖、实现碳中和战略目标中发挥着重要作用[119]。中国人工林面积居世界首位,占全球人工林面积的 25% 左右。目前我国人工林的林龄结构中,幼龄林和中龄林所占比重较大,具有较大的固碳潜力。但是随着林龄增加,老龄林比例升高,生态系统碳收支趋于平衡,其固碳能力亦随之减缓[120]。

若大气 CO_2 浓度和气候条件不变,仅考虑林龄增加的影响,中国森林植被碳储量的增速将逐渐放缓,森林植被碳汇将由 21 世纪 20 年代的 0.18 Pg C · a^{-1} 降低至 21 世纪 60 年代的 0.08 Pg C·a^{-1}，降幅达 56%[113]（图 9.6）。届时，为了实现并维持碳中和，植树造林减少的固碳量将由其他技术途径（例如更大幅度的工业碳减排）进行补充。由此可见，通过植树造林固碳减缓全球大气 CO_2 浓度升高，并非一劳永逸的解决方案。

此外，植树造林不仅促进植被固碳，还会改变当地水分和能量平衡。因此，植树造林须因地制宜：① 树木生长的水分需求较大，干旱区造林可能导致水分因蒸腾增加而加速流失，加剧植物生长水分亏缺，进而引发多种生态环境问题[121,122]；② 植树造林会降低地表反照率，由此产生增温效应，这会部分抵消甚至大于造林固碳产生的降温效应，反而不利于减缓气候变暖[123-125]；③ 有研究表明，植树造林初期，在土壤有机碳含量较高的地区造林导致植被生物量增加，但土壤碳储量反而减少，不利于系统增汇[126]。因此，植树造林的时间和区域须合理规划布局，采取有效的森林管理措施，优化树种组成和林龄结构，从而延长森林生态系统维持较高固碳能力的时间，为工业碳减排和能源低碳转型争取时间[113]。

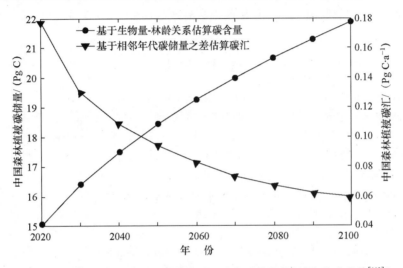

图 9.6 中国未来森林植被碳储量与碳汇变化趋势预估（改自朴世龙等[113]）
注：基于中国现有森林面积，假定气候与大气 CO_2 浓度不变，仅考虑林龄变化估算中国未来的森林植被碳储量[120]。其中，森林植被碳储量基于不同树种的生物量-林龄关系进行推算，森林植被碳汇基于相邻时间段内森林植被碳储量之差计算得到

9.3.3 中国陆地生态系统碳汇在"双碳"目标中的贡献

一般而言，碳中和的实质是通过科学统筹减排与增汇两个途径，等量消纳特定时间段内的人为碳排放，达到净零排放。作为重要的增汇途径，当前中国陆地生态系统碳汇可抵消 7%～15% 的人为碳排放，因此在中国实现"双碳"目标的过程中受到广泛关注[14]。然而，如前所述，随着大气 CO_2 浓度升高和森林林龄增加，陆地生态系统碳汇能力将逐渐减弱，甚至趋零。因此，从长远来看，陆地生态系统固碳潜力有限，并非应对气候变化、实现"双碳"目标的可持续方案。尽管如此，通过科学规划并实施植树造林、退耕还林还草、天然林保护等生态工程措施，仍可尽量延长陆地生态系统净碳吸收的时限，为我国能源低碳转型和工业减排争取时间。基于此，未来研究亟须构建和完善"天-空-地"一体化的陆地生态系统碳汇协同监测评估体系，科学规划并布局陆地生态系统增汇技术路径，助力我国"双碳"战略目标的实现[113]。

9.4　本 章 小 结

　　陆地生态系统的固碳增汇功能是推进我国"双碳"目标实现的重要路径,也是目前最为经济有效的手段之一。综合地面清查法、涡度相关通量观测法、生态系统模型模拟法与大气反演法的研究表明,当前中国陆地生态系统碳汇大小为 $0.17 \sim 0.35$ Pg C $\cdot$ a^{-1},相当于 $(6.2 \sim 12.8) \times 10^8$ t CO$_2$ $\cdot$ a^{-1}。其中,大气 CO$_2$ 浓度升高对植被的施肥效应和植树造林、退耕还林等生态工程措施是我国陆地生态系统增汇的主要驱动因素。需要指出的是,尽管现阶段中国陆地生态系统在实现碳中和目标中扮演着重要的碳汇角色,但其碳汇效应有限,在更长时间尺度上将随着大气 CO$_2$ 浓度升高和森林林龄增加而逐渐趋零。基于此,陆地生态系统碳汇功能的重要意义在于为工业减排争取到充足的时间,加快推动技术进步和能源脱碳转型才是实现我国"双碳"目标的根本有效途径。

参 考 文 献

[1] Beer C, Reichstein M, Tomelleri E, et al. Terrestrial gross carbon dioxide uptake: Global distribution and covariation with climate. Science, 2010, 329(5993): 834—838.

[2] Welp L R, Keeling R F, Meijer H A, et al. Interannual variability in the oxygen isotopes of atmospheric CO$_2$ driven by El Niño. Nature, 2011, 477(7366): 579—582.

[3] Jung M, Schwalm C, Migliavacca M, et al. Scaling carbon fluxes from eddy covariance sites to globe: synthesis and evaluation of the FLUXCOM approach. Biogeosciences, 2020, 17: 1343—1365.

[4] Running S W. A measurable planetary boundary for the biosphere. Science, 2012, 337(6101): 1458—1459.

[5] Friedlingstein P, Jones M W, Sullivan M O, et al. Global carbon budget 2021. Earth System Science Data, 2022, 14(4): 1917—2005.

[6] Raymond P A, Hartmann J, Lauerwald R, et al. Global carbon dioxide emissions from inland waters. Nature, 2013, 503(7476): 355—359.

[7] 高扬, 王朔月, 陆瑶, 等. 区域陆-水-气碳收支与碳平衡关键过程对地球系统碳中和的意义. 中国科学: 地球科学, 2022, 52(5): 832—841.

[8] van Marle M J E, van Wees D, Houghton R A, et al. New land-use-change emissions indicate a declining CO$_2$ airborne fraction. Nature, 2022, 603: 450—454.

[9] Piao S, Wang X, Park T, et al. Characteristics, drivers and feedbacks of global greening. Nature Reviews Earth & Environment, 2020, 1(1763): 14—27.

[10] Ciais P, Bastos A, Chevallier F, et al. Definitions and methods to estimate regional land carbon fluxes for the second phase of the Regional Carbon Cycle Assessment and Processes Project (RECCAP-2). Geoscientific Model Development, 2022, 15: 1289—1316.

[11] Tans P P, Fung I Y, Takahashi T. Observational contrains on the global atmospheric CO$_2$ budget. Science, 1990, 247: 1431—1438.

[12] Fang J, Chen A, Peng C, et al. Changes in forest biomass carbon storage in China between 1949 and 1998. Science, 2001, 292: 2320—2322.

[13] Pan Y, Birdsey R A, Fang J, et al. A large and persistent carbon sink in the world's forests. Science, 2011, 333(6045): 988—993.

［14］ 朴世龙，何悦，王旭辉，等. 中国陆地生态系统碳汇估算：方法、进展、展望. 中国科学：地球科学，2022，52(6)：1010—1020.

［15］ Fan S, Gloor M, Mahlman J, et al. A large terrestrial carbon sink in North America implied by atmospheric and oceanic carbon dioxide data and models. Science, 1998, 282(5388): 442—446.

［16］ Thompson R L, Patra P K, Chevallier F, et al. Top-down assessment of the Asian carbon budget since the mid 1990s. Nature Communications, 2016, 7: 10724.

［17］ Pacala S W, Hurtt G C, Baker D, et al. Consistent land-and atmosphere-based U. S. carbon sink estimates. 2001, 292: 2316—2321.

［18］ Janssens I A, Freibauer A, Ciais P, et al. Europe's terrestrial biosphere absorbs 7% to 12% of European anthropogenic CO_2 emissions. Science, 2003, 300: 1538—1542.

［19］ Piao S, Fang J, Ciais P, et al. The carbon balance of terrestrial ecosystems in China. Nature, 2009, 458(7241): 1009—1014.

［20］ Kondo M, Patra P K, Sitch S, et al. State of the science in reconciling top-down and bottom-up approaches for terrestrial CO_2 budget. Global Change Biology, 2020, 26(3): 1068—1084.

［21］ Stephens B B, Gurney K R, Tans P P, et al. Weak northern and strong tropical land carbon uptake from vertical profiles of atmospheric CO_2. Science, 2007, 316(5832): 1732—1735.

［22］ Mitchard E T A. The tropical forest carbon cycle and climate change. Nature, 2018, 559(7715): 527—534.

［23］ Brienen R J W, Phillips O L, Feldpausch T R, et al. Long-term decline of the Amazon carbon sink. Nature, 2015, 519(7543): 344—348.

［24］ Hubau W, Lewis S L, Phillips O L, et al. Asynchronous carbon sink saturation in African and Amazonian tropical forests. Nature, 2020, 579(7797): 80—87.

［25］ Baccini A, Walker W, Carvalho L, et al. Tropical forests are a net carbon source based on aboveground measurements of gain and loss. Science, 2017, 358(6360): 230—234.

［26］ Gatti L V, Basso L S, Miller J B, et al. Amazonia as a carbon source linked to deforestation and climate change. Nature, 2021, 595(7867): 388—393.

［27］ Qin Y, Xiao X, Dong J, et al. Improved estimates of forest cover and loss in the Brazilian Amazon in 2000—2017. Nature Sustainability, 2019, 2(8): 764—772.

［28］ Vancutsem C, Achard F, Pekel J F, et al. Long-term(1990—2019)monitoring of forest cover changes in the humid tropics. Science Advances, 2021, 7(10): 1—22.

［29］ Matricardi E A T, Skole D L, Costa O B, et al. Long-term forest degradation surpasses deforestation in the Brazilian Amazon. Science, 2020, 369(1378): 1378—1382.

［30］ Qin Y, Xiao X, Wigneron J P, et al. Carbon loss from forest degradation exceeds that from deforestation in the Brazilian Amazon. Nature Climate Change, 2021, 11(5): 442—448.

［31］ Friedlingstein P, O'Sullivan M, Jones M W et al. Global carbon budget 2020. Earth System Science Data, 2020, 12(4): 3269—3340.

［32］ Ciais P, Reichstein M, Viovy N, et al. Europe-wide reduction in primary productivity caused by the heat and drought in 2003. Nature, 2005, 437(7058): 529—533.

［33］ Piao S, Wang X, Wang K, et al. Interannual variation of terrestrial carbon cycle: Issues and perspectives. Global Change Biology, 2020, 26(1): 300—318.

［34］ Poulter B, Frank D, Ciais P, et al. Contribution of semi-arid ecosystems to interannual variability of the global carbon cycle. Nature, 2014, 509(7502): 600—603.

［35］ Keeling C D, Whorf T P, Wahlen M, et al. Interannual extremes in the rate of rise of atmospheric carbon dioxide since 1980. Nature, 1995(6533), 375: 666—670.

[36] Mercado L M, Bellouin N, Sitch S, et al. Impact of changes in diffuse radiation on the global land carbon sink. Nature, 2009, 458(7949): 1014—1017.

[37] Jung M, Reichstein M, Schwalm C R, et al. Compensatory water effects link yearly global land CO_2 sink changes to temperature. Nature, 2017, 541(7638): 516—520.

[38] Humphrey V, Zscheischler J, Ciais P, et al. Sensitivity of atmospheric CO_2 growth rate to observed changes in terrestrial water storage. Nature, 2018, 560(7720): 628—631.

[39] Wang K, Bastos A, Ciais P, et al. Regional and seasonal partitioning of water and temperature controls on global land carbon uptake variability. Nature Communications, 2022, 13(1): 3469.

[40] Humphrey V, Berg A, Ciais P, et al. Soil moisture-atmosphere feedback dominates land carbon uptake variability. Nature, 2021, 592(7852): 65—69.

[41] Wang X, Piao S, Ciais P, et al. A two-fold increase of carbon cycle sensitivity to tropical temperature variations. Nature, 2014, 506(7487): 212—215.

[42] Lu F, Hu H, Sun W, et al. Effects of national ecological restoration projects on carbon sequestration in China from 2001 to 2010. Proceedings of the National Academy of Sciences, 2018, 115(16): 4039—4044.

[43] Houghton R A. Balancing the global carbon budget. Annual Review of Earth and Planetary Sciences, 2007, 35: 313—347.

[44] Baldocchi D, Chu H, Reichstein M. Inter-annual variability of net and gross ecosystem carbon fluxes: A review. Agricultural and Forest Meteorology, 2018, 249: 520—533.

[45] Baldocchi D D. How eddy covariance flux measurements have contributed to our understanding of Global Change Biology. Global Change Biology, 2020, 26(1): 242—260.

[46] Jung M, Schwalm C, Migliavacca M, et al. Scaling carbon fluxes from eddy covariance sites to globe: Synthesis and evaluation of the FLUXCOM approach. Biogeosciences, 2020, 17(5): 1343—1365.

[47] 于贵瑞, 张雷明, 孙晓敏. 中国陆地生态系统通量观测研究网络(ChinaFLUX)的主要进展及发展展望. 地理科学进展, 2014, 33(7): 903—917.

[48] Keenan T F, Baker I, Barr A, et al. Terrestrial biosphere model performance for inter-annual variability of land-atmosphere CO_2 exchange. Global Change Biology, 2012, 18(6): 1971—1987.

[49] Sitch S, Friedlingstein P, Gruber N, et al. Recent trends and drivers of regional sources and sinks of carbon dioxide. Biogeosciences, 2015, 12: 653—679.

[50] Ciais P, Rayner P, Chevallier F, et al. Atmospheric inversions for estimating CO_2 fluxes: Methods and perspectives. Climatic Change, 2010, 103(112): 69—92.

[51] Peylin P, Law R M, Gurney K R, et al. Global atmospheric carbon budget: Results from an ensemble of atmospheric CO_2 inversions. Biogeosciences, 2013, 10(10): 6699—6720.

[52] Chevallier F, Ciais P, Conway T J, et al. CO_2 surface fluxes at grid point scale estimated from a global 21 year reanalysis of atmospheric measurements. Journal of Geophysical Research Atmospheres, 2010, 115(21): 1—17.

[53] Gurney K R, Law R M, Denning A S, et al. Towards robust regional estimates of annual mean CO_2 sources and sinks. Nature, 2002, 415(6872): 626—630.

[54] Fang J, Yu G, Liu L, et al. Climate change, human impacts, and carbon sequestration in China. Proceedings of the National Academy of Sciences, 2018, 115(16): 4015—4020.

[55] Jung M, Reichstein M, Margolis H A, et al. Global patterns of land-atmosphere fluxes of carbon dioxide, latent heat, and sensible heat derived from eddy covariance, satellite, and meteorological observations. Journal of Geophysical Research: Biogeosciences, 2011, 116(G3): 1—16.

[56] Tramontana G, Jung M, Schwalm C R, et al. Predicting carbon dioxide and energy fluxes across glob-

al FLUXNET sites with regression algorithms. Biogeosciences, 2016, 13(14): 4291—4313.

[57] Yao Y, Li Z, Wang T, et al. A new estimation of China's net ecosystem productivity based on eddy covariance measurements and a model tree ensemble approach. Agricultural and Forest Meteorology, 2018, 253—254: 84—93.

[58] Tian H, Melillo J, Lu C, et al. China's terrestrial carbon balance: Contributions from multiple global change factors. Global Biogeochemical Cycles, 2011, 25(1): 1—16.

[59] He H, Wang S, Zhang L, et al. Altered trends in carbon uptake in China's terrestrial ecosystems under the enhanced summer monsoon and warming hiatus. National Science Review, 2019, 6(3): 505—514.

[60] Wang J, Feng L, Palmer P I, et al. Large Chinese land carbon sink estimated from atmospheric carbon dioxide data. Nature, 2020, 586(7831): 720—723.

[61] Wang Y, Wang X, Wang K, et al. The size of the land carbon sink in China. Nature, 2022, 603 (7901): E7—E9.

[62] Chen B, Zhang H, Wang T, et al. An atmospheric perspective on Chinese mainland carbon sink: Current progresses and challenges. Science Bulletin, 2021, 66(17): 1—6.

[63] Keenan T F, Williams C A. The terrestrial carbon sink. Annual Review of Environment and Resources, 2018, 43: 219—243.

[64] Yang Y, Shi Y, Sun W, et al. Terrestrial carbon sinks in China and around the world and their contribution to carbon neutrality. Science China Life Sciences, 2022, 65(5): 861—895.

[65] 齐玉春, 董云社, 耿元波, 等. 我国草地生态系统碳循环研究进展. 地理科学进展, 2003, 22(4): 342—352.

[66] Zhang L, Zhou G S, Ji Y H, et al. Spatiotemporal dynamic simulation of grassland carbon storage in China. Science China Earth Sciences, 2016, 59(10): 1946—1958.

[67] Xie Z, Tang Z. Studies on carbon storage of shrubland ecosystems in China. Chinese Journal of Plant Ecology, 2017, 41(1): 5—10.

[68] 王伟民, 祝令辉, 任鸿昌. 中国西部地区灌丛生态系统服务功能效益评估. 林业资源管理, 2008, 8 (4): 124—131.

[69] 王兵, 魏江生, 胡文. 中国灌木林-经济林-竹林的生态系统服务功能评估. 生态学报, 2011, 31(7): 1936—1945.

[70] 赵永存, 徐胜祥, 王美艳, 等. 中国农田土壤固碳潜力与速率: 认识, 挑战与研究建议. 中国科学院院刊, 2018, 33(2): 191—197.

[71] Li Y, Wang Y G, Houghton R A, et al. Hidden carbon sink beneath desert. Geophysical Research Letters, 2015, 42(14): 5880—5887.

[72] Yang F, Huang J, Zhou C, et al. Taklimakan desert carbon-sink decreases under climate change. Science Bulletin, 2020, 65(6): 431—433.

[73] Song X, Yang F, Wu H, et al. Significant loss of soil inorganic carbon at the continental scale. National Science Review, 2021, 9(2): 8—15.

[74] Raza S, Miao N, Wang P, et al. Dramatic loss of inorganic carbon by nitrogen-induced soil acidification in Chinese croplands. Global Change Biology, 2020, 26(6): 3738—3751.

[75] Zhang C, Ju W, Chen J M, et al. China's forest biomass carbon sink based on seven inventories from 1973 to 2008. Climatic Change, 2013, 118(314): 933—948.

[76] Guo Z D, Hu H F, Li P, et al. Spatio-temporal changes in biomass carbon sinks in China's forests from 1977 to 2008. Science China Life Sciences, 2013, 56(7): 661—671.

[77] Pan Y, Luo T, Birdsey R, et al. New estimates of carbon storage and sequestration in China's for-

ests: effects of age-class and method on inventory-based carbon estimation. Climatic Change, 2004, 67 (2): 211—236.

[78] Jiang F, Chen J M, Zhou L, et al. A comprehensive estimate of recent carbon sinks in China using both top-down and bottom-up approaches. Scientific Reports, 2016, 6(6): 1—9.

[79] Zhu J, Hu H, Tao S, et al. Carbon stocks and changes of dead organic matter in China's forests. Nature Communications, 2017, 8(1): 151.

[80] Yang J, Ji X, Deane D C, et al. Spatiotemporal distribution and driving factors of forest biomass carbon storage in China: 1977—2013. Forests, 2017, 8: 263.

[81] Wang S, Chen J M, Ju W M, et al. Carbon sinks and sources in China's forests during 1901—2001. Journal of environmental management, 2007, 85(3): 524—537.

[82] Xu L, Yu G, He N. Increased soil organic carbon storage in Chinese terrestrial ecosystems from the 1980s to the 2010s. Journal of Geographical Sciences, 2019, 29(1): 49—66.

[83] Wang S, Xu L, Zhuang Q, et al. Investigating the spatio-temporal variability of soil organic carbon stocks in different ecosystems of China. Science of The Total Environment, 2021, 758: 143644.

[84] Fang J Y, Guo Z D, Piao S L, et al Terrestrial vegetation carbon sinks in China, 1981—2000. Science in China, Series D: Earth Sciences, 2007, 50(9): 1341—1350.

[85] Xie Z, Zhu J, Liu G, et al. Soil organic carbon stocks in China and changes from 1980s to 2000s. Global Change Biology, 2007, 13(9): 1989—2007.

[86] Pan G, Xu X, Smith P, et al. An increase in topsoil SOC stock of China's croplands between 1985 and 2006 revealed by soil monitoring. Agriculture, Ecosystems & Environment, 2010, 136(s1/s2): 133—138.

[87] Sun W, Huang Y, Zhang W, et al. Carbon sequestration and its potential in agricultural soils of China. Global Biogeochemical Cycles, 2010, 24(3): GB3001.

[88] She W, Wu Y, Huang H, et al. Integrative analysis of carbon structure and carbon sink function for major crop production in China's typical agriculture regions. Journal of Cleaner Production, 2017, 162: 702—708.

[89] Huang Y, Sun W. Changes in topsoil organic carbon of croplands in mainland China over the last two decades. Chinese Science Bulletin, 2006, 51: 1785—1803.

[90] Yan X, Cai Z, Wang S, et al. Direct measurement of soil organic carbon content change in the croplands of China. Global Change Biology, 2011, 17(3): 1487—1496.

[91] He W, He P, Jiang R, et al. Soil organic carbon changes for croplands across China from 1991 to 2012. Agronomy, 2021, 11(7): 1433.

[92] Li C, Zhuang Y, Frolking S, et al. Modeling soil organic carbon change in croplands of China. Ecological Applications, 2003, 13(2): 327—336.

[93] Tang H, Qiu J, Wang L, et al. Modeling soil organic carbon storage and its dynamics in croplands of China. Agricultural Sciences in China, 2010, 9(5): 704—712.

[94] Tang H, Qiu J, Van Ranst E, et al. Estimations of soil organic carbon storage in cropland of China based on DNDC model. Geoderma, 2006, 134(1/2): 200—206.

[95] Yu Y, Huang Y, Zhang W. Modeling soil organic carbon change in croplands of China, 1980—2009. Global and Planetary Change, 2012, 82—83: 115—128.

[96] Piao S, Yin G, Tan J, et al. Detection and attribution of vegetation greening trend in China over the last 30 years. Global Change Biology, 2015, 21(4): 1601—1609.

[97] Franks P J, Adams M A, Amthor J S, et al. Sensitivity of plants to changing atmospheric CO_2 concentration: From the geological past to the next century. New Phytologist, 2013, 197 (4):

1077—1094.

[98] Walker A P, De Kauwe M G, Bastos A, et al. Integrating the evidence for a terrestrial carbon sink caused by increasing atmospheric CO_2. New Phytologist, 2021, 229(5): 2413—2445.

[99] Liu Y, Piao S, Gasser T, et al. Field-experiment constraints on the enhancement of the terrestrial carbon sink by CO_2 fertilization. Nature Geoscience, 2019, 12(10): 809—814.

[100] Terrer C, Phillips R P, Hungate B A, et al. A trade-off between plant and soil carbon storage under elevated CO_2. Nature, 2021, 591(7851): 599—603.

[101] Piao S, Friedlingstein P, Ciais P, et al. Growing season extension and its impact on terrestrial carbon cycle in the Northern Hemisphere over the past 2 decades. Global Biogechemical Cycles, 2007, 21 (3): 1—11.

[102] Richardson A D, Andy Black T, Ciais P, et al. Influence of spring and autumn phenological transitions on forest ecosystem productivity. Philosophical Transactions of the Royal Society B: Biological Sciences, 2010, 365(1555): 3227—3246.

[103] Luo Y, Wan S, Hui D, et al. Acclimatization of soil respiration to warming in a tall grass prairie. Nature, 2001, 413(6865): 622—625.

[104] Piao S, Luyssaert S, Ciais P, et al. Forest annual carbon cost: A global-scale analysis of autotrophic respiration. Ecology, 2010, 91(3): 652—661.

[105] Wan S, Xia J, Liu W, et al. Photosynthetic overcompensation under nocturnal warming enhances grassland carbon sequestration. Ecology, 2009, 90(10): 2700—2710.

[106] Piao S, Ciais P, Friedlingstein P, et al. Net carbon dioxide losses of northern ecosystems in response to autumn warming. Nature, 2008, 451(7174): 49—52.

[107] Law B. Nitrogen deposition and forest carbon. Nature, 2013, 496(7445): 307—308.

[108] Vitousek P M, Howarth R W. Nitrogen limitation on land and in the sea: How can it occur?. Biogeochemistry, 1991, 13(2): 87—115.

[109] Lu C, Tian H, Liu M, et al. Effect of nitrogen deposition on China's terrestrial carbon uptake in the context of multifactor environmental changes. Ecological Applications, 2012, 22(1): 53—75.

[110] Schulte-Uebbing L, de Vries W. Global-scale impacts of nitrogen deposition on tree carbon sequestration in tropical, temperate, and boreal forests: A meta-analysis. Global Change Biology, 2018, 24 (2): e416—e431.

[111] Bryan B A, Gao L, Ye Y, et al. China's response to a national land-system sustainability emergency. Nature, 2018, 559(7713): 193—204.

[112] Chen C, Park T, Wang X, et al. China and India lead in greening of the world through land-use management. Nature Sustainability, 2019, 2: 122—129.

[113] 朴世龙, 岳超, 丁金枝, 等. 试论陆地生态系统碳汇在"碳中和"目标中的作用. 中国科学: 地球科学, 2022, 52(7): 1419—1426.

[114] Zhang X, Peng S, Ciais P, et al. Greenhouse gas concentration and volcanic eruptions controlled the variability of terrestrial carbon uptake over the last millennium. Journal of Advances in Modeling Earth Systems, 2019, 11(6): 1715—1734.

[115] Schimel D, Stephens B B, Fisher J B. Effect of increasing CO_2 on the terrestrial carbon cycle. Proceedings of the National Academy of Sciences of the United States of America, 2015, 112(2): 436—441.

[116] De Kauwe M G, Keenan T F, Medlyn B E, et al. Satellite based estimates underestimate the effect of CO_2 fertilization on net primary productivity. Nature Climate Change, 2016, 6(10): 892—893.

[117] Peñuelas J, Ciais P, Canadell J G, et al. Shifting from a fertilization-dominated to a warming-domina-

ted period. Nature Ecology & Evolution, 2017, 1(10): 1438—1445.

[118] Terrer C, Jackson R B, Prentice I C, et al. Nitrogen and phosphorus constrain the CO_2 fertilization of global plant biomass. Nature Climate Change, 2020, 10(7): 696—697.

[119] Griscom B W, Adams J, Ellis P W, et al. Natural climate solutions. Proceedings of the National Academy of Sciences of the United States of America, 2017, 114(44): 11645—11650.

[120] Yao Y, Piao S, Wang T. Future biomass carbon sequestration capacity of Chinese forests. Science Bulletin, 2018, 63(17): 1108—1117.

[121] Feng X, Fu B, Piao S, et al. Revegetation in China's Loess Plateau is approaching sustainable water resource limits. Nature Climate Change, 2016, 6(11): 1019—1022.

[122] Zhao M, Geruo A, Zhang J, et al. Ecological restoration impact on total terrestrial water storage. Nature Sustainability, 2021, 4(1): 56—62.

[123] Arora V K, Montenegro A. Small temperature benefits provided by realistic afforestation efforts. Nature Geoscience, 2011, 4(8): 514—518.

[124] Li Y, Piao S, Chen A, et al. Local and teleconnected temperature effects of afforestation and vegetation greening in China. National Science Review, 2020, 7(5): 897—912.

[125] Peng S S, Piao S, Zeng Z, et al. Afforestation in China cools local land surface temperature. Proceedings of the National Academy of Sciences of the United States of America, 2014, 111(8): 2915—2919.

[126] Hong S, Yin G, Piao S, et al. Divergent responses of soil organic carbon to afforestation. Nature Sustainability, 2020, 3(9): 694—700.

第10章 海洋碳汇

从地球的能量平衡和碳平衡的角度来看,海洋是气候变化的"缓冲器"与"调节器"。由于海水的比热容(1 kg 海水温度升高 1℃所吸收的热量)是空气的 4 倍,加之体积巨大,海洋因而具有巨大的热容,是维持表层地球系统能量平衡的核心。自 1950 年以来,海洋吸收了人为排放温室气体所捕集的大部分超额热量(约 90%)。2021 年,全球海洋 2000 m 吸收的热量比 2020 年增加了 14×10^{21} J,相当于 2020 年中国全年发电量的 500 倍[1]。从全球碳收支来看,海洋是人为 CO_2 的主要归宿之一。1850—2019 年,化石燃料燃烧排放了大量 CO_2,总量高达 451 Pg C(图 10.1),这部分 CO_2 在大气、陆地和海洋进行了再分配。其中,陆地净碳汇(陆地总碳汇减去土地利用方式改变所释放的 CO_2)占比约 4%,海洋碳汇占比约 37%,剩余约 59%留存于大气中,使大气 CO_2 浓度从工业革命前的 280 ppm(10^{-6},百万分率)上升到 2020 年的 413 ppm,驱动了全球变暖。

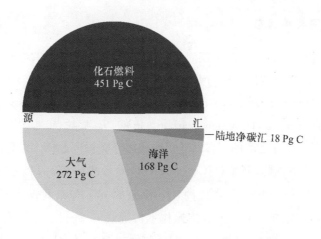

图 10.1 自工业革命以来全球人为 CO_2 源汇概览

数据来源:根据《全球碳收支 2020》[2]发布数据计算,源汇收支不平衡是因为各个储库的碳源汇通量估算存在误差

海洋持续吸热、储碳导致海洋暖化、脱氧及酸化,进而使海洋生物、地球化学性质和生态系统发生显著变化,严重威胁海洋健康及其生态系统服务。海洋吸热、暖化导致海水膨胀、冰盖融化,进而驱动海平面上升。海洋中热量的增加还对其动力和热力过程产生影响,并通过多尺度海-气相互作用增加极端天气和气候事件的发生频率和强度。海洋暖化引发的另一个负面效应便是海洋脱氧。海水增温,氧气溶解度降低,同时加快生物呼吸、硝化等过程的耗氧速率,全球海洋的溶解氧含量在过去 50 年下降了约 2%[3]。海洋从大气吸收的 CO_2,部分会和水生成碳酸并解离出氢离子,导致海水 pH 降低,也就是海洋酸化。据估计,自工业革命以来,表层海水 pH 已降低了 0.1[4]。此外,近岸海水富营养化也会加剧海洋酸化[5]。

海洋酸化还导致碳酸钙饱和度的降低,直接危及珊瑚、贝类等以碳酸钙为骨骼的海洋生物的代谢与生长。

　　作为地球气候系统的重要组成部分,碳循环涉及碳及其化合物在大气、陆地、海洋等圈层之间和圈层内部的迁移转化,其核心是跨圈层、多尺度的碳通量,研究重点在于降低碳通量估算的不确定性、厘清人为干扰的大小、揭示调控过程和机理,以便更准确地预测未来地球气候系统的变化趋势。未来全球升温可能会削弱海洋等地表生态系统的碳吸收能力,导致存留于大气圈的 CO_2 占比增加,进一步加剧全球增温[6]。实施碳中和战略以应对气候变化,必须厘清在自然变化与人为干预下全球碳循环的演变趋势及地球气候系统对其的响应与反馈。

　　本章在梳理海洋碳循环核心概念的基础上,介绍海洋碳通量研究方法、国内外前沿进展,剖析该领域研究热点和难点;简要介绍海洋增汇基本原理、途径与技术,提炼通过海洋增汇助力实现碳中和目标涉及的科学、技术与管理问题。

10.1　海洋碳储库与碳循环

10.1.1　海洋中的主要碳储库

　　海洋是地表系统最大的碳储库,上层海洋的碳储量约为 918 Pg C,中深层海洋的碳储量则高达 37 200 Pg C[7],海洋总碳储量约为大气的 50 倍、陆地的 20 倍。海洋中碳的主要存在形式包括溶解无机碳(dissolved inorganic carbon, DIC)、溶解有机碳(dissolved organic carbon, DOC)、颗粒有机碳(particulate organic carbon, POC)及颗粒无机碳(particulate inorganic carbon, PIC)等,不同碳组分之间的迁移与转化构成海洋碳循环。DIC 是海洋中碳的主要存在形式,占比约 98%。其中,碳酸氢根(HCO_3^-)占 DIC 储量的约 90%,储量为 33 690 Pg C;其次是碳酸根(CO_3^{2-},约 3000 Pg C),占比约 8%;剩余的 743 Pg C 是游离 CO_2(aq,溶解态)和未电离碳酸(H_2CO_3)(图 10.2)。DOC 指操作上可通过 $0.2\sim1.0~\mu m$ 孔径滤膜的有机碳,是海洋中最大的有机碳库,储量约 685 Pg C[8],仅次于 DIC,与大气 CO_2 储量相当。POC 储量为 $13\sim23$ Pg C[9],100 m 以浅 PIC 的储量约 27 Tg C[10],海底浅层沉积物的碳储量约为 150 Pg C(包括有机碳和无机碳)。

10.1.2　海-气 CO_2 交换

　　海洋与大气的交界面是地球系统中物理、化学过程最为活跃的界面之一,在此界面上时刻进行着物质和能量的交换。海-气界面 CO_2 交换是海洋碳循环最重要的过程之一,其通量直接反映海区的碳源汇强度。海水溶解无机碳系统,也称为溶解 CO_2 系统或碳酸盐系统,包括游离 CO_2(aq)/ H_2CO_3、HCO_3^- 和 CO_3^{2-} 三种形态,不同形态的溶解无机可相互转化,处于动态平衡。当大气 CO_2 分压高于表层海水 CO_2 分压时,海洋从大气吸收 CO_2;反之,海洋则向大气释放 CO_2。海-气界面交换的是 CO_2 气体,大气 CO_2 一旦通过海-气交换进入海洋后会发生一系列化学反应:

$$CO_2(g) \Longleftrightarrow CO_2(aq) \qquad (10\text{-}1)$$

$$CO_2(aq) + H_2O \Longleftrightarrow H_2CO_3 \qquad (10\text{-}2)$$

$$H_2CO_3 \Longleftrightarrow H^+ + HCO_3^- \qquad (10\text{-}3)$$

$$HCO_3^- \Longleftrightarrow H^+ + CO_3^{2-} \qquad (10\text{-}4)$$

这些反应会打破海水碳酸盐系统原有的平衡,导致这三种形态的浓度发生相应的变化(式中 g 表示气态),这样的动态平衡构成了海水碳酸盐缓冲系统,即部分进入海洋的 CO_2 会转换成其他无机碳形态,从而使海水 CO_2 分压升高的程度低于非缓冲系统。该过程产生 H^+,使海水 pH 降低,导致海洋酸化。DIC、总碱度(total alkalinity,TA)、CO_2 分压[$p(CO_2)$]和 pH 是描述海水碳酸盐系统的 4 个基本参数。总碱度反映的是海水中和 H^+ 的能力,其中碳酸盐碱度($CO_3^{2-} + HCO_3^-$)的贡献通常占比 90% 以上。

海水碳酸盐系统是海洋最重要的缓冲体系,其缓冲能力的强弱可用缓冲系数来表征[11],也被称为"瑞维尔因子"(Revelle factor),即 $[\Delta p(CO_2) / p(CO_2)]/(\Delta DIC / DIC)$,其含义是:大气 CO_2 进入海水后,在一定温度、盐度和碱度条件下,海水 CO_2 分压增长比例与总 DIC 增长比例的比值。瑞维尔因子越小,表示海水碳酸盐系统的缓冲能力越强,即吸收等量大气 CO_2 后海水 CO_2 分压升高的幅度越小,海水吸收大气 CO_2 的能力越强[12]。大洋表层海水瑞维尔因子为 8~15,主要受温度影响,低纬度海域低、缓冲能力强,而高纬度海域高、缓冲能力弱[11]。

10.1.3　海洋碳泵

海-气 CO_2 交换发生在表层海洋与低层大气之间,但上层海洋的储碳空间有限,且海洋的上层与深层水交换是一个长期而缓慢的过程,可长达百年。如果将海洋上层的 DIC 输送至深层,便可长时间与大气隔绝,实现碳封存,同时促进上层海洋进一步吸收大气中的 CO_2。海洋碳泵(包括溶解度泵、生物泵和碳酸盐泵)就承担了输运、转化与储碳的任务。溶解度泵通常指:高纬海区在冷空气和强风的作用下,表层海水快速降温,CO_2 溶解度增大,海洋通过海-气交换从大气吸收大量 CO_2;随着深层水的形成,高密海水携带吸收的 CO_2 下沉进入大洋热盐环流,脱离海-气交换层,从而实现对大气 CO_2 的封存。生物泵始于海洋真光层,浮游植物通过光合作用将无机碳转化为有机碳,其中,POC 通过沉降等过程输送至深海,而 DOC 则向下扩散或随着深层水的形成进入深海,但在输送过程中部分有机碳会被再矿化成 DIC 释放到周围水体中。碳酸盐泵是控制海洋碳循环的另一重要过程。海水碳酸盐系统具有一定的缓冲作用:一方面,大气 CO_2 进入海水改变了 HCO_3^- 和 CO_3^{2-} 的比例,从而减缓 pH 的降低;另一方面,海水碳酸盐沉淀形成的同时会释放 CO_2(如图 10.2 碳酸盐泵中实线箭头所示),而碳酸盐溶解会从大气吸收 CO_2(如图 10.2 碳酸盐泵中虚线箭头所示)。因此,储存于海底沉积物中的大量碳酸盐,其沉积与溶解可在长时间尺度调节大气 CO_2 浓度。

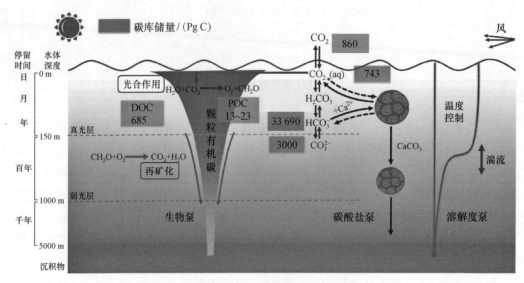

图 10.2　海洋主要碳储库与海洋碳泵

数据来源：重绘自戴民汉等[13]

10.2　海洋碳汇格局、时空变异及调控机制

海洋碳汇的完整表述为"海洋吸收大气 CO_2 所形成的汇"，是指海洋通过物理、化学、生物过程吸收大气 CO_2 并储存于海洋的量，这部分碳在海洋中的固定形式和封存深度决定了海洋碳汇的时间尺度。在一些专业文献或新闻报道中，"蓝碳"常常是海洋碳汇的代名词，但实际上蓝碳只是海洋碳汇的一部分。蓝碳概念的提出是相对于"绿碳"（陆地碳汇）而言，强调的是滨海植被生态系统对有机碳埋藏的贡献。2009 年，联合国环境规划署，联合国粮食及农业组织和联合国教育、科学及文化组织政府间海洋学委会联合发布了《蓝碳：快速反应评估》报告。其中，广义蓝碳可解读为：海洋生物捕获的碳，并以有机物的形式储存并最终埋藏的碳。而狭义蓝碳可解读为：红树林、滨海盐沼和海草床等海岸带生态系统捕获并埋藏于沉积物中的碳，储存时间可超过 1000 年。Macreadie 等[14]也将蓝碳定义为被大洋和近海生态系统捕获和储存的有机碳，尤其是红树林、盐沼和海草床等滨海植被生态系统。为更准确地表述海洋碳汇的内涵，本章的蓝碳采纳其狭义定义，而其他与海洋相关的碳汇则统称为海洋碳汇。

10.2.1　海洋碳汇观测方法

1. 滨海湿地

滨海湿地碳汇观测方法可分为碳储量和碳通量两类，而不同储量或通量组分的观测方法亦不相同。碳储量的观测组分包括地上生物量、地下生物量以及沉积物碳储量，而碳通量的观测可分为总碳通量、垂向碳通量和横向碳通量。不同观测方法各有优势与不足（表 10-1），因此，如何集成多种方法开展滨海湿地碳储量和碳通量的快速准确评估仍是重大挑战。实际应用中通常根据不同生态系统选择不同方法，但集成多方法观测可实现优势互补，发挥多时空尺度观测的优势，更好地评估滨海湿地碳汇。

表 10-1 滨海湿地碳汇观测方法及优缺点

组 分		方 法	原 理	优 点	缺 点
碳储量	地上生物量	样地实测法[15]	对样地内乔木、灌木、草本分别进行生物量估算,获得单位面积的地上生物量	方法成熟、可靠	难以适用于中到大尺度观测
		遥感估测法[16]	构建遥感与样地生物量之间的经验关系来估算	适用于大尺度估算	小尺度应用可能存在较大误差
	地下生物量	根冠比法[17]	结合地上生物量及地上、地下生物量比值来估算	有效、快捷,可用于区域尺度研究	地上、地下生物量比值受物种类型、环境条件等影响
	沉积物碳储量	地表高程-标志层监测法[18]	监测地表高程和沉积动态,计算浅层沉积物高程的变化	可开展高精度连续测量	站点数量较少,难覆盖整片滨海湿地
		同位素测年法[19]	基于沉积物^{210}Pb等同位素随时间或深度指数衰减的变化规律计算百年尺度的平均沉积速率	结果可靠	易受沉积物扰动等因素影响
		水平标志层法[20]	人工标记层以上到地表的新沉积物厚度为标记时间段内的沉积速率	直观、准确	未考虑沉积物压实作用
碳通量	总碳通量	储量差分法[21]	通过测定各类碳库在两个不同时间点之间的差异来计量碳储量变化	已广泛应用	需要测定每类碳库,应用受限
		收支法[17]	利用碳排放因子数据估算符合IPCC等级1和等级2标准的结果	简单易用,可解析碳收支变化过程	碳固定、碳排放测定时空尺度有差异
	垂向碳通量	涡动相关法[22]	通过测定边界层内气体浓度、三维风速等物理量的高频变化来计算气体通量	测量精度高,可实现非破坏的长期连续测量	技术、成本等要求较高
		箱式法[23]	通过测定箱内气体浓度的时间变化来计算气体通量	成本低,操作方便,适宜小尺度测量	覆盖面积小、干扰微气象环境、测定不连续等
	横向碳通量	数学模型及现场观测[24]	结合水沙通量模拟与现场水体碳浓度实测来估算	可获得不同形态碳的通量	不适合长期连续测定

2. 海-气界面

在海水体系,海-气CO_2交换通量的测量方法包括放射性碳同位素^{14}C示踪法、稳定碳同位素^{13}C/^{12}C比值法、O_2法、海-气界面CO_2分压差法、涡动相关法等(表10-2)。

表 10-2   海-气 CO_2 通量测定方法及其优缺点

方 法	原 理	优 点	缺 点
放射性碳同位素 ^{14}C 示踪法[25]	根据 ^{14}C 在海水中的垂直分布,基于物质平衡及海水热力学、动力学原理,通过建立模型估算的海-气界面 CO_2 交换速率、通量	适用于全球尺度	模型的假设条件过于理想化
O_2 法[26]	化石燃料燃烧产生的 CO_2 和消耗的 O_2 存在一定的比例关系,可根据观测到的大气 O_2 变化量估算化石燃料燃烧释放的 CO_2,结合大气 CO_2 变化量来估算海洋碳收支	相对于 CO_2,O_2 的海-气交换对大气中 O_2 浓度的影响基本可以忽略	准确测量大气 O_2 浓度变化的难度大
稳定碳同位素 $^{13}C/^{12}C$ 比值法[27]	化石燃料燃烧产生的较低 $\delta^{13}C$ 的 CO_2 进入大气和海洋时就会降低大气 CO_2 和海水碳酸盐的 $\delta^{13}C$ 值,因此通过观测大气和海水中 $\delta^{13}C$ 变化的速率就可以估计 CO_2 通量	推广性较强	CO_2 海-气交换过程中会发生微弱的同位素分馏,校正难度较大
海-气界面 CO_2 分压差法[28]	采用间接计算(一般通过海水碳酸盐体系的相关关系计算)或实测(一般采用水气平衡-红外光度法)的方法得到表层海水的 CO_2 分压值,同时测量海洋表层大气中的 CO_2 分压值,结合二者之差与海-气界面气体交换速率估算 CO_2 交换通量	大气和海洋表层 CO_2 分压的测量都相对成熟可靠	该方法计算过程中用到的气体传输速率(gas transfer velocity)k 的直接测定难度极大,目前大多假定 k 为风速的函数,但其函数关系式多达十余种[29]。因此,当估算海-气 CO_2 通量时,选择 k 的不同计算函数会引入一定的估算不确定性
涡动相关法[22]	通过测定边界层内气体浓度、三维风速等物理量的高频变化来计算气体通量	测量精度高,可实现非破坏的长期连续测量	技术、成本等要求较高

在表 10-2 总结的多种方法中,目前最常用的是海-气界面 CO_2 分压差法。该方法通过测定 CO_2 分压差 $[\Delta p(CO_2)]$,应用液膜扩散模式(图 10.3,由经典的界面双膜扩散模式忽略气膜而得)和 Fick 定律,估算海-气 CO_2 通量。计算公式如下:

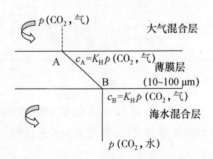

图 10.3 CO_2 海-气交换液膜扩散模式示意

$$F = k \times K_H \times \Delta p(CO_2) \tag{10-5}$$

$$\Delta p(CO_2) = p(CO_2, 水) - p(CO_2, 气) \tag{10-6}$$

式中，F 是 CO_2 在海-气界面上的净通量；k 是界面气体传输速率，又称为"活塞系数"，受海洋表面风、流、浪等因素的影响；K_H 是 CO_2 在海水中的溶解度，是温度、盐度和压力的函数；$p(CO_2, 水)$ 和 $p(CO_2, 气)$ 则分别代表表层海水和大气 CO_2 分压。

大气和海水 CO_2 分压的测定方法相对成熟，但海水 CO_2 分压的时空变化较大。近年来，模式和数据分析方法广泛应用于海-气 CO_2 通量研究，在一定程度上降低了碳清单估算的不确定性[30-32]。数值模式可以量化海洋中 CO_2 的总体增长趋势，解析碳循环的关键控制过程，但对海洋碳酸盐系统及海水 CO_2 分压的数值模拟仍存在诸多挑战[32]。而数据分析方法在一定程度上可以弥补海洋模式的不足[33,34]，数据分析方法主要分为统计插值和回归两种类型：统计插值只能在现有观测数据的基础上提高其空间覆盖率；回归方法则通过构建海洋表层 CO_2 分压数据和其他驱动海洋表层 CO_2 分压变化的参数之间的映射关系进行合理外推，进而拓展海洋表层 CO_2 分压数据时空分布。近年来机器学习方法和遥感衍生产品（作为回归方法中的自变量）的发展促进了回归方法的发展[35]。此外，基于数据分析法得到的高时空分辨率数据产品可以通过数值同化方法改进海洋数值模式模拟的结果。

10.2.2　典型海洋系统的碳源汇格局及调控机制

1. 滨海湿地

滨海湿地生态系统，包括红树林、盐沼和海草床，通过光合作用和沉积物埋藏持续吸收并固定大气 CO_2[36]。研究表明，红树林单位面积固碳速率是热带森林的 10 倍，单位面积储碳量也是后者的 3~5 倍。另外，与森林的碳固定不同，滨海蓝碳主要固定在土壤沉积物中，而深层沉积物的低氧环境抑制了碳的周转，因此碳库比较稳定[37]。滨海湿地碳循环涉及光合作用、呼吸作用、潮汐传输等过程，碳通量在昼夜、季节、年际尺度上均存在显著变化[38]。在昼夜尺度上，光合作用和呼吸作用共同调控碳通量的变化：白天通常为碳汇而夜间为碳源，光合有效辐射是光合作用的主要限制因子，生态系统碳吸收能力因而随着辐射强度的增加而增强[39]；潮汐作用带来的昼夜干湿交替，改变沉积物的含氧量，影响着生态系统呼吸强度及 CO_2 通量变化；规律性的午后海风通过调节空气温度和湿度，影响着光合作用强度及 CO_2 通量变化[39]。在季节尺度上，土壤温度是碳通量季节变异的主要控制因子，而降水和光合有效辐射在季节尺度上对碳通量变化的影响次之[40]；盐沼湿地碳通量在不同植被物候期存在显著差异，成熟期碳汇显著高于休眠期[41]；红树林湿地在干季、湿季碳吸收能力不同，干季少雨，盐度升高减弱了红树林湿地碳循环，降低红树林湿地的碳汇[42]。在年际尺度上，滨海湿地碳收支往往受到降水的显著影响，降水分配变化直接或间接影响生态系统光合和呼吸过程，进而影响生态系统碳交换：盐沼湿地多年涡度相关观测结果表明，生长季初期降水引起的土壤盐度变化明显影响了碳通量年际变化，生长季早期降水量的增加可提高盐沼湿地碳汇[43]；此外，极端降水事件对滨海湿地碳汇产生显著的负面影响[44]。综上，了解不同时间尺度碳通量变异规律及控制机制对准确评估全球变化背景下滨海湿地的碳汇功能具有重要意义。

在全球气候变化和人类活动的影响下，滨海湿地生态系统面临巨大胁迫。研究表明，30%~40%盐沼和海草床以及接近全部的红树林将在未来 100 年内消失[45]。全球三大滨海湿地生态系统当前的总碳储量为 8970~32 650 Tg C[46,47]，其中可实现长期碳封存的沉积物储存了 50%～90% 的碳[48,49];全球红树林生态系统表层 1 m 土壤储存了 1900～8400 Tg C,活
生物量含 1230～3900 Tg C,全球红树林 40%～50% 的碳储存于印度尼西亚、巴西、澳大利
亚和马来西亚;全球盐沼土壤碳储量估计为 862～1350 Tg C,其中 77%～86% 分布于美国、
俄罗斯和澳大利亚;全球海草床土壤碳储量估计为 1732～21 000 Tg C,主要分布于澳大利
亚、印度尼西亚和美国。滨海湿地碳储量存在明显的空间分布差异,以红树林为例,其生物
量和纬度之间存在明显的关系,随着与赤道距离的增加,生物量呈下降趋势[50];单位面积土
壤碳储量在南北半球无显著差异,但在不同纬度带之间存在差异[51]。

2. 河口

河口是位于陆地与近海之间的半封闭水体,上溯感潮河段,下至入海口或陆架。广义的
河口包括河流主控型河口、滨海平原河口、峡湾、潟湖等。河口接收大量源自河流、盐沼以及
人为排放的无机碳、有机碳和营养盐,因此,河口的微生物呼吸作用强烈。而受河流泥沙输
入和河口水动力过程影响,河口上游通常浊度较高,水体透光率不佳,初级生产力较低,因此
河口通常被认为是异养生态系统[52]。

受不同来源物质输入、浮游植物生产、微生物呼吸、水体停留时间、碳酸盐系统缓冲能力
等因素的影响,河口的海-气 CO_2 通量的时空变化极大。Chen 等[53]集成分析了全球 165 个
河口的海-气 CO_2 通量,其变化范围为 $-58.4～163.0$ mol·m^{-2}·a^{-1}(负值代表从大气吸
收 CO_2,正值代表向大气释放 CO_2),平均为 7.7 mol·m^{-2}·a^{-1}。位于不同纬度的河口
CO_2 通量并没有明显的变化规律[53,54],但不同类型的河口稍有差异,通常峡湾 CO_2 通量低
于河流主控河口、潟湖和小型三角洲河口[55]。河口 CO_2 释放量总体上北半球高于南半球,
北半球高纬度地区低于中纬度、低纬度地区。这主要是由于北半球河口面积大于南半球,并
且面积约占全球河口 43% 的峡湾主要分布在高纬度地区[55]。除了空间变化,河口海-气
CO_2 通量还存在显著的时间变异。例如,杭州湾在冬季为大气 CO_2 的弱汇,但春季和夏季
为大气 CO_2 的强源,且夏季的释放量是春季的 3 倍[56]。珠江河口则四季均为大气 CO_2 的
源,夏季的 CO_2 释放量约为冬季的 6 倍[57]。

随着河口海-气 CO_2 通量研究逐渐增多,不同研究对全球河口碳排放量进行了估算(表
10-3)。早期研究集成的河口数量较少,且污染较严重的欧洲河口的占比较高,因此估算的 CO_2
通量较高,2010 年后集成研究涵盖河口类型较广,估值范围在 0.1～0.3 Pg C·a^{-1}。若以全球
河口海-气 CO_2 通量 0.2 Pg C·a^{-1}、开阔大洋吸收量 1.65 Pg C·a^{-1}[58]来计算,全球河口释放
的 CO_2 抵消了约 12% 的开阔大洋碳汇量。由此可见,虽然全球河口面积仅占全球海洋面积的
约 0.3%[59],但对全球碳循环具有重要影响。不过,目前对全球河口碳排放量的估算还存在较
大的不确定性,主要由于河口碳通量时空变化大,河口面积的测算也存在很大的误差[60]。

表 10-3　全球河口碳排放量研究

集成研究涵盖的河口数量	年平均通量 /(mol C·m^{-2}·a^{-1})	河口面积 /(10^6 km^2)	总释放量 /(Pg C·a^{-1})
13	36.5	1.40	0.60[61]
16	38.24	0.94	0.43[62]
16	28.62	0.94	0.32[63]
32	32.1	0.943	0.36[64]

续表

集成研究涵盖的河口数量	年平均通量 /(mol C · m^{-2} · a^{-1})	河口面积 /(10^6 km^2)	总释放量 /(Pg C · a^{-1})
60	21.0	1.067	0.27[55]
106	23.9	1.07	0.26[65]
161	13	1.012	0.15[66]
165	7.74	1.01	0.094[53]

3. 陆架边缘海

陆架边缘海(简称"边缘海")的物理、生物、地球化学过程远比大洋复杂,除了海-气界面,还受陆-海、洋-海界面过程的影响。边缘海所处的纬度与其碳源汇格局存在一定的相关性。大致特征是低纬度边缘海为碳源,中纬度与高纬度边缘海是碳汇。但也有例外,受上升流影响,位于高纬度的南白令海峡是大气 CO_2 的源,每年向大气释放 16 Tg C[67];非洲西南部的安哥拉沿岸虽位于低纬度,但却是碳汇区[68]。

边缘海碳源汇格局时空变异大,清单估算存在较大不确定性。从全球集成研究结果来看,边缘海整体是大气 CO_2 的汇,碳汇量为 $-0.19 \sim -0.45$ Pg C · a^{-1}[53, 54, 69-71]。最新研究运用新的集成方法及来自全球 214 个边缘海系统的更新数据库,对全球不同边缘海系统的海-气 CO_2 通量进行重新评估(图 10.4),估算其碳汇量为 (-0.25 ± 0.05) Pg C · a^{-1}[58]。其中极地(-134 Tg · a^{-1})和亚极地(-108 Tg · a^{-1})边缘海贡献了大部分碳汇;其次是西边界流边缘海系统(-17 Tg C · a^{-1})、半封闭边缘海(-11 Tg C · a^{-1})和东边界流边缘海系统(-4 Tg C · a^{-1});而印度洋边界和热带边缘海则主要向大气释放 CO_2,释放量分别为 9 Tg C · a^{-1} 和 17 Tg C · a^{-1}(图 10.4)。如果换算成单位面积海-气 CO_2 通量,全球边缘海平均海-气 CO_2 通量为 (-0.68 ± 0.14) mol C · m^{-2} · a^{-1},与大洋(-0.5 mol C · m^{-2} · a^{-1})相比,单位面积吸收大气 CO_2 的效率更高[58]。除温度的影响之外,包括与大洋的水/物质交换(如上升流)和生物、地球化学过程(如中纬度、高纬度海区高生物生产,低纬度边缘海低生产和河流有机物质的输入)在内的非热力学过程也对边缘海海-气 CO_2 通量存在一定的调控作用。另外,相关研究指出大部分边缘海的碳源汇格局可在不同的空间和时间尺度上进行切换。因此,季节和年际变化对边缘海碳通量估算很重要,可引入较大误差,但目前没有足

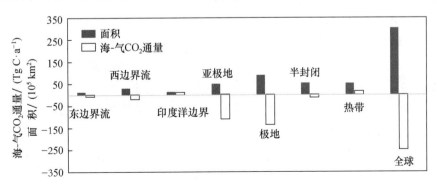

图 10.4 全球不同边缘海系统海-气 CO_2 通量

注:根据文献[58]改绘

够的数据进行准确评估。值得一提的是,季节内的中小尺度事件带来的震荡也不容忽视,例如日变化、台风、中尺度涡旋等。研究发现,夏季台风把东海陆架从非台风期的弱汇转变为强源,4 天台风直接影响期所释放的 CO_2 相当于东海陆架非台风期 37 天的吸收量。这些季节内震荡进一步增加了边缘海碳清单的测算难度[72]。

4. 开阔大洋

全球大洋是大气 CO_2 的汇,每年从大气净吸收 1.65 Pg C(图 10.5)①[58]。由于大气 CO_2 在全球范围内分布相对均匀且变化较小,因此海洋表层 CO_2 分压数据成为估算海-气 CO_2 通量的关键。《表层大洋二氧化碳图集》(*Surface Ocean CO₂ Atlas*)由成员超百名的国际海洋碳研究组进行质量控制后每年更新,目前最新图集已收录了 1957—2021 年约 3300 万条的表层海水 CO_2 分压数据。以该图集为基础,通过大数据技术构建大洋 CO_2 分压网格化数据,相关的数据同化与模式研究得到了快速发展[33,73]。全球碳计划(Global Carbon Project,GCP)发布的《全球碳收支 2021》(*Global Carbon Budget 2021*)[74] 报告综合集成了 8 个模式和 8 个大数据产品的研究结果,对海洋碳收支及其误差进行了科学评估。

根据这些数据集,我们对全球大洋的碳源汇格局有了全面了解。赤道海域是全球海洋最大的 CO_2 源区。该区域高 DIC 的低温深层水上涌到表层后升温,CO_2 溶解度随之降低进而释放到大气中。南半球是 CO_2 重要的汇区,南大洋占全球海洋面积的 20%,但其碳汇却占全球海洋的 40% 左右。这是因为亚热带暖水向南往极地运动过程中,随着海洋表层温度的快速降低,CO_2 溶解度逐渐增大,表层海水进一步吸收大气中的 CO_2。同时,南极表层水在风的驱动下,形成向北和向南运动的两支表层流,其中向南支流经降温和盐析过程,在南极附近形成高密冷水,携带大量从大气吸收的 CO_2 沉降至深层,由此南极附近海域成为 CO_2 的汇;向北支流则在南极辐合带(约 53°S)附近与往南运动的低 CO_2 分压的亚热带暖水汇合,形成低 CO_2 分压的南极中层水,因此南极辐合带附近海域很可能也是 CO_2 汇区。对于北半球,CO_2 分压空间分布较为复杂,但整体上仍是大气 CO_2 的汇。

大西洋每年从大气吸收 0.53~0.58 Pg C,碳汇量以每年 0.010~0.012 Pg C 的速度增长[75]。其中赤道大西洋(14°S~14°N)是碳源,每年向大气释放 0.09~0.10 Pg C;中纬度大西洋每年从大气吸收 0.42 Pg C;50°N 以北每年从大气吸收 0.27 Pg C[73];此外,40°N 以北的北大西洋和挪威-格陵兰海域也是 CO_2 的强汇区。这些海域较低的 CO_2 分压值主要与北大西洋暖流的快速冷却以及夏季高初级生产有关。太平洋每年从大气吸收 0.46~0.59 Pg C,碳汇量以每年 0.013~0.014 Pg C 的速度增长[75]。其中赤道太平洋是全球海洋最大的 CO_2 源区,每年向大气中释放 0.40~0.48 Pg C,中高纬度太平洋每年从大气吸收 0.94 Pg C[73]。印度洋每年从大气吸收 0.32~0.36 Pg C,其中赤道印度洋以及北印度洋每年向大气释放 0.12 Pg C,南印度洋每年从大气吸收 0.44 Pg C[73,75]。南大洋每年从大气吸收 0.05~0.29 Pg C,其中 62°S 以南的冰盖海域每年向大气释放 0.01 Pg C;50°S~62°S 海域每年从大气吸收 0.05 Pg C[73,75]。

---

① 工业革命前,开阔大洋是大气 CO_2 的源,每年向大气释放 0.4 Pg C,因此目前开阔大洋每年从大气吸收的人为 CO_2 总量为 2.05 Pg C。

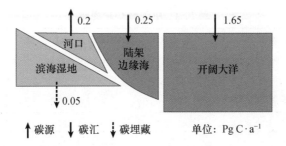

图 10.5　全球滨海湿地净碳埋藏,河口、陆架边缘海及大洋海-气 CO_2 净通量

5. 中国海及海岸带

(1) 滨海湿地

中国红树林分布的南界是海南三亚,自然分布的北界是福建福鼎,人工引种的最北界为浙江舟山,空间分布横跨 8 个省级行政区(广西、海南、广东、香港、澳门、福建、台湾和浙江),包含红树林植物近 40 种[76]。中国红树林总面积从 20 世纪 50 年代初期的近 5×10^4 ha 急剧下降到 2000 年的 2.2×10^4 ha,但近 20 年来中国红树林面积有所增加。中国滨海盐沼在温带、亚热带和热带海岸带均有分布,其中乡土盐沼植物以芦苇、碱蓬、海三棱藨草和柽柳为主,主要集中在辽河三角洲、黄河三角洲、江苏中部沿海、崇明东滩和九段沙,而外来盐沼植物以互花米草为主,广泛分布于整个海岸带[77]。中国海草床种类有 10 种,主要分布于山东、福建、广东、广西、海南、台湾和香港,其中海南分布面积最大[78]。近几十年来沿海水域受到人为活动和气候变化的显著影响,中国海草床面积呈现加速下降的趋势[79]。据估算[80],滨海盐沼的潜在面积最大($1200 \sim 3430$ km^2),其次是红树林(321 km^2)和海草床(87.6 km^2),以红树林、盐沼、海草床平均碳埋藏速率 226、218、138 g C · m^{-2} · a^{-1} 计算,中国三类滨海湿地的碳埋藏通量分别为 0.07、$0.26 \sim 0.75$、0.01 Tg C · a^{-1}。

(2) 河口

我国河口海-气 CO_2 通量的研究主要集中在长江口和珠江口,黄河口也有少量调查。长江口(121°E~122°E,不包括黄浦江和上海临近水域)年均 CO_2 通量为 15.5 mol · m^{-2} · a^{-1},以长江口面积 1600 km^2 计算,长江口的 CO_2 释放量为(0.30 ± 0.11) Tg C · a^{-1}[81]。珠江口由伶仃洋、磨刀门和黄茅海三个亚河口组成,年均 CO_2 通量为 6.92 mol · m^{-2} · a^{-1}。以珠江口的面积 4360 km^2 计算,整个珠江口的 CO_2 释放量为(0.36 ± 0.14) Tg C · a^{-1}[57]。黄河口 2009 年 5 月和 9 月的 CO_2 分压变化范围为 $380 \sim 700$ μatm,两个季节差别不大[82]。假设黄河口的海-气交换速率与长江内河口相同(约 8 cm · h^{-1}[81]),估算黄河口海-气 CO_2 通量约为 4.2 mol · m^{-2} · a^{-1}。以黄河口的面积 35 km^2 计算,黄河口的 CO_2 释放量为 0.002 Tg C · a^{-1}。

除了长江口、珠江口和黄河口,汇入中国近海的还有韩江、钦江、闽江等 38 条河流,根据河流入海口至上游 20 km 距离估算河口面积约为 670 km^2。长江口、珠江口和黄河口年平均 CO_2 通量为 9.19 mol · m^{-2} · a^{-1},若以此计算,其他 38 个河口的 CO_2 释放量为 0.07 Tg C · a^{-1}。上述河口 CO_2 释放量相加估算中国河口的 CO_2 总释放量为(0.74 ± 0.18) Tg C · a^{-1}。

(3) 中国海

我国海洋国土面积约 300×10^4 km^2,跨热带和北温带。中国海 CO_2 源汇研究始于 20 世纪 90 年代,这 20 余年取得较大进展(表 10-4)。

表 10-4　中国海 CO_2 通量

海　区	计算通量面积 $/km^2$	面积加权平均海洋表层 CO_2 通量 $/(mol \cdot m^{-2} \cdot a^{-1})$	总 CO_2 通量 $/(Tg\ C)$
南海[89]	2.5×10^6 (不包括泰国湾和北部湾)	0.4 ± 0.6	13.2 ± 18.6
东海[87]	7.7×10^5	-2.5 ± 1.5	-23.1 ± 13.9
黄海[83]	3.8×10^5	-0.5 ± 1.9	-2.3 ± 8.7
渤海[84]	0.77×10^5	0.2 ± 0.1	0.18 ± 0.09
中国海			-12.0 ± 24.8

① 黄、渤海

黄海是位于中国与朝鲜半岛之间的半封闭大陆架,北邻渤海,南接东海。黄海面积 $38 \times 10^4\ km^2$,平均水深只有 44 m,长江、淮河、辽河和鸭绿江等河流注入黄海。黄海在冬、春和夏季是大气 CO_2 的汇,而秋季是源。Wang 等[83] 基于 2011—2018 年 10 个航次的现场调查数据估算出黄海年平均海-气 CO_2 通量为 (-0.5 ± 1.9) $mol \cdot m^{-2} \cdot a^{-1}$,是极弱的汇,由此外推计算中国黄海每年从大气吸收 (2.3 ± 8.7) Tg C。渤海是中国内海,三面环陆,仅东部通过渤海海峡与黄海相通,面积为 $7.7 \times 10^4\ km^2$,平均水深仅 18 m。辽河、滦河、海河、黄河等输入渤海。据国家海洋局于 2011—2012 年的监测结果显示[84],渤海在秋季是大气 CO_2 的源,冬、春季是大气 CO_2 的汇,夏季海洋表层 CO_2 分压与大气接近平衡,全年海-气 CO_2 通量为 (0.2 ± 0.1) $mol \cdot m^{-2} \cdot a^{-1}$,每年向大气释放 (0.18 ± 0.09) Tg C。

② 东海

东海是开阔的大陆边缘海,西接中国大陆,北与黄海相连,东面与太平洋之间隔九州岛、琉球群岛和中国的台湾岛,南面通过台湾海峡与南海相通。面积为 $77 \times 10^4\ km^2$,平均深度为 370 m,长江、钱塘江、闽江、瓯江等水系汇入东海。夏季,长江径流量在一定程度决定了东海内陆架的碳源汇强度[85],而外陆架则由于海洋表层温度较高,呈现为大气 CO_2 的弱源;冬季,在水深较浅的内陆架,过饱和 CO_2 底层水混合至表层,向大气释放 CO_2,是碳源,在低温和大风的驱动下,外陆架表层海水从大气吸收大量 CO_2,东海净通量表现为大气 CO_2 的强汇[86,87]。Guo 等[87] 基于 2006—2011 年覆盖整个东海陆架、四个季节的走航观测数据估算,东海陆架年平均海-气 CO_2 通量为 (-2.5 ± 1.5) mol C $\cdot m^{-2} \cdot a^{-1}$,是世界上碳汇最强的海区之一,计算得到整个东海每年从大气吸收 (23.1 ± 13.9) Tg C[87,88]。

③ 南海

南海是最大的低纬度陆架边缘海,面积为 $350 \times 10^4\ km^2$。南海南北均有宽阔的陆架,但东西两侧陆架窄而陡,平均水深 1350 m,海盆区最深处达 5000 m。除近岸区域外,南海水体终年层化,生产力很低。夏季,珠江和湄公河冲淡水对局部区域存在显著的影响。基于 2000—2018 年在南海开展的海-气 CO_2 走航观测数据表明,南海海洋表层 CO_2 分压总体高于大气,是大气 CO_2 的源,但源汇格局存在时空变异。从季节上看,南海冬季海-气 CO_2 通量为 (-0.4 ± 0.8) $mol \cdot m^{-2} \cdot a^{-1}$,是大气 CO_2 的汇;其余季节均为碳源,其中,春季通量为 (0.3 ± 0.3) $mol \cdot m^{-2} \cdot a^{-1}$,夏季为 (0.9 ± 0.5) $mol \cdot m^{-2} \cdot a^{-1}$,秋季为 (6.9 ± 4.0) $mol \cdot m^{-2} \cdot a^{-1}$。综合各季节通量值,估算南海年平均海-气 CO_2 通量为 (0.4 ± 0.6) $mol \cdot m^{-2} \cdot a^{-1}$,以南海主体面积为 $250 \times 10^4\ km^2$ 计算(不包括泰国湾和北部湾),南海每年向大气释放(13.2 ± 18.6) Tg C。上述季节变化特征在南海的不同区域亦有不同表现。在南海北部陆架,夏季海洋表层 CO_2 分压变化最为剧烈,海-气 CO_2 通量为(-0.2 ± 1.6) mol·m^{-2}·a^{-1};冬季则整个区域的海洋表层 CO_2 分压都低于大气,海-气 CO_2 通量为(-2.7 ± 1.4) mol·m^{-2}·a^{-1};秋季是大气 CO_2 的弱源,春季是汇,该区域全年平均 CO_2 通量为(-0.8 ± 1.3) mol·m^{-2}·a^{-1}[89]。而在南海海盆,春季、夏季、秋季的海洋表层 CO_2 分压的变化范围为 $380\sim500$ μatm,均高于大气 CO_2 分压,季节变化不大,冬季略低,年平均海-气 CO_2 通量为(0.8 ± 0.1) mol·m^{-2}·a^{-1},整体表现为大气 CO_2 的源。台风等事件对南海的季节 CO_2 通量也会产生巨大影响[90]。在较长时间尺度上,Li 等[89]发现,由于大气 CO_2 分压升高,而海洋表层 CO_2 分压的增长速度慢,因此自 2000 年以来,冬季南海北部陆架的碳汇在增强。

综上,南海是大气 CO_2 的源,而东海是大气 CO_2 的汇,黄海、渤海对大气 CO_2 的吸收/释放接近平衡。整个中国海是大气 CO_2 的汇,每年从大气吸收(12.0 ± 24.8) Tg C 的 CO_2(图 10.6)。

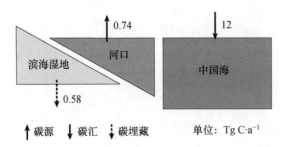

图 10.6　中国滨海湿地净碳埋藏,河口及中国海海-气 CO_2 净通量

10.3　海洋碳汇演化趋势

10.3.1　工业革命以来全球碳收支演化

工业革命前,由大气、陆地、海洋等碳库组成的地表系统的碳收支基本处于平衡状态。陆地每年通过初级生产和岩石风化从大气净吸收 0.6 Pg C,而海洋通过海-气交换每年向大气释放 0.6 Pg C,因此,大气碳储量维持不变[图 10.7(a)]。自工业革命以来,大量石油、煤炭等化石燃料被开采并投入使用转化成 CO_2,加速了这些本应在长期存留于地层深处的碳进入大气的过程。这些 CO_2 在大气、陆地和海洋间进行再分配,自然系统的碳平衡也被打破。其中,大气和近海碳储量增加 50%,变化最大。在大气高 CO_2 浓度的驱动下,陆地碳汇通量增加了超过 4 倍,海洋则从工业革命前的碳源转变为碳汇[图 10.7(a)(b)],其吸收人为 CO_2 的量从 1960—1969 年的 1.0 Pg C·a^{-1} 快速增加到 2010—2019 年的 2.5 Pg C·a^{-1}[2]。未来,在代表性浓度路径①(representative concentration pathway,RCP)2.6 排放情景下,大气

———————————

① 为了对未来气候变化做出评估,IPCC 第五次气候评估报告预测了 4 种大气温室气体浓度变化轨迹,即代表性浓度路径 RCP。按到 2100 年辐射强迫水平高低分别为 RCP2.6、RCP4.5、RCP6.0、RCP8.5,数值即为辐射强迫水平,单位是 W·m^{-2}。

(a) 工业革命前

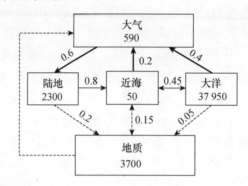

(b) 现今

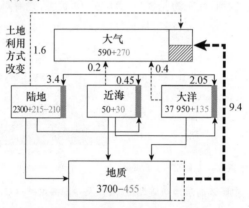

(c) 2050—2100年（未来低排放RCP2.6情景下）

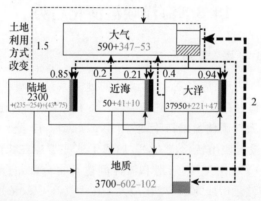

图 10.7   人为扰动前后全球主要碳储库储量变化及自然系统（主要是海洋,工业革命前海洋是碳源）和人为活动释放的 CO₂ 在不同碳储库之间的再分配：(a) 工业革命前;(b) 现今和(c) 未来低排放(RCP2.6)情景下

注：方框内黑色数值代表工业革命前各碳库储量（储量单位为 Pg C）；灰色数值表示人为扰动下各碳库储量的变化量,其中陆地碳库包括两部分:陆地碳汇和土地利用方式改变释放 CO₂ 抵消的碳汇；图(c)灰色数据包括两个时间段,前一个是现在到 2050 年,后一个是 2050 年到 2100 年。图(a)实线和虚线均表示自然系统 CO₂ 的再分配,图(b)和图(c)虚线表示自然系统和人为活动产生的 CO₂；实线表示这部分 CO₂ 在不同碳储库的再分配；箭头表示通量方向,数值表示通量大小（图根据文献[58]重绘）

CO_2 浓度到 2050 年达到最高值,之后稳步下降。数值模拟结果显示,到 2100 年,化石燃料碳储量较工业革命前减少超过 1/5,大气碳储量先增大后小幅下降,海洋碳储量则持续增加,近海碳储量较工业革命前增幅超过 100%。值得关注的是,2100 年大气 CO_2 浓度在 RCP2.6 情景下与现今相当,但陆地与海洋由于自身碳储量的增加,碳汇能力显著降低,海洋碳汇通量是现今的 50%,而陆地仅为现今的 1/4[图 10.7(c)]。如何保持或增强自然系统碳汇功能,是未来碳中和路径中科技界面临的重大挑战。

10.3.2   海洋碳源汇演化趋势预测

目前地球系统模式模拟预测海洋碳汇演化大致分为 5 个阶段(图 10.8)[91]:

(1) 2000—2050 年。开始应用 CO_2 负排放①技术,但人为活动驱动的 CO_2 排放仍在继续,大气 CO_2 浓度持续上升,海洋维持着高的碳汇强度。

(2) 2050—2100 年。负排放措施大范围开展,人为 CO_2 排放仍然存在,但已大大减少,大气 CO_2 浓度达峰后逐渐降低,海洋碳汇显著减弱。

(3) 2100—2150 年。负排放移除的 CO_2 超过人为活动排放的量,在人为 CO_2 净移除的第一个 50 年里,随着大气 CO_2 浓度的快速降低,海洋碳汇也持续减弱。

(4) 2150—2250 年。海洋碳汇随着大气 CO_2 浓度降低缓慢减弱,到 2250 年趋近于零,部分模式模拟结果显示此时陆地甚至由碳汇转换为碳源。

(5) 2250—2300 年。在最后阶段,大部分模式模拟海洋仍是弱的碳汇,但陆地与海洋,也就是自然生态系统的净通量为碳源,反过来向大气释放 CO_2,抵消部分负排放技术的碳移除。

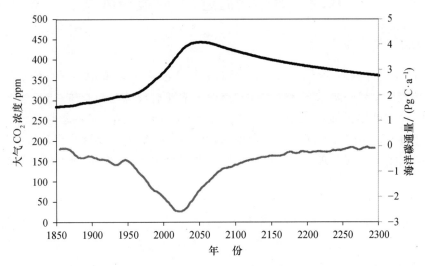

图 10.8   模式模拟 RCP 2.6 情景下大气 CO_2 浓度(黑色曲线)和海洋碳通量(灰色曲线)变化
数据来源:大气 CO_2 数据下载自 RCP 数据库. [2022-12-01]. http://tntcat.iiasa.ac.at/RcpDb/dsd?
Action=htmlpage&page=download;海洋碳通量数据重绘自文献[91]

① CO_2 负排放(negative CO_2 emissions),也可称为 CO_2 移除(carbon dioxide removal,CDR),是指从大气中移除 CO_2 并长期封存的过程。

10.3.3　陆架边缘海碳源汇演化趋势预测

与大洋一样,边缘海碳汇同样受大气 CO_2 浓度的影响,除此之外,陆-海界面、洋-海界面上的物理、物质交换过程以及与沉积物的相互作用等都会改变碳和碱度的分布,进而对边缘海碳源汇格局造成影响[92]。如日益频繁的人类活动[93]和在全球变化影响下降水量的增加[94],会导致从陆地到边缘海碳(包括无机碳和有机碳)输出的增加。其中,陆源有机物的碳氮比(C/N)通常高于海源有机物,因此如果陆源有机物输送至边缘海并经历再矿化过程便会产生额外的 DIC[95,96]。另外,随着全球化肥施用量的减少,河流输入边缘海的营养盐也会随之减少,导致初级生产下降,进一步影响边缘海碳汇和碳埋藏。显著影响边缘海物理和生物、地球化学过程的边界流属于全球大尺度环流的一部分,因此,边缘海碳循环受洋-海界面过程影响更为复杂。以主要的西边界流系统——黑潮为例,全球暖化导致副热带环流系统北移,黑潮主轴流速增强[97],入侵其相邻边缘海支流的强度就减弱[98],那么随黑潮输入边缘海的 DIC 和营养盐等物质也减少;而东边界流系统深层水的涌升则在全球变暖的情景下逐渐增强[99],向其相邻边缘海输入更多的 DIC 和营养盐。这些过程对边缘海碳源汇格局的影响还取决于输入 DIC 和营养盐的比例以及生物对这些物质的响应时间[100]。未来,边缘海将是实施以碳中和为目标的海洋负排放措施的重点区域,其增汇潜力与功效的评估很大程度依赖于边缘海碳通量动态变化的实时监测与定量估算。其中,定量甄别边缘海的自然与人为源/汇过程是颇具挑战性的科学命题。

10.4　海洋增汇途径、效益与风险

10.4.1　海洋增汇途径

目前,CO_2 的排放水平已大大超出自然过程所能清除的量,单靠减排可能不足以应对气候变化。美国国家科学院 2021 年发布的《海洋二氧化碳移除与封存策略》报告[101]指出,海洋具有 CO_2 增汇和封存的巨大潜力:① 海洋是巨大的碳储库,DIC 的储量超过工业革命前大气 CO_2 储量的 50 倍;② 自工业革命以来,海洋已从大气中移除大量人为排放的 CO_2;③ 已知海洋中存在大量物理、生物、地球化学过程,会影响海-气 CO_2 交换和碳储存。海洋吸收 CO_2 的速率既由大气 CO_2 浓度增加的速率决定,又受到海洋内部垂直交换快慢的制约。因此,工业革命以来形成的海洋碳汇主要储存在上层海洋。受此限制,海洋目前吸收人为 CO_2 仅仅只占其最大容量的 15%,海洋仍有高达 85% 的吸收大气 CO_2 的潜力有待发掘,尤其是在广阔的深海大洋[102]。基于海洋的 CDR 措施可分为生物和化学两类途径(图 10.9)。

1. 生物途径

(1)营养加富

营养加富是指通过向表层海洋添加铁等痕量营养元素和氮、磷等微量营养物质,在一定程度上可促进浮游植物的光合作用,从而通过增强生物泵增加海洋对 CO_2 的吸收,将其转化为有机碳向深海转移,以实现碳封存。利用营养加富基本上是利用太阳的能量在局部增强生物泵效率,对铁的需求量相对较小。人工营养加富的风险评估还只停留在理论研究,碳封存的形态、归宿、时间尺度以及对生态环境的影响尚不明确,对于实际操作中的风险还不得而知。

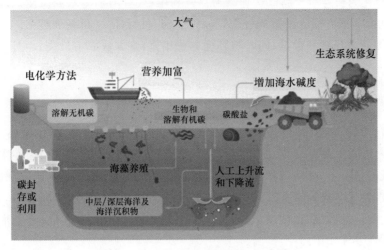

图 10.9　基于海洋的碳增汇途径[103]

（2）人工上升流和下降流

上升流将低温、高营养盐、高 CO_2 浓度的深层水输送至海洋表层,刺激浮游植物生长并吸收大气中的 CO_2。下降流则将携带碳的上层海水转移到深层,实现碳封存。另外,这些过程通过加快水体交换,在一定程度上还可缓解近岸富营养化和缺氧。该方法现有的技术较为成熟,但其碳移除效率评估仍存在很大的不确定性,因为上升流同时将深层高 DIC 水团带到海洋表层从而释放 CO_2 到大气中。

（3）海藻养殖

大规模的海藻养殖可将碳转移到深海或沉积物中,或将海藻制作成长寿命产品,转化为生物能,以实现碳封存或利用。目前对大型植物生物学和生态学的科学认知已基本成熟,且海水养殖设施遍布全球,但将产生的有机碳运输到深海或沉积物中进行封存的方法尚不成熟。

（4）生态系统修复

生态系统修复是指通过保护和修复沿海生态系统以及恢复海藻场、鱼类、鲸和其他海洋野生动物数量来实现碳封存。重建全球鱼类和大型动物种群使其超过目前管理所支持的丰度,可能有助于碳移除与碳封存,但这一举措所产生的效应仍未得到充分的评估。在对大范围实施生态系统修复有更深入的了解并将其纳入制定的目标前,可先行对高纬度海域和中层鱼类的新兴渔业进行预防性捕捞管理。

2. 化学途径

（1）增加海水碱度

通过化学方法增加海水碱度,可在提高海洋碳酸盐系统缓冲能力的同时增强溶解度泵的效率,从而促进表层海水对大气中 CO_2 的吸收。碱度相对于海洋碳泵的作用已取得一定研究基础,但大多基于模式模拟结果,对于实际操作过程中的碳封存效率和可能造成的生态风险还不明确。

（2）电化学方法

电化学方法是利用 CO_2 溶解度对 pH 的依赖性,让电流诱导水解（"电解"）而改变反应环境的 pH,即通过电流激发水体中的电化学反应,增加海水的酸度,使其释放 CO_2,并将这

些 CO_2 收集转化为长寿命产品以达到碳封存或利用;或者增加海水的碱度以增强其对大气 CO_2 的吸收能力。该方法已得到充分化学原理验证,可行性高、可拓展性强。但目前仍以室内实验为主,缺乏现场观测数据;同时与其他方法相比,该方法成本最高,而且可能引起的环境风险较高。

10.4.2　海洋增汇的效益与风险

总体而言,海洋 CDR 具有应对气候变化、不占据土地资源的核心优势。此外,海洋 CDR 还能与大气同步减碳,这在净零排放或负排放情景下特别重要。因为在未来大气 CO_2 浓度逐渐降低的情境下,如果海洋与大气不能实现同步减碳,海洋碳汇能力则减弱,甚至可能将过去吸收的 CO_2 重新释放回到大气圈,这将严重威胁碳减排效应。海洋 CDR 还能在适应气候变化、减缓海洋酸化和缺氧、恢复生态系统健康与生物多样性、赋能水产业及其他海洋产业等方面发挥作用。

所有的海洋 CDR 途径,包括基于自然和基于地球工程的方案,都有局限性和利弊,需要对其规模、效率和成本、固持时间、短期/小尺度和长期/大尺度可能存在的负面效应进行全面评估。其中,世界自然保护联盟(International Union for Conservation of Nature,IUCN)将基于自然的解决方案定义为"保护、可持续管理和修复自然或人工生态系统,从而有效和适应性地应对社会挑战并为人类福祉和生物多样性带来益处的行动"。基于自然的方案作为缓解气候变化策略的优势在于它可以带来多方面益处,包括保护和修复森林、农田、牧场、湿地和其他沿海生态系统的生态服务功能,从而更好地为人类健康和福祉、生态系统多样性保护和可持续生计发展提供支持[104]。基于地球工程的 CDR 途径多采用人工干预技术,虽争议较大,却已成为实现《巴黎协定》设定目标不可或缺的手段[105]。

必须强调的是,采取基于生态系统的方案应对气候变化,必须全面评估其效应,包括对生态系统的影响、与其他陆地和海洋系统的协同作用以及对海洋生态系统碳汇的影响。例如,自 1997 年以来,在台湾岛西北部香山湿地种植的红树林,对当地生态系统造成了一定的负面影响,包括底栖生物和鸟类栖息地的丧失、沉积物淤积等,随后在 2015 年启动了该红树林清除项目[106]。可见,在实施基于自然的解决方案过程中,基于生态系统的综合协同尤为重要。

10.5　海洋在实现碳中和目标中的作用与挑战

从路径选择到最终碳中和目标的实现,海洋无论在减排还是增汇方面均具有无可替代的战略地位。据高级别可持续海洋经济研究组估计,基于海洋的缓解气候变化措施,包括可再生能源开发,降低涉海活动碳足迹,滨海生态系统修复,渔业、水产养殖等,到 2030 年每年减少 CO_2 排放约 4×10^6 t,而到 2050 年则可增加到每年减少 11×10^6 t,相当于填补了 1.5℃ 排放路径 21%、2℃ 排放路径 25% 的负排放缺口[107]。海洋在减碳、增汇、封存、协同增效等方面均可发挥重要作用,但目前在重大基础科学问题的提炼、碳汇动态监测、增汇技术突破、基于生态系统管理等方面均面临较大挑战。

10.5.1　海洋碳汇的重大基础科学问题

受海洋增暖、酸化及脱氧等全球变化与人类干扰的双重影响,海洋碳循环的定量、模拟与预测依然面临重大科学挑战。其中的重大基础科学问题包括:准确核算海洋碳库、碳汇清单及其演化和与气候系统的互馈;海洋碳泵的控制机理以及不同碳泵的耦合与分异;碳中和实施路径过程中人为干预对海洋碳汇演化趋势的扰动,等等。

10.5.2　海洋碳汇动态监测与数字化体系

碳源汇观测与监测是开展碳循环研究及碳管理的基石。尽管国际上已建立海洋碳通量观测网络和数据库,发展了碳源汇的计算方法,对全球海洋碳收支进行了科学评估,但仍然无法有效服务碳中和战略路径的选择及其动态调整,也无法服务于对海洋自然碳汇和实施增汇措施的监测、报告与核查(monitoring,report,verification,MRV)。因此需要进一步完善海洋碳汇动态监测与数字化体系,具体包括:① 加大观测网络的基础能力建设,构建海-陆-空-天多基协同观测体系,开展全要素生态系统碳循环联网观测,并制定其指标体系和技术规范,切实保障科学观测数据质量;② 充分利用海洋多源数据融合与同化技术,将卫星遥感、现场观测等数据与海洋数值模拟技术相结合,构建综合数字化孪生体,并应用于碳足迹监测、碳汇测算与评估。

10.5.3　基于海洋的人为增汇评估与预研

海洋 CDR 或已成为固持和增加自然生态系统碳汇功能不可或缺的手段。但总体上,国内外对基于自然生态系统的人工碳汇工程的技术原理、可靠性、经济性和可持续性等方面的研究很不充分,也缺乏对其潜在风险的有效评估,难以支撑碳中和实施路径的科学决策和优化管理。须加快开展海洋 CDR 相关增汇途径科技研发,探索颠覆性技术原理,推动基础研究和应用技术对接;还须建立全面的海洋增汇技术可行性评估体系,包括对其自身生态系统的影响、与其他陆地和海洋系统的协同作用以及对海洋自然碳汇的影响。

10.5.4　中国海在我国实现碳中和目标中的潜力与挑战

我国拥有约 $300 \times 10^4 \text{ km}^2$ 的海洋面积,是自然生态的重要组成部分,具有很大的增汇和协同增效潜力。从区域和国家温室气体的清单层面视之,海洋碳汇清单、稳定性、演化趋势及其控制机理尚待进一步深入研究,以赋能国家碳中和战略和行动。除了从大气中吸收 CO_2 之外,我国的海洋接收陆地和大洋侧向输入的物质[89],间接贡献了陆地和大洋碳汇。另外,中国海的自然与人为源/汇尚未完全厘清,必须加快推进相关研究。从增汇潜力来看,海洋碳汇总体封存时间长,并可能做到生态友好,减缓海洋酸化、增产渔业,或成为食品、燃料和耐用产品的原材料。当然,基于海洋的碳中和解决方案必须精准评估碳汇生态效应,以实现"生态优先、绿色发展"和碳中和的协同。海洋作为海洋经济的核心载体,是社会经济发展的新疆域,坚持海洋经济的绿色发展路径,实现海洋及海洋产业的低碳发展,亦具有重大的潜力和战略意义。

10.6 本章小结

实现碳中和以应对全球气候变化,其本质是人类对现代地球系统碳循环模式的人为调整和适应性管理,海洋在缓减气候变化中起着核心作用。本章介绍了海洋碳汇、碳储库和碳循环的基本概念和过程,全球海洋不同系统以及中国海(包括滨海湿地)的碳源汇格局;综述了海洋碳汇的演化历史及其未来发展趋势,基于海洋调控大气 CO_2 的机理,简述了海洋增汇的若干途径;最后,本章展望了海洋对实现碳中和目标的作用以及相关研究命题。

参 考 文 献

[1] Cheng L, Abraham J, Trenberth K E, et al. Another record: Ocean warming continues through 2021 despite La Niña conditions. Advances in Atmospheric Sciences, 2022, 39(3): 373—385.

[2] Friedlingstein P, O'Sullivan M, Jones M W, et al. Global carbon budget 2020. Earth System Science Data, 2020, 12(4): 3269—3340.

[3] Breitburg, D, Levin L A, Oschlies A, et al. Declining oxygen in the global ocean and coastal waters. Science, 2018, 359: 7240.

[4] Orr J C, Fabry V J, Aumont O, et al. Anthropogenic ocean acidification over the twenty-first century and its impact on calcifying organisms. Nature, 2005, 437(7059): 681—686.

[5] Cai W J, Hu X, Huang W J, et al. Acidification of subsurface coastal waters enhanced by eutrophication. Nature Geoscience, 2011, 4(11): 766—770.

[6] IPCC Climate Change 2014 : Synthesis Report. Contribution of Working Groups Ⅰ, Ⅱ and Ⅲ to the Fifth Assessment Report of the Intergovernmental Panel on Climate Change. Geneva: IPCC, 2014.

[7] Sarmiento J L, Gruber N. Sinks for Anthropogenic Carbon. Physics Today, 2002, 55(8): 30—36.

[8] Hansell D A, Carlson C A. Deep-ocean gradients in the concentration of dissolved organic carbon. Nature, 1998, 395(6699): 263—266.

[9] Eglinton T I, Repeta D J. Organic matter in the contemporary ocean. Treatise on Geochemistry, 2003, 6: 625.

[10] Hopkins J, Henson S A, Poulton A J, et al. Regional characteristics of the temporal variability in the global particulate inorganic carbon inventory. Global Biogeochemical Cycles, 2019, 33(11): 1328—1338.

[11] Broecker W S, Takahashi T, Simpson H J, et al. Fate of fossil fuel carbon dioxide and the global carbon budget. Science, 1979, 206(4417): 409—418.

[12] Sabine C L, Feely R A, Gruber N, et al. The oceanic sink for anthropogenic CO_2. Science, 2004, 305(5682): 367—371.

[13] 中国科学院. 2021科学发展报告. 北京:科学出版社, 2022.

[14] Macreadie P I, Anton A, Raven J A, et al. The future of blue carbon science. Nature Communications, 2019, 10(1): 3998.

[15] 方精云,王襄平,沈泽昊,等. 植物群落清查的主要内容,方法和技术规范. 生物多样性, 2009, 17(6): 533—548.

[16] Zhu Z, Huang M, Zhou Z, et al. Stronger conservation promotes mangrove biomass accumulation: Insights from spatially explicit assessments using UAV and Landsat data. Remote Sensing in Ecology and Conservation, 2022, 8(5): 656—669.

[17] Howard J, Hoyt S, Isensee K, et al. Coastal Blue Carbon: Methods for Assessing Carbon Stocks and Emissions Factors in Mangroves, Tidal Salt Marshes, and Seagrasses. Arlington: Conservation International, Intergovernmental Oceanographic Commission of UNESCO, International Union for Conservation of Nature, 2014.

[18] 陈鹭真. 地表高程监测在滨海蓝碳碳收支评估中的应用. 海洋与湖沼, 2022, 53(2): 261—268.

[19] Ritchie J C, McHenry J R. Application of radioactive fallout cesium-137 for measuring soil erosion and sediment accumulation rates and patterns: A review. Journal of Environmental Quality, 1990, 19(2): 215—233.

[20] Callaway J C, Cahoon D R, Lynch J C. The surface elevation table-marker horizon method for measuring wetland accretion and elevation dynamics // Delaune R D, Reddy K R, Richardson C J, et al. Methods in Biogeochemistry of Wetlands. Maclison Wis.: Soil Society of America, 2013: 901—917.

[21] Kauffman J B, Heider C, Norfolk J, et al. Carbon stocks of intact mangroves and carbon emissions arising from their conversion in the Dominican Republic. Ecological Applications, 2014, 24(3): 518—527.

[22] 于贵瑞, 伏玉玲, 孙晓敏, 等. 中国陆地生态系统通量观测研究网络(ChinaFLUX)的研究进展及其发展思路. 中国科学: D辑, 2006(S1): 1—21.

[23] Martinsen K T, Kragh T, Sand-Jensen K. Technical note: A simple and cost-efficient automated floating chamber for continuous measurements of carbon dioxide gas flux on lakes. Biogeosciences, 2018, 15(18): 5565—5573.

[24] Gao Y, Peng R H, Ouyang Z T, et al. Enhanced lateral exchange of carbon and nitrogen in a coastal wetland with invasive Spartina alterniflora. Journal of Geophysical Research: Biogeosciences, 2020, 125(5): e2019JG005459.

[25] Bolin B. On the exchange of carbon dioxide between the atmosphere and the sea. Tellus A, 1960, 12: 274—281.

[26] Keeling R F, Piper S C, Heimann M. Global and hemispheric CO_2 sinks deduced from changes in atmospheric O_2 concentration. Nature, 1996, 381(6579): 218—221.

[27] Wanninkhof R. Kinetic fractionation of the carbon isotopes ^{13}C and ^{12}C during transfer of CO_2 from air to seawater. Tellus B, 1985, 37B(3): 128—135.

[28] Takahashi T, Sutherland S C, Sweeney C, et al. Global sea-air CO_2 flux based on climatological surface ocean $p(CO_2)$, and seasonal biological and temperature effects. Deep Sea Research Part II: Topical Studies in Oceanography, 2002, 49(9): 1601—1622.

[29] Upstill-Goddard R C, Frost T. Air-sea gas exchange into the millennium: Progress and uncertainties. Oceanography & Marine Biology 1999, 37(1): 1—45.

[30] Rödenbeck C, Bakker D C E, Gruber N, et al. Data-based estimates of the ocean carbon sink variability—First results of the Surface Ocean $p(CO_2)$ Mapping intercomparison (SOCOM). Biogeosciences, 2015, 12(23): 7251—7278.

[31] Verdy A, Mazloff M R. A data assimilating model for estimating Southern Ocean biogeochemistry. Journal of Geophysical Research, 2017, 122: 6968—6988.

[32] Wanninkhof R, Park G H, Takahashi T, et al. Global ocean carbon uptake: Magnitude, variability and trends. Biogeosciences, 2013, 10(3): 1983—2000.

[33] Landschützer P, Gruber N, Bakker D C E, et al. Recent variability of the global ocean carbon sink. Global Biogeochemical Cycles, 2014, 28(9): 927—949.

[34] Telszewski M, Chazottes A, Schuster U, et al. Estimating the monthly $p(CO_2)$ distribution in the North Atlantic using a self-organizing neural network. Biogeosciences, 2009, 6(8): 1405—1421.

[35] Bakker D, Landa C S, Pfeil B, et al. A multi-decade record of high-quality $f(CO_2)$ data in version 3 of the Surface Ocean CO_2 Atlas (SOCAT). Earth System Science Data, 2016, 8: 383—413.

[36] Duarte C M, Losada I J, Hendriks I E, et al. The role of coastal plant communities for climate change mitigation and adaptation. Nature Climate Change, 2013, 3(11): 961—968.

[37] Breithaupt J L, Smoak J M, Smith T J Ⅲ, et al. Organic carbon burial rates in mangrove sediments: Strengthening the global budget. Global Biogeochemical Cycles, 2012, 26(3): GB3011.

[38] Hu M J, Sardans J, Yang X Y, et al. Patterns and environmental drivers of greenhouse gas fluxes in the coastal wetlands of China: A systematic review and synthesis. Environmental Research, 2020, 186: 109576.

[39] Zhu X, Qin Z, Song L. How land-sea interaction of tidal and sea breeze activity affect mangrove net ecosystem exchange?. Journal of Geophysical Research: Atmospheres, 2021, 126(8): 034047.

[40] Liu J, Lai D Y F. Subtropical mangrove wetland is a stronger carbon dioxide sink in the dry than wet seasons. Agricultural and Forest Meteorology, 2019, 278: 107644.

[41] Vazquez-Lule A, Vargas R. Biophysical drivers of net ecosystem and methane exchange across phenological phases in a tidal salt marsh. Agricultural and Forest Meteorology, 2021, 300: 108309.

[42] Zhu X, Sun C, Qin Z. Drought-induced salinity enhancement weakens mangrove greennouse gas cycling. Journal of Geophysical Research-Biogeosciences, 2021,126(8): 006416.

[43] Chu X, Han G, Wei S, et al. Seasonal not annual precipitation drives 8-year variability of interannual net CO_2 exchange in a salt marsh. Agricultural and Forest Meteorology, 2021, 308: 108557.

[44] Wei S, Han G, Chu X, et al. Prolonged impacts of extreme precipitation events weakened annual ecosystem CO_2 sink strength in a coastal wetland. Agricultural and Forest Meteorology, 2021, 310: 108655.

[45] Thrush S, Pendleton L, Donato D C, et al. Estimating global "blue carbon" emissions from conversion and degradation of vegetated coastal ecosystems. PLoS ONE, 2012, 7(9): e43542.

[46] Wang F, Sanders C J, Santos I R, et al. Global blue carbon accumulation in tidal wetlands increases with climate change. National Science Review, 2021, 8(9): 140—150.

[47] Macreadie P I, Costa M D P, Atwood T B, et al. Blue carbon as a natural climate solution. Nature Reviews Earth & Environment, 2021, 2(12): 826—839.

[48] Khan M N I, Suwa R, Hagihara A. Carbon and nitrogen pools in a mangrove stand of Kandelia Obovata (S., L.) Yong: Vertical distribution in the soil-vegetation system. Wetlands Ecology and Management, 2007, 15(2): 141—153.

[49] Donato D C, Kauffman J B, Murdiyarso D, et al. Mangroves among the most carbon-rich forests in the tropics. Nature Geoscience, 2011, 4(5): 293—297.

[50] Alongi D. The Energetics of Mangrove Forests. New York: Springer Science & Business Media, 2009.

[51] Atwood T B, Connolly R M, Almahasheer H, et al. Global patterns in mangrove soil carbon stocks and losses. Nature Climate Change, 2017, 7(7): 523—528.

[52] Gattuso J P, Frankignoulle M, Wollast R. Carbon and Carbonate Metabolism in Coastal Aquatic Ecosystems. Annual Review of Ecology and Systematics, 1998, 29(1): 405—434.

[53] Chen C T A, Huang T H, Chen Y C, et al. Air-sea exchanges of CO_2 in the world's coastal seas. Biogeosciences, 2013, 10(10): 6509—6544.

[54] Borges A V, Delille B, Frankignoulle M. Budgeting sinks and sources of CO_2 in the coastal ocean: Diversity of ecosystems counts. Geophysical Research Letters, 2005, 32(14): L14601.

[55] Laruelle G G, Dürr H H, Slomp C P, et al. Evaluation of sinks and sources of CO_2 in the global coastal ocean using a spatially-explicit typology of estuaries and continental shelves. Geophysical Research

Letters, 2010, 37(15): L15607.

[56] Liu Q, Dong X, Chen J, et al. Diurnal to interannual variability of sea surface $p(CO_2)$ and its controls in a turbid tidal-driven nearshore system in the vicinity of the East China Sea based on buoy observations. Marine Chemistry, 2019, 216: 103690.

[57] Guo X, Dai M, Zhai W, et al. CO_2 flux and seasonal variability in a large subtropical estuarine system, the Pearl River Estuary, China. Journal of Geophysical Research: Biogeosciences, 2009, 114 (G3), G03013.

[58] Dai M, Su J, Zhao Y, et al. Carbon fluxes in the coastal ocean: Synthesis, boundary processes and future trends. Annual Review of Earth and Planetary Sciences, 2022, 50: 1+ 593—626.

[59] Cai W J. Estuarine and coastal ocean carbon paradox: CO_2 sinks or sites of terrestrial carbon incineration?. Annual Review of Marine Science, 2011, 3: 123—145.

[60] Woodwell G M, Rich P H, Hall C A. Carbon in estuaries. Brookhaven Symposia in biology, 1973, 30: 221—240.

[61] Abril G M, Borges A V. Carbon dioxide and methane emissions from estuaries//Tremblay A, Varfalvy L, Roehm C, et al. Greenhouse Gases Emissions from Natural Environments and Hydroelectric Reservoirs: Fluxes and Processes, Environmental Science Series. Berlin: Springer, 2004: 187—207.

[62] Borges A V, Do we have enough pieces of the jigsaw to integrate CO_2 fluxes in the coastal ocean?. Estuaries, 2005, 28(1): 3—27.

[63] Borges A V, Delille B, Frankignoulle M. Budgeting sinks and sources of CO_2 in the coastal ocean: Diversity of ecosystems counts. Geophysical Research Letters, 2005, 32(14): L14601.

[64] Chen C T A, Borges A V. Reconciling opposing views on carbon cycling in the coastal ocean: Continental shelves as sinks and near-shore ecosystems as sources of atmospheric CO_2. Deep Sea Research Part II: Topical Studies in Oceanography, 2009, 56(8): 578—590.

[65] Chen C T A, Huang T H, Fu Y H, et al. Strong sources of CO_2 in upper estuaries become sinks of CO_2 in large river plumes. Current Opinion in Environmental Sustainability, 2012, 4(2): 179—185.

[66] Laruelle G G, Dürr H H, Lauerwald R, et al. Global multi-scale segmentation of continental and coastal waters from the watersheds to the continental margins. Hydrology and Earth System Science Discussion, 2013, 17(5): 2029—2051.

[67] Fransson A, Chierici M, Nojiri Y. Increased net CO_2 outgassing in the upwelling region of the southern Bering Sea in a period of variable marine climate between 1995 and 2001. Journal of Geophysical Research: Oceans, 2006, 111 (C8): C08008.

[68] Santana-Casiano J M, González-Dávila M, Ucha I R. Carbon dioxide fluxes in the Benguela upwelling system during winter and spring: A comparison between 2005 and 2006. Deep Sea Research Part II: Topical Studies in Oceanography, 2009, 56(8): 533—541.

[69] Cai W J, Dai M, Wang Y. Air-sea exchange of carbon dioxide in ocean margins: A province-based synthesis. Geophysical Research Letters, 2006, 33(12): L12603.

[70] Dai M, Cao Z, Guo X, et al. Why are some marginal seas sources of atmospheric CO_2?. Geophysical Research Letters, 2013, 40(10): 2154—2158.

[71] Laruelle G G, Lauerwald R, Pfeil B, et al. Regionalized global budget of the CO_2 exchange at the air-water interface in continental shelf seas. Global Biogeochemical Cycles, 2014, 28(11): 1199—1214.

[72] Wu Y, Dai M, Guo X, et al. High-frequency time-series autonomous observations of sea surface $p(CO_2)$ and pH. Limnology and Oceanography, 2021, 66(3): 588—606.

[73] Takahashi T, Sutherland S C, Wanninkhof R, et al. Climatological mean and decadal change in surface

ocean $p(CO_2)$, and net sea-air CO_2 flux over the global oceans. Deep Sea Research Part II: Topical Studies in Oceanography, 2009, 56(8): 554—577.

[74] Friedlingstein P, Jones M W, O'Sullivan M, et al. Global carbon budget 2021. Earth System Science Data, 2022, 14(4): 1917—2005.

[75] Iida Y, Kojima A, Takatani Y. Ishii Masao Trends in $p(CO_2)$ and sea-air CO_2 flux over the global open oceans for the last two decades. Journal of Oceanography, 2015, 71: 637—661.

[76] 王文卿, 王瑁. 中国红树林. 北京: 科学出版社, 2007.

[77] Gu J, Luo M, Zhang X, et al. Losses of salt marsh in China: Trends, threats and management. Estuarine, Coastal and Shelf Science, 2018, 214: 98—109.

[78] 邱广龙, 林幸助, 李宗善, 等. 海草生态系统的固碳机理及贡献. 应用生态学报, 2014, 25(6): 1825—1832.

[79] 岳世栋, 徐少春, 张玉, 等. 中国温带海域新发现较大面积(大于 50 ha)海草床: IV 烟台沿海海草分布现状及生态特征. 海洋科学, 2021, 45(10): 10.

[80] Meng W, Feagin R A, Hu B, et al. The spatial distribution of blue carbon in the coastal wetlands of China. Estuarine, Coastal and Shelf Science, 2019, 222: 13—20.

[81] Zhai W, Dai M, Guo X, Carbonate system and CO_2 degassing fluxes in the inner estuary of Changjiang (Yangtze)River, China. Marine Chemistry, 2007, 107(3): 342—356.

[82] Liu Z, Zhang L, Cai W J. et al. Removal of dissolved inorganic carbon in the Yellow River Estuary. Limnology and Oceanography, 2014, 59(2): 413—426.

[83] Wang S Y, Zhai W D. Regional differences in seasonal variation of air-sea CO_2 exchange in the Yellow Sea. Continental Shelf Research, 2021, 218: 104393.

[84] 国家海洋局. 2012 年中国海洋环境状况公报, 2013.

[85] Tseng C M, Liu K K, Gong G C, et al. CO_2 uptake in the East China Sea relying on Changjiang runoff is prone to change. Geophysical Research Letters, 2011, 38(24), L24609.

[86] Tsunogai S, Watanabe S, Sato T. Is there a "continental shelf pump" for the absorption of atmospheric CO_2?. Tellus Series B Chemical and Physical Meteorology B, 1999, 51: 701—712.

[87] Guo X H, Zhai W D, Dai M H, et al. Air-sea CO_2 fluxes in the East China Sea based on multiple-year underway observations. Biogeosciences, 2015, 12(18): 5495—5514.

[88] 刘茜, 郭香会, 尹志强, 等. 中国邻近边缘海碳通量研究现状与展望. 中国科学: 地球科学, 2018, 48(11): 1422—1443.

[89] Li Q, Guo X, Zhai W, et al. Partial pressure of CO_2 and air-sea CO_2 fluxes in the South China Sea: Synthesis of an 18-year dataset. Progress in Oceanography, 2020, 182: 102272.

[90] Zhai W D, Dai M H, Chen B S, et al. Seasonal variations of sea-air CO_2 fluxes in the largest tropical marginal sea(South China Sea)based on multiple-year underway measurements. Biogeosciences, 2013, 10(11): 7775—7791.

[91] Jones C D, Ciais P, Davis S J, et al. Simulating the earth system response to negative emissions. Environmental Research Letters, 2016, 11(9): 095012.

[92] Mackenzie F T, Lerman A, Andersson A J. Past and present of sediment and carbon biogeochemical cycling models. Biogeosciences, 2004, 1(1): 11—32.

[93] Regnier P, Friedlingstein P, Ciais P, et al. Anthropogenic perturbation of the carbon fluxes from land to ocean. Nature Geoscience, 2013, 6(8): 597—607.

[94] Battin T J, Luyssaert S, Kaplan L A, et al. The boundless carbon cycle. Nature Geoscience, 2009, 2(9): 598—600.

[95] Lacroix F, Ilyina T, Hartmann J. Oceanic CO_2 outgassing and biological production hotspots induced

by pre-industrial river loads of nutrients and carbon in a global modeling approach. Biogeosciences, 2020, 17(1): 55—88.

[96] Bauer J E, Cai W J, Raymond P A, et al. The changing carbon cycle of the coastal ocean. Nature, 2013, 504(7478): 61—70.

[97] Hu D, Wu L, Cai W, et al. Pacific western boundary currents and their roles in climate. Nature, 2015, 522(7556): 299—308.

[98] Wu C R. Interannual modulation of the Pacific Decadal Oscillation (PDO) on the low-latitude western North Pacific. Progress in Oceanography, 2013, 110: 49—58.

[99] Sydeman W J, García-Reyes M, Schoeman D S, et al. Climate change and wind intensification in coastal upwelling ecosystems. Science, 2014, 345(6192): 77—80.

[100] Cao Z, Yang W, Zhao Y, et al. Diagnosis of CO_2 dynamics and fluxes in global coastal oceans. National Science Review, 2019, 7(4): 786—797.

[101] National Academies of Sciences, Engineering, and Medicine, et al. A Research Strategy for Ocean-based Carbon Dioxide Removal and Sequestration. Washington D C: National Academies Press, 2021.

[102] Le Quéré C, Metzl N. Natural processes regulating the ocean uptake of CO_2 // Field C B, Raupach M R. Towards CO_2 Stabilization: Issues, Strategies and Consequences. Washington D C: Island Press, 2004.

[103] Ack B, Ran J, Buesseler A K, et al. Uncharted waters: Expanding the options for carbon dioxide removal in coastal and ocean environments. Energy Futures Initiative, 2020.

[104] Anderson C M, DeFries R S, Litterman R, et al. Natural climate solutions are not enough. Science, 2019, 363(6430): 933—934.

[105] Lawrence M G, Schäfer S, Muri H, et al. Evaluating climate geoengineering proposals in the context of the Paris Agreement temperature goals. Nature Communications, 2018, 9(1): 3734.

[106] Chen Y C, Chu T J, Wei J D, et al. Effects of mangrove removal on benthic organisms in the Siangshan Wetland in Hsinchu, Taiwan. PeerJ, 2018, 6: e5670.

[107] Hoegh-Guldberg O, Lovelock C E, Caldeira K, et al. The Ocean as a Solution to Climate Change: Five Opportunities for Action. Washington D C: World Resources Institute, 2019.

第 11 章　碳捕集、利用与封存

"双碳"目标下,碳捕集、利用与封存(CCUS)技术作为能源转型阶段的主要减碳技术受到了广泛关注。本章介绍了 CCUS 技术相关的基本概念,总结了全球范围内的 CCUS 项目进展情况,对 CCUS 技术展开了分类、分行业讨论,并在此基础上对 CCUS 技术的未来进行了展望和预测。

11.1　CCUS 发展现状

11.1.1　基本概念

CCUS 是指将 CO_2 从工业过程、能源利用或大气中分离出来,直接加以利用或注入地层以实现 CO_2 永久封存的过程[1]。全流程 CCUS 包括 CO_2 捕集、运输、利用与封存环节。其中:① CO_2 捕集是指将 CO_2 从工业生产、能源利用或大气中分离出来的过程,主要分为燃烧前捕集、燃烧后捕集、富氧捕集和化学链捕集。② CO_2 运输是指将捕集的 CO_2 运送到可利用或封存场地的过程。根据运输方式的不同,分为罐车运输、船舶运输和管道运输。③ CO_2 利用是指通过工程技术手段将捕集的 CO_2 实现资源化利用的过程。根据工程技术手段的不同,可分为矿化利用、化学利用、生物利用和地质利用等。④ CO_2 封存是指将 CO_2 注入深部地质储层、海洋或通过生物固碳、矿化等手段实现 CO_2 与大气长期隔绝的过程。

CCUS 由 CO_2 捕集和封存(carbon capture and storage, CCS)发展而来。CCS 概念的提出可以追溯到 1977 年[2],有人提出可以从燃煤电厂捕获 CO_2,并将其注入合适的地质构造中,以减少大气中 CO_2 的排放。2000 年,Weyburn-Midale CO_2 监测和储存项目成功将捕集的 CO_2 注入地层用于 CO_2 驱开采原油,开创了 CCS 开发的商业模式,不再需要政府激励。自此,"利用"的概念被加入 CCS 中[3]。2006 年 4—5 月,香山科学会议第 276 次、第 279 次学术讨论会上,与会专家首次提出 CCUS 的概念,并建议 CO_2 减排必须与利用紧密结合,主要利用途径是 CO_2 强化采油(CO_2 enhanced oil recovery, CO_2-EOR)和资源化利用。CCUS 在 CCS 的基础上,不仅能够实现 CO_2 减排,还可以创造额外的经济效益。

二氧化碳(carbon dioxide),分子式 CO_2,相对分子质量 44.01,非极性分子,常温常压下为无色无味气体,气态密度 $1.977 \text{ g} \cdot \text{L}^{-1}$(0℃,101.3 kPa)略高于空气,可溶于水生成碳酸,大气中占比约为 0.04%,且呈逐年上升趋势。CO_2 分子兼具动力学和热力学稳定性($\Delta G_{298 \text{ K}}^0 = -396 \text{ kJ} \cdot \text{mol}^{-1}$),由 C=O 双键($750 \text{ kJ} \cdot \text{mol}^{-1}$)构成,其中 O 原子附近电子云密度较高,故 C 原子具有较高的亲电性[4]。此外,CO_2 的相态对于储存、输送和封存过程同样具有重要影响,其单组分相图如图 11.1 所示。其三相点为 -56.6℃,5.2×10^5 Pa,在该条件下 CO_2 固态、液态、气态三个相态平衡共存;临界点为 31.1℃,7.38×10^6 Pa,当 CO_2 所处的温度、压力超过该数值,则其进入超临界状态[5]。超临界 CO_2 兼具气态和液态特性,其密度接近液态而黏度接近气态,且具有表面张力小、溶解性及扩散性良好等优势,在多个领域得到了广泛应用。除基本物理化学性质外,各相关领域同样关注更具针对性的物理化学参数,如 CO_2 提高油气采收率过程中的最小混相压力、竞争吸附等。

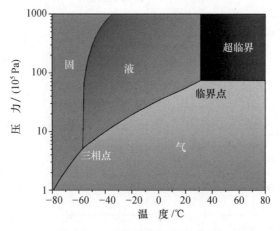

图 11.1 CO_2 的温度-压力相图

11.1.2 进展

为应对全球气候变暖,国外较早开始布局了 CCUS 相关技术的实施。1972 年,美国的 Terrell 项目是最早报道的大型 CCUS 项目,主要捕集天然气行业的 CO_2 用于驱油,年捕集量在 $(40\sim50)\times10^4$ t。1982 年,美国的 Enid 项目捕集化肥行业的 CO_2 用于油田驱油,年捕集量 70×10^4 t。另外,挪威也较早开始部署 CCUS 技术。挪威 Sleipner 项目是世界上首个 CO_2 盐水层封存项目,年封存量近百万吨。同时,加拿大、日本、沙特阿拉伯、阿联酋、澳大利亚等国家也相继加快了 CCUS 技术的工程实施。2014 年,加拿大 Boundary Dam 项目成为全球首个大型燃煤电厂烟气碳捕集项目,该项目年捕集量在 100×10^4 t 左右,一部分用于盐水层储存,另一部分用于美国 Weyburn 油田驱油。2015 年,加拿大 Quest 项目成为油砂行业第一个 CCS 项目。该项目对原油制氢环节 CO_2 进行捕集并注入咸水层,年捕集量在 100×10^4 t[6]。表 11-1 是部分国外 CCUS 项目汇总情况。

表 11-1 国外部分已投运 CCUS 项目汇总

项目名称	所在地	工业类型	捕集规模 /(10^4 t · a^{-1})	封存/利用方式	运行年份
Terrell	美国得克萨斯州	天然气加工	$40\sim50$	EOR[a]	1972
Enid	美国俄克拉何马州	化肥生产	70	EOR	1982
Shute Creek	美国怀俄明州	天然气加工	700	EOR	1986
Sleipner	挪威	天然气加工	90	盐水层	1996
Val Verde	美国得克萨斯州	天然气加工	130	EOR	1998
Weyburn	美国/加拿大	煤气化	100	EOR	2000
Snohvit	挪威	天然气加工	70	盐水层	2008
Century	美国得克萨斯州	天然气加工	840	EOR	2010
Coffeyville	美国堪萨斯州	化肥厂	80	EOR	2013
Boundary Dam	加拿大	燃煤电厂	100	EOR/盐水层	2014

续表

项目名称	所在地	工业类型	捕集规模 /(10^4 t·a^{-1})	封存/ 利用方式	运行年份
Uthmaniyah	沙特阿拉伯	天然气加工	80	EOR	2015
Quset	加拿大	甲烷重整	110	盐水层	2015
Kemper	美国密西西比州	燃煤电厂	340	EOR	2016
Gorgon	澳大利亚	天然气加工	400	盐水层	2016
苫小牧 CCS 示范项目	日本	氢气产品	10	盐水层	2016
Petra Nova	美国得克萨斯州	发电行业	140	EOR	2017
Great Plains Synfuels Plant and Weyburn Midale	美国北达科他州	合成天然气	300	EOR	2000
Alberta Carbon Trunk Line (ACTL) with Agrium CO_2 Stream	加拿大艾伯塔省	化肥厂	30~60	EOR	2020

a 强化采油(enhanced oil recovery,EOR)。

　　相较国外,中国的 CCUS 技术起步较晚。经评估,中国地质封存潜力为($1.21\sim4.13$) $\times10^{12}$ t[1]。目前,中国已投运或在规划过程中的 CCUS 项目有 40 多个,捕集能力为 3×10^6 t·a^{-1},累计注入封存量超 2×10^6 t[7]。从技术环节来看,捕集类、化工与生物利用类、地质利用与封存类示范项目的占比分别为 39%、24%、37%[7]。目前,中国 CCUS 项目已经遍布 19 个省份,主要集中在华北和东北,碳源和封存利用类型正趋向多元化。由于 CCUS 技术目前成本较高等多方面原因,现阶段开展的项目规模普遍较小。其中,2010 年神华集团在鄂尔多斯开展的 10^5 t 级 CCS 项目是我国最大的全流程咸水层封存项目。国华锦界电厂开展的 1.5×10^5 t CO_2 捕集项目已成为最大的燃煤电厂全流程项目。中石化开展的齐鲁石化-胜利油田 CCUS 百万吨级项目已建成我国最大的 CCUS 示范基地。另外,中国海油也宣布恩平 15-1 油田群正式启动我国首个海上 CO_2 封存示范工程。表 11-2 是目前我国已投运和规划的 CCUS 项目。

表 11-2　中国已投运和规划的 CCUS 项目[1]

项目名称	所在地	工业类型	捕集规模 /(10^4 t·a^{-1})	封存/ 利用方式	运行状态
国家能源集团鄂尔多斯咸水层封存项目	内蒙古鄂尔多斯	煤制气	10	咸水层封存	于 2016 年停止注入,监测中
延长石油陕北煤化工 5×10^4 t·a^{-1} CO_2 捕集与示范	陕西西安	煤制气	30	EOR	运行
中石油吉林油田 CO_2-EOR 研究与示范	吉林松原	天然气处理	60	EOR	运行
华能绿色煤电 IGCC 电厂捕集利用和封存	天津	燃煤电厂	10	放空	实验验证完毕,停止封存
国电集团天津北塘热电厂	天津	燃煤电厂	2	食品应用	运行
连云港清洁能源动力系统研究设施	江苏连云港	燃煤电厂	3	放空	运行
华能石洞口电厂	上海石洞口	燃煤电厂	12	工业利用与食品	间歇式运行

续表

项目名称	所在地	工业类型	捕集规模 /(10^4 t·a^{-1})	封存/ 利用方式	运行状态
中石化胜利油田 CO$_2$-EOR 项目	山东东营	燃煤电厂	4	EOR	运行
中石化中原油田 CO$_2$-EOR 项目	河南濮阳	化肥厂	10	EOR	运行
中电投重庆双槐电厂碳捕集示范项目	重庆	燃煤电厂	1	用于焊接保护、电厂、发电机氢冷置换等	运行
中联煤驱煤层气项目(柿庄)	山西沁水	外购气	—	ECBM	运行
华中科技大学 35 MW 富氧燃烧示范	湖北武汉	燃煤电厂	10	工业应用	运行
中联煤驱煤层气项目(柳林)	山西柳林	—	—	ECBM	运行
克拉玛依敦华石油新疆油田 CO$_2$-EOR 项目	新疆克拉玛依	甲醇厂	10	EOR	运行
长庆油田 CO$_2$-EOR 项目	陕西西安	甲醇厂	5	EOR	运行
大庆油田 CO$_2$-EOR 示范项目	黑龙江大庆	天然气处理	—	EOR	运行
海螺集团芜湖白马山水泥厂 5×10^4 t 级二氧化碳捕集与纯化示范项目	安徽芜湖	水泥厂	5	—	运行
华润电力海丰碳捕集测试平台	广东海丰	燃煤电厂	2	—	运行
中石化华东油气田 CCUS 全流程示范项目	江苏东台	化工厂	10	EOR	运行
中石化齐鲁石油化工 CCS 项目	山东淄博	化工厂	35	EOR	运行
国家能源集团国华锦界电厂 15×10^4 t·a^{-1} 燃烧后 CO$_2$ 捕集与封存全流程示范项目	陕西榆林	燃煤电厂	15	EOR	运行
中海油恩平 15-1 油田群二氧化碳封存项目	珠江口盆地	高含 CO$_2$ 的油田群	146	海底储层封存	运行
中石化齐鲁石化-胜利油田 CCUS 项目	山东淄博	化工厂	100	驱油封存	建成
国家能源集团 50×10^4 t 级碳捕集及资源化利用项目	江苏泰州	燃煤电厂	50	驱油/制甲醇	规划
大唐集团 100×10^4 t·a^{-1} CO$_2$ 捕集与利用示范工程	黑龙江大庆	燃煤电厂	100	EOR	规划

11.1.3 CCUS 经济性评估

CCUS 技术成本主要由固定成本、运行成本和环境成本组成。固定成本是指在 CCUS 技术实施前期的设备采购、安装、占地投资等。运行成本包括捕集、运输、封存、利用等全流程各个环节的投入。环境成本主要涉及 CCUS 技术各环节 CO_2 泄漏造成的环境风险,也包括 CCUS 技术实施带来更大能耗所造成的环境污染。

捕集成本是 CCUS 产业成本的重要组成部分,例如化工装置、气田等高浓度碳源的捕集成本在 $100 \sim 200$ 元·吨$^{-1}$,而煤电、钢铁等低浓度碳源的捕集成本在 $300 \sim 400$ 元·吨$^{-1}$[8]。CO_2-EOR 作为主要的 CO_2 地质利用技术,相较于常规三次采油技术成本也有所上浮,主要体现在安全监测、设备防腐以及采出气回注设施等方面。由于地质情况、混相能力不同,我国 CO_2-EOR 成本较高,为 $47 \sim 55$ 美元·吨$^{-1}$,而美国 CO_2-EOR 成本为 $15 \sim 30$ 美元·吨$^{-1}$[7]。目前 CCUS 技术的盈利空间较小,暂时无法完全覆盖各项投入,并且很大程度依赖政策补贴。一方面,捕集、运输、封存、利用等环节存在 CO_2 泄漏风险。从封存规模和环境风险监管等多方面考虑,国外要求的地质安全封存期超过 200 年,这在一定程度上也增加了 CCUS 技术实施的经济成本。另一方面,我国碳排放交易系统体系尚不完善,覆盖省份和行业较少,部分碳排放量大的省份和行业未能纳入碳排放交易系统。同时,总排放量核定、碳配额、碳价等制定体系不完善,导致 CCUS 技术商业化推广缓慢。因此,经济成本高昂、政策依赖性强等因素使 CCUS 技术难以通过碳减排获取可观收益,制约着 CCUS 技术大规模发展。

11.1.4　CCUS 在碳中和中的减排贡献

针对日益严峻的气候问题,我国提出了 2030 年前实现碳达峰、2060 年前实现碳中和的"双碳"目标,而这一目标的实现还须克服诸多困难。从能源结构来看,我国当前的能源结构仍以传统化石能源为主,占比超过 80%,其中煤炭作为我国消费量最大的一次能源占我国能源消费总量的 57% 左右,这意味着我国能源转型压力较重且化石能源主体地位短时间内不会改变。因此,CCUS 作为实现化石能源大规模直接减排的关键技术,在我国能源绿色转型过程中将发挥重要作用。据国际能源署(International Energy Agency,IEA)预测,若缺少 CCUS 技术,碳减排成本将上升约 70%,且到 2060 年 CCUS 技术将贡献我国累计碳减排总量的 8%,全球碳捕集总量的 50%。其中:① 火力发电行业将累计捕集约 13.0×10^8 t CO_2,约占我国碳捕集总量的 50%;② 重工业将累计捕集约 8.2×10^8 t,约占我国碳捕集总量的 32%;③ 生物质能碳捕集与封存(bio-energy with carbon capture and storage,BECCS)与直接空气捕获(direct air capture,DAC)也将合计贡献约 6.0×10^8 t 碳捕集量[9]。

11.2　CO_2 捕集技术

11.2.1　CO_2 捕集技术概述

CO_2 捕集技术是指通过物理或化学的方法将 CO_2 从能源或材料使用过程中分离提纯的工艺系统。CO_2 捕集在整个 CCUS 工艺链条中占据最大的能量消耗和投资成本,因此,开发低成本、低能耗 CO_2 捕集技术是推进 CCUS 技术大规模应用的关键。CO_2 捕集技术有多种分类:根据其在化石能源生命周期过程中捕获 CO_2 的位置不同,可分为燃烧前、燃烧中(又名富氧燃烧)和燃烧后技术;根据 CO_2 分离过程原理,可分为物理溶剂吸收法、固体吸附法、膜分离法、低温分离法、化学溶剂吸收法等。表 11-3 列出了几种 CO_2 分离技术的工作原理、技术特点、不足之处以及相对应的典型商业化技术。

表 11-3　物理溶剂吸收法、固体吸附法、膜分离法、低温分离法、化学溶剂吸收法的工作原理、技术特点、不足之处及典型商业化技术

CO₂捕集技术	工作原理	技术特点	不足之处	典型商业化技术
物理溶剂吸收法	通过物理溶解作用吸收 CO_2，然后通过减压或升温的方式释放 CO_2	在高压及低温条件下 CO_2 吸收效率高；溶剂再生相对容易，再生热耗低；溶剂腐蚀性低，可连续运行，技术成熟度高	初始投资成本高；CO_2 吸收速率慢；CO_2 选择性相对较低，产品纯度不高；溶剂降解挥发且对环境有一定污染	适应于高浓度 CO_2 捕集，典型技术有 Rectisol、Flour、Selexol、Purisol、南化公司 NHD 法等
固体吸附法	气态 CO_2 以物理或化学的方式吸附到固体材料的表面上，然后在低压真空或高温条件下进行解吸	吸附能力取决于吸附体的表面积以及操作的压力和温度差；脱附过程能耗低，吸附材料成本低，污染少；技术相对成熟	吸附前须严格脱硫脱硝；CO_2 吸收效率相比于化学溶剂吸收法低，选择性低，产品纯度不高；吸附和脱附在同一单元进行，不能连续运行	适用于中、高 CO_2 浓度烟气处理，典型技术有变温吸附法和变压吸附法
膜分离法	CO_2 在压力差的作用下通过气体在分离膜两侧的溶解度或扩散的差异而实现 CO_2 分离	能耗低，操作简单，无污染，易保养的清洁生产技术；可模块化生产	CO_2 分离纯度不高，须多级提纯，目前投资成本高，工业化应用相对不成熟	适用于中、高 CO_2 浓度烟气处理，典型技术有高分子膜、无机膜和混合膜
低温分离法	根据混合气体中不同组分的沸点差异实现 CO_2 分离	CO_2 直接以固态或液态的形式被捕集，无须后续高能耗的气体压缩；可产生 N_2 等副产品，过程中无须引入其他试剂，无二次污染	超低温条件能量消耗大，捕集效率低，杂质气体显著影响 CO_2 相变温度和工艺复杂度，技术成熟度低	适用于高 CO_2 浓度烟气处理，典型技术有 Ryan/Holmes 流程、CryoCell 技术等
化学溶剂吸收法	气态 CO_2 与吸收剂发生化学反应，以化学键结合的溶剂吸收到液相本体中，然后进行高温 CO_2 解吸	CO_2 吸收速度快且不受目标压力的影响，CO_2 选择性和脱除效率高；CO_2 吸收容量大；产品纯度高；可连续运行，技术成熟度高	初始投资成本高；溶剂再生热耗大；溶剂存在降解、挥发、腐蚀性问题，运行成本高	适用于中、低浓度 CO_2 捕集，典型化学吸收剂有三菱 KS-1 溶剂、壳牌 Cansolv 溶剂等

在上述 CO_2 分离技术中,物理溶剂吸收法操作简单、能耗低,但 CO_2 吸收选择性不高,适用于煤化工、天然气制氢等高压、高浓度 CO_2 气源。固体吸附法能耗低、工艺简单、污染少、分离成本低,但在实际应用中很难实现连续操作,吸附和脱附过程需要分开运行,同时吸附材料的稳定性和 CO_2 选择性有待进一步提高,目前停留在中试试验水平。膜分离法设备简单、效率高、无污染,但对原料气体要求严格,需要用到较复杂的前处理工艺以避免杂质气体对膜设备的损伤,同时需要多级膜分离工序以得到高纯度的 CO_2 产品,在沼气提纯等中、高浓度 CO_2 气体分离中较为适用。低温分离法工艺简单且能直接得到液体或固体 CO_2 产品,但此方法对前期的投资要求较高,对气体的降温加压过程需要用到大型设备,能耗高,适用于煤化工等 CO_2 分压较高的气源条件。化学溶剂吸收法吸附容量高、选择性好,是低浓度烟气如燃煤电厂、水泥厂、冶炼厂等行业应用最为广泛的一种方法,同时也是目前唯一实现百万吨(10^6 t)级低浓度 CO_2 捕集的商业化技术。

化学溶剂吸收法 CO_2 捕集的工艺流程如图 11.2 所示,烟气经脱硫、脱硝及除尘后经过水冷塔冷却至 $40\sim50$℃,冷却烟气进入 CO_2 吸收塔与吸收剂进行化学反应生成氨基甲酸盐、碳酸/碳酸氢盐等产物,吸收塔顶部设置水洗塔以回收挥发的有机胺。吸收 CO_2 后的富液经换热器进入解吸塔进行 CO_2 解吸,再生后的吸收剂贫液送回吸收塔顶部进行循环,解吸后的 CO_2 从塔顶排出经冷凝和干燥后压缩至 $11\sim15$ MPa,用于后续的利用或封存。化学溶剂吸收法 CO_2 捕集技术因其溶剂再生能耗高和运行成本高而阻碍了其产业化进程,以商业化运行的 30% 单乙醇胺(MEA)吸收剂为例,其再生能耗高达 $3.7\sim4.0$ GJ·t^{-1} CO_2,占系统总能耗的 60% 以上[10]。

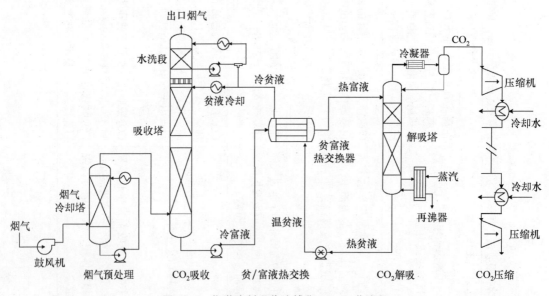

图 11.2　化学溶剂吸收法捕集 CO_2 工艺流程

吸收剂是化学溶剂吸收法 CO_2 捕集技术的核心,其性能直接影响了 CO_2 捕集系统的初投资、运行成本和能耗表现。因此,选择高效、低能耗的吸收剂是提高 CO_2 捕集系统经济性的关键。理想的吸收剂需要具备以下优点:① 高 CO_2 吸收速率和高反应活性——降低吸收塔高度和填料用量;② 低再生能耗——降低系统能耗成本;③ 高 CO_2 吸收容量——降低吸收剂循环液量;④ 高热稳定性和抗氧化性——减少吸收剂降解损失;⑤ 环境友好——减少二次污染;⑥ 低吸收剂成本——降低系统运行成本。吸收剂的开发按其研究代次和解吸能耗可分为第一代、第二代及第三代吸收剂,其中:第一代吸收剂以单一组分吸收剂为代表,比如 MEA 吸收剂、氨水吸收剂、碳酸钾吸收剂、氨基酸吸收剂等,其解吸能耗在 $3.0\ GJ \cdot t^{-1}\ CO_2$ 以上;第二代吸收剂以混合胺吸收剂为代表,比如哌嗪(PZ)或 PZ/2-氨基-2-甲基-1-丙醇(AMP)复合吸收剂,其解吸能耗在 $2.5 \sim 2.8\ GJ \cdot t^{-1}\ CO_2$[11];第三代吸收剂以更高性能的混合胺吸收剂或新型少水吸收剂为代表,目前大多停留在实验室或中试研究阶段,目标是将解吸能耗降低至 $2.0 \sim 2.2\ GJ \cdot t^{-1}\ CO_2$[12]。

化学溶剂吸收法 CO_2 捕集技术经过多年的发展,已经进入商业化早期阶段。2014 年,全球首个大型燃煤电厂烟气碳捕集项目——加拿大的 Boundary Dam 成功投入运行,总投资约 14.67 亿加元。项目采用基于混合胺吸收剂的 SO_2-CO_2 联合脱除工艺,技术由壳牌 CANSOLV 公司提供。Boundary Dam 项目自运行以来,已累计捕集 CO_2 超过 4×10^6 t,是目前唯一在运行的商业化碳捕集项目。2017 年,全球碳捕集量最大(1.4×10^6 t $\cdot$ a^{-1})的燃煤电厂烟气 CO_2 捕集项目——Petra Nova 项目在美国得克萨斯州投入运行,项目总投资约为 10.4 亿美元,其技术采用三菱公司的 KS-1 溶剂和 Kansai Mitsubishi Carbon Dioxide Removal(KM-CDR)工艺。Petra Nova 项目启动 10 个月内实现了累计 10^6 t 的 CO_2 捕集量,2019 年在线运行率达到 95%。由于受到新型冠状病毒疫情和油价暴跌的影响,Petra Nova 项目于 2020 年 5 月起处于停运状态。值得一提的是,Petra Nova 项目的停运是经济因素造成的,项目的核心 CO_2 捕集系统在技术层面被证明是稳定运行和行之有效的。

我国目前还没有商业化规模运行的低浓度 CO_2 捕集项目,但已具备大规模捕集 CO_2 的工程能力,目前正在积极筹备全流程 CCUS 产业集群。华能上海石洞口第二电厂的 12.0×10^4 t $\cdot$ a^{-1} CO_2 捕集装置工程示范项目[图 11.3(a)]2009 年 12 月投入运营,是国际上运行时间最长的 CO_2 捕集装置。吸收剂采用华能自主研发的 HNC-5 型吸收剂,捕集效率大于 90%,解吸能耗低于 2.7 GJ $\cdot$ t^{-1} CO_2,捕集成本 300~400 元 $\cdot$ 吨$^{-1}$ CO_2。2021 年,国家能源集团锦界公司建成了我国自主研发的国内最大规模、技术领先的 15.0×10^4 t $\cdot$ a^{-1} 的燃煤电厂 CO_2 捕集示范工程[图 11.3(b)],该示范工程采用新型复合胺吸收剂,集成"级间冷却+分流解吸+MVR 闪蒸压缩"的新一代节能工艺,实现大于 90% 的 CO_2 捕集率,大于 99% 的 CO_2 产品纯度,吸收剂再生热耗低于 2.4 GJ $\cdot$ t^{-1} CO_2,捕集成本在 300 元 $\cdot$ 吨$^{-1}$ CO_2 左右,整体性能指标达到了国际领先水平。

图 11.3 (a) 华能上海石洞口第二电厂的 12.0×10^4 t $\cdot$ a^{-1} CO_2 捕集装置工程示范项目(引自华能集团);(b) 国家能源集团锦界公司 15.0×10^4 t $\cdot$ a^{-1} 的燃煤电厂 CO_2 捕集示范工程(引自国家能源集团)

11.2.2 直接空气捕集

CO_2 分离技术的开发为 DAC 技术提供了理论基础和工程经验。DAC 技术的工艺流程是通过溶液吸收或固体吸附从大气中直接吸收 CO_2，然后通过改变压力或温度的方法将 CO_2 释放出来，得到纯度较高的 CO_2 产品用于利用或地质封存。DAC 技术的优势是规模小型化和模块化，可实现灵活捕集、灵活封存，大大降低 CO_2 利用和封存的运输成本。相比于常规工业烟气 CO_2 捕集，DAC 技术难点在于空气中 CO_2 浓度很低，仅为 0.04%，约为 40 Pa，因此捕集过程的挑战和难度都非常大。目前 DAC 工程应用主流的技术是溶液吸收法和固体吸附法。

因为 DAC 技术具备无限的碳减排和"负碳"潜力，世界各国政府和商业投资者对其高度重视。2022 年美国政府宣布投资 35 亿美元建立 4 个 DAC 中心，私募基金如 Elon Musk 投资 1 亿美元用于支持 DAC 等负排放技术的商业化部署。目前 DAC 技术已从实验室研究走向了工程化应用早期阶段，商业化运营的公司主要有瑞士的 Climeworks、加拿大的 Carbon Engineering 和美国的 Global Thermostat。截至 2022 年，全世界有 18 个 DAC 项目正在运行，CO_2 捕集能力为 7800 $t \cdot a^{-1}$，主要集中在欧洲、美国和加拿大。瑞士的 Climeworks 于 2017 年开设了第一家商业化 DAC 工厂，同时也在冰岛运营着目前世界上最大的 4000 $t \cdot a^{-1}$ 的 DAC 工厂。加拿大的 Carbon Engineering 在 2015 年开始运行 DAC 试验工厂，目前正在与 1PointFive 公司（母公司为西方石油公司）在美国得克萨斯州和新墨西哥州之间的页岩油气产区开展大规模 DAC 的前段设计，计划在 2025 年前后建成世界上第一个大规模 $10^6 \cdot a^{-1}$ 的 DAC 设施。随着技术的不断进步，DAC 已愈来愈被视为一种技术上可行、经济上有潜力的 CO_2 减排技术。

11.2.3 CO_2 捕集技术经济性评估

CO_2 捕集技术的应用场景与化石能源的使用息息相关，针对不同气源特性采用合适的 CO_2 捕集技术，才能实现低能耗和低成本的 CO_2 分离。一般而言，CO_2 分离成本随着气体组分 CO_2 浓度的降低而升高，同时捕集成本也受能源供应形式、与 CO_2 源工厂的整合改造、厂区位置等影响。根据 IEA 的成本预测（图 11.4），对于高浓度的 CO_2 气体处理，比如乙醇

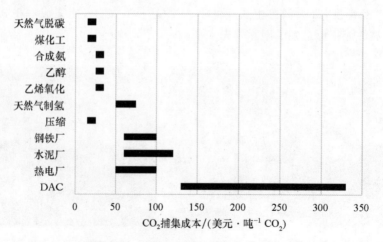

图 11.4 不同行业烟气的 CO_2 捕集成本

数据来自 IEA[13]

厂、天然气制氢、合成氨厂等,CO$_2$ 气体仅需要简单的预处理(如脱水)便可以压缩和运输,其处理成本一般低于 35 美元·吨$^{-1}$ CO$_2$。对于 CO$_2$ 排放量最大的低浓度烟气,如热电厂、水泥厂和钢铁厂,其捕集成本在 50～120 美元·吨$^{-1}$ CO$_2$。而对于超低浓度 DAC 技术的商业化应用,其捕集成本高达 130～330 美元·吨$^{-1}$ CO$_2$。

全球碳捕集与封存研究院(Global CCS Institute)总结了 2008 年以来的 CO$_2$ 捕集项目及其投资成本(图 11.5),在早期技术不成熟的阶段,碳捕集设施的投资和运行成本比较高,造成捕集成本偏高,甚至高于 100 美元·吨$^{-1}$ CO$_2$,但技术的迭代和工程经验的积累逐步降低了捕集成本,最具有代表性的是化学溶剂吸收法 CO$_2$ 捕集技术在燃煤电厂的应用,世界上第一个商业化的 Boundary Dam 项目碳捕集成本在 105 美元·吨$^{-1}$ CO$_2$ 左右,第二个规模更大的 Petra Nova 项目的捕集成本下降至 65 美元·吨$^{-1}$ CO$_2$ 左右。根据全球碳捕集与封存研究院预测,随着碳捕集技术的不断进步以及在商业化的经济规模效应,低 CO$_2$ 浓度碳捕集的成本会持续下降,并且有望降低至 30～35 美元·吨$^{-1}$ CO$_2$。

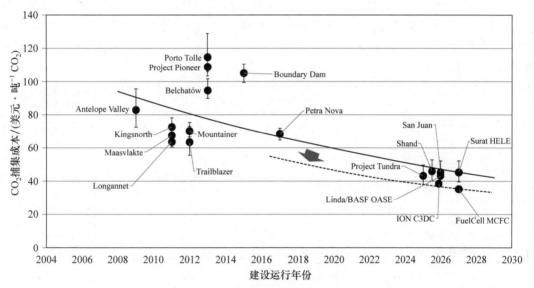

图 11.5 CO$_2$ 捕集项目及其成本
数据来自全球碳捕集与封存研究院[14]

11.3 CO$_2$ 利用技术

11.3.1 CO$_2$ 利用历史

一般认为,CO$_2$ 利用技术是指利用高于大气浓度的 CO$_2$ 生产具有经济价值产品的工业过程,大致可分为矿化利用、地质利用、化学利用和生物利用 4 类,技术特点为兼具经济和环境效益。其中,CO$_2$-EOR 作为最早的 CO$_2$ 大规模工业化利用技术,20 世纪 70 年代就已在美国得克萨斯州进行了首次现场试验,目前已发展为应用规模最大的 CO$_2$ 利用技术。我国绝大多数 CCUS 大规模全流程示范项目均与 CO$_2$-EOR 相关,而地浸采矿、强化煤层气开采、强化地热开采等新型地质利用技术也不断被提出并推向应用。近年来,化工与生物领域

的 CO_2 利用技术同样得到了快速发展:一方面,CO_2 重整甲烷制备合成气技术、CO_2 合成碳酸酯技术、CO_2 加氢制备甲醇技术、微藻固碳等传统 CO_2 利用技术的工业示范已经建成或正在建设;另一方面,CO_2 电催化转化技术、CO_2 光催化还原技术、CO_2 人工合成淀粉技术等新兴 CO_2 利用技术不断涌现。

11.3.2 CO_2 资源化利用

CO_2 作为一种储量丰富、安全、廉价易得的气体,可直接利用在碳酸饮料、工业保护气、植物气肥、纸浆和废水处理、超临界萃取、消防安全、提高石油采油率等工业领域。作为可再生资源,CO_2 可通过化学转化获得高附加值的能源、材料及化工产品。在传统化学转化利用中,CO_2 是生产纯碱、小苏打、白炭黑、金属碳酸盐等大宗无机化工产品以及尿素、碳酸氢铵等化肥和水杨酸的重要原料。在化学利用方面,通过光、电、热等催化方式使 CO_2 发生还原反应生成合成气、甲醇、二甲醚、醇类、胺类、酯类、聚酯类以及烃类等诸多有机化工产品是 CO_2 资源化利用的一大方向[15,16]。CO_2 资源化利用还包括矿化利用、生物利用、地质利用等。图 10.6 展示了根据不同的产品目标和转化路径的 CO_2 资源化利用方式。CO_2 资源化利用在兼顾碳减排的同时具备产生经济效益的潜力,可为国家碳中和战略提供一条经济可行的技术路径选择。

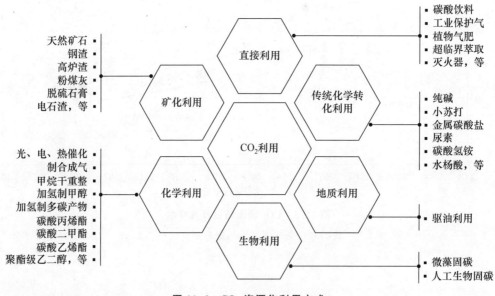

图 11.6 CO_2 资源化利用方式

11.3.3 矿化利用

CO_2 矿化是指利用富含钙、镁的天然矿物或碱性固体废弃物与 CO_2 进行矿化反应,将 CO_2 以碳酸盐的形式进行固定的一种技术。CO_2 矿化通常与碱性工业固体废物相结合进行"以废治废"。工业固体废物主要包括钢渣、高炉渣、粉煤灰、电石渣和脱硫石膏等碱性物质,具有反应活性高、临近 CO_2 排放源等优点,CO_2 矿化被普遍认为是实现 CO_2 大规模减排和工业固体废物资源化的重要途径。CO_2 矿化养护建材技术因具备 CO_2 减排和高附加值建材产品的双重效益,在 CO_2 大规模利用上颇具潜力,其基本原理是利用材料体系中的碱性组分,如未水化的硅酸二钙和硅酸三钙,在一定条件下进行碳酸化反应,完成材料的养护和强度增强。CO_2 矿化养护建材经过多年的基础研究和发展,已经从实验室逐步走向工业示范。当前世界范围内正在运行的示范项目主要包括加拿大麦吉尔大学和 CarbonCure 公司开展的千吨级矿化养护常规混凝土砌块中试项目、加拿大蒙特利尔 CarbiCrete 公司的 $8000\ t\ CO_2 \cdot a^{-1}$ 的矿化养护钢渣混凝土商业试点、美国加利福尼亚大学洛杉矶分校团队开发的 CO_2 混凝土千吨级工业示范以及浙江大学与河南强耐新材股份有限公司合作的全球第一个万吨级的工业规模 CO_2 养护混凝土示范工程。

11.3.4 化学利用

CO_2 化学利用是将 CO_2 作为碳源,通过加氢等反应还原生成合成气、甲醇、甲酸、低碳烷烃等燃料或化学品(图 11.7)。目前具有工业化应用潜力的路线是甲烷干重整技术和 CO_2 加氢制甲醇技术。此外,模仿"人工光合作用"进行光/电催化 CO_2 生成碳氢化合物燃料是学术界研究的热点,但其产业化应用亟须技术突破。

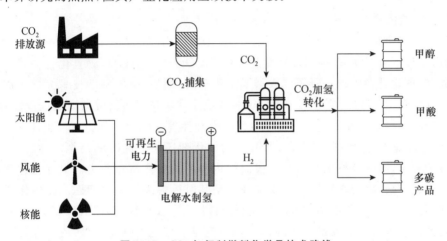

图 11.7 CO_2 加氢制燃料化学品技术路线

1. 甲烷干重整

甲烷干重整是利用甲烷的还原性质与 CO_2 反应生成合成气的过程,此工艺能够同时实现温室气体甲烷的综合利用和 CO_2 的资源化利用,兼具环保和经济双重效益。甲烷干重整技术基于甲烷热催化转化,近些年通过耐高温抗积碳高效催化剂的开发和规模化制备、工艺系统的热能利用和系统强化以及反应器的设计和优化,此技术已从实验研究逐步走向了工程示范。中国科学院上海高等研究院、潞安集团和荷兰壳牌公司三方联合实现了全球首套 $60\ t \cdot d^{-1}$ 的甲烷干重整万立方米级装置,并实现了稳定运行,合成气制备成本预计在 $500 \sim 600$ 元 $\cdot$ 吨$^{-1}$,比传统的水蒸气重整生产成本降低 20%[17]。世界首个 $30 \times 10^4\ t \cdot a^{-1}$ 焦炉气干重整制合成气工程示范在山西左权开工建设,据报道,此项目 CO_2 排放仅为传统高炉炼铁的 $1/3$,碳氧化物排放为传统高炉的 $1/10$,几乎没有硫氧化物的排放,具备较高的环保和经济效益[18]。

2. CO_2 加氢制甲醇

甲醇是一种需求巨大的重要有机化工原料,同时也是一种理想的清洁能源,在石油化工、燃料电池和发电等领域均有广泛的应用[19]。甲醇主要采用 CO_2 或 CO 在高温高压条件下加氢制备获得。因 CO_2 来源广泛、价格低廉，CO_2 直接制甲醇在碳减排和经济效益上更具优势。高效催化剂是 CO_2 加氢制甲醇的核心，其中铜基催化剂被证明是最具备工业应用潜力的。1996 年，日本先进工业科学技术研究所建立了世界上第一座 $50 \text{ kg} \cdot \text{d}^{-1}$ 的 CO_2 加氢制甲醇中试装置，项目采用 $Cu/ZnO/ZrO_2/Al_2O_3/SiO_2$ 催化剂，在 250℃、5 MPa 的反应条件下，得到 99.9％纯度的甲醇[20]。我国的 CO_2 加氢制甲醇技术处于世界领先的地位。2020 年，中国科学院大连化学物理所在甘肃兰州建成了全球首套千吨级"液态太阳燃料合成示范项目"，其太阳能到甲醇的能量转化效率大于 14％，此项目标志着我国 CO_2 加氢制甲醇技术也从实验室迈向了工业示范应用[21]。从经济成本上来看，未来 CO_2 甲醇转化有可能取代传统的煤制甲醇工艺。现有煤制甲醇在煤价为 $800 \text{ 元} \cdot \text{吨}^{-1}$ 时的成本约为 $2000 \text{ 元} \cdot \text{吨}^{-1}$。$CO_2$ 加氢制甲醇在 H_2 为 $0.6 \text{ 元} \cdot \text{标准立方米}^{-1}$（标准状态为 101.325 kPa、293.15 K）、CO_2 为 $200 \text{ 元} \cdot \text{吨}^{-1}$、运维费用为 $400 \text{ 元} \cdot \text{吨}^{-1}$ 的条件下，其生产成本接近煤制甲醇成本，考虑到持续上涨的碳排放交易价格，此技术在碳中和约束下具备很好的经济潜力。

3. 光/电催化 CO_2 转化

与传统热催化相比，光/电催化还原 CO_2 可采用太阳能或者可再生电力等清洁能源，在常温、常压条件下将 CO_2 直接一步转化为 CO、HCOOH、CH_3OH、碳氢化合物等燃料及化学品。光/电催化已在基础科研领域取得了重要进展，例如：中国科学技术大学与加拿大多伦多大学首次在 CO_2 电还原过程中通过调控反应步骤实现了多碳醇的高效选择性制备[22]；加拿大与美国的科学家在催化剂研发上取得了突破性进展[23,24]。无论电催化还是光催化还原 CO_2 目前都处于实验室研究阶段，所开发的催化剂还不能同时满足高活性、高选择性和高稳定性的要求，因此该技术在未来一段时间内都不具备经济竞争力。电催化过程中如何减少过电位、提升转化效率和提高产物选择性是其亟待解决的关键问题。光催化还原 CO_2 过程中如何提高太阳能利用率、提高光催化材料对 CO_2 吸附性能及提高碳氢化合物的产率等问题是推进技术发展的关键。整体而言，光/电温和催化 CO_2 转化实现商业化应用之路仍然任重道远。

11.3.5　生物利用

CO_2 生物利用技术指以 CO_2 为原料、以生物转化为主要手段生产目标产物的过程，具有产品附加值高、转化周期短、过程无污染等优点，主要产物包括生物燃料、化学品、生物饲料、食品和气肥等。当前，生物利用技术主要集中在微藻固定和气肥利用方面。对于微藻固定，该领域常见的微藻包括螺旋藻、小球藻、盐藻等，上述微藻通过光合作用对 CO_2 进行转化利用，从而得到生物燃料、有机肥等高附加值生物产物。对于气肥利用，在冬季封闭管理且空气不流通的大棚或温室内，作物光合作用消耗的 CO_2 得不到及时补充时可进行气肥施用，一般可使作物产量提高 20％～30％[25]。此外，近年来利用 CO_2 为原料人工合成淀粉、葡萄糖、脂肪酸等技术也得到了快速发展，这一类新型 CO_2 生物利用技术结合了代谢工程、合成生物学和化学催化等众多领域，开拓了 CO_2 利用的新途径和新思路，是 CO_2 利用的重要发展方向[26]。

11.3.6 地质利用

1. 强化采油

CO_2-EOR 技术指将 CO_2 以连续注入、交替注入、气水同注和碳酸水等方式注入油层中以提高油田采油率和进行 CO_2 地质封存的技术,其不仅适用于常规油藏,对于低渗、特低渗、致密乃至页岩储层也具有较好的应用前景。在一定的温度、压力条件下,CO_2 不仅能溶于原油,还可以置换出原油中的轻质和中间组分的烃类物质,这种置换作用称为 CO_2 对原油的抽提。CO_2-EOR 过程中,注入地层的高压 CO_2 与原油接触后发生溶解、抽提等物理化学作用,造成原油降黏、体积膨胀、界面张力降低甚至消失,因而提高驱油效率和波及系数。如果 CO_2 与原油形成混相效应,驱油效率会明显提升。混相效应是指 CO_2 注入地层后与原油完全互溶,界面消失,形成均一的混合物。该过程实质是 CO_2 对原油组分的不断抽提和 CO_2 在原油中不断溶解的过程。在储层温度下,注入气一次或多次与地层原油接触后,能够达成混相的最小操作压力称为最小混相压力(MMP),最小混相压力是决定 CO_2-EOR 效果的重要参数。

评价 CO_2-EOR 的效果有 3 个关键性能指标,即提高的原油采收率、注入 CO_2 的地质封存比例、生产单位原油所需要的 CO_2 量。各指标的大小取决于特定的地质和生产条件,如 CO_2 注入模式和注入体积等。现有的生产数据显示,CO_2-EOR 可使原油采收率平均提高 $4\%\sim25\%$,注入 CO_2 的地质封存比例达到 95%,每吨 CO_2 可以生产 $0.9\sim3.8$ 桶原油[27]。CO_2-EOR 具有巨大的潜力。研究显示,全球 CO_2-EOR 项目可增产 4700 亿桶石油,封存 1400×10^8 t CO_2[28]。

2. 强化采气

CO_2 强化采气(CO_2 enhanced gas recovery,CO_2-EGR)技术是指将 CO_2 注入气藏以恢复地层压力,驱替出常规手段无法动用的天然气。随着天然气的大量采出,一部分 CO_2 将滞留在地层中永久埋存。在油藏条件下,CO_2 通常处于超临界状态,密度与液体相近,比气体的密度高 2 个数量级。高密度的 CO_2 沉入气藏底部,在天然气下方形成"垫气",有助于天然气的开采。另外,气藏条件下 CO_2 的黏度比天然气高 1 个数量级,CO_2 与天然气之间具有良好的流度比,驱替前缘推进均匀,波及范围较大。影响 CO_2-EGR 采收率的因素有很多,例如岩石性质、气体性质、操作条件和气/岩相互作用等。CO_2-EGR 示范项目显示,平均注入 1 t CO_2 可以生产 $0.03\sim0.05$ t 天然气[29]。强化采气技术具有巨大的封存和提高采收率潜力。研究表明,全球范围内传统的天然气储层的 CO_2 封存量为 $(1600\sim3900)\times10^8$ t[30]。天然气采收率可相应提高 $5\%\sim15\%$[31, 32]。我国 CO_2-EGR 封存量约为 51.8×10^8 t[33],预计可增产天然气 $(0.5\sim1.4)\times10^8$ t[34]。

3. 强化煤层气开采

中国煤炭资源丰富,煤层分布广泛,其中深部不可采煤层占有很大比例。在长期成煤过程中,成煤物质由于生物作用和热作用生成的以甲烷为主的煤系伴生气体称为煤层气。CO_2 强化煤层气开采(CO_2 enhanced coalbed methane recovery,CO_2-ECBM)是指将 CO_2 注入深部不可采煤层,通过竞争吸附等方式提高煤层气的采收率。

煤层中发育很多孔裂隙结构,是气体的主要存储空间和运移通道。气体在煤层中的赋存状态包括吸附态、游离态和溶解态,以吸附态为主,约占 $80\%\sim90\%$。煤基质对气体分子的吸附以物理吸附为主,同时可能存在化学吸附。CO_2 注入煤层后,沿着孔裂隙结构进入煤层内部：一方面降低甲烷分压，迫使吸附态的甲烷解吸成为游离态，沿裂隙流入井筒；另一方面由于同温压条件下，煤基质对 CO_2 的吸附性强于甲烷[35，36]，二者发生竞争吸附，吸附性弱的甲烷被置换出来，通过扩散和渗流的方式进入生产井，而 CO_2 则储存在煤层中。煤层注入 CO_2 能够维持地层能量，可以实现保压开采，降低压敏效应对煤层的影响。煤层气的开采效果可以用甲烷解吸率来表征，即在解吸过程中甲烷的解吸量占甲烷总吸附量的比例。研究显示，CO_2 驱替时的甲烷解吸率远高于纯甲烷解吸时的甲烷解吸率[37]。然而，CO_2-ECBM 也存在一些问题：CO_2 注入后溶于地下水，形成酸性溶液，可能与煤中矿物反应，导致矿物溶解；注入深部煤层中的 CO_2 多以超临界状态储存，而超临界 CO_2 能够有效萃取煤基质和煤孔中的部分有机质，导致有机物流失；煤体吸附气体后膨胀，解吸时收缩，最终产生残余变形，造成渗透率的显著变化，对煤层气开采和 CO_2 封存具有很大影响[38]。

4. 强化地热开采

干热岩是一种低渗透性高温岩体，普遍埋藏于距地表 3～10 km 的深处，其温度范围广，在 150～650℃。保守估计，地壳中干热岩所蕴含的能量相当于全球所有石油、天然气和煤炭蕴含能量的 30 倍[39]。CO_2 强化地热开采（CO_2 enhanced geothermal systems，CO_2-EGS）技术利用 CO_2 作为吸热工质进行深层地热开发，将高温岩体热量经过微裂隙带到地面上进行热利用。以超临界 CO_2 代替水作为工质流体有许多优势，可以节约水资源，降低注入泵能耗，不会产生明显的矿物溶解和沉淀问题，还能部分封存 CO_2。CO_2-EGS 仍处于研究阶段，目前还未实现商业应用。

5. 地浸采铀

CO_2 地浸采铀（CO_2 in-situ uranium leaching，CO_2-IUL）技术使用 CO_2 与 O_2 配制溶浸液，与矿石反应形成含铀溶液，由抽液孔将含铀溶液提升至地表，经过处理加工得到最终产品。CO_2-IUL 是一种重要的铀矿开采技术，环境污染小，成本低廉，建设周期短，形成产能快且适用于低品位、低渗透、高碳酸盐、高矿化度的复杂型铀矿资源开发。这项技术可以提高铀矿的回收率，并且在地层中封存 CO_2。CO_2-IUL 技术使我国已探明砂岩型铀矿资源得以有效开发利用，适用于我国的砂岩型铀矿，例如鄂尔多斯盆地、吐哈盆地、松辽盆地、塔里木盆地等[40]。

6. 强化采水

CO_2 强化采水（CO_2 enhanced water recovery，CO_2-EWR）技术是指将 CO_2 注入深部咸水层或卤水层，驱替高附加值液体矿产资源（例如锂盐、钾盐、溴素等）或开采深部水资源，同时实现 CO_2 封存[41]。通过咸水的开采可以释放储层压力，提高储层 CO_2 的可注性和封存量，同时有效避免上覆盖层破裂或断层活动等地质风险。开采出的低矿化度咸水经过处理后可用于生活和工农业用水，高矿化度咸水或卤水可以提取液体矿产资源，或进行矿化利用萃取高附加值化工产品。开发的水资源和矿产资源在降低封存项目成本的同时可以缓解我国水资源和矿产资源短缺的状况。

11.4　CO_2 封存技术

11.4.1　CO_2 封存历史

由于 CO_2 封存的成本较高，早期的 CO_2 封存通常伴随 CO_2 强化采油等项目进行。1972 年，美国得克萨斯州沙伦岭油田为了探索利用 CO_2 提高原油采收率的可行性，开展了

首个大型 CO_2 地下注入项目[42];1996 年,挪威建成了全球首个碳捕集与封存一体化商业项目——Sleipner 项目,Sleipner 气田产出的 CO_2 全部被注入并封存于临近的深部咸水层,碳封存规模达到 10^6 t·a^{-1}[27];2000 年,IEA 温室气体研发计划 Weyburn-Midale CO_2 监测和储存项目实现了 CO_2 大规模捕获、利用和封存。该项目持续 12 年,年碳封存规模达到 $1.8×10^6$ t,自 2000 年 10 月以来已安全储存了 $35×10^6$ t CO_2[3]。随着温室气体的大量排放,全球气候变暖加剧,控制大气中 CO_2 含量的需求日益迫切,CO_2 封存技术受到全世界的广泛关注和研究。

11.4.2　地质封存

1. 地质封存机理

CO_2 地质封存是指将 CO_2 注入特定地质体中以达到永久封存的效果。通常来说,注入的 CO_2 须处于超临界状态,以保证相同的孔隙空间体积可以封存更多质量的 CO_2。CO_2 地质封存是一个涉及地质力学、渗流力学、传热学、化学和生物学的耦合问题,其机理主要包括地质和构造捕获、残余气捕获、溶解捕获和矿化捕获。

(1) 地质和构造捕获

CO_2 注入地层后,受储层非均质性和浮力作用,聚集在圈闭地质体(背斜、阻断隔层、地层尖灭等)顶部的封盖层下方,这一过程称为地质和构造捕获。CO_2 注入后,地质和构造捕获立即发生作用,在 CO_2 地质封存早期具有重要意义。

(2) 残余气捕获

CO_2 注入地层后驱替原位流体(如地层水或烃类物质),并在浮力和压力梯度的作用下运移。随着 CO_2 的运移,地层流体回流,分散的 CO_2 气泡受到毛管力作用被封隔在孔隙空间内无法移动,此过程称为残余气捕获。

(3) 溶解捕获

CO_2 在岩石孔隙中运移,与地层水或原油接触后溶解,这一过程称为溶解捕获。溶解 CO_2 的地层流体比原生流体密度更大,受重力作用向地层深处沉落,这一对流过程增强了 CO_2 和流体的混合,促使 CO_2 进一步溶解,同时可以减少 CO_2 返回大气的可能性。CO_2 通过分子扩散的方式溶解于地层流体中,因此这一过程非常缓慢。CO_2 的溶解速率与溶解量主要取决于储层温度、压力,地层流体的成分及与 CO_2 的接触率。

(4) 矿化捕获

CO_2 与地层水中的离子发生一系列反应生成碳酸盐矿物,例如方解石($CaCO_3$)、菱镁矿($MgCO_3$)、白云石[$CaMg(CO_3)_2$]和菱铁矿($FeCO_3$)等,此过程称为矿化捕获。CO_2 矿化是最稳定的储存形式,但是耗时最长,通常需要几千至数万年。影响矿化捕获速率的主要因素包括化学反应过程、流体类型和矿物组成。

各 CO_2 地质封存机理并非单独发生而是同时作用。随着 CO_2 的迁移及与岩石和流体的反应,主导机理不断发生变化(图 11.8)。在封存初期,地质和构造捕获起主要作用,随后残余气捕获、溶解捕获和矿化捕获的贡献逐渐凸显。随着封存时间的延长,CO_2 封存安全性升高。常规封存技术进入溶解捕获及矿化捕获占主导的阶段需要成千上万年,因此,亟须研究能够快速安全封存 CO_2 的技术。例如,CO_2 于玄武岩中的快速封存技术可以在 2 年内将大部分 CO_2 封存于矿物中[43]。

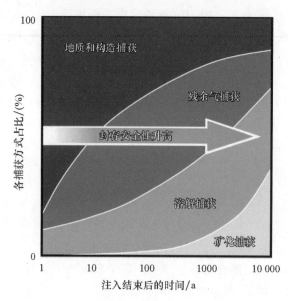

图 11.8　CO_2 地质封存机理随注入时间的变化[44]

2. 封存地质体

地质封存目前被认为是最有前景的封存方式。其主要封存地质体包括深部咸水层、正在开采或衰竭的油气藏、煤层及其他潜在地层。

（1）深部咸水层封存

深部咸水层封存是指 CO_2 被注入并封存在深度 800 m 以下的具有较高孔隙度和渗透率的地下咸水层中。由于 CO_2 处于超临界状态，在相同孔隙空间内可以封存更多的 CO_2。4 种封存机理均发挥作用，其中地质和构造捕获及残余气捕获占主导，控制着溶解捕获和矿化捕获的作用范围。我国深部咸水层的地质封存潜力巨大，占总封存潜力的 90% 以上[45]，远超油田、天然气田和煤层气田，是实现未来规模化 CO_2 地质封存的主力储集空间。深部咸水层选址时须考虑储层特征、盖层特征及淡水层、地热等其他相关因素。

（2）油气藏封存

油气藏尤其是衰竭的油气藏是 CO_2 封存的适宜场所。油气藏通常具有以下特点：① 良好的圈闭条件，可以保证封存的安全性；② 勘探程度高，在油气田开发阶段已掌握了大量的储层信息和成熟的地质模型；③ 大多数油气藏埋藏较深，CO_2 注入后处于超临界状态；④ 具有完备的井场设备、运输管网和其他配套设施。此外，CO_2 在油气藏中的封存还能够提高油气田采收率，在一定程度上抵消 CO_2 封存的成本。

（3）煤层封存

煤层中，CO_2 的储存主要通过吸附过程实现。在内生裂隙之间的煤体中发育有许多微孔，这些微孔能够充分、牢固地吸收裂隙中的 CO_2 分子，实现 CO_2 地质封存。但是，现有的煤层普遍渗透率较低、目的层厚度较薄，限制了 CO_2 在其中的封存能力。

其他地质体或地质结构如玄武岩、油气页岩、盐穴和废弃矿山等也可作为 CO_2 地质封存的场地。

11.4.3　其他封存

目前，CO_2 海洋封存的方法主要有海洋水柱封存、海洋沉积物封存、CO_2 置换天然气水合物封存。

将 CO_2 捕获、压缩后直接注入海洋的方式称为海洋水柱封存。海水中的碳主要以 HCO_3^-、CO_3^{2-}、H_2CO_3 和溶解态的 CO_2 存在，构成相对稳定的庞大的缓冲体系，注入海洋的 CO_2 通过一系列的物理化学反应被溶解和吸收，达到封存的目的。目前认为 CO_2 注入海洋的深度越大，封存效果越好。当注入深度大于 3000 m 时，液态 CO_2 的密度大于海水，CO_2 会下沉至海洋底部，形成 CO_2 湖（俗称"碳湖"），此时 70% 以上的 CO_2 的封存时间超过 500 年，甚至可达上千年[46]。CO_2 海洋封存效果与海洋循环周期密切相关。

CO_2 通过管线注入海床巨厚的沉积层中，由于密度大于沉积层中孔隙水的密度，而被封存于沉积层的孔隙水之下的过程称为海洋沉积物封存。在低温高压的深海条件下，海床沉积层中极易形成 CO_2 水合物。水合物的生成可以降低 CO_2 对海洋生物的影响，同时可以充填沉积物孔隙，降低渗透率，抑制 CO_2 泄漏的风险。

天然气水合物储量巨大，然而深海作业开采的过程中，容易由于甲烷气体的快速释放引发海底滑坡、地震等地质灾害。CO_2 置换天然气水合物在开采甲烷气体、封存 CO_2 的同时，还能保持海底水合物沉积层的稳定性。CO_2 置换天然气水合物的反应可以自发进行，且不受热力学和动力学条件的严格限制[47]。然而，该技术的主要限制因素是置换反应速率小[48]，置换效率理论最大值为 75%。

11.5　CCUS 未来预测

11.5.1　CCUS 技术发展趋势

随着 CCUS 技术的不断发展壮大，全流程技术集成的大规模示范项目将成为主流，故源汇匹配、全流程系统仿真模拟、管网规划等工作将成为项目整体重点。而对于捕集、运输、封存、利用等 CCUS 环节而言，其总体发展趋势以低成本、低能耗、安全可靠为主要导向。对于捕集环节，新型膜分离技术、新型吸收技术、新型吸附技术和化学链燃烧技术等第二代捕集技术将是下阶段主要技术攻坚方向，其有望大幅降低捕集成本和能耗。输送环节技术发展的关注点应落在管道输送方面，以形成长距离的 CO_2 输送管道网络和规范化的 CO_2 管输技术/管理体系。此外，罐车、船舶和海底管道等输送技术同样会在特定的 CCUS 项目中继续发展并完善。对于封存及利用环节，一方面应大力推动咸水层封存、CO_2-EOR、合成甲醇、混凝土养护等较高成熟度技术实现规模化和商业化；另一方面也应支持 CO_2 压裂、CO_2 合成淀粉等新兴技术以拓宽碳汇路径。

11.5.2　CCUS 未来商业模式

推动 CCUS 的商业化和规模化发展，需要促进跨行业多企业合作，形成可持续的商业模式。国有企业模式（图 11.9）是一种垂直一体化的商业模式，针对 CCUS 技术推广初期的高研发投入与高成本问题,国有企业可将捕集、运输、利用或封存连为整体,灵活分担多部门的风险和利益,适用于 CCUS 发展初期的条件。联合经营企业模式适用于不具有一体化要求的相关企业,受到相关政策法规支持的激励以参股的方式成立联合经营企业,共同承担一些开放特定的 CCUS 项目,较国有企业模式具有更高的交易成本,但是对一体化程度的限制相对较小,具有更好的推广前景。CCUS 运营商模式主要适用于电力行业,运营企业负责 CCUS 设备的投资和建设,并且可以根据不同地区的资源条件,开展初步的源汇匹配工作,更高效地利用管道等设备,通过运输和销售 CO_2 获取利润。CO_2 独立运输商模式是在此模式下运输商仅承担 CO_2 运输工作,较 CCUS 运营商将承担更低的经营风险。同时随着 CCUS 项目实践的进一步推广,利用 CO_2 独立运输商模式的特点,源汇匹配工作具有进一步开展的条件,可以实现多捕集源对应多需求方的 CO_2 交易市场。

国有企业模式适合在初期 CCUS 技术成本较高、二代技术研发示范投入较大的条件下采用。而联合经营企业模式适合由国内大型能源企业在二代技术示范阶段采用,以更好地推动二代技术的发展。CO_2 独立运输商模式交易成本较低,可以在二代技术商业化初期采用。CCUS 运营商模式则更加适合在 CCUS 技术较为成熟时采用,以解决不同捕集源与封存地大规模长距离的源汇匹配问题。

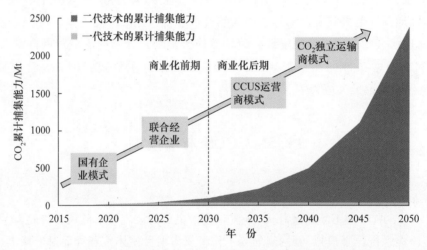

图 11.9   各商业模式在不同 CCUS 技术阶段的发展规划[49]

11.5.3   CCUS 技术潜在环境风险及对策

CCUS 技术潜在的环境风险主要来自捕集、运输、地质利用和封存过程中的 CO_2 泄漏。① 在捕集过程中,为获取高浓度 CO_2 增加的水耗和能耗一定程度上增加了大气污染物的排放风险。另外,捕集过程中溶剂的挥发、降解和泄漏也会对环境造成危害。② 运输过程中罐车受到外力撞击或者压力过载可能诱发爆炸,从而泄漏 CO_2 造成环境污染。同时,管路运输也存在腐蚀、破裂等造成的 CO_2 泄漏。③ 在地质利用和封存过程中,地质运动和 CO_2 的腐蚀性导致 CO_2 泄漏可能会造成泄漏区地下水、土壤及大气等环境问题。除以上过程外,由于人为选区不当,可能发生 CO_2 突发性或者缓慢性泄漏,造成生态环境的破坏。

面临上述多方面的困难和问题,今后需要加强 CCUS 技术的研究。首先,CO_2 泄漏的环境风险可以通过进一步研究相关工艺技术,降低在捕集过程的能耗,提出碳捕集综合优化方案,同时也要加强环保型溶剂的研究。其次,未来管路运输是 CO_2 运输技术的发展方向,需要加强管路抗腐蚀性研究,从而降低管路泄漏风险。最后,在地质利用和封存方面,完善选区评价体系,从地质、环境、政府规划、居民意愿等多方面考虑,形成潜力评估、封存选址的评价标准。

11.6 本章小结

本章对 CCUS 的发展进行了概述,系统地介绍了 CCUS 当前的发展情况以及应用案例,并通过对 CCUS 技术的系统分析,指出了 CCUS 技术未来的发展趋势和应对潜在环境风险的对策。CCUS 在 CCS 的基础上增加了利用环节,在实现碳减排的同时创造一定的经济效益。CCUS 相关技术国外实施较早,而国内起步较晚,主要集中在华北和东北地区。从技术环节来看,我国 CCUS 技术主要为捕集类、化工与生物利用类、地质利用与封存类示范项目。CCUS 技术成本主要由固定成本、运行成本和环境成本组成。捕集成本作为 CCUS 产业运行成本中重要的组成部分导致 CCUS 经济成本高昂,需要依赖政府的补贴政策,制约了该技术大规模发展。但中国当前的能源结构在较长时间内仍然以传统化石能源为主。因此,CCUS 作为实现化石能源大规模直接减排的关键技术,在我国能源绿色转型过程中将发挥重要作用。

CO_2 捕集技术是指通过物理或化学的方法将 CO_2 从能源或材料使用过程中分离提纯的工艺系统。根据其在化石能源生命周期中捕获 CO_2 的环节,可分为燃烧前、燃烧中和燃烧后技术;根据 CO_2 分离过程原理,可分为物理溶剂吸收法、固体吸附法、膜分离法、低温分离法、化学溶剂吸收法等。通过 CO_2 分离技术发展的 CO_2 DAC 技术具有规模小型化和模块化的优势,可实现灵活捕集、灵活封存。随着碳捕集的不断进步及其商业化的经济规模效应,预测 CO_2 浓度碳捕集的成本会持续下降。

CO_2 利用技术是指利用高于大气浓度的 CO_2 生产具有经济价值产品的工业过程,大致可分为矿化利用、化学利用、生物利用和地质利用 4 类:① CO_2 矿化利用使富含钙、镁的天然矿物或固体废弃物与 CO_2 发生矿化反应,以碳酸盐的形式固定 CO_2;② 化学利用是将 CO_2 作为碳源,通过加氢等反应还原生成合成气、甲醇、甲酸、低碳烷烃等燃料或化学品;③ 生物利用指以 CO_2 为原料、以生物转化为主要手段生产生物燃料、化学品、生物饲料、食品和气肥等目标产物;④ 地质利用主要包括强化采油、强化采气、强化煤层气开采、强化地热开采、地浸采铀以及强化采水等。

目前,CO_2 封存包括地质封存与其他封存。CO_2 地质封存是指将 CO_2 注入特定地质体中以达到永久封存的效果,通常被认为是最有应用前景的封存方式。其机理主要包括地质和构造捕获、残余气捕获、溶解捕获和矿化捕获。主要封存地质体包括深部咸水层、正在开采或衰竭的油气藏、煤层及其他潜在地层。其他封存方法当前主要有海洋水柱封存、海洋沉积物封存、CO_2 置换天然气水合物封存等。

随着 CCUS 技术的不断发展,全流程技术集成的大规模示范项目将成为主流,对于 CCUS 各个环节而言,其总体发展趋势以低成本、低能耗、安全可靠为主要导向。目前推动 CCUS 的商业化和规模化发展,需要促进跨行业多企业合作,形成可持续的商业模式。初期由国有企业解决高研发投入与高成本问题,后续由联合经营企业模式进行推广应用。CCUS 技术潜在的环境风险主要来自捕集、运输、地质利用和封存过程中的 CO_2 泄漏等。相应地,

通过完善 CO_2 捕集相关工艺，实现低耗、绿色捕集，并从多方面考虑封存标准，完善选区评价体系，可实现 CO_2 低风险封存。

参 考 文 献

[1] 蔡博峰，李琦，张贤，等. 中国二氧化碳捕集利用与封存(CCUS)年度报告(2021)——中国 CCUS 研究路径. 北京：生态环境部环境规划院，中国科学院武汉岩土力学研究所，中国 21 世纪议程管理中心，2021.

[2] Marchetti C. On geoengineering and the CO_2 problem. Climatic Change，1977，1(1)：59—68.

[3] Ma J，Li L，Wang H，et al. Carbon capture and storage：History and the road ahead. Engineering，2022,14(7)：33—43.

[4] 沈梦. 缺陷态光催化剂的制备及其 CO_2 还原性能研究. 中国科学院大学(中国科学院上海硅酸盐研究所)，2021.

[5] Seo Y，Huh C，Lee S，et al. Comparison of CO_2 liquefaction pressures for ship-based carbon capture and storage(CCS)chain. International Journal of Greenhouse Gas Control，2016，52：1—12.

[6] 赵志强，张贺，焦畅，等. 全球 CCUS 技术和应用现状分析. 现代化工，2021，41(4)：5—10.

[7] 张贤，李阳，马乔，等. 我国碳捕集利用与封存技术发展研究. 中国工程科学，2021，23(6)：70—80.

[8] 苗军，阳ди军. 我国二氧化碳捕集和驱油发展现状及展望. 当代石油石化，2020，28(12)：32—37.

[9] Van Der Hoeven M. World Energy Outlook 2012. Tokyo：International Energy Agency，2013.

[10] Li K，Leigh W，Feron P，et al. Systematic study of aqueous monoethanolamine(MEA)-based CO_2 capture process：Techno-economic assessment of the MEA process and its improvements. Applied Energy，2016，165：648—659.

[11] 刘飞. 胺基两相吸收剂捕集二氧化碳机理研究. 浙江大学，2020.

[12] 徐燕洁. 用于烟气 CO_2 捕集的双胺类少水吸收剂性能研究. 浙江大学，2021.

[13] IEA. Levelised cost of CO_2 capture by sector and initial CO_2 concentration，2019.(2022-10-26)[2022-11-01]. https://www.iea.org/search/charts?q＝Levelised％20cost％20of％20CO2％20capture％20by％20sector％20and％20initial％20CO2％20concentration

[14] Global CCS Institute. CCS talks：The technology cost curve.(2020-06-04)[2022-11-01]. https://www.globalccsinstitute.com/news-media/events/ccs-talks-the-technology-cost-curve/

[15] 张娟利，杨天华. 二氧化碳的资源化化工利用. 煤化工，2016，44(3)：1—5＋15.

[16] Damiani D，Litynski T，Mcilvried Cilvried H G，et al. The US department of Energy's R&D program to reduce greenhouse gas emissions through beneficial uses of carbon dioxide. Greenhouse Gases：Science and Technology，2012，2(1)：9—16.

[17] 甲烷二氧化碳制合成气万方级装置实现稳定运行. 能源化工，2017，38(4)：6.

[18] 中国石油大学. 二氧化碳干重整制合成气成套技术.(2020-05-21)[2022-11-01]. https://www.cup.edu.cn/cnem/kxyj/bzxcg/2d3ce12582b347d7aba049e793aea154.htm

[19] 陈倩倩，顾宇，唐志永，等. 以二氧化碳规模化利用技术为核心的碳减排方案. 中国科学院院刊，2019，34(4)：478—487.

[20] Zhong J，Yang X，Wu Z，et al. State of the art and perspectives in heterogeneous catalysis of CO_2 hydrogenation to methanol. Chemical Society Reviews，2020，49：1385.

[21] 全球首套二氧化碳加氢制甲醇工业试验装置建成.2020,40(22)：59—60.

[22] Zhuang T T，Liang Z Q，Seifitokaldani A，et al. Steering post-C—C coupling selectivity enables high efficiency electroreduction of carbon dioxide to multi-carbon alcohols. Nature Catalysis，2018，1(16)：

421—428.

[23] Luna P, Quinterob R, Dinh C T, et al. Catalyst electro-redeposition controls morphology and oxidation state for selective carbon dioxide reduction. Nature, 2018, 1: 103—110.

[24] Asadi M, Kim K, Liu C, et al. Nanostructured transition metal dichalcogenide electrocatalysts for CO_2 reduction in ionic liquid. Science, 2016, 353(6298): 426—470.

[25] 王伟伟, 马俊贵. CO_2 气肥增施技术及其应用. 农业工程, 2014, 4(S1): 48—51.

[26] Cai T, Sun H, Qiao J, et al. Cell-free chemoenzymatic starch synthesis from carbon dioxide. Science, 2021, 373(6562): 1523—1527.

[27] Bui M, Mac Dowell N. Carbon Capture and Storage. Royal Society of Chemistry, 2019.

[28] GHG, IEA. CO_2 Storage in Depleted Oilfields: Global Application Criteria for Carbon Dioxide Enhanced Oil Recovery. Cheltenham Glos: Advanced Resources International and Melzer Consulting, 2009.

[29] Van Der Meer L, Kreft E, Geel C, et al. CO_2 storage and testing enhanced gas recovery in the K12-B reservoir. Proceedings of the 23rd World Gas Conference, Amsterdam, 2006.

[30] Wildgust N. Global CO_2 geological storage capacity in hydrocarbon fields. IEA GHG Weyburn-Midale Monitoring Project PRISM Meeting, 2009.

[31] Al-Hasami A, Ren S, Tohidi B. CO_2 injection for enhanced gas recovery and geo-storage: Reservoir simulation and economics. SPE Europec/EAGE Annual Conference, 2005.

[32] Jikich S A, Smith D H, Sams W N, et al. Enhanced Gas Recovery(EGR)with carbon dioxide sequestration: A simulation study of effects of injection strategy and operational parameters. SPE Eastern Regional Meeting, 2003.

[33] Li X, Wei N, Liu Y, et al. CO_2 point emission and geological storage capacity in China. Energy Procedia, 2009, 1(1): 2793—2800.

[34] Zhang Y, Liu S Y, Song Y C, et al. Research progress of CO_2 sequestration with enhanced gas recovery. Advanced Materials Research, 2013, 807: 1075—1079.

[35] Mastalerz M, Goodman A, Chirdon D. Coal lithotypes before, during, and after exposure to CO_2: Insights from direct Fourier transform infrared investigation. Energy & fuels, 2012, 26 (6): 3586—3591.

[36] Busch A, Krooss B M, Gensterblum Y, et al. High-pressure adsorption of methane, carbon dioxide and their mixtures on coals with a special focus on the preferential sorption behaviour. Journal of Geochemical Exploration, 2003, 78: 671—674.

[37] 李向东, 冯启言, 刘波, 等. 注入二氧化碳驱替煤层甲烷的试验研究. 洁净煤技术, 15(2): 101—103.

[38] Cai Y, Liu D, Mathews J P, et al. Permeability evolution in fractured coal—Combining triaxial confinement with X-ray computed tomography, acoustic emission and ultrasonic techniques. International Journal of Coal Geology, 2014, 122: 91—104.

[39] 许天福, 张延军, 曾昭发, 等. 增强型地热系统(干热岩)开发技术进展. 科技导报, 2012, 30(32): 42—45.

[40] Wei N, Li X, Fang Z, et al. Regional resource distribution of onshore carbon geological utilization in China. Journal of CO_2 Utilization, 2015, 11: 20—30.

[41] 李琦, 魏亚妮. 二氧化碳地质封存联合深部咸水开采技术进展. 科技导报, 2013, 31(27): 6.

[42] Stalkup F I. Carbon dioxide miscible flooding: Past, present, and outlook for the future. Journal of Petroleum Technology, 1978, 30(8): 1102—1112.

[43] Matter J M, Stute M, Snæbjörnsdottir S Ó, et al. Rapid carbon mineralization for permanent disposal

of anthropogenic carbon dioxide emissions. Science, 2016, 352(6291): 1312—1314.

[44] Metz B, Davidson O, De Coninck H. Carbon Dioxide Capture and Storage: Special Report of the Inter-governmental Panel on Climate Change. Cambridge: Cambridge University Press, 2005.

[45] 郭建强, 文冬光, 张森琦, 等. 中国二氧化碳地质储存潜力评价与示范工程. 中国地质调查, 2015, 2(4): 36—46.

[46] 吴酬飞, 王江海, 徐小明, 等. 海洋碳封存技术: 现状, 问题与未来. 地球科学进展, 2015, 30(1): 9.

[47] 张学民, 李金平, 吴青柏, 等. CO_2 置换开采冻土区天然气水合物中 CH_4 的可行性研究. 化工进展, 2014, 33(S1): 133—140.

[48] 王林军, 张学民, 张东, 等. 水合物法储存温室气体二氧化碳的可行性分析. 中国沼气, 2011, 29(6): 28—32.

[49] 黄晶, 陈其针, 仲平, 等. 中国碳捕集利用与封存技术评估报告. 北京: 科学出版社, 2021.

[50] 杜海江. 碳捕集利用与封存(CCUS)技术风险评估及应用展望. (2021-12-24)[2022-12-01]. https://www.sohu.com/a/511290369_121119270

第 12 章　温室气体浓度和排放监测与治理

12.1　温室气体的主要类别与来源

12.1.1　温室气体的种类及其特点

温室气体是指大气中能够吸收红外辐射的气体成分。地球大气中的温室气体主要包括水汽(H_2O)、二氧化碳(CO_2)、甲烷(CH_4)、氧化亚氮(N_2O)、含氟温室气体、臭氧(O_3)等。如果没有温室气体,地球大气的平均温度就会从目前的 15℃ 降至 -19℃。过去 65 万年中,温室气体浓度基本稳定,其产生的温室效应使地球保持适宜人类和动植物生存的温度。自1750 年工业革命以来,人类活动造成温室气体排放总量不断增加,温室气体浓度也迅速上升并达到了历史最高水平,其结果是破坏了自然平衡,增强了温室效应,造成全球气候变暖,严重威胁着自然生态系统和社会经济系统。

1997 年 12 月,149 个国家和地区的代表参加《联合国气候变化框架公约》缔约方第三次会议,通过了旨在限制发达国家温室气体排放量以抑制全球变暖的《京都议定书》。2005 年2 月,《京都议定书》正式生效,人类历史上首次以法规形式限制温室气体排放。《京都议定书》限排的主要温室气体包括 CO_2、CH_4、N_2O、六氟化硫(SF_6)、氢氟碳化物(HFCs)及全氟化碳(PFCs),2012 年《京都议定书》多哈修正案增加了三氟化氮(NF_3)。受气候变化国际公约管控的 7 类温室气体中,CO_2、CH_4、N_2O、SF_6、NF_3 为单个物种,而 HFCs 和 PFCs 则是一类物质的总称。需要注意的是,除了这 7 种温室气体外,消耗臭氧层物质(ODS)也多为强温室气体,但由于已被旨在保护臭氧层的《蒙特利尔议定书》所管控,所以在讨论温室气体减排等议题时一般不包括在内。

讨论各种温室气体对气候变化的贡献时,常用两个指标来衡量,分别为全球变暖潜势(global warming potential,GWP)和辐射强迫(radiative forcing)。其中,GWP 是一种物质产生温室效应的一个指数,是指在一定的时间尺度内,与某种温室气体产生的温室效应等效的 CO_2 的量。GWP 越大表示单位质量的该温室气体在单位时间内产生的温室效应越大。表 12-1 展示了主要温室气体的 GWP。GWP 和参考时间有关,参考时间长度的选择主要由所关注的问题决定。如果关注地表温度变化等短期效应或潜在的气候与变化速度,选择较短的时间;如果关注海平面上升等长期效应,则选择较长的时间。标准的时间长度为 20 年、100 年和 500 年。

气候系统总体趋于平衡状态,即地球气候系统所吸收的太阳辐射应等于向外发射的红外长波辐射。如果某种扰动打破了这个平衡,气候系统会通过调整地表温度来形成新的平衡。为了定量评估地球气候系统辐射收支的外加扰动,IPCC 引入了辐射强迫的概念。辐射强迫是指某一扰动作用于气候系统所产生的对流层顶净辐照通量(向上辐射与向下辐射的差值)的变化,单位是 $W \cdot m^{-2}$。任何能够打破气候系统平衡的扰动就称为辐射强迫因子,如某种温室气体大气含量的变化、气溶胶浓度的变化以及太阳活动、火山爆发等。传统的辐射强迫是按照平流层温度已调整至辐射平衡状态,而地表和对流层仍保持未扰动的状态计算的。考虑到各个气候因子直接和间接效应的交互作用,IPCC 分别基于大气含量与排放量的变化进行有效辐射强迫的估算。基于大气含量的有效辐射强迫估算限于辐射活性温室气体与直接效应。如图 12.1,根据 IPCC 第六次评估报告,1750—2019 年,所有辐射活性温室气体中,CO_2 大气浓度变化的有效辐射强迫最大($2.16\ \mathrm{W \cdot m^{-2}}$),其次是 CH_4($0.54\ \mathrm{W \cdot m^{-2}}$),再次是 O_3($0.47\ \mathrm{W \cdot m^{-2}}$)、含氟温室气体及 ODS($0.41\ \mathrm{W \cdot m^{-2}}$)与 N_2O($0.21\ \mathrm{W \cdot m^{-2}}$)。平流层 H_2O(由 CH_4 氧化生成)的有效辐射强迫最小,不确定度也最大,约(0.05 ± 0.05)$\mathrm{W \cdot m^{-2}}$。如果考虑间接效应的贡献,CH_4 排放增加导致的有效辐射强迫($1.21\ \mathrm{W \cdot m^{-2}}$)显著高于 CH_4 浓度变化的有效辐射强迫($0.54\ \mathrm{W \cdot m^{-2}}$)。对于卤代烃,尽管损耗平流层 O_3 产生负的有效辐射强迫,但净效应仍可能是正的辐射强迫[1]。

表 12-1 主要长寿命温室气体的大气寿命和 GWP[1]

温室气体	大气寿命/年	GWP		
		20 年	100 年	500 年
CO_2	不确定	1	1	1
CH_4	11.8	81.2	27.9	7.95
N_2O	109	273	273	130
SF_6	3200	18 300	25 200	34 100
CFC-11	52	7430	5560	1870
HFC-32	5.4	2690	771	220
HFC-134a	14	4140	1530	436
CF_4	50 000	5300	7380	10 600
PFC-116	10 000	8940	12 400	17 500
PFC-218	2600	6770	9290	12 400
PFC-318	3200	7400	10 200	13 800
NF_3	569	13 400	17 400	18 200

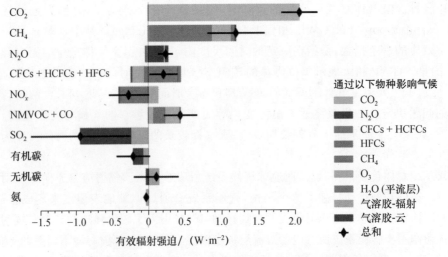

图 12.1 1750—2019 年一些气候驱动因子造成的有效辐射强迫[1]

注:NMVOC 为非甲烷挥发性有机物,CFCs 为氯氟碳化物,HCFCs 为氢氯氟烃

12.1.2 CO_2、CH_4、N_2O 的来源概述

CO_2 是地球大气中最重要的温室气体,主要来源是煤、石油、天然气等化石燃料燃烧,包括电力和热能生产、工业过程、交通工具的尾气排放等。此外,森林砍伐、土地利用等人类活动也降低了陆地植被对 CO_2 的吸收能力。从全球角度,CO_2 约占长寿命温室气体辐射强迫的 65%[2]。2010—2020 年,CO_2 对辐射强迫的增加贡献约占 82%。根据《中华人民共和国气候变化第二次两年更新报告》,2014 年中国 CO_2 排放(包括土地利用、土地利用变化和林业,即 LULUCF)91.24×10^8 t。若不包括土地利用、土地利用变化和林业,2014 年中国 CO_2 排放 102.75×10^8 t,其中能源活动排放 89.25×10^8 t,占 86.9%;工业生产过程排放 13.30×10^8 t,占 12.9%;废弃物处理排放 0.20×10^8 t,占 0.2%。土地利用、土地利用变化和林业表现为碳吸收汇,共吸收 CO_2 11.51×10^8 t。此外,2014 年国际航空排放 CO_2 0.29×10^8 t,国际航海排放 0.22×10^8 t,生物质燃烧排放 7.76×10^8 t[3]。

CH_4 的主要来源是煤炭生产、石油和天然气的生产及输送泄露、水稻种植、湿地和垃圾场释放、反刍动物呼吸、动物排泄物分解和生物质燃烧等。全球尺度 CH_4 对长寿命温室气体辐射强迫贡献约 16%[2]。排入大气中的 CH_4 约 40% 来自天然源(例如湿地和白蚁),约 60% 来自人为源(例如畜牧业、水稻种植、化石燃料利用、垃圾填埋和生物质燃烧)。2014 年中国 CH_4 排放 55.292×10^6 t,其中能源活动排放 24.757×10^6 t,占 44.8%;工业生产过程排放 6000 t;农业活动排放 22.245×10^6 t,占 40.2%;土地利用、土地利用变化和林业排放 1.720×10^6 t,约占 3.1%;废弃物处理排放 6.564×10^6 t,占 11.9%[3]。

N_2O 人为来源包括己二酸、己内酰胺和硝酸工业生产,农田氮肥的使用,此外,动物粪便、废水处理和汽车尾气也会排放 N_2O。全球尺度 N_2O 贡献约 7% 的长寿命温室气体辐射强迫。它是这一总辐射强迫的第三大单个贡献因子,其天然源约占 60%,人为源约占 40%[2]。2014 年中国 N_2O 排放 1.967×10^6 t,其中能源活动排放 0.367×10^6 t,占 18.6%;工业生产过程排放 0.311×10^6 t,占 15.8%;农业活动排放 1.170×10^6 t,占 59.5%;废弃物处理排放 0.120×10^6 t,占 6.1%[3]。

12.1.3 含氟温室气体的来源

气候变化国际公约管控的另外 4 类温室气体(SF_6、HFCs、PFCs、NF_3)由于分子中均含有氟原子,因此统称为含氟温室气体。含氟温室气体几乎全部由人类生产和排放,具有大气浓度低、相对增长速度快、全球变暖潜势大等特点。根据 IPCC 第六次评估报告,含氟温室气体过去 30 年大气排放量增长最快达到 250%,含氟温室气体对长寿命温室气体辐射强迫贡献达到 12%[1]。而目前全球含氟温室气体的排放与大气浓度还在快速增长,其中 NF_3、CF_4、HFC-32 和 HFC-125 等的大气浓度等正在以指数增长。

HFCs 是指分子中仅含有氢原子、氟原子和碳原子的卤代烃。一般用 HFC-xyz 表示,其中 x 为碳原子数减 1,y 为氢原子数加 1,z 为氟原子数。除 HFC-23 主要来自 HCFC-22 工业生产的副产排放外,其余 HFCs 主要用作 ODS 的替代物。HFC-134a 是目前应用最广的 HFCs,主要用于汽车空调制冷剂;HFC-32 和 HFC-125 则主要作为混合制冷剂,应用于室内空调;其他 HFCs 则分别用于制冷空调行业、烟草行业、泡沫行业和消防行业等,其用途和替代物种见表 12-2。HFCs 分子中不含氯原子,因此其臭氧消耗潜势(ODP)值为 0,从保

护臭氧层角度讲,是 ODS 的理想替代物。但 HFCs 的 GWP 很高,以 100 年尺度计达到 164～14 600,是很强的温室气体,因此被列入《京都议定书》限排物种。目前 HFCs 的大气浓度较低,如表 12-2 所示,2016 年全球 HFCs 浓度仅为数 ppt(10^{-12},万亿分率)或数十 ppt,有些物种甚至低于 1 ppt[4],但其相对增长速率远大于 CO_2、CH_4 等主要温室气体,达到百分之几至百分之十几。研究预测,若不加以管控,2050 年全球 HFCs 的总排放量将相当于 IPCC SRES 排放情景报告中全球 CO_2 排放总量的 9%～19%,相应的辐射强迫将达到 0.25～0.40 W·m^{-2}[5]。鉴于 HFCs 的重要性,HFCs 于 2016 年被纳入《〈蒙特利尔议定书〉基加利修正案》,成为两大国际环境公约共同管控的物种。

表 12-2　主要 HFCs 的 GWP、大气寿命、浓度变化和用途

名　　称	GWP^a	大气寿命 /a[1]	2016 年浓度 /ppt[4]	2016 年/2015 年相对 变化率/(%)^{b}[4]	用　　途	所替代物种
HFC-23	14 600	228	28.9	2.9	深冷机组	CFC-13
					HCFC-22 副产品	
HFC-32	771	5.4	12.6	18	制冷空调行业	HCFC-22
HFC-125	3740	30	2.4	13	制冷空调行业	HCFC-22
HFC-134a	1530	14	89.3	7.2	制冷空调行业	CFC-12、CFC-11、HCFC-22
					烟草行业	CFC-12
HFC-143a	5810	51	19.3	9.2	制冷空调行业	CFC-12
HFC-152a	164	1.6	6.72	0.5	制冷空调行业	HCFC-22
					烟草行业	CFC-12
HFC-227ea	3600	36	1.24	10.2	消防行业	H-1211、H-1301
HFC-236fa	8690	213	0.15	5.7	消防行业	H-1211、H-1301
HFC-245fa	962	7.9	2.43	8.9	泡沫行业	CFC-11、CFC-141b
HFC-365mfc	914	8.9	0.87	9.9	泡沫行业	CFC-11
					清洗行业	HCFC-141b

a GWP 以 100 年尺度计算。

b 数据基于先进的全球大气实验网(AGAGE)网络。

　　PFCs 是指分子中仅含有氟原子和碳原子的卤代烃。PFCs 主要来自金属(铝、稀土)等电解冶炼的副产排放。PFCs 在半导体和电子产品制造业中用于清洁、等离子体蚀刻等。此外,PFCs 还用于生产含氟的化合物、火箭燃料、同位素分离等,但使用量相对较小。

　　SF_6 由于具有良好的电气绝缘性能及优异的灭弧性能,在电力行业被推广用作高压绝缘介质材料。SF_6 还因其化学惰性、无毒、不易燃、无腐蚀性的特点,应用于镁铝冶炼、大气示踪和电子等行业。SF_6 是 GWP 最高的常见温室气体,以 100 年尺度计高达 25 200。

　　NF_3 化学性质稳定,作为一种优良的人工合成等离子蚀刻气体,广泛应用于电子工业。NF_3 大气寿命长达 500 年,基于 100 年尺度 GWP 高达 17 400,远大于 CO_2、CH_4、N_2O。随着 NF_3 替代 PFCs 或 SF_6 应用于工业生产,其排放量显著增加,大气浓度以约 12% 的年增速快速累积。2012 年 12 月,NF_3 通过《〈京都议定书〉多哈修正案》被增列入附件的温室气体清单,成为继 CO_2、CH_4、N_2O、SF_6、HFCs、PFCs 之后第 7 种受控温室气体。

根据《中华人民共和国气候变化第二次两年更新报告》,2014 年中国含氟气体排放 2.91 $\times 10^8$ t CO_2e,全部来自工业生产过程,其中金属冶炼排放 0.15×10^8 t CO_2e,占 5.3%;卤烃和 SF_6 生产排放 1.50×10^8 t CO_2e,占 51.4%;卤烃和 SF_6 消费排放 1.26×10^8 t CO_2e,占 43.3%[3]。

12.2 温室气体浓度监测方法

12.2.1 大气温室气体监测历史

温室效应问题的提出可以上溯到 19 世纪末期,但是真正引起学术界重视是在 20 世纪 50 年代后期,美国科学家通过实际观测证实了大气 CO_2 含量的不断增长趋势。20 世纪 70 年代,观测到大气中 CH_4、N_2O、CFCs 等其他温室气体的浓度也处于增长趋势后,科学界开始关注更多的温室气体。20 世纪 80 年代,南极冰芯的研究结果进一步从地球历史演变的角度证实了温室气体浓度水平变化与全球气候变化的关系。

由于多数温室气体物种具有较长的大气寿命,因此需要区域和全球尺度的网络化站网来进行观测。从 20 世纪 70 年代起,欧美发达国家逐步开始联合建设全球性的温室气体观测网络。1992 年《联合国全球气候变化框架公约》签署后,作为联合国专业机构的世界气象组织(WMO)积极推动全球大气监测计划(Global Atmosphere Watch,GAW),协调包括发展中国家在内的所有成员国参与建设全球大气化学成分如温室气体和紫外辐射等参数的观测网络,逐渐形成了组织架构完整、质量保障体系健全、台站数量众多的大气化学成分和紫外辐射观测体系。该体系的质量保障技术框架如图 12.2。其中,温室气体科学顾问组

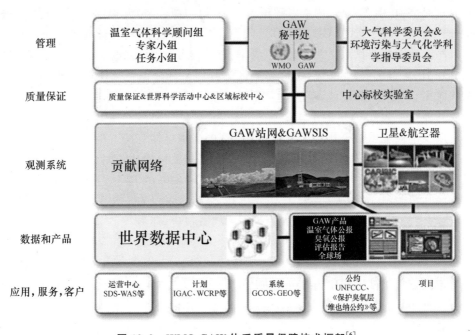

图 12.2 WMO-GAW 体系质量保障技术框架[6]

(Scientific Advisory Group,SAG)负责温室气体观测的技术发展和指导;位于美国国家海洋和大气管理局/地球系统研究实验室(NOAA/ESRL)作为中心标校实验室(Central Calibration Laboratory,CCL)负责温室气体国际一级标准气体的制备;多个全球和区域的校准中心(World/Regional Calibration Center,WCC/RCC)为观测站网内的台站提供标气巡回比对和设备比对测量的技术支撑。此外,还设立了位于日本气象厅的世界温室气体数据中心(World Data Center for Greenhouse Gases,WDCGG)。到目前为止,大多数国家都将各自部分或大部分地面温室气体观测站网纳入 WMO-GAW 的体系之下,其地面在线/采样站点数量已超过 400 个,其中包括 32 个全球大气本底站。这些大气本底站的地理分布很不均匀,发达国家站点较多,亚洲内陆地区本底站点稀缺。

我国温室气体本底观测起步较晚,20 世纪 80 年代起在民勤沙漠对大气 CO_2 和 CH_4 进行了短期测量。自 20 世纪 80 年代起,中国气象局陆续在北京上甸子、浙江临安和黑龙江龙凤山建设 3 个区域大气本底站,1994 年建立青海瓦里关全球大气本底站。大气本底站具有较大尺度站址代表性,其观测结果可以反映较大尺度大气不直接受人为污染影响且混合均匀之后的平均状况。这 4 个站点开展大气成分和气象要素长期观测,已纳入 GAW。中国气象局自 20 世纪 90 年代初开始在青海瓦里关全球大气本底站开展温室气体观测,自 2009 年起逐步建立起上甸子、临安、龙凤山、香格里拉等区域本底站温室气体在线观测系统。目前建立了由青海瓦里关、北京上甸子、浙江临安、黑龙江龙凤山、云南香格里拉、新疆阿克达拉、湖北金沙 7 个国家大气本底站组成的温室气体观测网络,观测要素涵盖了《京都议定书》管控的 7 大类温室气体。为了确保观测质量,中国气象局建立与 WMO 接轨的在线观测、采样实验室分析、标校溯源技术和标准,参与 WMO 框架下的系列比对和考核,包括 WMO/CCL 巡回比对和质量督察。中国科学院利用以森林、草原、农田生态系统为主要对象的生态系统研究网络(CERN),开展不同生态系统温室气体排放和吸收等方面的研究,并在个别站点(广东鼎湖山、吉林长白山、江苏太湖等)开展了部分温室气体本底浓度的采样监测。生态环境部在福建武夷山、山东长岛、内蒙古呼伦贝尔、青海门源、四川海螺沟、湖北神农架、海南五指山等背景站点开展了 CO_2、CH_4、N_2O 等温室气体浓度的监测,并计划扩展至城市大气温室气体及海洋碳汇监测试点。北京大学、清华大学、复旦大学、香港理工大学等国内高校分别在河北坝上、北京密云、上海城区、广州城区等开展了部分温室气体监测研究。自然资源部在浙江嵊山、福建北礵、西沙、南沙 4 个海岛站开展 CO_2/CH_4 长期连续观测,还在黄海、东海和南海开展海上大气 CO_2 的走航观测。此外,我国科学家还利用"雪龙"号极地科考船的观测平台以及南极中山站等开展了全球其他地区的温室气体观测。中国还先后发射了碳卫星等系列温室气体卫星或载荷,开展卫星监测。国内相关机构从不同角度出发,用多种手段先后开展的工作已取得了一系列重要成果,长期观测和最新的卫星观测数据成果,如图 12.3 所示的青海瓦里关站大气 CO_2 浓度长期变化趋势等,支持了《气候变化国家评估报告》《中国温室气体公报》《中国气候变化蓝皮书》等系列权威报告,还参与了全球温室气体评估。

12.2.2   近地面温室气体浓度监测方法

大气中温室气体浓度变化相对其他大气成分较小,比如 CO_2 浓度年际变化仅约 2 ppm(10^{-6},百万分率)。为了准确捕捉本底大气中温室气体的微小变化,WMO-GAW 对本底大气温室气体监测提出了极高的要求。如表 12-3 所示,CO_2 观测的可比性要求须达到 0.1 ppm,考虑到本底大气 CO_2 浓度约 410 ppm,则相对误差应小于 0.25‰。此外,对 CH_4

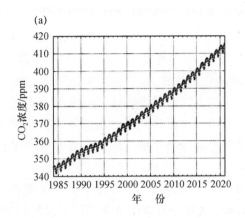

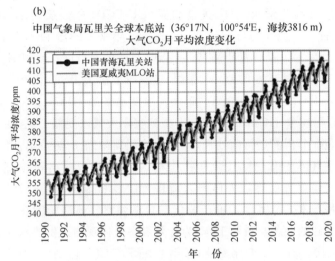

图 12.3 (a) WMO 发布的全球平均 CO_2 浓度变化;(b) 中国青海瓦里关全球本底站大气 CO_2 浓度变化[2][7]

和 N_2O 的可比性要求也达到 2 ppb(10^{-9},十亿分率)和 0.1 ppb,即相对误差应小于 1‰ 和 0.3‰。为了满足以上要求,背景站点不仅需要高精度的温室气体监测仪器,还需要配套的严格的标校流程以及质量保证和质量控制方法。

表 12-3　WMO 对本底大气温室气体监测的可比性要求

物　种	可比性目标	本底大气浓度范围
CO_2	±0.1 ppm(南半球大气±0.05 ppm)	360～430 ppm
CH_4	±2 ppb	1700～2100 ppb
N_2O	±0.1 ppb	320～335 ppb
SF_6	±0.02 ppt	6～10 ppt

从 20 世纪 50 年代到 21 世纪初,CO_2 高精度观测主要基于气相色谱-氢火焰离子化检测器(GC-FID)以及非色散红外法(NDIR),常见的商品化仪器难以达到要求的精度,因此本底站点的观测常依赖科研人员的自组装高精度观测系统。近 10 多年来,随着光腔衰荡光谱

法(CRDS)、离轴积分腔输出光谱法(ICOS)、傅里叶变换红外光谱法(FTIR)等光学监测技术迅速发展,CO_2 分析设备的精度、观测频率、线性范围都有了提高,维护难度也大大降低,相关的国家标准也已经发布,为 CO_2 高精度观测站点的扩展提供了技术保障。考虑到 CO_2 源汇复杂,特别是观测站点周边的植被、观测站房等自然或人为活动会干扰 CO_2 观测结果,从而无法获得具有较大空间代表性的观测数据,为确保观测的代表性,CO_2 观测一般会依托高塔,将空气从塔顶抽下,经过除水后再利用分析仪器进行在线观测,同时辅以一定周期内的标定和质量控制。整个观测网络需要采用同一溯源的标校体系,才能确保数据的准确性和可溯源性。

与 CO_2 类似,从 20 世纪 50 年代到 21 世纪初,CH_4 主要依赖科研人员自组装的 GC-FID 进行高精度观测,近年来,包括 CRDS、ICOS 和 FTIR 等技术也可对 CH_4 进行高精度观测。而 N_2O 之前常采用气相色谱-电子捕获检测器(GC-ECD)进行观测,但其精度难以达到 WMO-GAW 提出的 0.1 ppb 的可比性目标,随着近年来 CRDS 和 ICOS 等技术的出现,N_2O 监测的精度大大提高,能够满足 WMO-GAW 目标的高精度在线观测。

4 类含氟温室气体大气浓度仅为 ppt 量级,监测难度极大。SF_6 由于具有较强的捕获电子的能力,也可以采用 GC-ECD 法检测。而大气浓度水平的 HFCs、PFCs、NF_3 目前仅能利用气相色谱-质谱联用技术(GC-MS)检测。考虑到实际大气浓度低于现有的 GC-MS 分析设备的检测限,因此须在分析前进行前处理,即利用冷凝预浓缩-加热技术,将大气中的其他组分去除,将含氟温室气体浓缩、提纯、聚焦后送入 GC-MS 进行分离和检测。受限于技术复杂,全球含氟温室气体观测仪器均为科研人员自行组装和维护,观测网络难以扩展。近年来,我国科研和工程技术人员实现了可产业化的含氟温室气体高精度在线观测及采样分析技术,并已应用到实际的业务与科研工作,为含氟温室气体观测提供技术支持。

考虑到 CO_2 的源汇分布及变化复杂,近年来在城市 CO_2 监测中,中精度传感器技术逐渐发展起来。该技术的思路是在经费总额一定的前提下,利用较低成本、中等精度的 CO_2 传感器建立空间网格更密的 CO_2 监测网络,捕捉城市或者排放源的较强的 CO_2 信号,从而提高 CO_2 排放监测的空间分辨率。CO_2 中精度传感器采用 NDIR 等光学方法,其难点在于不同气象条件下中精度传感器的稳定运行以及长期观测的标校措施等。除 CO_2 外,CH_4 传感器也在寻找油田和输油输气管道泄漏点等实际应用中发挥了重要作用。

12.2.3 大气温室气体柱总量及廓线监测方法

卫星观测是快速、大范围获取全球或区域温室气体浓度水平、垂直分布信息的技术手段。近年来,为了保持在温室气体探测方面的技术优势,美国、欧洲、日本等国家和地区在温室气体卫星的技术发展上投入巨大。2009 年以来美国和日本先后发射了专门用于温室气体观测的卫星 OCO 系列和 GOSAT 系列,欧洲则利用 SCIAMACHY 卫星平台开展温室气体的观测。为配合卫星技术的发展,开展地基校验,美国、欧洲、日本、澳大利亚、南非等国家和地区还积极发展各自的地基遥感系统,如有多个国家参加的全碳柱总量观测网(total carbon column observation network,TCCON)拥有近 30 个傅里叶变换红外地基遥感站点,为卫星观测提供遥感校验。我国的卫星温室气体观测近几年发展迅速,2016 年中国首颗 CO_2 监测科学实验卫星发射升空,并获取了全球碳通量数据集,标志着我国具备了全球碳收支的空间定量监测能力。

此外,近年来国际上还发展了多种温室气体立体化观测技术,如采用小型飞机和高塔开展垂直廓线观测,利用商业货轮等进行海洋区域的大气采样观测,研发边界层内的系留气艇或探空气球搭载小型传感器观测,利用商业飞机进行跨区域的高空大气温室气体观测,利用高空气球进行高达平流层的温室气体探空采样观测,等等。以上观测手段获得了全球不同尺度、不同区域的温室气体三维观测数据。

12.3　温室气体排放计算方法

12.3.1　基于清单统计的温室气体排放计算方法

《联合国气候变化框架公约》要求所有缔约方采用缔约方大会议定的可比方法,定期编制并提交所有温室气体人为源排放量和吸收量国家清单。IPCC 的清单指南,是世界各国编制国家清单的技术规范和参考标准,不同国家会在 IPCC 清单指南的基础上根据具体国情略有调整。IPCC 第 1 版清单指南是《IPCC 国家温室气体清单指南》(1995),但很快被《IPCC 国家温室气体清单(1996 修订版)》(简称《1996 清单指南》)取代,并在此基础上出版了与《1996 清单指南》配合使用的《2000 年优良做法和不确定性管理指南》和《土地利用、土地利用变化和林业优良做法指南》。随后的《2006 年 IPCC 国家温室气体清单指南》(简称《2006 清单指南》)是在整合《1996 清单指南》《2000 年优良做法和不确定性管理指南》和《土地利用、土地利用变化和林业优良做法指南》的基础上,构架了更新、更完善但更复杂的方法学体系。由于其复杂性和支撑数据较难获得,一直未得到发展中国家的使用。中国国家清单主要采用《1996 清单指南》和《土地利用、土地利用变化和林业优良做法指南》,部分采用《2006 清单指南》。2019 年,IPCC 第 49 次全会通过了《2006 年 IPCC 国家温室气体清单指南(2019 修订版)》(简称《2019 清单指南》)。《2019 清单指南》是在《2006 清单指南》基础上的重要进步,为世界各国建立国家温室气体清单和减排履约提供最新的方法和规则,其方法学体系对全球各国都具有深刻和显著的影响[8]。基于清单统计的温室气体排放量计算方法(自下而上法)根据统计的活动水平以及报道或实测的排放因子进行核算。以水泥生产 CO_2 排放为例,水泥生产过程的 CO_2 排放主要发生在熟料这一中间产品的生产过程中。石灰石产生 CO_2 的主要成分为碳酸钙($CaCO_3$)和少量的碳酸镁($MgCO_3$),在煅烧过程中分解释放 CO_2。因此,水泥生产 CO_2 排放可以依据下式计算:

$$E = M \times EF = M \times (C_1 \times 44/56 + C_2 \times 44/40)$$

式中,E 为 CO_2 排放量,M 为熟料产量,EF 为排放因子,C_1 为熟料中 CaO 的含量,C_2 为熟料中 MgO 的含量。

12.3.2　基于大气监测的自上而下温室气体排放计算方法

近年来,基于大气浓度监测反演温室气体排放的方法(自上而下法)迅速发展起来,该方法可以弥补传统的自下而上法对于无组织排放统计的不足,提供更高时空分辨率的温室气体排放动态变化,和自下而上法互相补充后,可更为准确地获得国家或省市的温室气体排放结果。自上而下法基于观测的温室气体浓度和气象场资料,结合反演模式获得核算区域源汇及变化状况,正在成为国家或城市温室气体排放核算的重要手段。

随着温室气体观测网络的不断完善以及反演模式应用的不断进步,国际上涌现大量成功的案例。美国国家海洋和大气管理局在原有大气输送模式的基础上，积极发展称为"Carbon tracker"的二氧化碳排放全球反演系统，并衍生出"Carbon tracker-欧洲"（欧洲）、"Carbon tracker-澳大利亚"（澳大利亚）、"Carbon tracker-亚洲"（韩国）的温室气体源汇反演工具，融合利用多种观测资料，推算全球各区域的温室气体排放状况。此外，全球和区域模式 GEOS-CHEM、WRF-CHEM 以及大气传输模式 Flexpart、Name 等也应用于 CO_2、CH_4 和含氟温室气体的排放计算。对英国 HFC-134a 进行自上而下的计算，发现与自下而上法统计结果存在较大差异，该研究证明有必要对 IPCC 的源清单方法中汽车空调等的排放因子进行修订。在美国中部地区的研究发现，基于 CO_2 浓度观测的反演结果与自下而上法结果具有较好的一致性。对欧洲 28 个国家的 CH_4 排放研究，发现自上而下法的计算结果明显高于自下而上法统计的结果，可能存在因为湿地等天然源排放所引起的误差。

随着研究的推进，基于观测浓度的源汇评估正逐渐成为独立于源清单的另一种重要核算手段。IPCC《2019 清单指南》首次完整提出基于大气浓度（遥感测量和地面基站测量）反演温室气体排放量，进而验证传统自下而上法，并纳入质量保证措施中。作为一般方法学报告的重要内容，虽然目前温室气体观测网络的反演模式还待进一步改进，但可以预见，未来该方式将进一步发展并发挥更大作用。为了支持《巴黎协定》，第 17 次世界气象大会通过了一项关于实施"全球温室气体综合信息系统计划"（IG^{3}IS）的决议，旨在扩大温室气体的观测能力，将 WMO 原有的 GAW 扩展到区域和城市领域，并开发信息系统来提升温室气体模式反演能力，提供准确的温室气体排放信息。IG^{3}IS 已于 2019 年实施，目标包括：① 与清单编制专家合作，减少向《联合国气候变化框架公约》提交的国家排放清单的不确定性；② 向各行业和企业提供信息，帮助定位和定量以前未知的排放来源，例如 CH_4 的无组织排放量；③ 支持省市政府，特别是排放显著的超大城市，提供需要的时空分辨率的温室气体排放信息，以评估和指导实现减排目标的进展；④ 在各国政府和《联合国气候变化框架公约》确定需求时，支持《巴黎协定》的全球评估。IG^{3}IS 正在整合全球不同尺度的温室气体排放监测计划，总结其经验，编写基于大气浓度监测的自上而下法的温室气体排放监测方法学指南，并指导不同国家和城市开展碳监测。

12.3.3　典型国家和城市的温室气体排放核算体系

《联合国气候变化框架公约》规定每一个缔约方都有义务提交本国的国家信息通报。我国作为《联合国气候变化框架公约》非附件一缔约方，已分别于 2004 年、2012 年、2017 年和 2019 年提交了《中华人民共和国气候变化初始国家信息通报》《中华人民共和国气候变化第二次国家信息通报》《中华人民共和国气候变化第一次两年更新报告》《中华人民共和国气候变化第二次两年更新报告》，全面阐述了中国应对气候变化的各项政策与行动，并报告了中国 1994 年、2005 年、2012 年和 2014 年的国家温室气体清单，上述国家清单均是基于自下而上的清单统计方法。IPCC 已经将基于大气浓度监测的结果纳入《2019 清单指南》，瑞士、英国、澳大利亚、新西兰等国率先提交两套温室气体核算数据至《联合国气候变化框架公约》，其中包括自上而下法核算的结果。本小节以瑞士为例，介绍典型国家尺度基于监测的温室气体排放核算方法。此外，城市是全球人为温室气体排放的主要来源。国内外开展了诸多城市温室气体监测项目，本小节也以法国巴黎和我国京津冀城市群碳监测作为城市和城市群碳监测网络的典型案例进行分析。

1. 瑞士温室气体监测体系和在国家清单中的应用[9]

瑞士建立了国家温室气体监测网络,并在提交至《联合国气候变化框架公约》的 *Switzerland's Greenhouse Gas Inventory 1990—2018 National Inventory Report* 中,将利用大气浓度监测计算的自上而下法温室气体排放结果纳入附件5,即 *Additional information on verification activities*。

瑞士国土面积 4.1×10^4 km^2,人口 866.7 万人,和我国地级市的面积及人口相当,因此瑞士的国家温室气体监测体系对我国城市温室气体碳监测具有较好的参考意义。

瑞士的温室气体监测网络包括 5 个站点,其中位于阿尔卑斯山少女峰顶的少女峰站(JFJ)开展温室气体全要素(CO_2、CH_4、N_2O、HFCs、PFCs、SF_6、NF_3)及示踪物(CO)在线观测,Beromünster(高塔站,BEO)观测 CO_2、CH_4、N_2O,其他 3 个站点 Lägern Hochwacht(山顶高塔站,LHW)、Gimmiz(平地高塔站,GIM)、Früehbüehl(山区站,FRU)、Schauinsland(山顶站,SSL)仅观测 CO_2、CH_4。

HFCs 和 SF_6 的排放量采用比值相关法,利用 JFJ 站点同时观测的含氟温室气体以及 CO 的抬升浓度比值,结合瑞士 CO 排放清单计算了瑞士含氟温室气体的排放量。除瑞士外,英国和澳大利亚提交给《联合国气候变化框架公约》的自上而下法温室气体排放结果也都包括了含氟温室气体,原因在于含氟温室气体几乎全部来自人为源,反演模型相对简单,而排放清单的排放因子的不确定度较大,因此自上而下法的结果可以较好地提高排放清单的准确性。图 12.4 显示了两套方法计算的瑞士 HFC-134a 的排放量比较,两者的差距可能达到 40%。而图 12.5 显示,尽管排放清单统计瑞士 HFC-152a 排放应在 2003 年后大幅下降,2009 年后应接近零排放,但是自上而下法计算的排放结果显示瑞士依旧存在 HFC-152a 不可忽视的排放量,体现了自上而下法在监测无组织排放方面的优势。

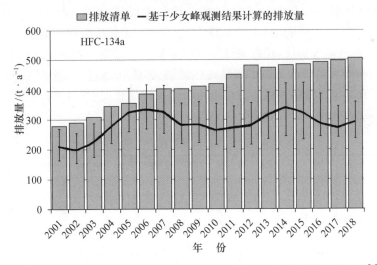

图 12.4　自上而下法计算的瑞士 HFC-134a 排放量以及与排放清单的比较[7]

注:误差线为基于污染事件浓度的 25 分位数和 75 分位数计算的排放量

利用监测的大气浓度结合大气反演模式 Flexpart 获得 CH_4 和 N_2O 的排放量。Flexpart 模式由瑞士国家气象局(MeteoSwiss)提供的数值天气预报模型 COSMO(7 km×7 km 水平分辨率)的高分辨率气象输入数据驱动。对于每个站点,在 3 h 的时间间隔内释放 50 000 个粒子,计算追踪其 4 天的运行,并以此计算每 3 h 的源敏感系数,再利用同化算法

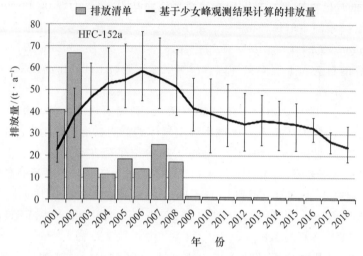

图 12.5　自上而下法计算的瑞士 HFC-152a 排放以及与排放清单的比较[7]

注：误差线为基于污染事件浓度的 25 分位数和 75 分位数计算的排放量

获得其排放。自上而下法获得的 CH_4 和 N_2O 结果与排放清单没有显著性差异，但两套结果的不确定度均较大。

2. 法国巴黎碳监测网络（CO_2-Megaparis 项目）[10]

巴黎是全世界最早建立碳监测网络的城市之一。巴黎空气质量监测协会（AirParif）在巴黎地区共设有 5 个监测站点（表 12-4），负责 CO_2 和其他污染物的排放情况监测。AirParif 将温室气体监测数据同已知的污染物排放清单和大气输送模型相结合，得出日/月时间尺度温室气体排放。巴黎中心地区的 3 个监测站点（EIF、MON、GON）配备高精度 CRDS 法分析仪，另外 2 个站点 GIF 和 TRN 为 AirParif 和欧洲综合碳观测系统（ICOS）合作运行，使用气相色谱分析仪，仪器测量精度均显著高于 CO_2-Megaparis 项目中 5 min 均值的精度（0.17 ppm）。由于巴黎城市布局具有密集、排放强、地势平坦的特点，站点布设采用沿着主导风向的方式。温室气体监测结果结合巴黎市现有温室气体清单和大气同化反演模式，可用于估算巴黎地区 CO_2 排放量。

表 12-4　巴黎温室气体监测站点基本情况[8]

站点位置	简　称	纬　度/°N	经　度/°E	海　拔/m	距巴黎市中心距离/km
Eiffel Tower	EIF	48.8582	2.2946	300	4（W）
Montgé-en-Goële	MON	49.0284	2.7489	9	35（NE）
Gonesse	GON	48.9908	2.4446	4	16（N）
Gif-sur-Yvette	GIF	48.7100	2.1475	7	23（SW）
Trainou forest	TRN	47.9647	2.1125	180	101（S）

除地面监测网络外，法国环境与气候科学实验室（LSCE）和德国卡尔斯鲁厄理工学院（KIT）等研究机构还建立了巴黎碳柱总量联合监测网，以测量巴黎地区的 CO_2 和 CH_4 浓度。利用布鲁克（Bruker）公司和 KIT 联合开发的可移动的地面 FTIR 仪器测量 CO_2 和 CH_4 垂直积分浓度。仪器的原理是当太阳光穿过大气层时，大气层中的温室气体吸收特定的波长，其吸收强度与大气中的温室气体浓度有关。仪器设置在市中心（Jussieu）和与中心

距离几乎相等的 4 个站,包括 Gif-sur-Yvette、Saulx-les-Chartreux、Piscop、Mitry Mory。LSCE 负责建立大气模型,计算巴黎的温室气体人为排放量。

3. 我国京津冀城市群碳监测网络[11]

京津冀地区面积 21.6×10^4 km^2,人口达到 1.1 亿人。GDP 占全国的 11%,其中钢铁产量占全国的 28.4%,单位面积消费的煤炭更是达到全球平均的 30 倍。因此京津冀区域是全球碳排放强度最大的区域之一。在科技部重点研发专项项目"京津冀城市群高时空分辨率碳排放监测及应用示范"支持下,中国科学院大气物理研究所牵头,国内 16 家单位参与,于 2017 年起逐步建立了京津冀城市群碳监测网络。该网络首次在中国建立了国际前沿的城市群天、空、地大气 CO_2 综合观测体系。该观测体系包括:① 3 颗国际碳卫星和 3 颗我国自主碳卫星或碳载荷;② 6 个高精度 CO_2 基准站;③ 200 余个站点组成的高密度 CO_2 观测网;④ 多手段立体观测网,包括 10 余辆移动观测车、2 架大气探测飞机、大气廓线采样、CO_2 激光雷达扫描、系留气艇和无人机等。其中,高精度 CO_2 基准站和高密度 CO_2 观测网开展连续观测,飞机、移动观测车、激光雷达、系留气艇等开展定期强化观测。高精度监测系统的进样口一般安装在具有较高高度的观测塔塔顶,应用高精度 CRDS 法 CO_2 分析仪配套进样模块、除水模块以及自动标定模块,实现了无人值守站点的全自动化观测。在垂直观测方面,建立了不同高度层的温室气体垂直观测体系,综合利用梯度塔、CO_2 激光雷达、大气探测飞机、系留气艇和平流层探空气球,实现了从近地面到 30 km 高度的分层 CO_2 高精度观测技术,各项技术分别针对近地层、边界层、对流层、平流层的温室气体分布。此外,针对城市群 CO_2 浓度变化大的特点,还研制了低成本中精度传感器,CO_2 精度从原始的 30 ppm 提高为 $1 \sim 5$ ppm,组建了 200 多个站的高密度监测网,以揭示城市尺度 CO_2 高时空变化特征和规律。

以上多源观测数据进入大数据融合同化系统,应用局地集合卡尔曼滤波(LETKF-C)和贝叶斯反演(Bayesian inversion)两种方法,研制了空间分辨率为 1 km×1 km、时间分辨率为 1 h 的高时空分辨率碳同化反演系统,同化反演结果与先验清单在京津冀城市尺度差异为 5%~20%。研发的 1 km 逐小时的生物圈碳通量模型(VEGAS_regional)实现了碳的水平传输、人口和动物呼吸碳排放的模拟。应用该系统可分离出新型冠状病毒疫情、生物圈和天气对大气 CO_2 浓度的定量影响。开发了 1 km 网格化的碳排放清单,并建立了可视化监测与分析示范平台以及低碳评估指数体系作为应用出口。

12.4　降碳减污协同治理

12.4.1　降碳减污的概念和意义

化石能源的燃烧和加工利用,会同时产生 CO_2 等温室气体以及二氧化硫(SO_2)、氮氧化物(NO_x)、颗粒物、挥发性有机污染物(VOCs)等大气污染物。根据 IEA 的报告,约 85% 的悬浮颗粒物和几乎所有的硫氧化物(SO_x)、NO_x 是化石能源使用所导致的。而 IPCC 第五次评估报告表明,1970—2010 年化石能源燃烧和工业过程产生的碳排放量占温室气体排放总量的 78%。基于大气污染物和碳排放的同根同源性,减污行动可带来降碳效应,反之亦然。一方面,碳减排要求减少煤炭、石油、天然气等化石能源消费,可在很大程度上缩减 SO_2、NO_x 和悬浮颗粒物排放量乃至 O_3 排放量,达到改善空气质量的效果;另一方面,空气污染治理的许多措施鼓励使用清洁能源、减少化石能源的消费,同时可以使 CO_2 排放量减少。

在降低化石能源的使用上,大气污染物与温室气体减排之间存在显著的协同效应。研究表明,如果将落后企业的能源效率提升至细分行业平均水平,减少空气污染物排放的同时可以带来 18% ～ 50% 的 CO_2 减排率。当非化石能源发电占比超过 50% 时,工业部门电气化替代可以初步实现空气污染物与 CO_2 的协同减排;当非化石能源发电占比达到 70% 时,工业部门电气化替代可带来 4% ～ 29% 的 CO_2 减排率。因此,推动降碳减污协同治理既科学可行,又经济合理:一方面,可以使碳减排和空气污染治理的政策设计更具针对性和协同性;另一方面,也有利于提高碳减排和空气污染治理的政策效率,降低碳减排和空气污染治理的经济成本。

12.4.2　降碳减污的措施和方法

根据 2022 年生态环境部等 7 部门联合印发的《减污降碳协同增效实施方案》[12]等相关方案和办法,降碳减污的措施和办法包括以下几个方面:

1. 推进工业领域协同增效

实施绿色制造工程,推广绿色设计,探索产品设计、生产工艺、产品分销以及回收处置利用全产业链绿色化,加快工业领域源头减排、过程控制、末端治理、综合利用全流程绿色发展。推进工业节能和能效水平提升。依法实施"双超双有高耗能"企业强制性清洁生产审核,开展重点行业清洁生产改造,研究建立大气环境容量约束下的钢铁、焦化等行业去产能长效机制,逐步减少独立烧结、热轧企业数量。大力支持电炉短流程工艺发展,水泥行业加快原燃料替代,石化行业加快推动减油增化,铝业提高再生铝比例,推广高效低碳技术,加快再生有色金属产业发展。推动冶炼副产能源资源与建材、石化、化工行业深度耦合发展。鼓励重点行业企业探索采用多污染物和温室气体协同控制技术工艺,开展协同创新。推动碳捕集、利用与封存技术在工业领域应用。

2. 推进大气污染防治协同控制

优化治理技术路线,加大 NO_x、VOCs 以及温室气体协同减排力度。一体推进重点行业大气污染深度治理与节能降碳行动,推动钢铁、水泥、焦化行业及锅炉超低排放改造,探索开展大气污染物与温室气体排放协同控制,改造提升工程试点。VOCs 等大气污染物治理优先采用源头替代措施。推进大气污染治理设备节能降耗,提高设备自动化智能化运行水平。加强 ODS 和 HFCs 管理,加快使用含 HCFCs 生产线改造,逐步淘汰 HCFCs 使用。推进移动源大气污染物排放和碳排放协同治理。

3. 推动实现降碳减污协同效应

优先选择化石能源替代、原料工艺优化、产业结构升级等源头治理措施,严格控制高能耗、高排放项目建设。加大交通运输结构优化调整力度,推动"公转铁""公转水"和多式联运,推广节能和新能源车辆。加强畜禽养殖和废弃物污染治理及综合利用,强化污水、垃圾等集中处置设施环境管理,协同控制 CH_4、H_2O 等温室气体。鼓励各地积极探索协同控制温室气体和污染物排放的创新举措及有效机制。

4. 优化技术路径

统筹水、大气、土壤、固体废物等领域减排要求,优化治理目标、治理工艺和技术路线,优先采用基于自然的解决方案,加强技术研发应用,强化多种污染物与温室气体协同控制,增强污染防治与碳排放治理的协调性。

12.4.3 温室气体监测在降碳减污中的作用

从全国到企业,不同尺度准确的温室气体排放核算是开展降碳减污协同治理工作的基础,目前温室气体的排放还是依赖于统计核算体系。但是国家和省、市尺度的温室气体核算体系尚面临统计周期长、数据时效性不足的困难,企业尺度的统计数据还需要建立客观的第三方核算体系以验证其准确性。

加强温室气体监测,特别是将温室气体监测逐步纳入生态环境监测体系统筹实施,可以充分发挥温室气体监测及自上而下法的优势。在重点排放点源层面,开展石油、天然气、煤炭开采等重点行业 CH_4 排放监测,可以及时掌握 CH_4 等的逸散排放,从而为 CH_4 减排提供直接支持。在区域层面,开展大尺度区域 CH_4、HFCs、SF_6、PFCs、NF_3 等非 CO_2 温室气体排放监测,有助于掌握非 CO_2 温室气体整体排放水平和规律,甄别其重点排放地区。在全国层面,探索通过卫星遥感等手段监测土地利用类型、分布与变化情况和土地覆盖(植被)类型与分布,核算碳汇,支撑国家温室气体清单编制工作。

温室气体监测还有助于监测监管统筹融合。针对重点工业园区和重点排放企业的排放特点,开展源区重点温室气体监测或企业 CO_2 连续在线监测(CEMS),可以及时准确地掌握企业的温室气体排放信息,同重点排放单位报送数据等比对评估,有助于企业数据核查和配额清缴履约等监督管理,及时发现无组织排放和非法排放,实现监测和监管的融合统筹。此外,全国碳排放权交易市场于 2021 年正式启动,这是利用市场机制控制和减少温室气体排放、推进绿色低碳发展的一项重大制度创新,也是推动实现碳达峰目标与碳中和愿景的重要政策工具。碳监测具有实时性、客观性的特点,未来也可以作为碳排放交易的有效核算工具。

12.5 本章小结

列入气候变化国际公约管控的温室气体包括 CO_2、CH_4、N_2O、SF_6、HFCs、PFCs 及 NF_3 7 类。GWP 和辐射强迫是衡量温室气体对气候变化贡献的最重要的指标,从长寿命温室气体的辐射强迫占比看,CO_2 占 66%,CH_4 占 16%,N_2O 占 7%,而含氟温室气体和 ODS 共占 11%。

大气温室气体的监测历史可以追溯到 20 世纪 50 年代,由于本底大气温室气体监测的要求极高,WMO-GAW 建立了完整的观测-标校-质控体系,保障了温室气体观测数据的准确性和可塑性。随着近年来光学法技术的发展和商业化含氟温室气体高精度观测产品的出现,温室气体高精度观测的可应用性大大提高,为开展网络化观测提供了重要的技术支持。除高精度观测外,中精度仪器高密度组网观测、卫星观测、飞机和汽车走航观测、气球气艇探空观测等技术迅速发展,可以获得全球不同尺度、不同区域的温室气体三维观测数据。

在高精度观测基础上,基于实测浓度和大气反演模型的自上而下法逐步建立并已成为国家或城市温室气体排放核算的重要手段。瑞士、英国、澳大利亚、新西兰等国率先提交基于自上而下法获得的国家温室气体排放结果,而以法国巴黎、中国京津冀城市群为代表的城市、城市群碳监测网络也尝试建立不同类型城市的监测技术体系。大气污染物与温室气体减排之间存在显著的协同效应,温室气体监测可以获得更为准确、及时、客观的排放结果和排放源分布,将为降碳减污协同治理和监管提供有力的工具。

参 考 文 献

[1] IPCC. Climate Change 2021: The Physical Science Basis. Contribution of Working Group I to the Sixth Assessment Report of the Intergovernmental Panel on Climate Change. Cambridge: Cambridge University Press, 2022.

[2] World Meteorological Organization. WMO Greenhouse Gas Bulletin: The State of Greenhouse Gases in the Atmosphere Based on Global Observations through 2019. (2020-11-23)[2022-11-03]. https://library.wmo.int/index.php? lvl=notice_display&id=21795

[3] 中华人民共和国生态环境部. 中华人民共和国气候变化第二次两年更新报告. (2019-07-01)[2022-11-03] http://big5.mee.gov.cn/gate/big5/www.mee.gov.cn/ywgz/ydqhbh/wsqtkz/201907/P020190701765971-866571.pdf

[4] World Meteorological Organization. Scientific Assessment of Ozone Depletion: 2018, Global Ozone Research and Monitoring Project-Report No. 58. Geneva, Switzerland: World Meteorological Organization, 2018.

[5] Velders G J M, Fahey D W, Daniel J S, et al. The large contribution of projected HFC emissions to future climate forcing. The Proceedings of the National Academy of Sciences, 2019, 106 (27): 10949—10954.

[6] World Meteorological Organization. Global Atmosphere Watch Programme. [2022-11-03]. https://community.wmo.int/activity-areas/gaw

[7] 中国气象局气候变化中心. 中国温室气体公报第 8 期. (2022-09-30)[2022-11-03]. http://www.gov.cn/xinwen/2022-09/30/content_5713998.htm

[8] 蔡博峰, 朱松丽, 于胜民, 等.《IPCC 2006 年国家温室气体清单指南 2019 修订版》解读. 环境工程, 2019(8): 1—11.

[9] Federal Office for the Environment. Switzerland's Greenhouse Gas Inventory 1990—2018, National Inventory Report. [2022-11-03]. https://www.bafu.admin.ch/bafu/en/ home/topics/climate/state/data/climate-reporting/previous-ghg-inventories.html

[10] Bréon F M, Broquet G, Puygrenier V, et al. An attempt at estimating Paris area CO_2 emissions from atmospheric concentration measurements. Atmospheric Chemistry and Physics, 2015, 15: 1707—1724.

[11] 中国科学院大气物理研究所.京津冀城市群碳监测网络. [2022-11-03]. http://main.sense1.cn

[12] 生态环境部,国家发展和改革委员会,工业和信息化部,等. 减污降碳协同增效实施方案. (2022-06-17)[2022-12-04]. https://www.mee.gov.cn/ywdt/xwfb/202206/t20220617_985943.shtml

第 13 章　实现碳中和的市场机制与政府体制

　　长期以来,中国的环境保护主要依赖行政命令型(command and control)政策工具。行政命令型政策、规制的好处在于比较直观、简单,便于在现有的行政体系里贯彻执行。在需要时可以比较灵活地给经济发展留"政策空间"[1]。但是,以行政命令为主的规制体系很难避免执行过程中的"一刀切"和"运动式"执法现象。这些做法忽视了不同污染者之间的异质性,对减排手段的规定也不灵活[2],导致目标实现过程中社会成本过高,执行效果必然会大打折扣,可持续性较差。随着社会主义市场经济的发展,市场在资源配置中的决定性作用越来越凸显,以市场为基础的经济政策(market-based instruments)应运而生。市场机制更能实现社会成本与环境收益之间的平衡。实施经济政策并不是完全脱离于政府体制。政策的制定和实施仍然非常依赖政府。比如,在碳交易政策中,排放基准的制定和排放量的核算都依赖于政府的信息收集和验证能力。

　　本章将介绍碳减排经济政策及其市场设计要素,总结碳经济政策的国际经验以及中国碳市场的背景和现状,总结碳经济政策对经济的影响和对政府的要求。

13.1　碳减排经济政策介绍

　　以经济学的视角来看,污染是一种负外部性(negative externality),是一种市场失灵。企业在做决策时,不会考虑因为负外部性带来的成本,所以在没有政策的情况下,企业会从利润最大化的角度决定排放污染物的多少,导致污染物排放量超过社会最优的水平。为了解决外部性,一般需要政府的介入。行政命令型政策明确每个污染者的减排量;与之相反,经济政策不明确规定每个污染者的减排量,而是让市场决定经济成本最低的减排量,因此,理论上经济政策对经济的影响更小。

　　经济政策解决外部性问题的途径是把外部性带来的社会成本内化到企业私人成本中(internalizing externality)。因为污染变成企业的私人成本,企业便有动力减排。内化外部性的经济政策主要有两种:污染税和污染排放权交易。对于气候变化而言,这两种经济政策具体为碳税(carbon tax)和碳交易(emissions trading system,ETS)。

13.1.1　碳税

　　碳税是直接对碳排放收税。政府制定每单位碳排放的税率,企业根据自己的排放量交税。碳税是一种污染税。Arthur Pigou 在 1928 年提出用污染税内化外部性,且税率应该等于污染带来的边际社会成本。因此,污染税也被称为 Pigouvian tax。同样,碳税的税率也应该依据碳排放的社会成本(social cost of carbon,SCC)加以设定。

　　除了对碳排放收税,碳减排的财政手段还包括对能源的使用收税和对可再生能源的补贴政策等,这些政策也会达到碳减排的效果。区别于碳税和碳交易对碳减排的直接作用,能源使用税和可再生能源补贴对碳减排的效果是间接的。本章主要讨论碳税和碳交易。

　　政府可以选择碳税的收取范围:① 政府可以选择仅对 CO_2 收税,也可以对多种温室气体收税；② 政府选择收取碳税的行业和企业范围；③ 政府可以仅对化石能源使用、生产过程产生的直接污染排放收税，也可以对包括使用电能所产生的间接排放量收税。

一般来说，碳税的经济影响是递减的(regressive)，即低收入家庭受到的负面影响比高收入家庭更大。这是因为低收入家庭的消费结构中有更大比例的消费与能源使用、碳排放相关。比如交通消费占总消费的比例，低收入家庭高于高收入家庭。

政府获得碳税的收入，这些收入可以直接进入政府财政，不作特定用途；也可以作为专项基金，用于其他碳减排项目以实现进一步碳减排，或者用作低收入家庭的补贴或降低低收入家庭的收入税，将递减的经济影响变成递增的(progressive)。收入税在经济学上是一种扭曲性税收(distortionary taxation)，因为它在没有市场失灵的前提下介入，扭曲了市场行为，让市场作用下的均衡结果偏离了社会最优。这种既实现碳减排又能降低原本存在的扭曲性收入税的双重作用，被称为碳税的双重红利(double dividend)[3]。

13.1.2　碳交易

碳交易是另一种碳定价(carbon pricing)的政策措施。1997 年，《联合国气候变化框架公约》第三次缔约方会议召开，通过了具有法律约束力的《京都议定书》，其中明确提出了"清洁发展机制"，建立了温室气体排放权交易的基础。

在碳交易政策中，政府给企业一定的排放权配额(carbon allowances)。企业污染量超过配额的部分需要从排放权市场(allowance trading market)中购买；如果企业污染量小于配额，企业可以在排放权交易市场中卖出多余的配额。购买配额需要的成本和卖出配额产生的收益将促使企业减排。一个以利润最大化为目标的企业会减排到其边际成本等于碳交易市场中的配额价格。碳交易以这样的方式实现经济成本最小化的减排目标。科斯定理为碳交易的经济成本最小化提供了理论基础。科斯定理[4]认为，只要产权明晰，并且交易成本为零，那么无论开始时的产权分配是什么样的，市场均衡的最终结果都是有效的，能够实现帕累托最优。

碳交易与碳税的不同之处在于，碳税固定碳价，最终的减排量由市场决定；而碳交易固定减排量①，但碳价由市场决定。因此，碳税被称为价格政策(price instrument)，碳交易被称为数量政策(quantity instrument)。目前关于价格政策和数量政策孰优孰劣的最著名的讨论是 Weitzman 在 1974 年发表的文章[5]，本章将在 13.5.1 小节对其进行详述。

13.2　碳交易的市场设计

碳税的市场设计(税率制定、税收范围、税收使用)已在 13.1 节进行了评述。相比于碳税而言，碳交易的市场设计涉及更多的方面，因此，本节单独讨论碳交易的市场设计。

13.2.1　配额分配

1. 拍卖分配

政府可以组织配额拍卖。各企业参与竞标，最后根据竞标确定配额的归属。企业获得的配额是拍卖过程中竞争的结果，政府不需要确定碳配额的分配。拍卖能够反映企业对配

---

① 不是所有的碳交易都固定减排量，参见后文详述。

额的真实需求,同时政府可以获得拍卖的收入。收入可以用于投资、补贴低碳项目以进一步减排,也可以用于补偿受损严重的人群或企业。

2. 免费分配

当配额是免费分配时,政府需要规定分配额。有两种常用的确定方式(表 13-1):一种是总量控制型(mass-based),另一种是强度控制型(intensity-based)。总量控制型和强度控制型的区别在于,总量控制型下配额分配是外生于企业的产出决策,强度控制型下配额分配是内生于企业的产出决策。总量控制型又被称为限额与交易(cap and trade,C&T),强度控制型又被称为可交易排放标准(tradable performance standard,TPS)。在 TPS 下,政府制定一个排放基准(benchmark)——单位产出的最高排放强度(maximum allowable emissions per unit of output),企业获得的初始配额量是这个基准和当期产出水平的乘积。企业可以在每个履约期内通过改变产出来影响其能获得的配额量。TPS 的期内内生性使得排放限额具有不确定性,也对其成本效益有重要的影响。

有些 C&T 允许配额分配基于以往的产出水平进行更新,此种 C&T 分配方式被称作基于产出的分配(output-based allocation,OBA)。在此种分配方式下,配额分配在每个履约期内仍然外生于企业的产出决策,但具有跨期内生性。换言之,虽然每个履约期内配额分配不受企业当期产出的影响,但受历史产出水平的影响。

表 13-1 配额免费分配的类别

配额分配方法	对应的政策[a]
总量控制型(履约期内配额分配是外生的)	基础 C&T
	OBA
强度控制型(履约期内配额分配是内生的)	TPS

a TPS 和 C&T 都可以既有配额拍卖分配,也有配额免费分配

13.2.2 配额存储及预借

配额存储(allowance banking)指企业将当期剩余配额存储一部分用于未来使用。配额预借(allowance borrowing)指企业从未来的配额中预借一部分用于当期履约。因为企业在不同时期的减排成本不同,所以如果允许企业跨期存储和预借碳配额,碳交易的成本效益会得到进一步的提升。大多数碳交易政策都对配额存储及预借有限制,防止当期或未来期的排放限额出现很大的波动。比如,存储量不能超过总量的一定的比例。

13.2.3 自愿碳市场

自愿碳市场(voluntary emission reduction)是对强制碳市场的补充。自愿碳市场是指企业或个人自愿减排,减排量作为一种碳信用(carbon offset credits)进入碳市场参与交易。自愿减排的企业或个人获得收益,买家可以购买碳信用,作为其碳配额完成履约。

13.2.4 市场稳定机制

碳交易市场和其他商品市场一样,会有供需平衡和价格波动问题。为了确保减排目标的完成,碳交易政策中一般都会有相应的市场稳定机制。最常用的市场稳定机制是市场稳定储备机制(market stability reserve,MSR),用于预防碳价的波动。它的作用机制是:当

交易市场中的配额超过预设的上限或者交易价格低于价格下限(price floor)时,这通常意味着配额超发,稳定机制会撤回一些配额(比如减少拍卖量),放入储备库里;当交易市场中的配额低于预设的下限或者交易价格高于价格上限(price ceiling)时,这通常意味着配额太少,需要将储备库里的一些配额放入市场中(比如增加拍卖量或者增加免费分配量)。除此之外,政府也会用规定拍卖底价(auction reserve price)或限制二级市场价格等措施来稳定市场。

13.2.5　碳泄漏条款

因为会引起产出价格的上涨,碳市场削弱了国内或区域内产品的竞争力,从而会增加进口。因此,在进口来源国,产出增加,排放也会增加,这被称为碳泄漏(carbon leakage)。为了防止碳泄漏问题,一些碳市场有相关条款保护高排放强度的贸易商品(emission-intensive trade-exposed,EITE)。方法主要是给 EITE 企业免费配额。

13.3　碳减排经济政策的国际经验

世界上的大部分经济体都承诺了在 21 世纪中期左右实现碳中和。在此目标下,许多地区、国家、多国联盟都已实施或者正在规划、考虑用碳税或碳交易市场来实现碳减排。

13.3.1　碳税

截止到 2022 年,全球共有 36 个碳税点,包括 28 个国家级的碳税和 8 个地方级的碳税。如图 13.1 所示,2022 年碳税覆盖的排放量占总排放量的 5.62%[6]。

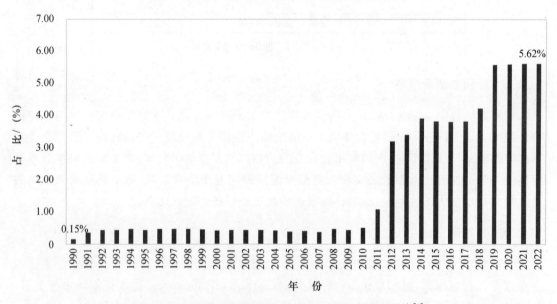

图 13.1　全球被碳税覆盖的温室气体占总排放量的比例[6]

图 13.2 展示了各国或地区的碳税。乌拉圭有全球最高的碳税,高达 137 美元·吨$^{-1}$,紧随其后的是列支敦士登、瑞典和瑞士,它们的碳税为 130 美元·吨$^{-1}$。其次是挪威和芬兰,碳税为 85～88 美元·吨$^{-1}$。在碳税 40～50 美元·吨$^{-1}$ 区间的国家或地区很多,比如不列颠哥伦比亚省(40 美元·吨$^{-1}$)、加拿大(40 美元·吨$^{-1}$)、法国(49 美元·吨$^{-1}$)、爱尔兰

（45 美元·吨$^{-1}$）、卢森堡（43 美元·吨$^{-1}$）、荷兰（46 美元·吨$^{-1}$）、新不伦瑞克省（40 美元·吨$^{-1}$）、纽芬兰与拉布拉多省（40 美元·吨$^{-1}$）。前文已述，碳税的税率应设在碳的社会成本的水平上。目前对碳的社会成本的估计表示其成本大约在 50 美元·吨$^{-1}$。这就是大多数国家的碳税设在 40～50 美元·吨$^{-1}$ 的原因。此外，部分国家的碳税低于这个区间，比如阿根廷、智利、哥伦比亚、日本、墨西哥、新加坡、乌克兰的碳税低于 10 美元·吨$^{-1}$。

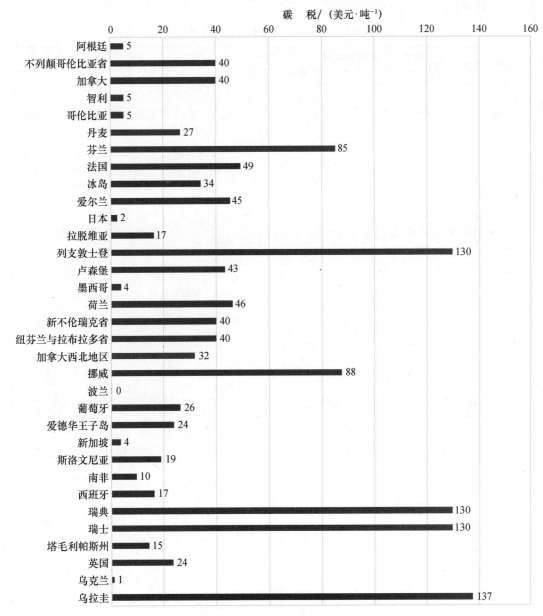

图 13.2　2022 年碳税[6]

注：① 图中所示碳税是 2022 年 4 月的名义价格。

② 丹麦、芬兰、冰岛、爱尔兰、卢森堡、墨西哥、挪威对于不同的行业或不同的能源有不同的碳税，tier 1 碳税为普遍碳税，tier 2 为特殊碳税。比如挪威对于液化天然气和天然气有相对于其他能源更低的碳税。图中显示的是这些国家的 tier 1 碳税。

③ 图中没有显示全部碳税，部分国家或地区的数据不完整。

　　表 13-2 总结了国家或地区碳税的基本信息,包括实施时间、覆盖排放量及其占总排放量比、覆盖的行业和能源范围。列支敦士登、不列颠哥伦比亚省、日本、加拿大西北地区、新加坡、南非、乌克兰的占总排放量比例最高。在列支敦士登、新加坡、南非,碳税覆盖排放量占总排放量比高达 80%,覆盖范围多为电力、工业、建筑、运输等部门。部分国家或地区的碳税覆盖了所有部门,比如阿根廷、下加利福尼亚州、哥伦比亚、冰岛、爱尔兰、日本、墨西哥、挪威、波兰、新加坡、塔毛利帕斯州等。

表 13-2　国家或地区碳税的基本信息[6]

国家或地区	实施时间	覆盖排放量/(Mt CO$_2$)	占总排放量比例/(%)	覆盖范围
阿根廷	2018 年	397	20	所有部门的 CO$_2$ 排放,某些部门有一些豁免,涵盖几乎所有液体燃料和一些固体产品(矿物煤和石油焦)
不列颠哥伦比亚省	2008 年	60	78	所有燃烧化石燃料,某些部门有一些豁免,不包括牲畜或土地利用变化和林业(LULUCF),计划扩大覆盖面,将散逸性排放和焚烧某些林业残余物的排放包括在内
下加利福尼亚州	2020 年	25	—	所有部门的 CO$_2$ 排放,涵盖所有液体化石燃料
加拿大	2019 年	762	22	涵盖 21 种燃料,包括对农业和渔业以及偏远社区发电中某些用途的一些有针对性的救济,不包括牲畜或 LULUCF 的排放
智利	2017 年	126	29	电力和工业部门的 CO$_2$ 排放,涵盖所有化石燃料
哥伦比亚	2017 年	194	23	所有部门的温室气体排放,有一些轻微的豁免,涵盖所有用于燃烧的液体和气体化石燃料
丹麦	1992 年	49	35	建筑和运输部门的温室气体排放,涵盖所有化石燃料
爱沙尼亚	2000 年	25	6	工业和电力部门的 CO$_2$ 排放,涵盖用于产生热能的所有化石燃料
芬兰	1990 年	75	36	工业、运输和建筑部门的 CO$_2$ 排放,对工业有一些豁免,涵盖除泥炭以外的所有化石燃料
法国	2014 年	450	35	工业、建筑和运输部门的 CO$_2$ 排放,有一些豁免,涵盖所有化石燃料
冰岛	2010 年	5	55	所有行业的 CO$_2$ 排放,工业、电力、航空和国际航运部门有一些豁免,涵盖液体和气体化石燃料
爱尔兰	2010 年	68	40	所有部门的 CO$_2$ 排放,电力、工业、运输和航空部门有一些豁免,涵盖所有化石燃料
日本	2012 年	1270	75	所有行业的化石燃料燃烧产生的 CO$_2$ 排放,工业、电力、农业和运输部门有一些豁免

续表

国家或地区	实施时间	覆盖排放量/(Mt CO₂)	占总排放量比例/(%)	覆盖范围
拉脱维亚	2004 年	13	3	欧盟排放交易体系未涵盖的工业和电力部门的 CO_2 排放,涵盖除泥炭以外的所有化石燃料
列支敦士登	2008 年	0	81	工业、电力、建筑和运输部门的 CO_2 排放,涵盖所有化石燃料
卢森堡	2021 年	10	65	用于运输和供暖的化石燃料,用于发电的化石燃料免征碳税
墨西哥	2014 年	801	44	所有部门的 CO_2 排放,涵盖除天然气以外的所有化石燃料
荷兰	2021 年	222	12	行业废物,涵盖所有化石燃料
新不伦瑞克省	2020 年	14	39	适用于 22 种燃料和碳排放产品,不包括牲畜或 LULUCF 的排放,涵盖所有化石燃料
纽芬兰与拉布拉多省	2019 年	11	47	所有化石燃料和下游部门的用户,工业、农业和运输用户有一些豁免,不包括牲畜或 LULUCF 的排放
加拿大西北地区	2019 年	2	79	所有类型燃料的 CO_2 排放,不包括牲畜或 LULUCF 的排放
挪威	1991 年	71	63	所有部门的温室气体排放,但某些部门有一些豁免,对 LULUCF 的排放不征税,涵盖液体和气体化石燃料
波兰	1990 年	425	4	所有部门的温室气体排放,某些部门享有一些豁免,涵盖所有导致温室气体排放的化石燃料和其他燃料
葡萄牙	2015 年	70	36	适用于工业、建筑和运输部门的 CO_2 排放,涵盖所有化石燃料
爱德华王子岛	2019 年	2	56	适用于 26 种燃料,涵盖所有化石燃料,不包括牲畜或 LULUCF 的排放
新加坡	2019 年	71	80	只要设施符合排放阈值,碳税适用于所有部门,不得免除;运输燃料也征收消费税,作为运输排放的碳价格信号
斯洛文尼亚	1996 年	21	52	适用于建筑和运输部门的温室气体排放,涵盖天然气以及所有液体和固体化石燃料
南非	2019 年	574	80	涵盖工业、电力和运输部门的大型企业燃烧的所有类型的化石燃料,存在部分豁免,不适用于住宅部门
西班牙	2014 年	350	2	适用于所有行业的氟化温室气体排放($HFCs$、PFC 和 SF_6),某些行业有一些豁免
瑞典	1991 年	65	40	适用于运输和建筑部门的 CO_2 排放,涵盖所有化石燃料

续表

国家或地区	实施时间	覆盖排放量/(Mt CO₂)	占总排放量比例/(%)	覆盖范围
瑞士	2008 年	48	33	适用于工业、电力和建筑部门使用的化石燃料和加工燃料产生的 CO_2 排放,涵盖供暖和工业过程中使用的所有化石燃料
塔毛利帕斯州	2021 年	39	—	适用于所有部门的温室气体排放,并覆盖了整个经济的生产过程或工业的温室气体排放,涵盖所有化石燃料
英国	2013 年	464	21	适用于电力部门的 CO_2 排放,有一些豁免,涵盖所有化石燃料
乌克兰	2011 年	278	71	适用于固定来源的 CO_2 排放,因此主要是工业、电力和建筑部门,涵盖所有化石燃料
乌拉圭	2022 年	39	11	涵盖任何用途的汽油
萨卡特卡斯州	2017 年	211	—	适用于所有部门的温室气体排放,涵盖所有化石燃料

13.3.2　碳交易

截止到 2022 年年初,全球共有 25 个碳交易市场,覆盖了全球 17% 的全球温室气体排放和 55% 的 GDP[7]。这些碳交易市场也给政府带来了大量的收入。截止到 2021 年年底,已有 1.61×10^{11} 美元的累积收入[7]。另外,还有 22 个碳市场正在建设或考虑阶段[7]。现有的碳市场包括以下几类。

多国家联盟的碳市场:欧盟碳市场。

国家级的碳市场:中国、德国、哈萨克斯坦、墨西哥、新西兰、韩国、瑞士和英国。

省或州及以下碳市场:美国区域温室气体倡议(Regional Greenhouse Gas Initiative, RGGI)①、福建、广东、湖北、北京、重庆、上海、天津、深圳、新斯科舍、加利福尼亚州、马萨诸塞州②、俄勒冈州、魁北克、东京、埼玉。

被碳市场覆盖的温室气体从 2005 年的 4% 增长为 2022 年的 17%(图 13.3)。欧盟碳市场在中国碳市场建立之前是全球最大的碳市场。本节主要关注中国之外的碳市场。13.4 节关注中国的碳市场。

表 13-3 总结了其他国家的碳市场的基本情况。就排放限额而言,最大的碳市场是欧盟碳市场(除中国碳市场外),其次是韩国碳市场、加利福尼亚州碳市场和德国碳市场。在这些排放限额大碳市场中,被碳市场覆盖的排放量占总排放量比例均超过 39%。加利福尼亚州和韩国碳市场甚至超过了总排放量的 70%。对于配额分配方式,免费分配和拍卖分配通常是同时使用的。拍卖分配在欧盟、加利福尼亚州、马萨诸塞州、RGGI、魁北克和韩国碳市场中已是最重要的分配方式。欧盟碳市场的拍卖收入在 2021 年一年中就达到了 370 亿美元。总体而言,欧洲的碳市场相较于其他地区的碳市场有较高的碳价。

---

①　RGGI 包括康涅狄格州、特拉华州、缅因州、马里兰州、马萨诸塞州、新罕布什尔州、新泽西州、纽约州、罗得岛州、佛蒙特州、弗吉尼亚州。

②　除 RGGI 碳市场以外,马萨诸塞州有单独的碳市场。

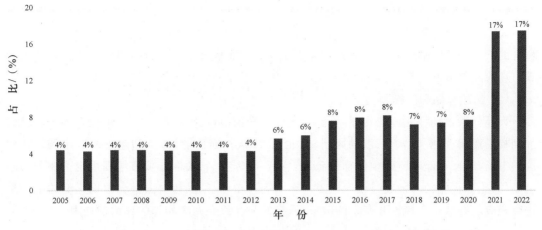

图 13.3 全球被碳市场覆盖的温室气体占总排放量的比例[6,7]

表 13-3 国家或地区碳市场的基本信息[7]

碳市场	建立时间	排放限额[a] /(Mt CO$_2$)	占总排放量比例[b]/(%)	配额分配[c] 免费或拍卖	配额分配	碳价[d] /(美元·吨$^{-1}$)	拍卖收入[e] /(10 亿美元)
欧盟	2005 年	1597	39	免费和拍卖	基于强度	64.77	37
德国	2021 年	301	40	固定价格、灵活总量[f]	基于总量	29.57	8.5
哈萨克斯坦	2013 年	140.3	46	免费	基于总量	1.18	—
瑞士	2008 年	6	10	免费和拍卖	基于强度	57.54	0.019
英国	2021 年	151.4	28	免费和拍卖	基于强度	70.72	5.9
加利福尼亚州	2012 年	307.5	74	免费和拍卖	基于总量	22.43	3.99
马萨诸塞州	2018 年	8.0	8	拍卖	—	8.4	0.044
新斯科舍	2019 年	12.1	85	免费	基于强度	23.05	0.036
俄勒冈州	2022 年	28	43	免费	基于总量	—	—
魁北克	2013 年	54.0	78	免费和拍卖	基于总量	22.4	0.89
RGGI	2009 年	88.0	16	拍卖	—	10.59	0.93
墨西哥	2020 年	273.1	40	免费	基于总量	0[g]	—
新西兰	2008 年	34.5	49	免费和拍卖	基于总量	34.95	1.69
韩国	2015 年	589	73	免费和拍卖	基于总量	17.23	0.26
埼玉	2011 年	7.3	20	免费	基于总量	—	—
东京	2010 年	12.1	20	免费	基于总量	4.92	—

a 排放限额的数据为哈萨克斯坦、英国、加利福尼亚州、马萨诸塞州、新斯科舍、俄勒冈州、魁北克、RGGI、新西兰、韩国 2022 年数据,欧盟、德国、墨西哥 2021 年数据,埼玉和东京 2019 年数据。

b 覆盖排放量占总排放量比例的数据为俄勒冈州 2022 年数据,欧盟、哈萨克斯坦、瑞士 2019 年数据,英国、加利福尼亚州、新斯科舍、新西兰、韩国、上海、深圳,以及魁北克、RGGI、埼玉 2018 年数据。

c 配额分配方法是 2021 年的方法。

d 碳价是 2021 年二级交易市场的平均价格。

e 拍卖收入是 2021 年的单年收入。

f 被覆盖的企业可以以一个固定价格向政府购买任意量的配额。

g 墨西哥的碳市场试点被设计为不产生任何的经济影响,排放不设限。

国际上的碳交易市场主要有以下特征和趋势。

(1) 免费分配与拍卖分配

许多碳市场已经有配额拍卖作为主要或次要的配额分配方式,特别是较成熟的碳市场。拍卖收入主要应用于投资低碳项目以进一步减排,或者赔偿受损严重的个人或企业。

（2）免费配额分配方法

大部分碳市场都是基于总量进行配额分配。只有少数碳市场是基于强度的，其中新斯科舍的碳市场的配额分配是无条件地基于强度的，即无条件内生的；而欧盟、瑞士和英国的碳市场的配额分配只有在产出水平超过一定阈值时才会内生于当期产出水平。

（3）配额存储和配额预借

大部分碳市场都允许配额存储，但不允许配额预借，比如欧盟、哈萨克斯坦、瑞士、英国、加利福尼亚州、马萨诸塞州、俄勒冈州、魁北克、RGGI、新西兰、埼玉和东京的碳市场。在韩国碳市场，配额存储和配额预借都被允许。对于配额存储，大部分碳市场都规定了相关的限制条件，比如存储额不能超过一定上限。在 RGGI 中，未来的排放限额会根据存储的配额量进行相应的缩减。在埼玉和东京的碳市场，存储只允许在两个相邻的履约期之间。

（4）市场稳定机制

许多碳市场都有市场稳定机制。大部分使用 MSR 稳定市场价格，比如欧盟、英国、瑞士、加利福尼亚州、新斯科舍、RGGI、新西兰、韩国等。另一种常见的稳定机制是拍卖底价，即拍卖价格不能低于一个限值，在德国、加利福尼亚州、马萨诸塞州、魁北克、RGGI、新西兰和韩国碳市场中被使用。此外，新西兰碳市场有对二级交易市场的价格设定上限和下限，韩国碳市场有对持有配额量的限制。

（5）执行

对于没有履约或有虚报信息的企业，所有碳市场都有惩处措施，主要是经济惩罚。在欧洲碳市场，经济惩罚是每单位没有履约的排放缴纳固定价格的罚金。在经济惩罚之外，还有其他惩罚措施。表 13-4 总结了各碳市场的惩罚措施。

表 13-4   国家或地区碳市场对未履约和信息错报的惩罚措施

碳市场	经济惩罚	其他惩罚
欧盟	118.27 美元·吨$^{-1}$[a]	公开企业名字
德国	118.27 美元·吨$^{-1}$[b]	—
哈萨克斯坦	35.96 美元·吨$^{-1}$	—
瑞士	136.77 美元·吨$^{-1}$	—
英国	137.54 美元·吨$^{-1}$	—
加利福尼亚州	每单位未履约配额需要履约 3 倍的额外配额	—
马萨诸塞州		—
新斯科舍	根据环境法处罚	—
俄勒冈州	每单位未履约配额需要履约 3 倍的额外配额	刑事处罚
魁北克		—
RGGI	每单位未履约配额需要将未来的配额减少两单位	—
新西兰	每单位未履约配额需要履约 3 倍的额外配额	—
韩国	3 倍碳价和 87.42 美元·吨$^{-1}$ 中的较低者	—
埼玉	—	公开企业名字
东京	每单位未履约配额需要履约 1.3 倍的额外配额	

a 在欧盟碳市场、德国碳市场、瑞士碳市场中，未履约的配额除了现金惩罚外，还需要在未来期履约。

b 在固定价格阶段，经济惩罚为每单位未履约量 2 倍的固定价格惩罚。在固定价格阶段之后，每吨未履约量为 118.27 美元的惩罚。

（6）碳泄漏条款

欧盟、瑞士、英国、加利福尼亚州、魁北克、新西兰和韩国碳市场有免费配额发放给出口型排放密集产业（EITE）企业。德国碳市场中有条款规定了对 EITE 企业的现金补偿。

13.4　中国碳交易市场

13.4.1　背景：从试点到全国市场

2011 年，国家发展和改革委员会发布了《关于开展碳排放权交易试点工作的通知》，通过了全国 7 个碳交易试点：北京、重庆、广东、河北、上海、深圳和天津。这 7 个试点市场在 2013—2014 年开始运行。2016 年，福建省成为第 8 个试点市场，福建省的碳交易市场在 2020 年开始运行。中国的全国碳市场在 2021 年启用。试点市场在全国碳市场下继续运行，其中被全国碳市场覆盖的行业从试点市场中去除，暂没有被全国碳市场覆盖的行业继续留在试点市场中。

中国的试点市场和全国市场的排放限额、配额分配方式、碳价和拍卖收入总结在表 13-5 中。总碳排放量的 20%～60% 被碳交易市场所覆盖，最低的北京碳市场覆盖了 24% 的总碳排放量，最高的上海碳市场覆盖了 57% 的碳排放。主要的分配方式是基于强度的分配，这一点是中国碳市场与其他碳市场最大的不同。只有少数试点省份有引入配额拍卖，并且拍卖量只占总配额量的一小部分，所以拍卖收入低。

表 13-5　中国碳市场的基本信息[a]

碳市场	建立时间	占总排放量比例/(%)[b]	配额分配[c]		碳价[d]/美元·吨[-1]	拍卖收入[e]/(10 亿美元)
			免费或拍卖	配额分配		
中国	2021	>44	免费	基于强度	7.23	—
北京	2013	24	免费和拍卖	基于强度	9.48	—
重庆	2014	51	免费和拍卖	基于总量	4.11	0.04
福建	2020	51	免费	基于强度	2.60	—
广东	2013	40	免费和拍卖	基于总量	5.91	0.13
湖北	2014	27	免费和拍卖	基于强度	5.32	0.013
上海	2013	57	免费和拍卖	基于强度	6.23	0.003
深圳	2013	40	免费	基于强度	1.74	—
天津	2013	55	免费和拍卖	基于强度	4.73	0.012

a 数据来源：参考文献[7]，[8]，以及《福建省 2021 年度碳排放配额分配实施方案（征求意见稿）》《湖北省碳排放权管理和交易暂行办法》。

b 覆盖排放量占总排放量比例的数据为北京、广东 2021 年数据，重庆、福建、湖北、天津 2020 年数据，中国全国碳市场 2019—2020 年数据，上海、深圳 2018 年数据。

c 配额分配方法是 2021 年的方法。

d 碳价是 2021 年二级交易市场的平均价格。

e 拍卖收入是 2021 年的单年收入（除了广东是从碳市场建立以来的累积收入）。

表 13-6 展示了各试点市场覆盖气体、覆盖行业和市场稳定机制。在除重庆之外的所有试点市场中只有 CO_2 被覆盖。所有试点市场都有较广的行业覆盖面，包括电力行业和其他许多工业行业。上海和北京试点市场还覆盖了制造业、服务业和公共交通。除了重庆外的所有试点市场都有清晰的市场稳定机制，并且中国的试点市场还有对每交易日与上一交易

日的碳价相比的变化、每交易日内碳价变化幅度的限制。比如,北京试点市场只允许碳价相比于上一交易日的变化幅度不超过±20%。

表 13-6　中国试点市场覆盖的气体、行业和市场稳定机制[7]

碳市场	覆盖气体	覆盖行业[a]	市场稳定机制
北京	CO_2	电力、热能、水泥、石化、制造业和其他工业部门,服务业,公共交通业	① MSR:不超过总限额的 5% ② 价格上限和下限[c] ③ 最多±20%的日碳价变化
重庆	CO_2,CH_4,N_2O,HFCs,PFCs,SF_6	电力和其他工业部门	没有明确条款
福建	CO_2	电网、石化、化工、建材、钢铁、有色金属、造纸、航空、陶瓷等	MSR:总限额的 10%
广东	CO_2	电力、钢铁、水泥、造纸、航空和石化	① MSR:总限额的 5% ② 拍卖底价
湖北	CO_2	电力和其他工业部门	① MSR:总限额的 8% ② 最多±10%的日碳价变化
上海	CO_2	电力、热能、水、制造业和其他工业部门,服务业,公共交通业[b]	① MSR ② 最多±10%或 30%(取决于交易类型)的每日内碳价变化幅度
深圳	CO_2	电力、水、天然气、制造业、建筑、运输	MSR:总限额的 2%
天津	CO_2	电力、热能、钢铁、石化、化工、石油和天然气勘探、造纸、航空和建材	MSR

a 纳入有门槛。这 8 个试点市场有不同的阈值,阈值主要针对碳排放水平或能耗水平。
b 其他工业部门包括化纤、化工、钢铁、石化、有色金属、建材、造纸、橡胶、纺织、电子材料和制药。制造业包括汽车制造、食品制造和铸造。服务业包括酒店、金融和商业部门。公共交通部门包括机场、国内航空、铁路、港口和航运。
c 价格下限为 20 元人民币(约 3.10 美元),价格上限为 100 元人民币(约 23.26 美元)。

经过大约 8 年的运行和完善,省级试点市场为全国碳市场奠定了排放交易体系的技术和政策基础,如监测、报告和核查(monitoring,reporting,verification,MRV)、配额存储和预借规则、市场稳定机制等。2021 年 3 月,生态环境部发布《碳排放权交易管理暂行条例(草案修改稿)》。2021 年 5 月,生态环境部发布《碳排放权登记管理规则(试行)》《碳排放权交易管理规则(试行)》和《碳排放权结算管理规则(试行)》。2021 年 7 月,中国开始了全国碳交易的第一个配额交易期,于 2021 年 12 月 31 日结束,履约率为 99.5%。

13.4.2　全国碳市场的设计

(1) 覆盖的气体

覆盖的气体目前仅有 CO_2。燃料燃烧和生产过程的直接排放以及电力消耗的间接排放都包括在内。即除直接排放外,碳交易涵盖的部门还需要对其因使用电力和热产生的间接排放提交配额,这些间接排放是在电力和热的生产过程中排放的 CO_2。

（2）范围

在第一个履约期内，全国碳交易涵盖电力部门（包括热电联产和其他部门的自备发电厂）。纳入的阈值是 2013—2019 年任何一年的年排放量为 26 000 t CO_2。在此阈值下，全国碳交易覆盖了 2000 多个化石燃料发电厂，占全国碳排放量的 40% 以上[9]。

（3）阶段

中国正在分阶段引入碳交易。第一阶段仅涵盖电力部门，第二阶段碳交易的覆盖范围预计将扩大到包括水泥和铝行业，也可能包括钢铁行业。在第二阶段后，预计还有一个或多个阶段，碳交易将扩展到涵盖其他行业，包括纸浆和造纸、其他非金属产品、其他有色金属、化学品和精炼石油。

（4）配额分配

中国全国碳排放的配额分配是基于强度的。配额数量是排放基准和每履约期内产出水平的乘积，所以每履约期内的配额根据当期产出水平实时更新。期初，政府根据历史产出水平进行配额的预分配；期末，在完成该年度数据核查后，按该年的实际产出水平对配额进行最终裁定，核定的最终配额量与预分配的配额量不一致的，以最终裁定量为准，实行多退少补。如前文所述，这被称为可交易绩效基准（TPS）。中国全国碳排放预计将引入拍卖，拍卖收入将存入特定的国家碳排放基金，以支持进一步的碳减排。

（5）排放基准

基准的选择是 TPS 中的关键，包括平均基准和基准在不同企业之间的差别。正如13.5 节所示，基准的选择对成本效益有很大的影响——如果使用多个基准，分别分配给不同的企业，那么可以根据企业的异质性来设计基准，帮助解决一些关于公平的问题，但这样会牺牲整体的成本效益，因为基准在企业间的差别越大，整体经济成本越高（详见13.5.2 小节）。中国的 TPS 为电力部门分配了 4 个基准：3 个用于燃煤发电机（分别是300 MW 以下的常规燃煤发电机、300 MW 以上的常规燃煤发电机、循环流化床发电机），1 个用于燃气发电机。

（6）配额存储和配额预借

中国的 TPS 允许配额存储，但不允许配额预借。详细规则尚未公布。

（7）自愿碳市场

允许企业购买中国核证减排量（China's certified emissions reductions，CCER），以抵消最多 5% 的排放量。CCER 包括可再生能源、森林碳汇和 CH_4 利用项目。

（8）执行

未能履约的企业将被处以 20 000～30 000 元人民币的罚款，并被要求缴纳其未履约的碳配额。如果企业仍未缴纳其没有履约的碳配额，则下一期的配额将扣除掉未缴纳部分。误报信息的企业将被处以 10 000～30 000 元人民币的罚款，并被要求更正错误信息。如果企业未能纠正，政府将测量其实际排放量，下一期的配额将扣除误报排放量与实际排放量之间的差距。

（9）市场稳定机制

市场稳定机制正在制定中。

13.5   碳减排经济政策对社会福利的影响

13.5.1   碳税与碳交易的比较

如前文所述,碳税和碳交易都是碳减排的经济政策,都被称作碳定价政策。区别在于,碳税直接制定碳的价格,最终排放量由市场决定,所以是价格政策;而碳交易控制的是碳排放量,最终的交易价格由市场决定,所以是数量政策。

从经济学上看,在一个完备的、完全信息的市场中,当碳税和碳交易(这里特指传统的基于总量的碳交易,即 C&T)[①]的减排量相同时,两者的社会福利影响是一样的[②]。但是,在一个不完全信息的市场中,碳税和碳交易的社会福利影响有区别。

在完全信息的市场中,假设碳排放的边际成本为 MC,边际收益为 MB。如图 13.4 所示,如果碳税设计为 t,碳交易的排放限额设计为 q,则碳税和碳收益的结果相同,都能使得 MB=MC,也即减排的最优点。

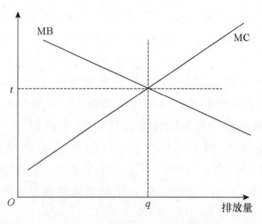

图 13.4   完全信息下的碳税与碳交易

如果信息不完全,即政府不知道真实的边际排放成本或边际排放收益,则碳税和碳交易的效果就不一样,在不同情景中,有时碳税优于碳交易,有时反之,有时相等,取决于信息的不确定性来自 MC 还是 MB,也取决于 MB 和 MC 的斜率。

(1) 情景 1

如图 13.5(a)所示,政府不知道实际的 MB(MB_A 表示实际的 MB),政府估计的 MB(即 MB_E)偏离了 MB_A,且 MB 斜率较小。如果实施碳税,政府会将税率设定为 t,即 MC 与 MB_E 的交点,此时企业的私人最优排放量为 t 与 MB_A 的交点,即 q^{TAX}。而社会最优排放量应为 MC 与 MB_A 的交点,即 q^*。因为 q^{TAX} 偏离了 q^*,此碳税的结果与社会最优结果相比有一定的社会福利损失,损失大小为实心三角形面积。如果实施碳交易,政府会将排放限额设定为 $q^{C\&T}$,即 MC 与 MB_E 的交点,此时企业的排放量为 $q^{C\&T}$。因为 $q^{C\&T}$ 偏离了 q^*,此碳交易

---

① 关于 TPS 与 C&T 两种碳交易的区别,在 13.5.2 小节中讨论。

② 这里不考虑碳配额金融化的情形。

也有社会福利损失，损失大小为斜线三角形面积。因为斜线三角形面积小于实心三角形，所以碳交易优于碳税。

（2）情景2

如图13.5(b)所示，政府仍然不知道实际的MB，但MB的斜率较大。分析同情景1。此时，斜线三角形面积大于实心三角形面积，所以碳税优于碳交易。

（3）情景3

如图13.5(c)所示，政府知道实际MB，但不知道实际MC（即MC_A），政府估计的MC（MC_E）偏离了MC_A。如果实施碳税，政府会将税率设定为t，此时企业的私人最优排放量为

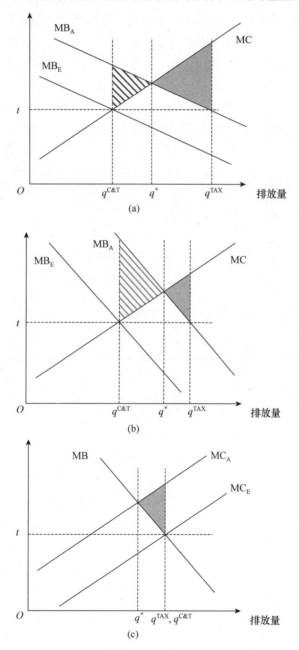

图13.5 不同不确定性情景下碳税与碳交易的社会福利损失

t 与 MB 的交点,即 q^{TAX};而社会最优排放量应为 MC_A 与 MB 的交点,即 q^*。因为 q^{TAX} 偏离了 q^*,此碳税的社会福利损失大小为实心三角形面积。如果实施碳交易,政府将设定排放限额为 $q^{C\&T}$,此时碳交易的福利损失大小也为实心三角形面积。所以碳税与碳交易的结果相同,与斜率无关。

13.5.2　TPS 与 C&T 的比较[10]

碳交易中的两种配额分配方式 TPS 和 C&T 对经济的影响也有很大的区别。在碳交易中,一家企业会做出几个相互关联的决策:产出水平、排放水平、配额交易量、配额存储与配额预借(如果允许的话)。为简单起见,本书考虑没有配额存储和配额预借的情况,不同期之间的决策是互相独立的。

在 TPS 下,一家企业的利润函数为

$$\pi^{TPS} = pq - C(q,e) - t(e - \beta q) \tag{13-1}$$

其中,p 表示价格,q 表示产出水平,C 表示生产总成本,e 为排放量,t 表示配额的交易价格,β 表示基准。式(13-1)中的最右项表示履约成本,即履约额外所需要购买(或销售)的配额。免费发放的配额数量为 βq。如果企业的排放量小于配额数量,即 $e < \beta q$,该企业可以从销售配额中获得收益。式(13-1)中的最右项是 q 的函数,表明配额数量和履约成本受企业的产出水平的影响。这一内生性至关重要。

在 C&T 下,一家企业的利润函数为

$$\pi^{C\&T} = pq - C(q,e) - t(e - \bar{a}) \tag{13-2}$$

该利润函数与 TPS 的利润函数相似,唯一的区别在于最右项中的配额数量是外生给定的 $\bar{a}$,与产出水平无关。

1. 经济效率

我们从企业的利润最大化的角度看企业在 TPS 和 C&T 下的决策。

在 TPS 下,利润最大化的一阶条件是

$$\frac{\partial \pi^{TPS}}{\partial e}: -C_e = t \tag{13-3}$$

$$\frac{\partial \pi^{TPS}}{\partial q}: C_q = p + \beta t \tag{13-4}$$

式(13-3)是排放量的最优条件,式(13-4)为产出水平的最优条件。$-C_e$ 表示减排的私人边际成本,C_q 表示边际生产成本。式(13-3)表示在最优水平上的边际减排成本等于边际减排收益(即每卖出一单位配额的收益,也就是配额的交易价格)。式(13-4)表示在最优水平上的边际生产成本等于产出价格加 βt。因此,βt 相当于每单位产出的补贴。在 TPS 下,因为配额数量是产出水平与基准的乘积,企业每增加一单位的产出,就多获得一单位的配额,相当于对产出的隐形补贴。

在 C&T 下,利润最大化的一阶条件是

$$\frac{\partial \pi^{C\&T}}{\partial e}: -C_e = t \tag{13-5}$$

$$\frac{\partial \pi^{C\&T}}{\partial q}: C_q = p \tag{13-6}$$

式(13-5)与式(13-3)相同,因为在 TPS 和 C&T 下都有边际减排成本等于边际减排收益,且边际减排收益等于碳价。但是式(13-6)与式(13-4)不同,在 TPS 下,边际生产收益多了一个每单位产出的补贴,即 βt。因此,TPS 下的产出水平倾向于高于 C&T 下的产出水平。另外,无政策(business-as-usual,BAU)情境下的排放强度低于基准($e/q < \beta$)的企业有可能会相对于 BAU 情景增加产出,这与一般环境经济政策减少产出的作用相反。

从一个社会计划者(social planner)的角度,社会福利(SW)最大化的目标函数为

$$SW = pq - C(q,e) - t^*e \tag{13-7}$$

其中,t^* 是碳的社会成本(SSC)。一阶条件为

$$\frac{\partial SW}{\partial e}: -C_e = t^* \tag{13-8}$$

$$\frac{\partial SW}{\partial q}: C_q = p \tag{13-9}$$

社会福利最大化的一阶条件与 C&T 下企业利润最大化的一阶条件相同。所以,当 C&T 的排放限额的设定使得 C&T 下的碳价等于 SSC 时($t = t^*$),C&T 下的企业行为可以实现社会福利最大化。与之相反,TPS 下的隐形补贴扭曲了企业的产出决策,使得企业的私人最优产出水平偏离了社会最优水平。TPS 没有充分利用减少产出这一减排的途径,只能更多地通过减少排放强度来减排,因此减排的社会成本会更高。

2. 基准的重要性

给定减排目标,成本有效性原则要求各生产者的边际生产成本相等。式(13-4)表明,TPS 给每个企业一个隐形产出补贴 βt,如果不同企业的基准 β 不同,那么它们的隐形补贴不同,则边际生产成本不同。因此,相对于给所有企业同一个基准的情况,使用多个基准会增加边际生产成本的异质性,增加社会成本。

然而,不同的基准可以满足其他的(即非总社会成本最小化)目标。比如,高(即不太严格)基准可以应用于排放强度较高的企业,以避免这些企业受损太严重。高基准也可以应用于出口占比高的企业,以防止碳泄漏。

13.5.3　政策影响在不同家庭中的分布

虽然经济政策被认为是一种效率最高的减排 CO_2 的政策,但是效率并不是评价一项政策的唯一标准。政策影响的分布及其公平性也是重要的考量因素,特别是政策影响在不同收入家庭中的分布。

对家庭的影响可以分为消费端的影响(use-side effects)和收入端的影响(source-side effects)。

消费端的影响是家庭购买的商品和服务价格变化对购买力或福祉的影响。碳税或碳交易改变了家庭购买的商品和服务的相对价格。碳密集程度更高的商品和服务通常会相对于其他商品和服务的价格上升幅度更高。这会使得政策影响在不同家庭中的分布体现为:相对依赖这些商品的家庭将比不那么依赖这些商品的家庭实际购买力降低得更多,从而效用水平减少得更多。

收入端的影响是由于政策导致的家庭劳动收入、资本收入和转移性收入的变化所产生的购买力或福祉的变化。碳税或碳交易通常会对税后工资、资本回报和转移收入产生影响(正面或负面)。不同家庭对这些不同形式的收入的依赖程度不同,收入端的影响在不同家庭中的分布由此产生。

消费端的影响通常是递减的,即对高收入家庭的影响比对低收入家庭的影响小,因为低收入家庭对碳密集程度更高的商品和服务的相对依赖程度比高收入家庭更高。收入端的影响通常是递进的,即对高收入家庭的影响比对低收入家庭的影响大,因为高收入家庭的资本收入占其总收入的比重比低收入家庭大,而碳密集行业往往也是资产密集的行业,这些行业受损更严重。研究认为,收入端的递进影响可以抵消消费端的递减影响,总体影响呈现为递进或与收入成比例[11]。

13.6　碳减排经济政策对政府的要求

虽然经济政策是以市场为导向的,但政府角色的重要性不言而喻。相对于碳税而言,碳交易对政府的监管能力的要求更高,政府的职能包括总量控制、初始分配、数据核查、责任追究、建立排放权交易所等。这其中既涉及生态环境、金融等多个行政机关,又存在国家级和地方级行政权力的分配问题。碳市场需要各个机关之间做好协调统一,避免监管重复与监管空白。完善碳交易市场监管法律体系,多部门协同参与监管,才能保障碳交易市场的稳定运行。

本节重点关注碳税与碳交易在对政府的要求上的区别,碳排放核查体系的现状、问题和国际经验,以及碳交易市场的执行保障。

13.6.1　碳税与碳交易的比较

碳税的设计相对简单,只需要制定覆盖范围和税率,不涉及太复杂的交易规则、市场稳定机制、交易平台的建立等。一般来说,各个国家都有相对成熟的税收征缴体系,增加一个税种从行政管理角度额外成本相对有限。另外,税务系统往往是国家行政系统里面能力较强的部分,这对保障国家正常运行十分关键。这使得碳税政策的执行力度相对较大,行政效率较高。

但是,碳税作为一个税种,在短期内会直接增加企业和消费者负担。因此,碳税的建立和实施一般会面临较大的政治阻力。在选举竞争激烈的国家难度更大。在福利国家,由于居民和企业比较习惯于较高的税负,相对比较容易实施。

碳交易体系如果不涉及政府收入,政治阻力较小。但是,碳交易的设计更复杂,其中涉及交易规则、交易平台、交易产品的确立。碳配额作为一种可交换的产品,有金融属性,所以也会涉及金融产品的流动性、风险性和收益性。参与的主体不仅是排污企业,金融产品的引入也会吸引银行、基金等金融部门的参与。除了基础产品之外,有些国家的碳交易还允许配额衍生品的交易。碳交易的复杂性对政府的监管能力、实施能力都有更高的要求。

碳税和碳交易体系有一个共同的社会最优解,由碳排放的边际社会成本与边际私人效益(边际减排成本与边际减排收益)相等的条件解出。这个社会最优解给出最优碳税税率或最优排放限额。

在边际成本或效益信息的获得存在较高成本的情形下,政府往往倚重工程技术人员,根据特定时期的环境质量目标确定允许排放量额度(排放限额)。如果采用碳税,且存在灵活调整税率的可能性,可以先采用一个初始税率,期末通过环境质量评估确定下一期是否调高或调低税率。当然,为确保税收收入以及真正改变企业行为,高质量的企业碳排放量的监测和评估是关键。

相比之下,碳交易体系的运行难度更大一些。当确定了总排放限额后,如何在不同行业、不同企业中分配配额还涉及效率与公平的权衡。如 13.5.2 小节所述,在 TPS 体系下,给所有企业设定一个统一的基准是全社会经济成本最低的方法,但是这会使得高污染强度的企业大多无法支撑下去。这其中也需要考虑不同的配额分配方式对于不同家庭的影响。

13.6.2　碳排放核查体系

无论是碳税还是碳交易,其中关键的一环是掌握企业的碳排放量。碳排放核查体系(MRV)是碳税和碳交易的基石,包括监测、报告、核查三个过程。

碳排放核查体系的参与主体包括政府、企业、第三方核查机构,有时也存在咨询服务机构。政府的职责是制定规则,明确碳排放监测、报告和核查的技术规范与工作流程,组织企业报告排放数据,并委托第三方核查机构对数据进行核查。企业自己组织或委托咨询服务机构对碳排放进行监测,并上报政府部门。

目前中国的全国碳市场排放核查体系存在以下几点问题[12]。

第一,部分企业和咨询服务机构、核查机构法律意识淡薄,在“高限值”政策下,铤而走险。高限值是指对没有实测数据的企业,用一个高于实际煤炭含碳量的高限值(或惩罚值)来衡量其排放量,通常高限值高于实际碳含量的 20%~30%。高限值政策的初衷是倒逼企业进行污染自查,但高限值的使用大幅高估了企业的实际排放量。一些法律意识淡薄的企业和技术服务机构为了避免高限值,进行实测并在实测过程中造假排放数据。国际上,如果企业由于某项参数的缺失而没有实测值,通常的做法是采用该项参数的行业缺省值,比如《IPCC 国家温室气体清单指南》《欧盟碳市场核算指南》等。高限值也属于缺省值,但是最为保守的缺省值,明显高出实际排放量。选择哪种缺省值是一种权衡,如果使用较低的缺省值,可能无法起到倒逼企业实测的效果,但如果使用较高(即保守)的缺省值,则大幅高估了实际排放量,虽然实测率提高了,但如果夹杂了假实测,则违背了实测的初衷。

第二,核查机构的资质审批标准不统一。目前,各省份负责对当地的纳入企业进行碳排放数据的核查,主要根据《碳排放权交易管理办法(试行)》及《企业温室气体排放报告核查指南(试行)》等规定进行。对核查机构的招标是通过各省份自己的遴选机制分别公开招标。中标核查机构的碳核算方法在实际操作中难以统一。由于缺乏核查专业人员的系统性培训和资质认证管理体制,核查人才没有统一的认证,有些机构甚至没有专职核查人员,专业性不足。相比之下,联合国清洁发展机制(CDM)建立了完整的资格认证体制,由专门的资质认证委员会(Accreditation Panel)负责对核查机构进行认证,有专门的流程来确保核查结构的正规性和专业性。

第三,核查机构的职责边界不清晰。笼统地说,核查机构承担了审核企业上报的排放数据的责任,但这一责任还需要进一步明确。比如,如果核查机构未能识别出企业或服务机构的数据造假问题,是否需要承担责任? 是否需要对原始凭证的真伪进行鉴别?《企业温室气体排放报告核查指南(试行)》要求核查机构查阅原始凭证或保存相关证据原件,但核查机构并非专业的鉴定机构,很难识别出精心编造出来的凭证。国际上,CDM 是由最高管理机构,即执行理事会,负责审定和核证(validation & verification)的规范。执行理事会有一整套详细的、全面的规定来明确核查机构的职责边界。比如,CDM 要求核查机构基于行业常识和专业能力对数据进行判断,除非是明显的造假,一般不对材料的真伪进行鉴定,核查机构不对材料的真伪负责。

第四,核查工作的工期太短、利润有限。相比于由于职责边界不清晰而导致的经营风险,核查工作的工期短、收益较低。据唐伟珉[12]统计,各省份2021年从核查通知下发到提交核查报告平均约27天(不到20个工作日),有些省份甚至只有15天或1周的时间完成核查工作。紧迫的时间要求是"挂名"现象的原因之一。也据唐伟珉[12]统计,各省份的平均中标价为 16 000～17 000元。较低的利润无法保障专业队伍的稳定和发展。

因此,中国的碳排放核查体系还需要完善碳核查的行业标准,建立核查机构和核查人员的资质认证体系,明确核查工作范围与职责边界,出台完整的、详细的、可操作的核查指南。另外,政府需要增加核查的预算,保障核查人员的培养和核查工作的高质量完成。在数据监管方面,生态环境部在2022年3月公布的《关于做好2022年企业温室气体排放报告管理相关重点工作的通知》中提到,发电行业重点排放单位应开展月度信息化存证,企业温室气体排放报告所涉数据的原始记录和管理台账应当至少保存5年。并且,重点排放单位自2022年4月起,在每月结束后40日内,须通过环境信息平台对相关台账和原始记录进行存证。建立数据信息管理系统,降低人力成本,使用自动化的采集和分析技术以及及时的信息报备,可以加强原始数据管理,防止数据篡改和造假。

13.6.3 执行

确保经济政策顺利执行的前提是完善的责任追究机制和惩罚制度。虽然目前已经完成的第一个交易期的履约率达到了99.5%,但这是由于目前配额发放多、碳价低。当配额发放不断收紧、碳价高企不下时,碳市场的顺利进行需要强有力的追责体系和惩罚机制。

2021年3月,生态环境部发布了《关于公开征求〈碳排放权交易管理暂行条例(草案修改稿)〉意见的通知》。由于《碳排放权交易管理暂行条例(草案修改稿)》仅为部门规章,法律效力不明确,全国性的规范与地方立法位阶容易产生混淆,导致实际责任追究和具体惩罚时面临困难[13]。

如13.4.2小节所述,中国全国碳市场的惩罚形式包括现金惩罚和责令限期改正。这些惩罚措施相对国际上其他成熟的碳交易市场而言是非常宽松的。比如欧洲的几个碳交易市场的现金惩罚罚金是118～137美元·吨$^{-1}$,在此罚金的基础上,仍然需要在下一个履约期补缴纳没有履约的碳配额。中国的惩罚没有与违约程度挂钩,只统一缴纳 20 000～30 000元的罚款,而不是以每单位未履约量计算的罚款。对于绝大多数企业而言,20 000～30 000元的惩罚无法起到有效的警示作用。

随着碳交易工作的推进,应该提升惩罚措施的立法层次,设置更加严格的追责体系和处罚机制[13]。惩罚力度需要与违法程度挂钩,比如,设立每单位未履约量的罚金;区分轻微违法、普通违法和严重违法,对严重违法的相关责任人进行处罚;利用公众监督的力量,公布违法、违约企业的名单。用多种惩罚形式多管齐下,倒逼企业认识到履约的重要性,认识到违约的后果,从而自觉减排。

13.6.4 环境治理体系与经济政策

在中国,环境执法领域一个特别重要的议题是如何调动地方政府积极性,这是目前国家环境治理体系中一个相对薄弱的环节。碳税如果是地方税,由于其"双重红利"的特性,可以有效调动地方政府环境监管和环境执法的积极性。相比之下,碳交易体系在调动地方政府参与方面尚缺乏明确的考量。

近期,欧盟为防止碳泄漏,推出了边境调节机制(也就是"碳关税");美国的碳关税机制也进入立法程序。这些新动向对高度依赖贸易的中国经济有何影响亟待研究,而对中国在碳减排方面的经济政策(组合)选择,也会产生不可忽视的影响。

13.7　本章小结

实现碳中和离不开市场的力量和政府的作用。经济学理论和实践经验已经证明,以市场为基础的经济政策能让减排的成本最小化。碳排放是一种外部性行为,解决外部性的方法是把外部性带来的社会成本内化到企业私人成本中。本章讨论了两种主要的碳减排经济政策——碳税和碳交易,总结了碳税和碳交易市场的设计要素和国际经验,对比了碳税和不同类型碳交易市场的成本有效性和政策影响在不同家庭中的分布。

一个经济政策的有效实施离不开政府的政策设计和监督执行的能力。本章总结了碳税与碳交易在对政府要求上的区别,碳排放核查体系的现状、问题和国际经验,以及碳交易市场的执行保障。

参 考 文 献

[1] 李志青.环境保护与经济发展:历史回顾和未来展望.世界环境,2020,1:67—70.

[2] 马允.美国环境规制中的命令,激励与重构.中国行政管理,2017,4:137—143.

[3] Goulder L H. Environmental taxation and the double dividend:A reader's guide. International Tax and Public Finance,1995,2:157—183.

[4] Coase R H. The Coase theorem and the empty core:A comment. The Journal of Law and Economics,1981,24(1):183—187.

[5] Weitzman M L. Prices vs. quantities. The Review of Economic Studies,1974,41(4):477—491.

[6] World Bank. Carbon pricing dashboard. (2022-04-01)[2022-07-30]. https://carbonpricingdashboard.worldbank. org/map_data

[7] ICAP. Emissions Trading Worldwide:Status Report 2022. Berlin:International Carbon Action,2022.

[8] Duan M,Pang T,Zhang X. Review of carbon emissions trading pilots in China. Energy & Environment,2014,25(3/4):527—549.

[9] Yang L,Lin B. Carbon dioxide-emission in China's power industry:Evidence and policy implications. Renewable and Sustainable Energy Reviews,2016,60:258—267.

[10] Goulder L H,Long X,Lu J,et al. China's unconventional nationwide CO_2 emissions trading system:Cost-effectiveness and distributional impacts. Journal of Environmental Economics and Management,2022,111:102561.

[11] Goulder L H,Hafstead M A C,Kim G R,et al. Impacts of a carbon tax across US household income groups:What are the equity-efficiency trade-offs?. Journal of Public Economics,2019,175:44—64.

[12] 唐伟珉.全国碳市场核查体系存在的问题分析及相关建议.可持续发展经济导刊,2022,5:46—49.

[13] 焦圣博."双碳"背景下碳交易监管机制研究.河北企业,2022,7:65—67.

第 14 章　民众参与和碳足迹管理

　　碳中和离不开每位公民自下而上地积极参与和行动。碳足迹(carbon footprint)度量了民众消费的某一产品或活动在生命周期内直接及间接引起的温室气体排放量[1]，是企业机构、活动、产品或个人通过交通运输、食品生产和消费以及各类生产过程等引起的温室气体排放的集合。这个概念以形象的"足迹"为比喻，说明了我们每个人都在大气中不断增多的温室气体中留下了自己的痕迹。一个人的碳足迹可以分为第一碳足迹和第二碳足迹[2]：第一碳足迹是因使用化石能源而直接排放的二氧化碳，比如驾驶燃油汽车出行会消耗燃油，排出大量二氧化碳；第二碳足迹是因使用各种产品而间接排放的二氧化碳，比如消费一瓶普通的瓶装水，会因它的生产和运输过程中产生的排放而带来第二碳足迹。

　　"双碳"战略中的民众参与不仅包括民众对公众决策的积极参与，还包括从衣、食、住、行等消费活动减少碳排放，减少碳足迹管理。另外，民众还可以通过投资可再生能源、种树和碳抵消来平衡自己的碳足迹。

14.1　欧美国家民众参与碳中和

　　欧美国家民众十分重视气候变化问题。欧盟委员会近期的一项"欧洲晴雨表"调查中，93%的受访者认为气候变化是一个严重的问题，78%的受访者认为它非常严重，公众广泛支持欧盟层面的环境立法以及欧盟为环保活动提供资金[3]。影响政策、节能减排、碳抵消是欧美民众参与碳中和行动的3个典型方面：影响政策表现为公民积极推动或直接参与气候政策的制定；节能减排主要表现为积极制定低碳社区目标和规划、垃圾分类、二手店消费以及骑行等方面；碳抵消主要包括购买绿色电力、生态电力等途径。本节通过一些典型案例来介绍欧美国家民众参与碳中和的方式与行动。

14.1.1　法国"气候问题公民委员会"

　　法国"气候问题公民委员会"是在应对气候变化领域一次史无前例的发动民众的民主试验。这是由法国经济社会环境理事会(The Economic, Social and Environmental Council, ESEC)在2019年大国民辩论期间提出的。该委员会旨在让民众发出加速应对气候变化的声音。150名代表全部由抽签产生，代表了法国社会的多样性。这些代表就与应对气候变化有关的所有问题进行学习、辩论并起草法律草案，其任务是定义一系列措施，本着社会正义的精神，到2030年(与1990年相比)至少减少法国40%的温室气体排放。该委员会讨论与能源效率、住房的供热、农业、交通、生态税收以及任何其他其认为有用的有关机制的问题。

　　2020年6月29日，法国总统马克龙接见了这150名代表，讨论该委员会提出的149项提案。这些提案的内容包括：修改宪法，将保护环境、生物多样性等条款列入宪法第一条；加强环境立法，增加生态罪这一新罪名；建议政府效仿现有的权利保护专员的例子，设立一个独立于政府、地位受到宪法保护的环境保护专员。此外建议还包括：禁止化石燃料广告；

2030 年起禁止销售每千米碳排放超过 95 g 的汽车;2040 年内燃机车辆停止销售;对具有高碳足迹和低营养摄入的超加工产品征税等,并明确了破坏环境的处罚;等等[4]。

14.1.2 低碳生活方式与瑞士的"2000 W 社区"计划

低碳并不意味着要放弃舒适便利的生活方式,在瑞士的一些居住区内,居民们既可享受高品质的生活,也可将能耗降至一半左右。如今,首个这样的环保社区已建成,被称作"2000 W 社区"。在这样的社区里,无论是能源使用还是碳排放都是可持续发展的。

瑞士苏黎世联邦理工学院的科学家给出了一个使世界气候问题不再恶化的人均能源消耗功率的底线:2000 W。具体指的是,若全球想维持一种可持续发展的合理能源供应,控制全球气候变暖增加的速度,那么人均能源消耗功率的底线为 2000 W。它涵盖了从电力和供暖到购买的食品和商品、汽车运输甚至到飞行的方方面面。如果全年消耗能源的功率恒定在 2000 W,则全年能源消耗总量为 17 500 kW·h[5]。对于瑞士人而言,2000 W 相当于其 20 世纪 60 年代的耗能水平。"2000 W 社区"的构想在瑞士受到了联邦和各州的重视。2008 年,瑞士全民公投以 76.4% 的通过率达成了"2000 W 社区"建设的目标,其中包括人均能源消耗功率控制在 2000 W,到 2050 年人均二氧化碳排放量减少到 1 t,使用可再生清洁能源,不再投资核能[6]。瑞士联邦能源部将"2000 W 社区"项目列为联邦委员会 2050 能源策略中的重要内容。瑞士的 100 多个政区将相应的目标设定纳入了本区的市政条约和能源政策。在例如苏黎世、楚格、阿劳等市,相应的能源政策业已得到选民的批准。还有众多社区为了投入更多可再生资源,积极谋求建成"2000 W 社区"。

在瑞士首都伯尔尼,Stöckacker Süd 新型住宅区已经获得"2000 W 社区"标志。这个标志是由瑞士联邦能源部倡导、能源城市标准执行小组授予的,2016 年瑞士已有 7 座城市的 9 个社区获得"2000 W 社区"标志。

14.1.3 垃圾分类与瑞典的实践

垃圾是人为活动产生的温室气体的一个重要来源,包括垃圾的焚烧产生二氧化碳,垃圾中的有机质发酵产生甲烷。垃圾填埋不仅费用高昂,还存在着占用土地资源,污染空气、地表水和地下水等问题。垃圾分类是每个公民都可以参与的减少温室排放的日常活动。进行生活垃圾分类收集可以减少垃圾处理量和处理设备,降低处理成本,减少土地资源的消耗,具有社会、经济、生态三方面的效益。

瑞典在垃圾处理方面走在世界前列。瑞典实现了高达 99% 的资源回收和焚烧供能比率,只有不到 1% 的垃圾被填埋[7]。在可回收垃圾中,将近 1/2 被用来焚烧发电供居民取暖、用电,甚至出现垃圾不够用、需要从别国进口的状况,这得益于其先进的垃圾管理。

瑞典垃圾管理分为 5 个层级,其优先顺序为:预防垃圾产生(reduce)、材料再使用(reuse)、材料回收(recycle)、能源化(energy recovery)、填埋(landfill)。① 预防垃圾产生。通过二手店、捐赠等方式减少垃圾产生。② 材料再使用。通过维修、清洁延长产品寿命。③ 材料回收。瑞典垃圾类目详尽,国民有良好的分类习惯,瑞典政府也出台了相关政策鼓励垃圾分类,使得垃圾材料回收效率提高(图 14.1)。④ 能源化。无法被回收的无机垃圾将进入垃圾焚烧厂,用于热电联产;有机垃圾则被运至沼气厂进行沼气生产,产生的沼气大多用作机动车燃料。⑤ 填埋。只有极少数的垃圾才会进行填埋处理。

图 14.1　对牛奶盒进行分类

从垃圾分类到最后的能源回收，瑞典的垃圾处理每一步都十分详尽。在瑞典，垃圾分类几乎是居民每天必做的任务。可回收垃圾须按塑料、纸张、瓶子、玻璃、金属等分类，投入对应垃圾桶中。为了在家中更好地分类，不少瑞典居民会在家中放置具有各类垃圾标识的垃圾桶，以便提醒自己需要分类的垃圾类别。瑞典垃圾管理和回收协会在 2014 年时发行了一本有关预防垃圾产生的指导手册，这本指导手册为每一位产品生产过程中的参与者提供建议。如在减少食物垃圾方面，这本指导手册建议瑞典环境署制定政策、开展国内外的合作等；建议瑞典食品局关注相关政策是否有效等；建议生产商开展合作交流，避免食品生产过剩等。除此之外，瑞典垃圾管理和回收协会还向公众介绍了 10 种减少日常垃圾产生的方法；开发了"环保主义者标签"（MILJÖNÄR Label），旨在指导公众如何通过修理、共享减少垃圾；其网站不仅提供了修理店、二手店、拍卖店的地图，还提供了变废为宝的教程。有些产品虽然表面看起来无法再使用了，但是可以通过维修或清洁，重新装饰恢复原来用途，或者通过改造另作他用。瑞典 60% 的垃圾回收站中设有产品回收点，可将一些家具、织物、其他家用物品等放入产品回收点中。

14.1.4　低碳骑行与丹麦的实践

低碳出行是低碳生活方式的必要组成部分，自行车出行具有显著的减污降碳效果，有助于推动交通领域的低碳转型。骑行在欧洲是一种时尚和习惯，特别是在丹麦、荷兰等国。丹麦是世界上公认的自行车王国，首都哥本哈根把自己定位为欧洲的"环境之都"，表现为全球环境领导者城市，是世界上自行车友好型城市（the best bicycle-friendly city）和骑车人城市（the city of cyclists）之一。哥本哈根市面积为 97 km²，人口 67.2 万，拥有自行车 67.8 万辆。哥本哈根的《城市交通改善计划》《自行车政策 2002—2012》《生态都市》《气候规划》等文件都将自行车发展放到了极其重要的位置。哥本哈根市政府于 2011 年颁布了"哥本哈根 2025 年气候目标"，其中包括一系列关于绿色出行的计划，即到 2025 年要实现以下目标：① 75% 的市民出行使用公共交通、自行车或者步行；② 50% 的市民骑自行车上班和上学；③ 公共交通工具实现碳中和；④ 与 2009 年相比，公共交通的乘客数量提高 20%[8]。按照哥本哈根市政府的规划,未来的哥本哈根自行车高速路将配套建有许多骑行驿站,骑行者可以在骑行驿站给车胎打气、挂车链和饮水、休息。交通信号灯也会优先方便自行车而不是汽车,让从郊区骑车前往哥本哈根市区的人享受"更快捷,更安全"的交通。自行车高速路将加大驾车者的出行难度,同时让骑行者的出行更便利。

14.1.5　低碳消费与瑞典的二手店

二手店是一种减少消费碳足迹的有效方式,这在瑞典尤其普及。

瑞典在 2022 年立法确认成为全球首个将进口商品碳足迹纳入减排责任的国家,这将大幅增加瑞典实现 2045 年碳中和目标的难度。研究表明,全球范围内超过 1/5 的二氧化碳排放来自国际贸易产品,而这一比例在瑞典高出近 3 倍。瑞典统计局数据显示,2019 年瑞典 60% 以上排放量来自进口商品[9]。

瑞典普及的二手店反映了瑞典民众对低碳消费的广泛认可。购买二手商品是一种生活方式,而不是因为生活所迫。在瑞典,有一种购买观念叫"购买耻辱"(Kopskam),即购买不必要物品闲置着,或出于炫耀攀比心态购买物品,或购买造成较大环境负担的物品是一种耻辱。民众普遍认为,一味追求最新产品、丢弃过时或者不喜欢的产品造成了巨大浪费。这种消费观念使得瑞典二手店非常发达。瑞典很多城市有红十字会的二手店,店内物品均来自捐赠,二手店将其整理后出售,所得款项用于红十字会的公益活动。这些二手店内的员工中有很多是志愿者,他们义务工作一个星期到一个月,不领取工资。

14.1.6　北欧国家的绿色电力证书促进绿色消费

北欧国家的绿色电力证书为民众的绿色消费提供了一种制度性的保障。绿色电力证书制度是在国家强制配额基础上,通过市场机制促进可再生能源电力发展的制度。该制度是技术中立的,不同类型的可再生能源电力所获得的证书价格相同,能够促进最具成本效益的可再生能源电力生产。绿色电力证书制度给出目标,规定至某一时期必须实现一定数量的可再生能源电力生产。瑞典于 2003 年 5 月引入了绿色电力证书制度。瑞典和挪威于 2012 年 1 月 1 日推出了共同的电力证书市场,可再生能源电力生产商在本国获得证书。民众通过电力公司购买电力证书而提高了绿色消费水平,促进了能源转型。

在瑞典,绿色电力证书标签制度很发达。瑞典很多能源公司,包括电力生产企业和配电网公司销售带有绿色电力证书标签的电力。比如瑞典吕勒奥市(Luleå)的吕勒奥能源公司(Luleå Energi),这是一家综合能源公司,提供供电、供热、电动汽车充电、宽带等服务。吕勒奥能源公司出售的电力有以下几类绿色电力证书标签:① 可再生能源标签。② EPD 认证。这两类标签的电力无附加费用。③ 风电标签。如果用户购买风电,追加的费用为 2×10^4 kW·h电 300 瑞典克朗,大约折合 1 kW·h电 1.2 分人民币。④ 良好的环境选择标签(生态标签)。一年 20 000 kW·h 生态标签的可再生能源电力,追加 400 克朗,相当于 1 kW·h电 1.5 分人民币。电力用户在签订电力合同时可以选择这些绿色电力证书标签,从而促进了可再生能源的发展,以及更加有利于生态的电力生产。

芬兰 EKOenergy 标签是国际公认的可再生电力、天然气、供热和制冷质量标志。当购买带有 EKOenergy 标签的电力、天然气或热力时,1 MW·h 须向其气候基金至少支付 0.10 欧元(10 欧分),为发展中国家偏远社区的清洁能源项目提供资金。

14.2　衣、食、行与碳中和

"少买一件不必要的衣服,可以减排二氧化碳 2.5 kg"——这是世界自然基金会在其官网上发起的倡议。这个倡议与"少用一度电""少开一天车"并列,组成了"我为哥本哈根减斤碳"系列活动的主要倡议。

服装的全生命周期碳排放是指一件衣服从原料种植、纺纱织布、印染、成衣生产、运输及销售、洗涤、烘干、熨烫、废弃过程整个生命周期各环节碳排放情况。一件衣服从它还是农田里的棉花、亚麻开始,历经漂白、染色等工艺变成纱线、面料,制成成衣之后经过物流和使用,直至最终变成垃圾填埋降解或焚烧,每一个环节都在排放着加剧全球气候变暖的二氧化碳。以生产一件 250 g 纯棉 T 恤为例,棉花种植过程中排放的二氧化碳约为 1 kg,从棉花到成衣的制作环节会排放 1.5 kg,因此一件衣服生产将会产生 2.5 kg 的二氧化碳排放[10];从棉田到工厂再到零售终端的运输过程排放的总量约为 0.5 kg;T 恤被买回家后经过多次洗涤、烘干、熨烫(以 25 次计)将会排放 4 kg 左右的二氧化碳。这件 T 恤总计碳排放量约 7 kg,这个质量几乎相当于其自身质量的 28 倍[11]。以一年购入 4 件纯棉 T 恤(250 克·件$^{-1}$)、4 件纯棉衬衣(250 克·件$^{-1}$)、两条涤纶长裤(400 克·条$^{-1}$)、一件化纤外套(500 克·件$^{-1}$)计算,纯棉服装的碳排放总量约为 56 kg,化纤服装的碳排放总量约为 153 kg,再加上皮革、羊毛等服装,衣橱里每年新添衣服的碳排放量最少也有 800 kg。而这并未考虑在衣橱中存放的其余衣物。

为了减少穿衣的碳足迹,需要培养一些低碳的生活习惯,包括少买新衣、减少洗涤、旧衣翻新、旧物利用、转赠他人等。

民以食为天,与我们生活息息相关的农业食品行业是全球碳排放的重要一环。联合国粮食及农业组织(Food and Agriculture Organization of the United Nations,FAO)对食物碳足迹进行了定义——粮食产品在食品价值链中从生产阶段提供投入物到终端市场消费为止,包括食物的生长、收获、加工、包装、运输、销售、食用和处置的过程,也涉及传统以及可持续食品系统的所有行业,直接或间接产生的温室气体总排放量净值。食物碳足迹通常以食物重量(kg)为单位计量,也可以以食品每 100 g 营养价值为单位计量。

世界经济论坛(WEF)于 2021 年 1 月发布的报告 Net-zero challenge:The supply chain opportunity 表明,食品行业占全球碳排放的约 25%[12]。2018 年 Proore 等[13]在期刊 Science 发表的研究结果显示,全球食品行业全生命周期碳排放量为 137×10^8 t,其中碳排放主要来源于以下 4 个方面:① 畜牧业和渔业约占食品行业碳排放的 31%,主要来源于牲畜的粪便发酵、反刍动物(牛、羊)胃肠道发酵带来的甲烷排放以及捕鱼机械设备能耗和管理能耗。② 农作物生产占食品行业碳排放的 27%,21% 为人类直接消费的食物带来的,剩余 6% 的排放来源为动物饲料。③ 土地占用占食品行业碳排放的 24%,其中因饲养牲畜导致土地占用或性质改变而带来的碳排放约为 16%,是粮食生产(8%)的 2 倍。④ 供应链的碳排放占食品行业碳排放的 18%,主要包括食品的生产、运输、包装、零售,主要碳排放来源为设备能耗、制冷剂逸散。

　　人口的增长和饮食结构向肉食的倾斜给农业食品行业碳排放带来了高增长预期。食品行业与每一个人的生活都息息相关,不论是企业还是个人都应为降低碳排放做出行动。

　　对于个人而言,在生活中做出一些行为改变,可以有效减少食品带来的温室气体的排放。

1. 避免食物浪费

　　在购买食材的时候可以选购那些形状不规则、品相不好的蔬菜瓜果,避免其被大量丢弃和浪费。在外就餐的时候,避免铺张浪费,打包剩菜剩饭,以减少食物碳足迹。全球 2021 年因食品浪费导致 35×10^8 t 的二氧化碳排放(图 14.2)[13]。人们需要培养节约习惯,养成珍惜粮食、反对浪费的习惯,这也就是常说的"光盘行动"。

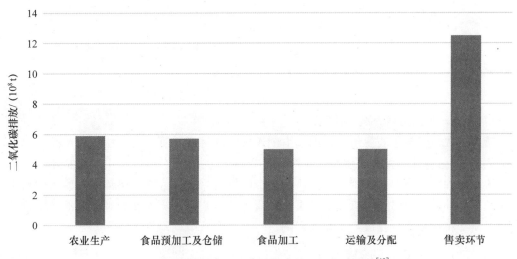

图 14.2　全球因食品浪费所带来的二氧化碳排放[13]

2. 选择本地当季食材

　　选择本地当季食材是减少碳足迹的方法之一,因为食品进口和运输环节产生的碳排放占食物碳足迹的 6% 左右。

3. 改变饮食结构,食用低碳食品

　　减少肉食消费是降低个人食物碳足迹的一种有效途径。素食蛋白的减排意义正在得到更广泛的认可。豆腐等豆制品含有丰富的优质蛋白、不饱和脂肪酸、钙及 B 族维生素,是我国居民膳食中优质蛋白质的重要来源。素食主义正在成为个人减排的新风向。Poore 等的研究认为,成为素食主义者,避免食用肉类和蛋奶类是减少个人环境影响的最佳手段[14]。若每个人都成为素食主义者,仅现有农业用地的 25% 就可以满足世界上每个人的食物需求。每生产 1 kg 食物的温室气体排放量见图 14.3。

4. 消费贝类食品

　　消费贝类食品也可以降低个人食物碳足迹。深海养殖贝类有固碳效果,主要通过两种方式:一种方式是通过钙化直接将海水中的碳酸氢根转化形成碳酸钙贝壳;另一种方式是通过滤食水体中的颗粒有机碳合成自身物质,增加生物体中的碳含量。我国海水养殖产量常年位居世界首位,贝类和大型藻类产量占总产量的 85% 左右。

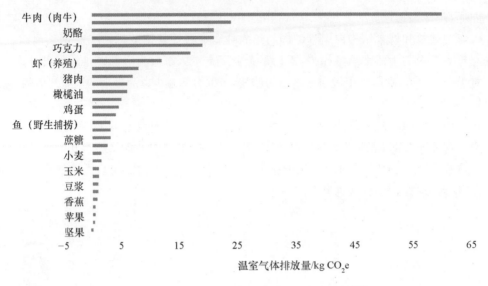

图 14.3　每生产 1 kg 食物的温室气体排放量[14]

5. 减少一次性塑料包装使用量

减少一次性塑料包装使用量也能减少个人食物碳足迹。使用一次性塑料用品会对环境产生负面影响,因为不仅塑料用品本身对环境产生了污染,生产制造一次性塑料用品过程中消耗的能源和化石原料还会带来碳排放。自带购物袋、打包盒,减少保鲜膜的使用的行为值得鼓励。另外,减少食用外卖、使用可重复餐盒等厨房装备以及买食品时自己准备购物袋等生活习惯都将对减少碳排放产生积极影响。

14.2.3　骑行与碳中和

不同的交通工具涉及的温室气体排放主要分为 4 个方面:交通工具生产环节的排放、燃料排放、基础设施建设的排放和运行服务的排放。

不同出行方式的温室气体排放有很大的差别。私人汽车的每千米排放在 240 g 左右,出租车的排放与私人汽车是相当的,但由于其运行服务的碳排放,导致出租车的每千米排放量大多会超过 250 g[15]。相比私人汽车和出租车这两大类高排放的交通方式而言,排放量较低的交通方式主要有以下几种:① 地铁;② 大巴;③ 私人电动汽车;④ 各类自行车出行。各类交通工具每千米碳排放以及其所占人均使用面积见表 14-1。

表 14-1　各交通工具每千米碳排放及其所占人均使用面积[15]

交通工具	二氧化碳排放/(g·km^{-1})	所占人均使用面积/m^2
内燃机汽车	243.8	9.7
混合动力汽车	209.1	9.7
摩托车	119.6	1.9
火车	28.6	0.5
有轨电车	20.2	0.6
公交车	17.7	0.8
自行车	0	1.5
步行	0	0.5

从行驶频率和排放量分析来看,使用家用小型汽车最频繁的是 1~3 英里(1 英里 = 1.609 344 千米)的出行,其次是 5~10 英里的出行,再次是 3~5 英里的出行。出行 50 英里以上的频率最低,然而却贡献了最高比例排放量,达 44%。5~10 英里的出行贡献了次高的排放比例,占 16.4%。如果 10 英里以下出行的一部分由自行车出行来替代,可以减少相当大部分的交通排放。据测算,欧洲目前自行车出行所减少的二氧化碳排放量为 $16×10^6$ t,相当于克罗地亚一年的二氧化碳排放量[16]。

若乘坐飞机 1000 km 以上,人均 1000 km 将产生 139 kg 碳排放,1 t 二氧化碳排放只够坐飞机从北京到广州(2000 km)4 趟。2020 年,100 km 油耗为 5 L 的乘用车碳排放为 115 g·km^{-1},1 t 碳排放仅够一人开车行驶 8000 km。火车是碳排放很低的交通方式,在中国,坐火车 100 km 以上,人均 100 km 碳排放为 0.86 kg,即 1 t 碳排放坐火车能行驶 10^5 km。步行或骑自行车基本没有碳排放。与燃油汽车、电动汽车相比,电动自行车和助力自行车、无助力自行车的减排效应最佳。在 2050 年欧洲碳中和的目标下,自行车出行的重要性得到凸显,欧洲大部分城市正在广泛地重新引入自行车。此外骑行对于骑行者的健康具有明显的正向作用。

中国把发展自行车和步行交通作为缓解交通拥堵、减少大气污染和能源消耗的国家政策,要求各地科学制定城市步行和自行车交通发展目标,编制实施自行车专项规划,确定步行和自行车出行分担率。

中国民间的市民骑行通勤俱乐部发起了"骑向碳中和倡议",具体有以下几点:① 尽可能骑行通勤,并鼓励家人、朋友、同事加入骑行队伍;② 周末旅游增加骑行活动比重;③ 遵守交通规则,安全骑行;④ 积极建议城市骑行道路建设,积极反馈城市骑行道路运行管理问题,助力城市成为"自行车友好城市";⑤ 促进骑行工具、装备和基础设施更加人本化、智慧化;⑥ 积极探索衣、食、住、行各方面绿色低碳可能性;⑦ 努力追求人生的碳足迹最小化。

14.3　积极参与可再生能源投资

可再生能源是实现碳中和的核心要素。光伏发电具有资源分布均衡、土地占用友好、投资资金友好、维护成本低、开发潜力大等优势。分布式光伏是可以吸引民众广泛参与的可再生能源投资活动[17]。目前,光伏发电已成为推动能源转型最重要的可再生能源之一,给能源体系、经济体系、社会系统带来广泛而深远的影响。截至 2021 年年底,中国累计太阳能(光伏加光热)发电装机容量达到 $3.06×10^8$ kW,连续七年稳居全球第一。分布式光伏达到 $1.075×10^8$ kW,约占总光伏装机容量的 1/3;其中户用光伏达到约 $0.215×10^8$ kW,占总光伏装机容量的 0.7%。国家能源局表示,户用光伏已经成为我国如期实现碳达峰、碳中和目标和落实乡村振兴战略的重要力量[18]。

根据国家能源局 2016 年委托清华大学能源互联网创新研究院所做的"能源互联网应用与人人光伏发展研究"课题的研究成果,我国仅城市建设用地上的分布式光伏可用资源量,保守情景约有 $3.8×10^8$ kW,基本情景约有 $7.6×10^8$ kW,积极情景高达 $11.4×10^8$ kW。仅北京市顺义区 500 m^2 以上的工商业屋顶和农村宅基地屋顶的面积安装光伏即可达到 7 GW,发电量大于 $84×10^8$ kW·h,大于目前顺义区的全部用电量。中国农村宅基地总面积达 $1.7×10^8$ 亩(1 亩 = 666.6 平方米),如果充分安装光伏,则光伏装机资源量可高达 $56×10^8$ kW。此外,公路、铁路、农村温室大棚、鱼塘等分布式光伏的可开发资源量还有约 $15×10^8$ kW 以上。

清华大学社会科学学院能源转型与社会发展研究中心于 2019 年提出"全球每人一千瓦光伏"倡议。倡议通过人人参与光伏发展,在 2035 年前实现全国人民人均 1 kW 光伏装机的目标。按 14 亿人口计算,光伏装机总量达 14×10^8 kW,届时全国光伏年发电量为 $(1.65 \sim 1.8) \times 10^{12}$ kW·h,占全国电力总需求的 13.5%~16.5%,相当于每年减少了 $(14.2 \sim 15.5) \times 10^8$ t 二氧化碳排放量,减少使用 $(5.2 \sim 6) \times 10^8$ tce。2022 年 9 月,浙江省杭州市临安区人民政府正式发出"每人一千瓦光伏"倡议,倡导属地政府、企业、社会组织及个人"因地制宜"开展光伏发电系统建设,设定了 2025 年实现全区光伏装机容量 65×10^4 kW、人均 1 kW 光伏的目标。浙江省嘉兴市海宁市人均光伏装机已经超过了人均 1 kW。截至 2022 年 9 月,海宁市全域光伏发电总并网容量 79.31×10^4 kW,其中大部分为分布式光伏,按照户籍人口 71.41 万计算,人均光伏容量已经超过 1 kW,达到 1.11 kW[19]。

对于分布式光伏电站,以常见的单晶硅光伏板为例,100 m² 屋顶面积可以安装 10~15 kW 的光伏板。以浙江省光照资源测算,光伏发电的年等效小时数大约 1000 h,100 m² 屋顶上的光伏全年可发电 $(1 \sim 1.5) \times 10^4$ kW·h。浙江省人民政府鼓励民众投资光伏项目,早在 2016 年 9 月就印发了《浙江省人民政府办公厅关于浙江省百万家庭屋顶光伏工程建设的实施意见》。浙江省衢州市龙游县的数百套农宅屋顶安装了光伏板,类似的项目模式在浙江省多地推广实践[20]。浙江省嘉兴市海宁市于 2022 年 10 月印发了《海宁市"万户光伏 绿色共富"行动实施方案(试行)》,鼓励民众投资分布式光伏。对于户用分布式光伏,政府按照装机容量 1.2 元·瓦⁻¹ 给予补助。对于收益分配,户用分布式光伏发电项目发电量全部上网,发电收益由居民和企业共享。合同期内每户居民按装机容量 1 kW,可每月免费用电 20 kW·h,1 kW·h 电量的价格按 0.538 元计算。这些商业模式有效促进了民众的绿色电力消费。

参与光伏建设是民众最容易参与的可再生能源投资行为。民众可以在自有房产的屋顶上直接安装光伏,也可以通过出租屋顶的方式参与光伏建设。在城市,可以推动社区和工商业单位参与分布式光伏项目,形式可以是建筑光伏一体化、屋顶光伏或者光伏车棚;在乡村,可以推广村委会屋顶光伏、村民民宅屋顶光伏和院落光伏遮阳棚。对于出租屋顶的模式,投资方采用融资租赁的模式建设户用分布式光伏电站,有偿租赁业主屋顶,其主要特点是政府推动、企业运营、多方受益。对于工商业屋顶,由于工商业用电负荷大,可采用签订能源分享协议或支付屋顶租金的方式来实现光伏绿电的就地消纳。工商业业主还可与投资企业协商电价,降低业主用电成本。

2022 年 1 月,国家发展和改革委、工信部、住建部、商务部、市场监管总局、国管局、中直管理局联合印发《促进绿色消费实施方案》,方案强调要大力推广建筑光伏应用,加快提升居民绿色电力消费占比。2022 年 5 月,国家发展和改革委员会与国家能源局发布了《关于促进新时代新能源高质量发展的实施方案》,提出促进新能源开发利用与乡村振兴融合发展,鼓励地方政府加大力度支持农民利用自有建筑屋顶建设户用光伏,积极推进乡村分散式风电开发。农民住房安装光伏生产绿色电力,不但可以实现 100% 绿电消费,还可以向电网售电。可以预测,光伏将成为现代建筑的标准配置,建筑光伏一体化将像现在安装玻璃一样普遍。同时分散式风电也有利于吸引民众投资。据中国风能协会测算,全国 69 万多个行政村,假如其中有 10 万个行政村可从田间地头、村前屋后等零散土地中找出 200 m² 用于安装 2 台 5MW 风电机组,全国就可实现 10^9 kW 的风电装机[22]。农村的光伏和风电将会成为中国农村居民为中国碳中和做出的重要贡献。

14.4　碳普惠与碳抵消

14.4.1　碳普惠

碳普惠机制是为市民和小微企业的节能减碳行为赋予价值而建立的激励机制。广东省是全国首个推行碳普惠的省份,广东省首批碳普惠机制工作试点为广州、东莞、中山、河源、惠州、韶关6个城市。2019年12月24日,全国首个城市碳普惠平台在广州上线。市民通过绿色出行、节水节电等低碳行为,就可以获得碳币,兑换商品。部分行为碳减排量经核证后可进入广州碳排放权交易所进行交易变现。碳普惠应用基于居民家庭用电减排量的方法学对家庭电量进行换算,得出居民家庭减少的二氧化碳排放量。该应用将根据减排量给予用户不同等级的个性化标志勋章,增强用户荣誉感,减碳成果显著的小区可获得"绿色小区"荣誉称号。该应用还将根据家庭用电情况,对碳排放量高的家庭量身推送低碳用能和科学用电的小技巧,引导用户绿色低碳生活。

上海、深圳等也开始逐步探索建设碳普惠机制。上海市已发布了《上海市碳普惠体系建设工作方案》,将建立区域性个人碳账户,引导碳普惠减排量进入上海碳排放交易市场,鼓励通过购买和使用碳普惠减排量实现专门场景和活动的碳中和。深圳市生态环境局、深圳排放权交易所与腾讯联合打造了深圳碳普惠首个授权运营平台——"低碳星球"小程序,鼓励市民更多地使用公共交通体系。通过碳积分兑换功能,鼓励深圳用户将个人碳积分兑换礼品以及参加低碳公益。据相关报道,半年间有近100万深圳市民通过"低碳星球"参与减碳行为,累积走出14亿步,并通过腾讯地图乘坐公交或地铁,累积减少碳排放130 t,相当于260亩森林半年的减碳量[23]。"低碳星球"获评深圳2021生态文明年度案例。

14.4.2　个人绿色电力消费

自愿认购的绿色电力证书使企业和个人都能够为加速绿色转型、推动市场创新以及更好地整合可再生能源消费做出贡献。2017年1月国家发展和改革委员会、财政部、国家能源局联合发布了《关于试行可再生能源绿色电力证书核发及自愿认购交易制度的通知》,标志着我国绿色电力证书制度正式试行。绿色电力证书样板见图14.4。

为方便个人绿色电力消费,2021年11月,国家推出无补贴的平价绿色电力证书。平价绿电,1 kW·h仅5分人民币。在这个绿色电力证书价格下,购买6000 kW·h绿色电力量超过了一个3口之家一年的全部用电量,总计减排约4.3 t。6张绿色电力证书300元,1 t碳的价格平均为68元,这个价格超过2020年全国碳市场平均碳价43元。无补贴的平价绿色电力证书推出后,到2023年5月25日,已经售出6 208 837张,电量达62.0×10^8 kW·h。

14.4.3　生态碳汇

碳汇是指通过植树造林、森林管理、植被恢复等措施,利用植物光合作用吸收大气中的二氧化碳,并将其固定在植被和土壤中,从而减少温室气体在大气中浓度的过程、活动或机制。

我国已经明确提出到2030年森林蓄积量将比2005年增加60×10^8 m^3。根据国家发展和改革委员会备案的《碳汇造林项目方法学》计算方法,参考2009年12月的《中国森林资源

图 14.4　绿色电力证书样板

报告——第七次全国森林资源清查》,60×10^8 m³ 的蓄积量大约相当于 99.44×10^8 t 二氧化碳当量的减排量,25 年间平均每年 4×10^8 t。

　　植树造林需要全社会的积极参与。蚂蚁森林是一项旨在带动公众低碳减排的公益项目。2016 年 8 月,支付宝公益板块正式推出蚂蚁森林,用户步行替代开车、在线缴纳水电费、网络购票等行为节省的碳排放量,将被计算为虚拟的"绿色能量",用来在手机应用里养大虚拟树。虚拟树长成后,支付宝蚂蚁森林和公益合作伙伴就会种下一棵真树,或守护相应面积的保护地,以培养和激励用户的低碳环保行为。蚂蚁森林在各地的生态修复项目是由蚂蚁集团向公益机构捐赠资金,由公益机构组织种植养护等具体工作,并由当地林业部门进行业务监管。截至 2021 年 8 月,蚂蚁森林累计带动 6.13 亿元的低碳生活,5 年来累计产生"绿色能量"超过 20×10^6 t,已在内蒙古、甘肃、青海、宁夏等 11 个省份种下 3.26 亿棵树,种植总面积超过 397 万亩。

14.5　本章小结

　　碳中和进程将会给人们的生活带来重大影响,越早意识到碳中和的重要性并参与到实现碳中和的过程中,就能越早适应碳中和引导的新的生活方式变革,这对每个人都有积极的意义。本章详细阐述了民众参与碳中和的有效途径和方式。首先,以欧美民众参与碳中和为切入点,通过法国"气候问题公民委员会"、瑞士的"2000 W 社区"计划等典型案例介绍了欧美民众参与碳减排的方式。其次,本章对生活中衣、食、行等方面的碳排放做了分析,并提出了一些针对性的减排措施。再次,积极参与可再生能源投资也是个人参与碳中和的有效途径,本章总结了分布式光伏电站和分散式风电的发展需求和支持政策。最后,本章介绍了碳普惠、个人绿电消费以及生态碳汇这些降碳减排措施,为市民和小微企业的节能减碳行为提供参考。

参 考 文 献

[1] 计军平,马晓明. 碳足迹的概念和核算方法研究进展. 生态经济,2011,4:76—80.

[2] 中国国土资源报. 碳足迹(carbon footprint). (2010-04-28)[2022-12-01]. https://www. mnr. gov. cn/zt/hd/dqr/41earthday/dtsh/dtjs/201807/t20180709_2055518. html

[3] European Commission. Special Eurobarometer 513:Climate Change report. European Union,2021.

[4] CCC. Convention citoyenne pour le climat. (2021-03-21)[2022-12-01]. https://www. ecologie. gouv. fr/suivi-convention-citoyenne-climat/

[5] Williams J. The 2,000 Watt Society. The Earthbound report. (2020-11-19)[2022-12-01]. https://earthbound. report/2020/11/19/the-2000-watt-society/

[6] 任丹妮. 瑞士新型"2000 瓦社区"究竟是什么?. (2016-03-05)[2022-12-01]. https://www. thepaper. cn/newsDetail_forward_1439371

[7] 中国循环经济协会. 瑞典垃圾分类经验. (2021-12-02)[2022-12-01]. https://www. chinacace. org/news/view? id=13111

[8] 陈燕申,陈思凯. 丹麦哥本哈根市自行车发展战略探讨及启示. 现代城市研究,2018(2):90—94.

[9] 青岛节能协会. 瑞典成为全球首个将进口产品碳足迹纳入减排责任的国家. (2022-10-10)[2022-12-01]. https://www. qdtzh. com/news/guojitanzixun/2523. html

[10] HSBC-世界自然基金会. 节能 20 行动:低碳生活方式. [2022-12-01]. https://wwfchina. org/content/press/publication/lowcarbon30. pdf

[11] 中国环境报. "衣年轮"与"低碳装" 疯狂衣橱代价几何?. (2009-11-04)[2022-12-01]. http://green. sohu. com/20091104/n267952821. shtml

[12] World Economic Forum. Net-Zero challenge:The supply chain opportunity. Insight Report,2021.

[13] Food and Agriculture Organization of the United Nations. Food wastage footprint & climate change. [2022-12-01]. https://www. fao. org/fileadmin/templates/nr/sustainability_pathways/docs/FWF_and _climate_change. pdf

[14] European Commission. Physical Activity Through Sustainable Transport Approaches. (2017-11-20)[2022-12-01]. https://cordis. europa. eu/project/id/602624

[15] Poore J, Nemecek T. Reducing food's environmental impacts through producers and consumers. Science, 2018, 360(6392):987—992.

[16] 何卉,Bandivadekar A. 各国乘用车 CO_2 减排财税政策的比较研究. [2022-12-01]. https://theicct. org/sites/default/files/ICCT_fiscalpoliciesES_feb2011_Ch. pdf

[17] 水电水利规划设计总院. 中国可再生能源发展报告 2021. (2022-06-24)[2022-12-01]. https://www. sgpjbg. com/baogao/81246. html

[18] 国家能源局. 我国光伏发电并网装机容量突破 3 亿千瓦分布式发展成为新亮点. (2022-01-20)[2022-12-01]. http://www. nea. gov. cn/2022-01/20/c_1310432517. htm

[19] 钱江晚报. 浙江海宁：人均光伏容量突破 1 千瓦. (2022-09-07)[2022-12-01]. https：//new. qq. com/rain/a/20220907A09CA900

[20] 国家能源局. 户用光伏从"微不足道"到"举足轻重". (2021-05-21)[2022-12-01]. http：//www. nea. gov. cn/2021-05/21/c_139960902. htm

[21] 智通财经. 风电下乡来了！备案制政策正式落地，分散式风电风口已至. (2022-08-23)[2022-12-01]. http：//www. chinapower. com. cn/flfd/hyyw/20220823/164082. html

[22] 腾讯 TrustSQL. 双碳案例分享：腾讯区块链助力打造深圳碳普惠平台——腾讯科技（深圳）有限公司. (2022-08-29)[2022-12-01]. https：//cloud. tencent. com/developer/article/2086431

第 15 章　碳中和与全球气候治理

有效应对全球气候变化必须实现全球层面的碳中和,而实现全球层面的碳中和则离不开国际合作和全球气候治理。本章在系统梳理全球气候治理发展演变的历史进程的基础上,重点分析碳中和目标下全球气候治理的发展趋势和大国围绕碳中和目标展开的战略博弈,并系统总结中国参与全球气候治理的历史进程,最后对碳中和目标下中国在全球气候治理中的新角色进行分析和展望。

15.1　全球气候治理的概念与历史演进

15.1.1　全球气候治理的概念

迄今国际上对全球气候治理的概念并无统一认识。依据全球治理委员会 1995 年对治理的定义,即"治理是个人和制度、公共和私营部门管理其共同事务的各种方法的综合。它是一个持续的过程,其中,冲突或多元利益能够相互调适并能采取合作行动,它既包括正式的制度安排也包括非正式的制度安排"[1],可将全球气候治理的概念定义为:全球气候治理是指包括国家与非国家行为体在内的各种国际社会行为体通过协调与合作的方式,从次国家层面到全球层面多层次共同应对气候变化,最终将大气中温室气体的浓度稳定在防止气候系统受到危险的人为干扰的水平上的过程,其核心是通过全球范围内多元、多层次的合作及共同治理以减缓和消除气候变化对人类的威胁。

15.1.2　全球气候治理的缘起

全球气候治理最早可追溯至 1972 年的联合国人类环境会议。1972 年 6 月,联合国人类环境会议在瑞典首都斯德哥尔摩召开,环境问题从此进入全球政治议程,现代全球环境保护运动正式拉开帷幕。作为会议成果文件之一,《人类环境行动计划》在第七十条建议中正式提出"建议各国政府特别注意对气候很可能有影响的各种活动"。不过当时气候变化尚未成为国际社会的重大关切问题。

1979 年 2 月,第一次世界气候大会在瑞士日内瓦召开。大会指出,如果大气中二氧化碳的增长速度过快,那么气温的上升到 20 世纪末将达到"可测量"的程度,到 21 世纪中叶将出现显著的增温现象。这是人类历史上第一次就温室效应带来的全球升温做出判断。进入 20 世纪 80 年代下半期,欧美发达国家出于对全球气候变暖不利影响的关切和发展中国家未来温室气体排放快速增加的担忧,纷纷主张将气候变化问题纳入全球议程。与环境有关的国际组织更是纷纷举行国际会议,表达对全球气候变化问题的关注。1985 年 10 月,世界气象组织和联合国环境规划署在奥地利菲拉赫联合召开气候专家会议。会议指出,温室气体的累积极有可能导致显著的气候变化,建议世界气象组织和联合国环境规划署考虑推动就气候变化问题制定一项新的全球环境公约。1987 年,世界环境与发展委员会发布了著名的报告——《我们共同的未来》。该报告明确提出,气候变化是国际社会面临的重大挑战,呼吁国际社会采取共同的应对行动。1988 年 11 月,世界气象组织和联合国环境规划署联合成立 IPCC,开展对气候变化的科学评估活动。IPCC 从此成为气候变化科学领域最权威的政府间机构。1988 年 12 月 6 日,第四十三届联合国大会根据马耳他的建议通过"关于为人类当代和后代保护全球气候"的 43/53 号决议,决定在全球范围内对气候变化问题采取必要和及时的行动。1989 年 5 月 25 日,联合国环境规划署理事会通过决议,要求联合国环境规划署执行主任和世界气象组织总干事为国际气候公约谈判做准备,并尽快启动相关谈判。1989 年 12 月,第四十四届联合国大会通过 44/228 号决议,决定于 1992 年 6 月举行联合国环境与发展大会。1990 年 8 月,IPCC 发布了第一次评估报告。报告得出两个主要结论:第一,人类活动导致的温室气体排放正在使大气中温室气体浓度显著地增加,从而增强了地球温室效应;第二,发达国家在近 200 年工业化进程中大量消耗化石能源是导致温室气体排放增加的主要原因。1990 年 10 月 29 日—11 月 7 日,第二次世界气候大会在瑞士日内瓦举行,会议呼吁各国为制定国际气候变化公约展开谈判。

联合国环境与发展大会的筹备工作和 IPCC 第一次评估报告的结果推动了联合国气候变化谈判进程。1990 年 12 月 21 日,第四十五届联合国大会通过题为"为人类的现在和未来保护气候"的 45/212 号决议,决定设立一个单一的政府间谈判委员会,制定一项有效的气候变化框架公约。谈判从 1991 年 2 月启动。1992 年 5 月 9 日,政府间谈判委员会经过 5 次谈判会议,历时 1 年 3 个月,终于完成了谈判并通过了《联合国气候变化框架公约》。该公约的文本框架与合作模式主要借鉴了 1985 年《保护臭氧层维也纳公约》。1992 年 6 月,联合国环境与发展大会在里约热内卢召开,《联合国气候变化框架公约》供开放签署。时任中国国务院总理李鹏代表中国签署了《联合国气候变化框架公约》。1994 年 3 月该公约生效。公约的主要内容包括:① 确立应对气候变化的最终目标。公约第二条规定:公约以及缔约方会议可能通过的任何法律文书的最终目标是将大气温室气体的浓度稳定在防止气候系统受到危险的人为干扰的水平上,这一水平应当在足以使生态系统能够可持续进行的时间范围内实现。② 确立国际合作应对气候变化的基本原则,主要包括"共同但有区别的责任"原则、预防原则、公平原则、各自能力原则和可持续发展原则等。③ 明确发达国家应承担率先减排和向发展中国家提供资金技术支持的义务。④ 承认发展中国家有消除贫困、发展经济的优先需要。

与此同时,《联合国气候变化框架公约》开始将全球多元多层气候治理的理念纳入其中,公约第六条规定,在履行第四条第 1 款(i)项下的承诺时,各缔约方应在国家一级并酌情在次区域和区域一级,根据国家法律和规定并在各自的能力范围内促进和便利:① 拟订和实施有关气候变化及其影响的教育及提高公众意识的计划;② 公众获取有关气候变化及其影响的信息;③ 公众参与应付气候变化及其影响和拟订适当的对策。

《联合国气候变化框架公约》为国际合作应对气候变化奠定了坚实的法律基础,是全球气候治理的基石,标志着全球气候治理时代的正式到来。

通过对这一段历史的回顾,不难发现全球气候治理的缘起并非偶然,与国际气候变化科学研究的进展所引发的国际社会对气候风险的关注和全球环境治理在冷战后的不断发展及重要性日益上升密切相关,当然也与欧美国家和联合国的推动分不开。

15.1.3　全球气候治理的发展及其对全球治理的启示

1. 全球气候治理取得的进展及其基本特点

从 20 世纪 90 年代至今,以国际气候谈判为核心的全球气候治理经历了 30 多年的曲折发展,形成了包括《联合国气候变化框架公约》(1992 年通过,1994 年生效)、《京都议定书》(1997 年通过,2005 年生效)、《巴黎协定》(2015 年通过,2016 年生效)等条约在内的多项重要阶段性成果。其中,《联合国气候变化框架公约》奠定了全球气候治理体系的基本框架,《京都议定书》和《巴黎协定》则是全球气候治理的两座里程碑。全球气候治理的演进过程是由最初的以国家行为体为主导的气候外交向同时包含国家行为体和非国家行为体多元主体,同时涉及次国家、国家、区域及全球多层治理转变的过程。在此过程中,全球气候治理历经的一些关键的时间节点和重大事件见表 15-1。

表 15-1　全球气候治理关键时间节点及重大事件

年　份	事　件
1988	IPCC 成立,负责开展对气候变化的科学评估
1990	IPCC 第一次评估报告发布,气候变化问题引发广泛关注;第四十五届联合国大会决定设立政府间谈判委员会,启动国际气候谈判
1992	150 多个国家以及欧洲共同体在联合国环境与发展大会上签署《联合国气候变化框架公约》
1994	《联合国气候变化框架公约》正式生效
1995	IPCC 第二次评估报告检测到人类行为是造成温室效应及气候变暖的原因,声称未来一个世纪可能会出现严重的变暖趋势
1997	《京都议定书》签署,要求在 2008 年至 2012 年,将 38 个工业化国家的温室气体排放量较 1990 年水平平均减少 5.2%
2001	美国宣布退出《京都议定书》
2002	欧盟批准《京都议定书》,承诺其将温室气体人为排放量减少 5%
2005	《京都议定书》生效;C40 城市成立,标志着各国城市开始合作应对气候变化
2007	联合国气候变化巴厘岛大会通过《巴厘岛路线图》,计划于 2009 年完成 2012 年后国际气候体制的谈判
2009	联合国气候变化哥本哈根大会通过不具法律约束力的《哥本哈根协议》,没有完成《巴厘岛路线图》的授权
2012	《京都议定书》第一承诺期到期,不再具有法律约束力
2015	《巴黎协定》通过,确立了以国家自主贡献为核心的自下而上的相对宽松灵活减排模式,从此,谈判重点转向履约
2016	《巴黎协定》生效
2017	美国总统特朗普宣布退出《巴黎协定》,全球气候治理在艰难中继续向前推进
2018	联合国气候变化卡托维兹大会通过《巴黎协定》实施细则
2021	美国重返《巴黎协定》;联合国气候变化格拉斯哥大会完成《巴黎协定》实施细则遗留问题的谈判,通过《格拉斯哥气候公约》,呼吁到 2022 年提高国家自主贡献,缔约方同意逐步减少煤炭并逐步取消低效化石燃料补贴

注：此表为作者自制。

纵观全球气候治理的历史进程,已取得了一定进展并呈现出以下一些基本特点。

（1）全球气候治理的目标不断清晰和明确

随着全球气候治理进程的推进，国际社会对全球气候治理的目标越来越明确具体。《联合国气候变化框架公约》第二条明确提出了全球气候治理的最终目标：将大气中温室气体的浓度稳定在防止气候系统受到危险的人为干扰的水平上。这一水平应当在足以使生态系统能够自然地适应气候变化、确保粮食生产免受威胁并使经济发展能够可持续进行的时间范围内实现。《巴黎协定》第二条明确提出：把全球平均气温升幅控制在工业化前水平以上低于 2℃ 之内，并努力将气温升幅限制在工业化前水平以上 1.5℃ 之内，同时认识到这将大大减少气候变化的风险和影响。《巴黎协定》中的具体目标是在《联合国气候变化框架公约》中整体目标的基础上发展而来的：一方面，其进步之处在于直接用气温升幅取代大气中的温室气体浓度，以衡量应对气候变化所取得的效果，从而使治理目标更加清晰、直接且便于测量；另一方面，《巴黎协定》对气温升幅明确提出了"保 2℃，争 1.5℃"的量化目标，有利于进一步敦促缔约方依其承诺履约。

（2）全球气候治理的原则不断演进和调整

《联合国气候变化框架公约》规定了风险预防原则、公平原则和"共同但有区别的责任"原则及各自能力原则等作为国际气候合作的基本原则。《联合国气候变化框架公约》同时规定：发达国家缔约方应当率先对付气候变化及其不利影响。应当充分考虑到发展中国家缔约方尤其是特别易受气候变化不利影响的那些发展中国家缔约方的具体需要和特殊情况。为了达成更为广泛且有效的合作，《巴黎协定》对"共同但有区别的责任"原则进行了补充，在表明必须遵循《联合国气候变化框架公约》所确立的"包括以公平为基础并体现共同但有区别的责任和各自能力的原则"基础上，增加了"同时要根据不同的国情"的表述。此外，另一个值得关注的变化是，可持续发展原则在全球气候治理进程中不断得到强化，联合国 2030 年可持续发展议程将应对气候变化列为第 13 个目标即为重要例证。

（3）全球气候治理中的减排模式发生重大变化

2005 年 2 月 16 日正式生效的《京都议定书》采用的是以自上而下为主的减排目标分摊模式。随着形势发生变化，不同国家在全球气候治理中的角色和影响也发生了重要变化，各方利益立场更加难以调和，自上而下模式已经无法满足时代发展的要求。及至 2015 年在巴黎召开的联合国气候变化大会，各缔约方通过了应对气候变化的《巴黎协定》，将减排目标分摊模式改为以自下而上为主的国家自主贡献模式。这种转变有利于在尊重各参与主体权益的前提下，最大限度地激发其参与全球气候治理的意愿，推动更多国家相继出台并落实相关政策举措，在一定程度上为改革全球气候治理体系提供了活力和动力。

（4）全球气候治理结构不断发展，形成了多层多元且具有较强韧性的全球气候治理体系

自国际气候谈判启动以来，全球气候治理的基本结构经过不断演进，逐渐形成了以《联合国气候变化框架公约》及其框架下的《京都议定书》和《巴黎协定》为核心，包括国家行为体、次国家行为体和非国家行为体在内的全球多元多层治理体系和网络，特别是非国家行为体的作用日益上升，已成为全球气候治理发展的重要趋势（图 15.1）。

现有的全球气候治理体系经受住了 2008 年国际金融危机、2017 年美国特朗普政府退出《巴黎协定》以及 2020 年以来的新型冠状病毒疫情等重大危机的冲击，展现出较强的韧性。

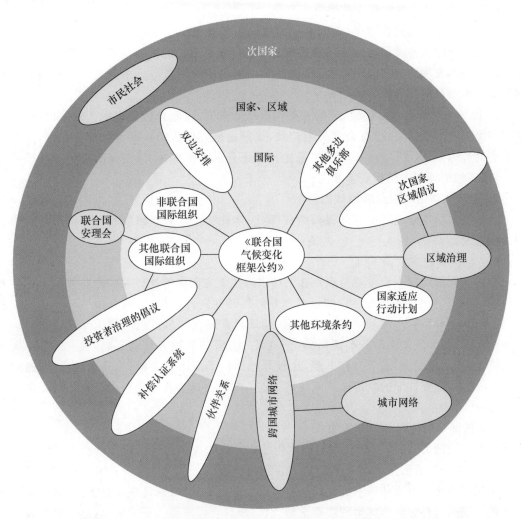

图 15.1 以《联合国气候变化框架公约》为核心的全球气候治理结构示意

资料来源：IPCC 第五次评估报告(市民社会、联合国安理会、次国家区域倡议、城市网络、跨国城市网络为新型冠状病毒疫情与俄乌冲突爆发后日渐活跃的行为体)

(5) 全球气候治理中科学与政策之间的互动日益紧密

科学技术在推动全球气候治理中的作用十分关键。1990 年以来,IPCC 已发布 6 份气候变化评估报告,均对国际气候谈判进程产生重要影响。同时,国际气候谈判又引导了 IPCC 气候变化科学评估的方向。值得一提的是,绿色低碳技术的发展显著降低了减排成本,直接推动了国际气候谈判进程;国际气候谈判的成果又进一步推动世界绿色低碳技术的创新和发展。中国统筹参与国际气候谈判和发展国内绿色低碳技术,近年来在可再生能源技术和装备方面获得巨大进步即是生动的例证。

(6) 全球气候治理已取得一定的实际成效

有关研究表明,经过过去 30 多年的全球气候治理,20 世纪末全球气温上升已从 4.4℃ 轨道转入 2.7℃ 轨道。[2]

（7）全球气候治理的理念发生重大变化

在全球气候治理的进程中,各国从谈判初期将应对气候变化国际合作普遍看成一个责任和成本分担的过程逐渐转向将其看成既是责任分担又是机会共享的过程。应对气候变化是中国可持续发展的内在要求,也是负责任大国应尽的国际义务。中国这一思路的变化在国际上具有很强的代表性。

综上,30 多年的全球气候治理的方向和道路是正确的,而且已经显示了较强的韧性,其基本制度仍然具有活力,没有必要另起炉灶,推倒重来。但我们必须清醒地意识到,迄今国际社会的努力距"保 2℃,争 1.5℃"的量化目标还有很大距离,全球气候治理仍面临严峻挑战,全球气候治理制度亟须变革和完善。

2. 全球气候治理对全球治理的启示

全球气候治理是全球治理的重要组成部分,其发展经验对如何推动全球治理具有重要的借鉴意义。

（1）坚持多边主义是关键

全球气候治理的一个重要特点是在坚持多边主义方面做得比较好。全球气候治理主要围绕《联合国气候变化框架公约》的谈判和履约展开并向外拓展。《联合国气候变化框架公约》拥有 197 个缔约方,就缔约方数量而言,是最具普遍性和多边色彩的国际条约之一。过去 30 多年的国际气候谈判基本遵循协商一致原则,坚持缔约方驱动原则,大家的事情大家共同商量着办,不强制,追求合作共赢,比较好地体现了多边主义精神。《巴黎协定》确定的以自下而上为主要特征的减排模式就体现了这一特色。这为其他领域的全球治理提供了重要借鉴。

（2）保证谈判进程的公开透明

人们普遍认为,2015 年联合国气候变化巴黎大会的成功与谈判过程的公开透明有很大的关系,因为公开透明带来信心和信任,信任导向合作。2009 年的联合国气候变化哥本哈根大会期间由于东道国和秘书处在谈判中不够公开透明,使谈判气氛十分紧张,最后导致谈判未能达成预定目标。全球治理需要全球合作,全球合作需要公开透明,这是全球气候治理对全球治理的另一个重要启示。

（3）大国合作至关重要

从国际气候谈判的历史进程来看,无论是《联合国气候变化框架公约》的达成,还是《京都议定书》和《巴黎协定》的签署,大国合作都发挥了关键作用。中美两国在联合国气候变化巴黎大会前后的合作为《巴黎协定》的达成和生效发挥的关键作用举世公认。而 2017 年美国特朗普政府宣布退出《巴黎协定》,使全球气候合作被耽误了 5 年。大国合作对全球治理的推进至关重要。

（4）国际大环境对特定领域的全球治理进程影响很大

全球气候治理进程显示,凡是重要国际气候协定达成的时候,往往都是国际政治、经济和安全形势总体稳定的时候。这一现象启示我们,全球治理的推进离不开良好的总体国际形势的营造。

（5）考虑发展中国家的特殊情况对推动全球治理非常重要

国际气候谈判和全球气候治理的历史表明,坚持"共同但有区别的责任"原则是国际气候谈判一项基本原则,是国际气候谈判持续走到今天的支柱。充分考虑发展中国家的特殊情况,积极发展南北伙伴关系是推进全球治理的关键所在。

15.1.4　当前全球气候治理面临的主要挑战

全球气候治理虽然取得了一定进展,但仍然面临严峻挑战,任重道远。当前,全球气候治理主要面临 4 大挑战。

1. 全球气候治理力度不够

展望未来,全球气候治理面临的最大挑战是,与全球气候治理要达到的目标相比,迄今全球气候治理的力度远远不够。这集中体现在全球温室气体浓度和全球温室气体排放仍在增加,而且这两种趋势近期没有逆转的迹象。

根据世界气象组织的报告,2017 年全球平均二氧化碳浓度达到 405.5 ppm(10^{-6},百万分率),再创新纪录,是工业化前时代(1750 年之前)的 146%。这一趋势没有逆转的迹象。根据联合国环境规划署的旗舰报告《2018 年排放差距报告》,2017 年全球温室气体排放总量为 53.5×10^9 t(Gt),为历史最高值,比 2016 年增长 1.3%。目前,温室气体排放量还没有达峰迹象。而如果国际社会不进一步采取措施,2030 年温室气体排放总量将增长至 59×10^9 t。即使各国履行了《巴黎协定》下所有"无条件"的气候承诺,到 21 世纪末,地球的平均气温仍可能上升约 3.2℃,远远超出《巴黎协定》的目标。《2018 年排放差距报告》提出警告:全球做出的气候承诺还不足以确保我们的地球安然无恙。在防止气候问题加剧到危险的临界点的过程中,我们在需要做什么和实际做什么之间存在巨大差距。这一差距正逐步扩大,我们没有时间可以浪费。根据《2019 年排放差距报告》,从 2020 年到 2030 年,为实现《巴黎协定》的 2℃目标需要每年削减近 3% 的全球排放量;为实现 1.5℃目标,需要每年削减 7% 以上。2030 年的"排放差距"为 $(12\sim15) \times 10^9$ t 二氧化碳当量,这样才能将全球升温控制在 2℃ 以下。对于 1.5℃ 的目标,该差距为 $(29\sim32) \times 10^9$ t 二氧化碳当量,大致相当于 6 个最大排放体的总排放量。

2. 全球气候治理存在领导力赤字

气候变化是典型的全球性问题,全球性问题的解决需要国际合作,有效的国际合作需要强有力的领导力。国际气候谈判的历史表明,什么时候有领导力,什么时候谈判就比较顺利;什么时候缺乏领导力,什么时候谈判就难以取得进展。缺乏长期稳定的领导力是全球气候治理进展有限的关键因素之一。

3. 全球气候治理的体制机制和法律框架不完善

国际气候谈判迄今已进行了 30 多年,谈判的根本任务是建立和运行一个公平合理、合作共赢的全球气候治理制度,推动各方携手应对气候变化这一全球性的挑战。30 多年来,国际社会先后制定了《联合国气候变化框架公约》《京都议定书》《巴黎协定》等重要机制,为全球合作应对气候变化提供了基本的政治框架和法律制度。除联合国主导的公约机制外,越来越多的其他国际组织和非政府组织、城市和企业也积极参与全球气候治理,形成了公约内外联动的机制。总体而言,当前全球气候治理体制机制和法律框架还存在许多不足,主要表现在:

(1) 全球气候治理体系的公平性不足

一个基本的事实是,发达国家仍然掌握着全球气候治理体系中的议程设置权和关键决策权及话语权。在最能体现公平性的"共同但有区别的责任"原则的践行上,发达国家未能在资金和技术转让问题上兑现其对发展中国家的承诺,导致许多发展中国家在减排和适应两方面都缺乏足够的能力。

（2）全球气候治理体系的激励机制和约束机制比较弱

目前的国际气候公约重点聚焦在减排责任的分担上，对通过市场手段降低减排成本和将分担减排成本转化为分享低碳发展的机会方面重视不够，导致许多国家看不到减排的收益，缺乏减排动力。从全球气候治理的体制机制和法律框架角度出发，当前《巴黎协定》与《京都议定书》的区别主要是在约束机制方面。《巴黎协定》强调道德约束而非法律约束，各国国家自主贡献所确定的减排目标的实现，主要有赖于国际监督和评估机构的评价。换言之，《巴黎协定》所确定的这种约束机制属于内部约束，治理主体的行为多是主动的、自觉的、自愿的，没有要求各国要对各自的自主目标制定对应的国内立法以保证目标实现，从而没有保证自主贡献目标实现的各国国内的法律依据。对于国家自主贡献目标如何衡量、监督和落实，各方此前都没有相关经验，不得不摸着石头过河。

（3）全球气候治理体系的协调性不高

目前全球气候治理体系已形成多层多元的治理架构，但不同层次之间、不同利益相关方之间的联系与合作比较有限，相互之间关系的定位也比较模糊，呈现碎片化现象，同时也存在职能重叠、争夺资源导致效率低下的情况。另外，目前的国际气候公约重点集中在二氧化碳的减排上，对全球温室效应贡献率超过 20% 的非二氧化碳的温室气体，如甲烷、氧化亚氮和 CFC-11 的减排关注不够。

（4）全球气候治理体系的系统性不够

目前全球气候治理体系还缺乏许多关键领域的国际制度安排，比如，国家碳市场的建立与区域碳市场的连接、公共部门资金与私营部门资金的合作等。

因此，对于当前的全球气候治理而言，全球层面非强制性的、不具约束力的体制机制与各国国内的强制性的、具有约束力的法律框架之间仍处于脱节的状态。这种脱节一方面将导致国际协定难以通过国内立法机关的批准，从而导致难以正式生效；另一方面也将降低各国因不履行承诺而付出的代价，从而使全球气候治理的成效大打折扣。

4. 全球气候治理的外部环境严峻复杂

有效的全球气候治理离不开良好的外部环境，但环顾当今世界，形势严峻，不容乐观。进入 2020 年，一场突如其来的新型冠状病毒疫情在世界迅速蔓延，对世界政治、经济、贸易和地缘政治产生深远影响，被公认为第二次世界大战以来最严重的全球性危机。进入 2022 年，俄乌冲突爆发，世界地缘政治形势急剧恶化。当前世界传统安全和非传统安全威胁交织叠加，国际形势的不稳定性和不确定性显著上升，在一定程度上转移了国际社会对全球气候治理的关注程度，延误了国际社会在全球气候治理中的合作进程。

15.2　碳中和背景下全球气候治理的发展趋势与大国博弈

15.2.1　碳中和背景下全球气候治理发展的新趋势

碳中和背景下，全球气候治理的发展呈现出一些新趋势，值得高度关注。

1. 全球绿色低碳发展的趋势更加清晰，围绕绿色低碳技术和产业发展的全球竞赛更加激烈

碳中和目标催生新一轮世界绿色低碳发展浪潮。截至 2022 年 4 月，包括中国、美国、欧盟在内的 130 多个国家和地区提出了实现碳中和的长期减排目标，凸显绿色低碳发展已成世界发展的潮流。2021年联合国气候变化格拉斯哥大会通过《格拉斯哥气候协议》,顺利完成《巴黎协定》实施细则遗留问题的谈判,并通过了全球碳市场框架细则,做出了逐步减少煤炭使用的全球承诺。碳中和浪潮必然促使各国在绿色低碳技术和产业发展方面投入更多,竞争由此更加激烈。

2.《巴黎协定》获得新动能,国际社会对《巴黎协定》自下而上减排模式前景的信心明显上升

《巴黎协定》的自下而上减排模式因为缺乏法律约束力,一直受到部分国家和媒体的质疑。碳中和浪潮的出现在相当大的程度上减少了国际社会对《巴黎协定》的效率的质疑,增强了国际社会对《巴黎协定》前景的信心。

3. 发达国家与发展中国家围绕"共同但有区别的责任"原则的博弈加剧,气候正义问题更加凸显

碳中和目标的提出实际上锁定了全球温室气体排放的总量和最后期限,因此温室气体排放权变成更加稀缺的资源。由此可能加剧发达国家与发展中国家围绕"共同但有区别的责任"原则的争论。

4. 大国围绕碳中和的博弈和竞争将更加激烈

围绕实现碳中和目标,中国、美国、欧盟等纷纷从战略高度看待碳中和问题,竞相将应对气候变化置于外交和国家安全的重要议程之中。大国竞争已经展开并主要体现为国家气候及环境治理能力和现代化水平之争、国际气候秩序规则制定权和话语权之争以及国际道义制高点和全球领导力之争,这在一定程度上加速了全球气候治理总体目标的实现,有利于推动更多围绕全球气候治理的南北对话和南南合作。关于碳中和目标下的大国博弈,15.2.2小节将做进一步分析。

5. 次国家行为体和非国家行为体的作用日益上升

截至2021年2月,全球有454个城市参与由联合国气候领域专家提出的"零碳竞赛"。据不完全统计,全球有102个城市承诺将在2050年实现净零碳排放,经济最领先的城市,如巴黎、伦敦、纽约、东京、悉尼、墨尔本、维也纳、温哥华等,都提出了要实现净零碳排放的目标。各国企业也积极加入碳中和的行列。根据《联合国气候变化框架公约》网站的不完全统计,截至2021年3月,全球已经有超过300家跨国公司、商业机构、投资银行加入了碳中和行列,力争2030—2050年实现净零碳排放。

6. 气候变化问题的安全化趋势日益凸显

严格地说,最早将气候变化视为国家安全威胁的,既非大国,也非联合国等国际组织,而是散布于各大洋上的小岛屿国家。20世纪80年代,一些小岛屿国家就开始意识到气候变化对国家生存的影响。比如,在1987年第四十二届联合国大会上,马尔代夫总统加尧姆发言强调,对于马尔代夫而言,海平面平均上升2 m就可以将马尔代夫整个国家1192个岛屿完全淹没,因为绝大多数岛屿海拔高度都在2 m以下。那将是一个国家的灭亡。即使海平面只上升1 m,一场风暴也将是灾难性的,甚至是致命的。进入21世纪以来,国际社会对气候变化的国家和国际安全风险日益重视。IPCC第四次评估报告开始将气候变化的安全风险纳入评估范围。联合国安理会自2007年以来已多次围绕气候与安全问题举行公开辩论和讨论。美国、中国和欧盟均将气候变化与国家安全议题纳入官方气候变化评估。近年来,碳中和背景下气候变化与安全之间的关联性受到国际社会越来越多的关注。在2022年北约马德里峰会前,北约首次主办了关于气候变化和相关安全影响的高层对话,气候变化因素被纳入北约情报分析的核心部分。在北约马德里峰会公布的《北约 2022 战略概念》文件中,气候变化被列为"我们时代的决定性挑战"。2021 年联合国安理会 3 次围绕气候安全议题举行公开辩论和讨论(表 15-2)。

表 15-2　2007—2021 年联合国安理会有关气候安全的部分会议

时　间	会议类型	主　题	发起国
2007 年 4 月	公开辩论	能源、安全与气候	英国
2011 年 7 月	公开辩论	维持国际和平与安全:气候变化的影响	德国
2018 年 7 月	公开辩论	气候相关的安全风险	瑞典
2019 年 1 月	公开辩论	气候相关灾害对国际和平与安全的影响	多米尼加
2020 年 7 月	公开辩论	气候与安全	德国、比利时、多米尼加、爱沙尼亚、法国、尼日尔、圣文森特和格林纳丁斯、突尼斯、英国、越南
2021 年 2 月	公开辩论	维持国际和平与安全:气候与安全	英国
2021 年 9 月	公开辩论	维持国际和平与安全:气候与安全	爱尔兰
2021 年 12 月	第 8926 届联合国安理会会议	将气候相关安全风险纳入预防冲突战略	爱尔兰、尼日尔

数据来源:Climate Security Expert Network. Climate security at the UNSC—A short history. [2022-11-01]. https://climate-security-expert-network. org/unsc-engagement

上述事实表明,气候变化问题安全化现象日益凸显。总体而言,气候变化问题的安全化显示国际社会对气候变化问题的影响的认识日益深化和拓展,有助于提升国际社会应对气候变化的政治意愿和紧迫感,对国际气候合作是有利的。但与此同时,也要防止气候变化问题泛安全化现象,警惕某些国家或集团以维护气候安全为名,行干涉国家内政之实。

7. 气候变化成为当今世界各国利益的最大汇合点和合作的最佳切入点

由于和平赤字、发展赤字、安全赤字、治理赤字加重,国际合作受到严重侵蚀,国际社会能够形成全球性合作共识的领域十分有限。但由于气候变化问题的全球性、长期性和系统性特别突出,应对气候变化受到各国普遍重视,已成为当前世界各国利益的最大汇合点。

总之,碳中和目标下,全球气候治理的大变局正悄然发生,需要国际社会高度重视并积极应对。

15.2.2　碳中和目标下的大国博弈

当前的碳中和浪潮必然对一个国家的经济、政治、社会产生重大而深远的影响,因此受到大国的特别关注和重视。碳中和目标下的大国博弈正以新的形式展开,呈现出新的特征。简而言之,主要体现在以下 5 个方面的竞争。

1. 大国围绕绿色低碳治理体系和治理能力现代化的水平之争愈演愈烈

历史上大国竞争的胜负从根本上还是取决于国内治理体系和治理能力的强弱。绿色低碳发展是当今世界潮流,在很大程度上决定一个国家的经济和社会竞争力与活力。因此,虽然碳中和需要付出巨大的努力,世界各大国仍然致力于以碳中和为抓手,不断提升和完善绿色低碳治理体系和治理能力现代化的水平。欧盟 2019 年出台《欧洲绿色新政》,明确提出

2050 年实现气候中性,以此推动欧盟各国经济向绿色低碳经济全面转型,使欧盟各国的经济成为"现代化的、资源集约型的和具有竞争力的经济",并强调低碳转型的社会公平价值标准,在制度建设方面提出了加强气候立法和碳市场机制等一系列政策和制度举措。

中国自 2020 年提出"双碳"目标以来,在思想上强调"双碳"目标是党中央经过深思熟虑做出的重大战略决策,事关中华民族永续发展和构建人类命运共同体。在行动上,科学有序扎实推进"双碳"目标承诺:① 建立统筹协调机制。中央层面成立了碳达峰碳中和工作领导小组,国家发展和改革委员会履行领导小组办公室职责,强化组织领导和统筹协调,形成上下联动、各方协同的工作体系。② 构建"1+N"政策体系。中共中央、国务院出台《关于完整准确全面贯彻新发展理念做好碳达峰碳中和工作的意见》,国务院印发《2030 年前碳达峰行动方案》,各有关部门制定了分领域分行业实施方案和支持保障政策,各省、自治区、直辖市也都制定了本地区碳达峰实施方案,碳达峰碳中和"1+N"政策体系已经建立。③ 稳妥有序推进能源绿色低碳转型。立足以煤为主的基本国情,大力推进煤炭清洁高效利用,实施煤电机组"三改联动",在沙漠、戈壁、荒漠地区规划建设 4.5×10^8 kW 大型风电光伏基地。④ 大力推进产业结构优化升级。积极发展战略性新兴产业,着力推动重点行业节能降碳改造,坚决遏制"两高一低"项目盲目发展。与 2012 年相比,2021 年中国能耗强度下降了 26.4%,碳排放强度下降了 34.4%,水耗强度下降了 45%,主要资源产出率提高了 58%。⑤ 推进建筑、交通等领域低碳转型。积极发展绿色建筑,推进既有建筑绿色低碳改造,2021 年全国城镇新建绿色建筑面积超过 2×10^9 m³。加大力度推广节能低碳交通工具,新能源汽车产销量连续 7 年位居世界第一,保有量占全球的 1/2。⑥ 巩固提升生态系统碳汇能力。坚持山水林田湖草沙一体化保护和修复,科学推进大规模国土绿化行动。中国森林覆盖率和森林蓄积量连续保持"双增长",已成为全球森林资源增长最多的国家。⑦ 建立健全相关政策机制。优化完善能耗双控制度,建立统一规范的碳排放统计核算体系。推出碳减排支持工具和煤炭清洁高效利用专项再贷款,启动全国碳市场。完善绿色技术创新体系,强化"双碳"专业人才培养。在全社会深入推进绿色生活创建行动,倡导绿色生产生活方式,鼓励绿色消费。[3]

美国拜登政府将应对气候变化置于其内政外交的中心地位。美国在提出碳中和目标后,先后通过与应对气候变化密切相关的《两党基础设施法》《芯片与科学法案》《通胀削减法案》,不断加大对绿色低碳经济的支持力度。特别是《通胀削减法案》计划在能源安全和气候变化领域投资 3690 亿美元,主要包括清洁用电和减排安排、增加可再生能源和替代能源生产补贴、对个人使用清洁能源提供信贷激励和税收抵免、对新能源汽车发展提供支持等,旨在推动经济低碳化或脱碳化发展,提升能源使用效率,降低能源成本。《通胀削减法案》被美国总统拜登称为"(美国)有史以来在气候方面迈出的最大一步"。

2. 大国在可再生能源领域的竞争日趋激烈

碳中和背景下各国对实现绿色低碳能源转型,发展可再生能源的重视程度进一步提升。据统计,2020 年全球可再生能源投资达到 3427 亿美元,2021 年再创新高,达到 3659 亿美元。风电和光伏发电占全球发电量的比例首次超过 10%。2021 年中国可再生能源装机规模突破 11×10^8 kW,成为世界上首个可再生能源装机规模突破 10×10^8 kW 的国家,稳居世界第一,美国、巴西、印度分列第二、第三、第四(含水电)。[4] 中国大力发展可再生能源,技术迅猛发展,光伏发电和风电技术位居世界前列。美国 2022 年《通胀削减法案》的一个重要目的就是采取各种措施扶持新能源的发展,甚至不惜打压竞争对手。《通胀削减法案》对可享受税收抵免的新能源车车型做出规定,以整车北美当地组装等条件作为提供补贴的前提,对其他同类产品构成歧视，涉嫌违反世界贸易组织最惠国待遇和国民待遇原则。

近年来，一个重要现象是美国与欧盟及日本、韩国、加拿大、澳大利亚等发达国家和地区结成"气候联盟"，固化国际分工体系，为垄断可再生能源技术建立各种国际绿色标准体系，指令国际金融机构中止对传统能源项目贷款融资，通过新一轮经济全球化收割新能源市场，输出"美国制造"及核心技术，约束发展中国家特别是中国工业化进程，与中国在能源科技领域展开激烈的竞争与博弈。2020年，欧盟可再生能源发电量已占35%以上，德国可再生能源净发电量占比首次超过化石能源，已超50%。[5]2022年的俄乌冲突进一步强化了欧盟向新能源转型的决心。

值得一提的是，碳中和背景下大国在太阳能无人机领域的竞争也加快了步伐。由美国陆军与空中客车集团合作的太阳能高空无人机"和风"于2022年6月15日从美国陆军尤马试验场起飞，连续飞行了64天。2022年9月3日，由中国航空工业一飞院研制的"启明星50"大型太阳能无人机在陕西榆林顺利完成首飞任务。"启明星50"大型太阳能无人机是中国航空工业研制的首款超大展弦比高空低速无人机、首次采用双机身布局的大型无人机，是第一款以太阳能为唯一动力能源的全电大型无人机平台。该无人机是一款能够在高空连续飞行的飞行器，其利用高效、清洁、绿色、环保的太阳能，可长时间留空飞行，执行高空侦察、森林火情监测、大气环境监测、地理测绘、通信中继等任务。此次首飞成功，为我国航空工业大型太阳能无人机发展奠定了坚实基础，将进一步推动我国在新能源、复合材料、飞行控制等领域关键技术的发展，提升我国向临近空间执行任务的能力。越来越多的迹象表明，可再生能源技术及其产业链和供应链已成为大国博弈的"新赛道"。

3. 大国间围绕国际气候秩序规则标准制定权和话语权的竞争更加激烈

碳中和意味着未来世界的温室气体排放空间越来越小，因此大国间围绕如何分配未来碳排放空间的博弈和竞争将非常激烈，由此必然引发对现存的全球气候治理的秩序和规则制定权的激烈博弈。西方大国和集团已为此开始加快行动步伐。欧盟在《欧洲绿色新政》中将碳边境调节机制作为其主要的贸易政策工具之一，并在2023年开始实施，其实质是以防止碳泄漏为名，行淡化和弱化国际气候合作的基本原则——"共同但有区别的责任"原则之实。欧盟国家积极寻求与美国建立同盟体系，欧盟委员会在《欧盟-美国全球变化新议程》(2020年12月)中就明确提出建立一个全面的"新跨大西洋绿色议程"，美欧贸易和技术委员会(TTC)还特别设立了气候和清洁技术工作组。2022年6月，七国集团峰会发布《G7气候俱乐部声明》，决定于2022年年底建立国际气候俱乐部，旨在重塑全球气候治理体系。美国则是通过"印太战略"的实施强化其建立"印太战略"气候联盟的构想，包括建立美日清洁能源伙伴关系(JUCEP)、扩大美国-东盟战略伙伴关系、构建美日印澳"四方安全对话"(QUAD)气候合作平台等，以此在全球气候治理领域与中国等新兴和发展中经济体进行竞争与博弈。2022年9月21日，美国参议院批准了旨在减少导致气候变化的制冷剂化学物质的生产和使用的《〈蒙特利尔议定书〉基加利修正案》，但同时要求美国国务院向联合国提议，终止中国作为发展中国家的地位。新形势下中国也明确提出要以更加积极姿态参与全球气候谈判议程和国际规则制定。[6]

4. 大国间围绕应对气候变化国际道义高地的竞争更加激烈

应对气候变化事关全球生态安全和人类绿色未来，成为不可忽视的国际道义高地。在全球气候治理中展现负责任的大国形象是一个大国国际软实力的重要组成部分。在碳中和目标下，高举应对气候变化的大旗，向世界展现对"零碳(无碳)世界"的愿景和贡献是大国普遍追求的目标。2021年1月25日,习近平主席在北京以视频方式出席世界经济论坛"达沃斯议程"对话会,并发表题为《让多边主义的火炬照亮人类前行之路》的特别致辞。他强调:"地球是人类赖以生存的唯一家园,加大应对气候变化力度,推动可持续发展,关系人类前途和未来。人类面临的所有全球性问题,任何一国想单打独斗都无法解决,必须开展全球行动、全球应对、全球合作。"他还强调:"我已经宣布,中国力争于2030年前二氧化碳排放达到峰值、2060年前实现碳中和。实现这个目标,中国需要付出极其艰巨的努力。我们认为,只要是对全人类有益的事情,中国就应该义不容辞地做,并且做好。中国正在制定行动方案并已开始采取具体措施,确保实现既定目标。中国这么做,是在用实际行动践行多边主义,为保护我们的共同家园、实现人类可持续发展作出贡献。"欧盟在《欧洲绿色新政》中提出一个令人印象深刻的口号:让欧洲成为世界上第一个实现气候中性的大陆。2021年4月22—23日美国总统拜登发起的气候领导人峰会召开,邀请40位国家和国际组织领导人参加,其目的之一就是要占领应对气候变化的国际道义制高点。

5. 大国对全球气候治理领导地位的争夺更加激烈

在碳中和背景下,全球气候治理在全球治理和国际秩序中的重要性显著上升,引发大国对全球气候治理领导地位和领导权的激烈博弈。欧盟在《欧洲绿色新政》中明确提出,欧盟要做气候变化领域的全球领导者。美国总统拜登也声称,美国要重回全球气候治理的世界领导地位。中国则表示积极参与和引领全球气候治理。[6]

综上,碳中和目标下的大国竞争本质上是综合国力的竞争。需要强调的是,碳中和背景下大国博弈和竞争加剧对全球气候治理既有利也有弊:一方面,这种博弈和竞争在一定程度上加速了全球气候治理总体目标的实现,有利于推动更多围绕全球气候治理的南北对话和南南合作;另一方面,也可能导致过分竞争和恶性竞争,妨碍国际气候合作,损害全球气候治理的多边进程。

15.3 碳中和背景下中国在全球气候治理中的角色和对策

15.3.1 中国在全球气候治理进程中的角色变迁

从中国参与全球气候治理的历史进程看,如果以中国在国际气候谈判中的立场和政策为主要依据,中国在全球气候治理进程中的角色变迁大致可划分为3个阶段。[7]

1. 中国参与全球气候治理第一阶段(1990—2006年):积极参与者

1990年是国际气候变化谈判元年。中国的积极参与者角色在这一阶段主要表现为以下3个方面。

(1)积极认真参加联合国气候变化谈判

20世纪80年代末,当国际气候变化公约谈判的筹备工作在全球紧锣密鼓展开之时,中国国内也开始认真着手谈判准备工作。1990年2月,中国成立国家气候变化协调小组,小组下设科学评价、影响评价、对策和国际公约4个工作组。国际气候公约的谈判由外交部条约法律司牵头。本着"积极认真,坚持原则,实事求是和科学态度"的方针[8],1990年国家气候变化协调小组通过了中国关于气候变化公约谈判的基本立场,为中国参与公约谈判奠定了良好基础。中国代表团在公约谈判中依托"77国集团+中国",为维护发展中国家的利益积极发声。[8]

除在谈判磋商中积极发声,为表明中国参加公约谈判的积极姿态,中国在谈判进程中提出了一份完整的公约草案提案——《关于气候变化的国际公约条款草案》①。在公约谈判过程中,发展中国家只有中国和印度提出了完整的公约草案提案。后来,中国和印度的草案文件作为"77 国集团+中国"公约草案提案的蓝本成为重要的基础谈判文件。[9]《联合国气候变化框架公约》于 1992 年 6 月达成之后,中国于 1992 年 11 月经全国人大批准该公约,并于 1993 年 1 月将批准书交存联合国秘书长处。由此,中国成为最早缔结《联合国气候变化框架公约》的国家之一。

(2) 积极维护中国和其他发展中国家的发展权益

温室气体减排责任分担始终是联合国气候变化谈判的核心问题,也是谈判博弈的焦点。维护中国和其他发展中国家的基本发展权益,争取尽可能多的排放权和发展空间,不承担量化减排义务,是这一时期中国参与气候谈判的核心诉求之一。值得一提的是,在中国代表团提交的《关于气候变化的国际公约条款草案》第二条一般原则中,提出"各国在对付气候变化问题上具有共同但又有区别的责任"。这与后来《联合国气候变化框架公约》中的"共同但有区别的责任"原则几乎相同。

《联合国气候变化框架公约》于 1994 年生效之后,国际气候变化谈判很快进入《京都议定书》的谈判周期。《京都议定书》的主要任务就是通过谈判制定一份法律文件,确定发达国家减排温室气体的量化义务。但是在谈判中,发达国家一直试图增加发展中国家的减排义务,双方为此展开激烈交锋。在中国和其他发展中国家的共同努力下,谈判的最后结果体现了"共同但有区别的责任"原则,《京都议定书》得以达成。当然,1990—2006 年,中国在国际气候变化谈判中的立场并非毫无变化,而是稳中有变。不变之处在于中国坚持不承担量化减排温室气体的义务,变化之处在于中国秉持更灵活、更合作的态度参与国际气候变化谈判。具体体现为:① 对待 3 个灵活机制时,尤其是清洁发展机制,中国的态度由怀疑转变为支持;② 在资金和技术方面,从一味强调发达国家必须向发展中国家提供资金和技术援助,转向支持建立双赢的技术推广机制和互利技术合作;③ 从只强调《联合国气候变化框架公约》及《京都议定书》的重要性,转向对其他形式的国际气候合作机制也持开放态度。[10]

不可否认,在这一时期,由于谈判能力和经验不足,中国尽管态度非常积极,但在谈判地位上还比较被动,"参加国际谈判、开会,手中没有自己的科研资料,很被动";对国际环境问题及相关文件资料的研究"还不够深入、透彻,与会准备不充分,有些对案和会议主题不衔接,发言次数少且针对性不强"。[8]

(3) 中国积极展开国内的节能减排行动

1992 年,联合国环境与发展大会召开以后,中国政府率先组织制定了《中国 21 世纪议程:中国 21 世纪人口、环境与发展白皮书》,从国情出发采取了一系列政策措施,为减缓全球气候变化做出了积极的贡献,具体表现在:

① 积极调整经济结构,努力推进技术进步,提高能源利用效率。按环比法计算,1991—2005 年,通过调整经济结构和提高能源利用效率,中国累计节约和少用能源约 8×10^8 t 标准煤。

② 积极发展低碳能源和可再生能源,大力改善能源结构。煤炭在中国一次能源消费结构中所占的比重由 1990 年的 76.2% 下降到 2005 年的 68.9%,而石油、天然气、水电所占的

———————————
① 草案全文参见文献[8]。

比重分别由 1990 年的 16.6%、2.1% 和 5.1%，上升到 2005 年的 21.0%、2.9% 和 7.2%。2005 年，中国可再生能源（包括大水电）利用量已经达到 1.66×10^8 t 标准煤，占能源消费总量的 7.5% 左右，相当于减排 3.8×10^8 t 二氧化碳。

③ 持续开展植树造林，加强生态建设和保护。全国森林覆盖率稳步增长，从 20 世纪 90 年代初期的 13.92% 增加到 2005 年的 18.21%。据专家估算，1980—2005 年，中国造林活动累计净吸收约 30.6×10^8 t 二氧化碳，森林管理累计净吸收 16.2×10^8 t 二氧化碳，减少毁林排放 4.3×10^8 t 二氧化碳。[11]

需要指出，从国内气候政策的制定和实施来看，在这个阶段，中国已经出台了一系列重大的政策性文件，旨在调整经济结构，提高能源利用效率，优化能源结构。中国在环境、交通等领域也采取了相应的政策和措施。虽然这些政策的首要目标并非应对气候变化，但是其试图整合应对气候变化的目标，是与气候相关的政策措施。从实施角度看，虽然取得一定成效，但总体上来看，政策的有效性和效率还不够高。

2. 中国参与全球气候治理第二阶段（2007—2014 年）：积极贡献者

在中国履行《联合国气候变化框架公约》要求，积极参与国际气候变化谈判的进程中，2007 年是具有重要意义的年份，标志着中国的角色从积极参与者向积极贡献者转变。就全球层面而言，2007 年发生了一系列重大的气候事件，堪称"国际气候年"。IPCC 发布第四次评估报告，备受关注的联合国气候变化巴厘岛大会举行，联合国安理会就能源、安全与气候变化之间的关系展开辩论，气候变化对全球安全与发展的意义开始凸显并受到越来越多人的重视。与此同时，IPCC 和一向热衷环保事业的美国前副总统戈尔共同被授予 2007 年度的诺贝尔和平奖，应对气候变化被视为关乎人类安全与和平的关键领域。2007 年，中国在气候变化领域采取了一系列重要的政策举措，具有开创性意义。2007—2014 年，中国在参与国际气候变化谈判的进程中扮演积极贡献者的角色。

（1）开始将应对气候变化的政策主流化和系统化

2007 年 6 月，国务院发布《中国应对气候变化国家方案》，首次明确了将应对气候变化纳入国民经济和社会发展的总体规划之中，明确了到 2010 年国家应对气候变化的具体目标、基本原则、重点领域及政策措施，要求到 2010 年实现单位国内生产总值能源消耗比 2005 年降低 20% 左右，相应减缓二氧化碳排放。该国家方案是我国首部全面的应对气候变化的政策性文件，也是发展中国家颁布的第一部应对气候变化国家方案，意义十分重大。① 在 2007 年 10 月召开的中国共产党第十七次全国代表大会上，胡锦涛总书记在报告中提出："加强应对气候变化能力建设，为保护全球气候作出新贡献。"应对气候变化首次写入中国共产党的纲领性文件。2008 年、2011 年和 2021 年，中国都发布了《中国应对气候变化的政策与行动》白皮书，全面阐述积极应对气候变化的立场，介绍应对气候变化的新进展。2013 年，中国发布《国家适应气候变化战略》，将适应气候变化的要求纳入国家经济社会发展的全过程。另外，值得一提的是，2007 年中国政府编制的第一部国家气候变化评估报告正式出版，为中国制定和实施应对气候变化的国家战略和参与应对气候变化的国际合作提供了有力的科技支撑。

（2）中国的谈判立场发生微妙变化

2007 年的《中国应对气候变化国家方案》强调，中国将本着积极参与、广泛合作的原则

---

① 来源于 2020 年 11 月 15 日张海滨在北京对高风先生的采访。

参与国际气候谈判，"进一步加强气候变化领域的国际合作，积极推进在清洁发展机制、技术转让等方面的合作，与国际社会一道共同应对气候变化带来的挑战"。[11]2007 年以前，以中国为代表的发展中国家认为，发达国家累积排放了过多的温室气体，所以应承担应对气候变化的首要责任，并向发展中国家提供资金支持和技术转让，反对将发展中国家的自愿承诺问题提上议程，拒绝任何形式的减排承诺。2007 年后，中国虽然重申发展中国家现阶段不应当承担减排义务，但是提出可以根据自身国情采取力所能及的积极措施，尽力控制温室气体排放增长。2009 年，中国宣布自愿减排指标，到 2020 年单位国内生产总值二氧化碳排放比 2005 年下降 40%～45%。这是中国首次在国际气候变化谈判中提出量化的、清晰的减排承诺。

（3）建立健全应对气候变化的职能机构和工作机制

为加强参与国际气候变化谈判的力度，中国不断强化制度和机构建设。2007 年，为了更好地推进应对气候变化和节能减排工作，中国专门成立了议事协调机构——国家应对气候变化及节能减排工作领导小组。2007 年 9 月，外交部成立应对气候变化对外工作领导小组，设立气候变化谈判特别代表。2008 年，在国家机构改革中，国家发展和改革委员会特别设立了应对气候变化司。

（4）积极推进联合国气候变化谈判进程

在这一阶段，中国借助日益增加的国际影响力不断推动气候谈判进程，做出更多的贡献。2007 年 12 月，在联合国气候变化巴厘岛大会上，中国代表团为达成"巴厘路线图"做出了重要努力和贡献。一方面，中国代表团强调，明确谈判目的至关重要，指出启动《联合国气候变化框架公约》谈判进程的目的是加强《联合国气候变化框架公约》的落实，坚持"共同但有区别的责任"原则；另一方面，中国代表团强调"减缓""适应""技术""资金"四个轮子应该独立并行，特别强调了"技术""资金"两大议题在帮助发展中国家应对气候变化方面的极端重要性。以上这些内容均已反映在《巴厘行动计划》中。[12]筹备 2009 年联合国气候变化哥本哈根大会期间，中国起草了关于大会成果的中国案文，温家宝总理亲自对"基础四国"的代表做工作，在中国案文的基础上形成"基础四国"成果文件草案。"基础四国"案文受到广大发展中国家的普遍欢迎和认可，非洲集团以此为基础提出了非洲案文，两个工作组形成的主席案文在相当程度上借鉴了"基础四国"案文的架构并吸收了其中很多内容。"基础四国"案文的提出，使中国争取到了更大的主动权，从而得以引导联合国气候变化哥本哈根大会的谈判进程，促成大会成果。在谈判面临失败的最后关头，中国积极利用"基础四国"协调机制，付出巨大努力，促成《哥本哈根协议》，为哥本哈根谈判取得成果发挥了关键性的作用。[13]

2012 年的联合国气候变化多哈大会是国际气候变化谈判进程中承前启后的一次重要会议。由于各方立场和利益存在很大分歧，特别是围绕《京都议定书》第二承诺期问题的谈判一度陷入僵局。在会议面临失败的危急时刻，中国代表团密集开展外交斡旋，积极引导谈判走向，并应会议主席请求积极对相关国家做工作。在会议最后时刻，中国代表团因势利导，推动会议主席和秘书处下决心果断采用一揽子方式通过会议成果，为联合国气候变化多哈大会取得积极成果做出了重要贡献。①

在这一时期，为中国和发展中国家争取一定的排放空间一直是中国参加国际气候谈判的一个重点目标。正如时任国家发展和改革委员会副主任解振华所言：一方面，应对气候

---

① 来源于 2020 年 11 月 9 日张海滨在北京对解振华先生的采访。

变化是我国实现可持续发展的内在需求;另一方面,也要考虑我国实现经济社会发展目标所必需的排放空间和对人类共有的大气资源的公平使用权。[14]中国为维护发展中国家的团结、巩固中国战略依托而积极运作,在 2009 年联合国气候变化哥本哈根大会召开之前,中国积极联络印度、巴西、南非,倡导建立"基础四国"磋商机制,定期协调立场,在 2012 年形成了30 多个亚非拉国家参加的"立场相近发展中国家"协调机制,并加强同小岛屿国家、最不发达国家、非洲集团的对话、沟通和理解。

3. 中国参与全球气候治理谈判第三阶段(2015 年至今):积极引领者

2015 年 12 月 12 日,联合国气候变化巴黎大会达成《巴黎协定》。《巴黎协定》是全球气候治理进程的重要里程碑,标志着 2020 年后的全球气候治理进入一个前所未有的新阶段。联合国气候变化巴黎大会的成功举办标志着中国的角色转变——在全球气候治理中,中国从积极贡献者转向积极引领者。何为引领者?引领者与参与者和贡献者有重大区别,参与者和贡献者主要采取跟随战略,引领者则需要同时满足以下 5 个条件:① 积极提供推进国际气候谈判和全球气候治理的理念和方案,有能力设定议程,塑造议题;② 在具体谈判过程中,能在谈判的关键时刻发挥关键作用,及时消除谈判的关键障碍;③ 国内应对气候变化的行动力度大,绿色低碳发展成绩显著,对他国具有较大的示范作用;④ 在全球气候合作中,能为发展中国家提供足够规模的气候援助;⑤ 在国际社会接受度和认可度方面,引领者的作用得到国际社会大多数成员的肯定。

根据上述 5 个条件综合考察中国在国际气候变化谈判中的表现,不难发现,联合国气候变化巴黎大会至今,在国际气候变化谈判和全球气候治理的进程中,中国作为积极引领者的形象越来越鲜明。

(1)积极贡献全球气候治理的中国理念

在国际气候谈判中,中国的观点日益受到各缔约方的欢迎和重视。中国积极提出,应对气候变化要坚持人类命运共同体和生态文明的理念,倡导构建人与自然生命共同体,坚持"共同但有区别的责任"原则,坚持气候公平正义,维护发展中国家的基本权益。2015 年 11月,习近平主席在联合国气候变化巴黎大会开幕式上发表讲话,他表示:"作为全球治理的一个重要领域,应对气候变化的全球努力是一面镜子,给我们思考和探索未来全球治理模式、推动建设人类命运共同体带来宝贵启示。"2017 年 1 月 18 日,习近平主席在瑞士日内瓦万国宫出席"共商共筑人类命运共同体"高级别会议,并发表题为《共同构建人类命运共同体》的主旨演讲。他强调:"构建人类命运共同体,关键在行动。我认为,国际社会要从伙伴关系、安全格局、经济发展、文明交流、生态建设等方面作出努力。"2020 年 9 月 30 日,习近平主席在联合国生物多样性峰会上的讲话中强调:"中国将秉持人类命运共同体理念,继续作出艰苦卓绝努力,提高国家自主贡献力度,采取更加有力的政策和措施,二氧化碳排放力争于 2030 年前达到峰值,努力争取 2060 年前实现碳中和,为实现应对气候变化《巴黎协定》确定的目标作出更大努力和贡献。"

(2)在谈判的关键议题上发挥关键作用

解振华先生曾长期担任国际气候谈判中国政府代表团团长,现任中国气候变化事务特使。关于中国在《巴黎协定》谈判过程中发挥的重要作用,他撰文对这一问题进行了系统权威的描述。根据他的介绍和分析,中国的关键作用主要体现在以下 3 方面。

第一,在联合国气候变化巴黎大会召开前,中国通过积极开展元首气候外交,为谈判扫除主要障碍,为《巴黎协定》的达成铺平道路。2014 年,随着联合国气候变化巴黎大会的日益临近,中国主动发力,积极开展元首气候外交。经过多轮谈判,中国与美国、法国等主要国家顺利发表气候变化联合声明,就"共同但有区别的责任"原则、透明度和盘点等谈判中的关键问题达成重要共识。这些联合声明向国际社会释放了非常积极的信号,相关表述最终成为《巴黎协定》谈判中各方达成共识的重要参考。需要强调的是,是否坚持"共同但有区别的责任"原则及如何体现区分,贯穿了《巴黎协定》及其实施细则谈判的始终。经过中美双方反复和艰苦的磋商,习近平主席与时任美国总统奥巴马于 2014 年 11 月发表了《中美气候变化联合声明》。双方宣布,2015 年达成的协议要体现"共同但有区别的责任"原则和各自能力原则,考虑不同国情,还公布了中美各自 2020 年后的行动目标。由此,开启了各方自下而上自主决定行动目标的模式,带动了 180 多个缔约方在联合国气候变化巴黎大会召开前提交国家自主贡献,这些缔约方的二氧化碳排放量占全球排放总量的 90% 以上。这是中美两个全球最大经济体和排放国第一次发表元首层面的气候变化联合声明,使已陷入僵局的联合国气候变化利马大会重获希望,为联合国气候变化巴黎大会的成功举办奠定了基础。2015年 11 月,在联合国气候变化巴黎大会召开前夕,习近平主席与时任法国总统奥朗德发表《中法元首气候变化联合声明》。《中法元首气候变化联合声明》借鉴了中美声明的相关表述,就建立每五年开展一次全球盘点以促进各方持续提高应对气候变化力度的机制达成一致意见,确保了《巴黎协定》实施的可持续性。《中美气候变化联合声明》《中法元首气候变化联合声明》基本上框定了《巴黎协定》的核心内容。《中美气候变化联合声明》和《中法元首气候变化联合声明》得到时任联合国秘书长潘基文的赞扬,他认为,这两项声明为联合国气候变化巴黎大会的成功做出了基础性贡献。

第二,在联合国气候变化巴黎大会举行期间,中国将元首外交与具体谈判有机结合,气候变化谈判代表团坚持原则性和灵活性的统一,因势利导,积极引领谈判方向,在关键时刻发挥关键作用。2015 年 11 月 30 日,习近平主席出席联合国气候变化巴黎大会开幕式并发表主旨讲话,这是 1990 年国际气候变化谈判进程启动以来中国国家元首第一次出席《联合国气候变化框架公约》缔约方大会。习近平主席在讲话中提出了"实现公约目标,引领绿色发展""凝聚全球力量,鼓励广泛参与""加大投入,强化行动保障""照顾各国国情,讲求务实有效"的重要观点,展现了气候治理的中国方案,号召各方创造一个"各尽所能、合作共赢""奉行法治、公平正义""包容互鉴、共同发展"的未来。出席大会期间,习近平主席还同美国、法国、俄罗斯、巴西等国领导人及联合国秘书长深入会谈,促成各方相向而行达成共识。在会议后期,习近平主席还与时任美国总统奥巴马、法国总统奥朗德通电话,为确保如期达成协定提供强大政治推动力。

在联合国气候变化巴黎大会的最后阶段,形势错综复杂,谈判进程一度十分紧张,各方在减排相关条款的表述上出现了较大分歧。中方及时研判形势发展,从维护发展中国家根本利益和避免重开谈判等角度出发,反复做个别国家的工作,帮助大会主席下定决心复会,从政治上锁定了对发展中国家总体有利的谈判成果。另外一个重要的谈判细节是,大会工作团队将协定案文中"发达国家应当(should)承担绝对减排目标"误写为"发达国家必须(shall)承担绝对减排目标",这意味着发达国家的减排目标将具有强制性法律约束力,这一点遭到美国的强烈反对。在谈判陷入僵局的情况下,中方建议《联合国气候变化框架公约》秘书处公开承认编辑错误,对案文进行技术性修改。但是个别发展中国家不仅不同意修改,还提出其他修改意见。尽管他们所提建议有合理之处,但是将导致重开谈判的风险。时任联合国秘书长潘基文、美国国务卿克里、大会主席法国外长法比尤斯、《联合国气候变化框架公约》秘书处执行秘书菲格雷斯一起紧急联系中国代表团,恳请中方出面做个别国家的工作。经过中方反复三次做工作,各方终于达成一致。《巴黎协定》最后得以顺利通过。

第三,在联合国气候变化巴黎大会结束后,中国继续开展元首气候外交,推动《巴黎协定》达成后的签约、生效和履约等工作。《巴黎协定》达成后,中美继续合作,持续推进协定的批准和履约进程。习近平主席与时任美国总统奥巴马在 2016 年 3 月的《中美元首气候变化联合声明》中共同宣布中美双方将于 2016 年 4 月 22 日在《巴黎协定》开放签署首日签署协定。此后,经中方建议,在 2016 年 9 月的二十国集团领导人杭州峰会期间,中美两国元首共同向时任联合国秘书长潘基文交存了《巴黎协定》批准文书。中美两国的联合行动在全球达成积极示范效应,带动了一大批国家签署和批准《巴黎协定》,使《巴黎协定》在不到一年的时间里达成、签署并生效。为此,潘基文多次称赞中美合作为多边进程做出了基础性、历史性的突出贡献。[15]

2017 年以来,全球气候治理进程因美国宣布退出《巴黎协定》而面临严峻挑战,国际社会的目光聚焦中国。习近平主席多次在重要外交场合表明:"《巴黎协定》符合全球发展大方向,成果来之不易,应该共同坚守,不能轻言放弃。这是我们对子孙后代必须担负的责任!""《巴黎协定》的达成是全球气候治理史上的里程碑。我们不能让这一成果付诸东流。各方要共同推动协定实施。中国将继续采取行动应对气候变化,百分之百承担自己的义务。"中国坚持《巴黎协定》、百分之百承担国际义务的积极立场和行动,为国际社会增强了信心。与此同时,中国与欧盟、加拿大联合发起气候行动部长级会议机制,连续三年召开经济大国和各谈判集团主席国部长级会议,从政治和政策层面化解谈判中的主要分歧,推动多边进程。国际气候变化谈判进程并未因美国宣布退出《巴黎协定》而停滞,2021 年年底,在中国的斡旋下《巴黎协定》实施细则如期达成。

(3)进一步加大应对气候变化的行动力度

近年来,中国不断强化应对气候变化的行动,力度之大前所未有,基本扭转二氧化碳排放快速增长的趋势。到 2019 年年底,碳强度比 2015 年下降 18.2%,已提前完成"十三五"约束性目标任务;碳强度较 2005 年降低约 48.1%,非化石能源占能源消费的比重达 15.3%,我国向国际社会承诺的 2020 年目标均提前完成。经测算,相当于减少二氧化碳排放约 5.62×10^9 t,减少二氧化硫排放约 11.92×10^6 t,减少氮氧化物排放约 11.30×10^6 t,应对气候变化和污染防治的协同作用初步显现,在国际上起到良好的示范引领作用。[16]

2020 年 9 月,习近平主席在第七十五届联合国大会一般性辩论上的讲话宣示了"二氧化碳排放力争于 2030 年前达到峰值,努力争取 2060 年前实现碳中和"的目标。这意味着中国作为世界上最大的发展中国家,将完成全球最高碳排放强度降幅,用全球历史上最短的时间实现从碳达峰到碳中和的过程,充分体现了中国应对气候变化的力度和决心。习近平主席强有力的宣示为落实《巴黎协定》、推进全球气候治理进程和新型冠状病毒疫情后绿色复苏注入了强大政治推动力,不仅带动日本、韩国宣布碳中和目标,而且推动欧盟进一步提高减排力度,得到国际社会广泛赞誉。

(4)积极推动气候变化南南合作,加大对外气候援助

在气候变化领域,中国对发展中国家的援助可追溯至 2007 年。近年来,中国推进气候变化南南合作的力度不断加大。通过"一带一路"倡议及南南合作等机制,中国帮助广大发展中国家建设了一批清洁能源项目。中国支持肯尼亚建设的加里萨光伏发电站年均发电量超过 76×10^6 kW·h,每年可减少 6.4×10^4 t 二氧化碳排放。中国援助斐济建设的索摩索

摩小型水电站项目为当地提供了清洁稳定、价格低廉的能源,每年可节省约 600 万元人民币的柴油进口费用,这个小型水电站项目助力斐济实现"2025 年前可再生能源占比 90％"的目标。2013—2018 年,中国在发展中国家建设应对气候变化成套项目 13 个,其中风能、太阳能项目 10 个,沼气项目 1 个,小型水电站项目 2 个。[17]

中国积极帮助发展中国家特别是小岛屿国家、非洲国家和最不发达国家提升应对气候变化能力,减少气候变化带来的不利影响。2015 年,中国宣布设立中国气候变化南南合作基金,在发展中国家开展"十百千"项目(10 个低碳示范区、100 个减缓和适应气候变化项目及 1000 个应对气候变化培训名额)。迄今,中国已与 34 个国家开展了合作项目。中国帮助老挝、埃塞俄比亚等发展中国家关注环境保护、清洁能源等领域,制定相关发展规划,加快绿色低碳转型。中国向缅甸等国赠送太阳能户用发电系统和清洁炉灶,既降低了碳排放,又有效保护了森林资源。中国赠送埃塞俄比亚的微小卫星已经成功发射,可以帮助该国提升气候灾害预警监测和应对气候变化能力。2013—2018 年,中国举办了 200 余期以气候变化和生态环保为主题的研修项目,在学历学位项目中设置环境管理与可持续发展等专业,已经为有关国家培训了 5000 余名人员。[17]

(5) 中国的引领作用得到国际社会的普遍认可

联合国气候变化巴黎大会结束后,时任美国总统奥巴马和法国总统奥朗德分别与习近平主席通电话,对中方为推动联合国气候变化巴黎大会取得成功所发挥的重要作用表示感谢,他们强调如果没有中方的支持和参与,《巴黎协定》是不可能达成的。时任联合国秘书长潘基文也发表谈话,对中国所发挥的独特作用给予高度评价。

2017 年 1 月,习近平主席在瑞士日内瓦万国宫会见了第七十一届联合国大会主席汤姆森和联合国秘书长古特雷斯。古特雷斯强调,长期以来,中国在应对气候变化、减贫、可持续发展、预防外交、维和等领域发挥了积极领导作用。在迄今为止的八次会见中,古特雷斯五次高度评价中国在应对气候变化国际合作中发挥的领导作用和表率作用。[18]

《巴黎协定》达成以来,中国在全球气候治理中扮演积极引领者的角色,作用越来越突显。30 年来,中国持续参与国际气候变化谈判进程,完成了华丽转身,化应对气候变化的挑战为绿色低碳转型发展的机遇;从参加国际谈判以争取发展空间为主要目标,到以统筹国内、国际大局,内促高质量发展、外树负责任大国形象、构建人类命运共同体为目的。

15.3.2　碳中和背景下中国在全球气候治理中的新角色

碳中和背景下,中国将在全球气候治理中发挥什么作用,扮演什么角色? 这一问题受到国际社会的广泛关注。中国共产党和中国政府对此做出了明确回答。2022 年 1 月 24 日,中共中央政治局就努力实现碳达峰碳中和目标进行第三十六次集体学习。中共中央总书记习近平在主持学习时强调:积极参与和引领全球气候治理。要秉持人类命运共同体理念,以更加积极姿态参与全球气候谈判议程和国际规则制定,推动构建公平合理、合作共赢的全球气候治理体系。这是中国领导人第一次明确提出要引领全球气候治理。全球气候治理的积极引领者——这就是碳中和背景下中国对其自身在全球气候治理中的新角色的明确定位。引领的方向是更积极参与全球气候谈判议程和国际规则制定,引领目标是推动构建公平合理、合作共赢的全球气候治理体系。这一定位是中国统筹国内、国际大局的结果,与气候变化对全球生态安全的威胁日益严峻、世界经济格局发生深刻调整、全球温室气体排放格局发生重大变化、绿色低碳发展已成全球大趋势、中国由高速增长阶段进入高质量发展阶段等诸多因素有关,事关中华民族永续发展和全球绿色未来。

15.3.3 碳中和背景下中国引领全球气候治理的路径选择

当前中国在全球气候治理中的引领作用仍旧存在发挥不充分、不全面的问题,如理念塑造力不够强,议程设定能力和协调能力不够强,在全球气候治理体制改革中的规则制定权和话语权不够大,以及在全球气候治理领域构建中国话语和中国叙事体系的能力比较弱,等等。为此,未来应当系统研究中国引领全球气候治理的战略和路径。总体而论,中国应进一步统筹好气候治理、气候外交、气候安全和气候传播这四大领域的工作,四位一体,协同推进,有力引领全球气候治理。具体而言[19]:

(1)强化思想塑造力,积极贡献全球气候治理的新思想、新理念,实现思想引领

在国际关系中发挥引领作用,最重要的引领是观念引领、思想引领。未来中国引领全球气候治理应着力在全球气候治理的新思想、新理念供给方面花大力气。重点在国际上推广传播生态文明思想、人类命运共同体理念、地球生命共同体和人与自然命运共同体等新理念。在传播中应注意加强其学理性,将这些理念和概念学理化,这样更容易获得国际认同。

(2)构建公正合理、互利共赢的全球气候治理制度的国家方案,实现制度引领

从国际气候谈判进程看,当前已进入以《巴黎协定》履约为主要特征的阶段。中国应积极推动和引领《巴黎协定》的落实和实施,展现负责任大国形象。与此同时,从更广阔的视角看,面对全球气候危机的严峻挑战,全球气候治理体系的变革已迫在眉睫。中国应适时以白皮书的方式发布构建公正合理、互利共赢的全球气候治理制度的国家方案,与世界分享中国对全球气候治理体系建设的系统思路,引导未来全球气候治理体制改革的方向。其中对非国家行为体的作用要给予更大的关注,以更大的力度支持多利益相关方参与全球气候治理。

(3)深度参与 IPCC 科学评估进程,以强大的科学研究实力支撑,以高瞻远瞩的战略思考为引领,实现气候科学领域的引领

IPCC 评估报告为国际气候谈判提供了最重要的科学基础,深刻影响国家气候谈判进程。中国要引领国际气候谈判,必须重心前移,在 IPCC 评估进程中发挥关键影响力。

(4)增强国际气候谈判的议程设定能力和协调能力,实现谈判引领

引导国际气候谈判的关键在于拥有强大的议程设定能力和协调能力:一方面,主动设置谈判议程,引导谈判方向;另一方面,面对各缔约方的不同立场和利益诉求,在寻求全球目标与各方立场的契合点以及各方利益诉求的平衡点上展现出影响力、感召力和塑造力,从而促成各方均可接受的共识和行动方案,引导全球气候治理的规则制定。此外,在国际气候谈判中要进一步发挥连接发展中国家和发达国家之间的桥梁作用。

(5)坚决实现"双碳"目标,实现示范引领

世界上最有效的引领是率先示范,发挥榜样作用。中国实现"双碳"目标需要付出艰苦卓绝的努力,但"双碳"目标事关中华民族的永续发展和构建人类命运共同体,必须坚定不移,贯穿始终。中国顺利实现"双碳"目标是中国引领全球气候治理的最大底气。

(6)加强新能源领域的国际合作,实现科技引领

应对气候变化离不开科学技术的发展和创新。谁拥有先进的绿色低碳技术,谁就占据了竞争制高点。引领全球气候治理,说到底是靠科技引领。中国在新能源领域取得突飞猛进的成就,新能源技术和装备水平处于世界前列。应充分发挥这一优势,积极推进新能源国际合作,在绿色低碳技术领域引领世界。

（7）逐步加大国际气候援助力度，积极引领南南气候合作，为全球气候治理提供更多的国际公共产品

随着中国综合国力的增强，向发展中国家提供更多的资金和技术援助是中国引领全球气候治理的题中应有之义。特别要推进"一带一路"沿线国家间的气候合作，助力绿色低碳发展。通过推动南南气候合作引领全球气候治理是必由之路。

（8）加强国际气候传播能力建设，讲好中国故事，增强话语权，为全球实现气候适宜型低碳经济发展路径发挥引领作用

党的十八大以来，中国政府以前所未有的力度抓生态文明建设，全党全国推动绿色发展的自觉性和主动性显著增强，美丽中国建设迈出重大步伐，中国生态环境保护发生历史性、转折性、全局性变化。中国在能源和经济转型、新型城镇化建设、产业转型升级、环境治理等方面的成功经验和案例，以及节能降碳的政策体系和生态文明制度建设都可为其他发展中国家所借鉴。因此，要积极总结国家层面、城市层面、社会层面及产业层面的先进案例，加大国际传播力度，为全球发展理念和发展方式的转变提供中国的智慧和解决方案，进一步对全球生态文明建设和可持续发展发挥引领作用。

（9）建立中国引领全球气候治理绩效的评估指标体系，动态定量评估中国的引领水平

充分利用大数据和人工智能技术，开发综合引领力评价模型，对中国引领全球气候治理的成效进行动态监测评估，识别问题，不断改进强化。

（10）加快全球气候治理人才的培养和输送；加强智库建设，提升全球气候治理研究水平

引领全球气候治理，人才是关键，研究是基础。要加快培养和输送具有中国情怀和全球视野，既了解中国国情和政策，又能熟练运用外语、通晓国际环境法、精通国际气候谈判的专业人才；同时加大对全球气候治理研究的支持力度，强化智库建设，深化对全球气候治理形势和演变规律的认识，使引领真正落到实处。

总之，中国引领全球气候治理是中国共产党和中国政府统筹国内、国际大局做出的重大决策，事关中华民族的伟大复兴和全球可持续发展事业的走向，事关中华民族的永续发展和构建人类命运共同体，必须高度重视，全力推进。与此同时，中国引领全球气候治理又是一项长期的系统工程，牵涉面广，难度大，需要保持战略定力，全面综合平衡持续推进，久久为功。

参 考 文 献

[1] 卡尔松,兰法尔.天涯成比邻——全球治理委员会的报告.中国对外翻译出版公司,译.北京:中国对外翻译出版公司,2000.
[2] United Nations Foundation, Climate Analytics and E3G. The Value of Climate Cooperation: Networked and Inclusive Multilateralism to meet 1.5℃. (2021-09-21)[2022-12-01]. https://unfoundation.org/our-common-agenda/climate-report/
[3] 国家发展和改革委员会.国家发展改革委新闻发布会 介绍生态文明建设有关工作情况.（2020-09-21）[2022-12-01]. https://www.ndrc.gov.cn/xwdt/wszb/stwmjsyggzqk/? code=&state=123
[4] REN21. Renwable 2022 Global Status Report. [2022-12-01]. https://www.ren21.net/wp-content/uploads/2019/05/GSR2022_Full_Report.pdf
[5] 庞昌伟.绿色转型开创中国能源国际合作新格局.人民论坛,2022(14):42—45.

[6] 新华社.习近平主持中共中央政治局第三十六次集体学习并发表重要讲话.(2022-01-25)[2022-12-01].http://www.gov.cn/xinwen/2022-01/25/content_5670359.htm

[7] 张海滨.全球气候治理的中国方案.北京：五洲传播出版社,2021.

[8] 国务院环境保护委员会秘书处.国务院环境保护委员会文件汇编(二).北京：中国环境科学出版社,1995.

[9] 中华人民共和国外交部条约法律司.中国国际法实践案例选编.北京：世界知识出版社,2018.

[10] 张海滨.中国在国际气候变化谈判中的立场：连续性与变化及其原因探析.世界经济与政治,2006(7)：36—43.

[11] 我国发布《中国应对气候变化国家方案》(全文).(2007-06-04)[2021-01-10].http://www.gov.cn/gzdt/2007-06/04/content_635590.htm

[12] 苏伟,吕学都,孙国顺.未来联合国气候变化谈判的核心内容及前景展望——"巴厘路线图"解读.气候变化研究进展,2008(1)：57—60.

[13] 新华社.国务院总理温家宝出席哥本哈根气候变化会议纪实.(2009-12-24)[2021-07-05].http://www.gov.cn/ldhd/2009-12/24/content_1496008.htm

[14] 解振华.国务院关于应对气候变化工作情况的报告——2009年8月24日在第十一届全国人民代表大会常务委员会第十次会议上.(2009-08-25)[2021-03-12].http://www.npc.gov.cn/zgrdw/npc/xinwen/syxw/2009-08/25/content_1515283.htm

[15] 解振华.坚持积极应对气候变化战略定力继续做全球生态文明建设的重要参与者、贡献者和引领者：纪念《巴黎协定》达成五周年.中国环境报,2020-12-14(2).

[16] 孙金龙,黄润秋.坚决贯彻落实习近平总书记重要宣示以更大力度推进应对气候变化工作.光明日报,2020-09-30(7).

[17] 国务院新闻办公室.《新时代的中国国际发展合作》白皮书(全文).(2021-01-01)[2021-02-13].http://www.scio.gov.cn/zfbps/32832/Document/1696685/1696685.htm

[18] 习近平与古特雷斯的八次会见和一次通话都谈了这些大事.(2020-09-26)[2021-02-13].http://www.chinanews.com/gn/2020/09-26/9300853.shtml

[19] 张海滨.关于全球气候治理若干问题的思考.华中科技大学学报：社会科学版,2022,36(5)：31—38.

第 16 章　未来之路——中和、平衡、和谐

可持续发展是 21 世纪科学研究的前沿议题。自工业革命以来,在全球大规模城市化背景下,人类活动与地球多圈层间相互作用对地球宜居性与碳循环的影响急剧增大,引发了气候变化、环境污染、生物多样性损失以及海平面上升等一系列自然灾害现象,使地球进入有史以来受人类活动影响最为剧烈的"人类世"时代[1]。地表圈层是地球宜居性的重要载体,目前地球上近 1/2 的陆地表层受到了人类活动的高强度影响,人类活动已成为地球系统中重要的地质作用营力,并已超过自然生态系统的自主调控能力,穿越了地球系统的行星边界。为此,联合国提出了全世界共同采取行动,追求消除贫困、保护地球、改善所有人的生活,以及未来的无贫穷,零饥饿,良好健康与福祉,优质教育,性别平等,清洁饮水和卫生设施,经济适用的清洁能源,体面工作和经济增长,产业、创新和基础设施,减少不平等,可持续城市和社区,负责任消费和生产,气候行动,水下生物,陆地生物,和平、正义与强大机构,促进目标实现的伙伴关系 17 项可持续发展目标,为充分认识人-地关系、坚持人与自然和谐共生提供了重要视角[2,3]。

"绿色地球"是人类赖以生存和发展的共同家园,气候变化是全球工业化时期地球生态体系所面对的巨大挑战,能源问题则是人类社会发展的基础问题[4]。中国是世界最大的能源生产国、消费国和碳排放国,"双碳"目标的提出将推动中国化石能源向新能源加快转型,实现"能源革命",保障能源供给安全,推动人与自然和谐发展。本章以地球科学的视角作为切入点,结合跨学科视角对人类、地球、能源之间的关系——中和、平衡、和谐进行讨论,理解宜居地球、碳中和与未来气候之间的复杂关联,共同探寻以实现碳中和为基础的可持续发展路径。

16.1　人-地系统——人类与自然的和谐相处

16.1.1　地球系统演变与温室气体循环

人类赖以生存的地球有着漫长的 45.5 亿年历史。按照地质时代的划分,从岩石圈、水圈、大气圈和生命开始形成的太古代,到元古代、古生代、中生代,再到如今的新生代第四纪,地球的气候一直处于波动变化之中,冷暖干湿以不同周期交替往复。地球在此期间共经历了 3 次大冰期:分别是距今 6 亿年的震旦纪大冰期、距今 2.5 亿年的石炭二叠纪大冰期和距今 200 万年开始的第四纪大冰期。大冰期中则包含气候寒冷程度稍弱的小冰期,以及气候较温暖的间冰期。

气候变化特别是小冰期对人类社会造成了深刻的影响。早在 20 世纪 70 年代,竺可桢先生[5]就将我国 5000 年来王朝更替与气候变迁对应,发现我国历史上社会动乱频发的时期都与小冰期存在密切关联。殷商末期到西周初年、东汉末年和唐末宋初的 3 次小冰期导致饥荒连年、社会动荡、战争四起,人口数量明显减少[6]。葛全胜等[7]也揭示了我国历史上气候变化与社会经济呈现出"冷抑暖扬"的特点(图 16.1)。工业革命以来,人类活动也同样对地球系统(尤其是气候系统)产生了深远的影响。基于大小冰期周期性重现的"全球变冷"观

点曾引发热议。Marcott等[8]采集了冰芯及浮游生物沉积物,从中分析得出的温度数据显示地球在大约7000年前确实进入了降温期。然而工业革命以来,人类活动加剧,钢铁、水泥、交通、能源等高碳排放业的兴起,使得全球升温愈发显著。IPCC第六次报告指出地球均温相较工业革命前(1850—1900)已升高0.84～1.10℃,并进一步强调气候变化增速加快:1970年以来,全球地表温度每50年的增幅大于过去至少2000年内任意50年的增幅[9]。

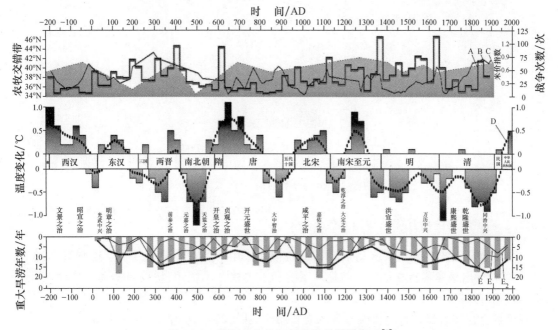

图16.1　秦汉以来中国气候变化及其影响[7]

注:A—秦汉以来全国每30年发生战争的次数;B—秦汉以来黄河中下游地区标准化米价指数曲线;C—秦汉以来农牧交错带西段(呼和浩特至潼关一线以西)北界的变化;D—秦汉以来东中部地区冬半年温度变化(柱图表示相对于1951—1980年冬温均值的正、负距平值,点线为60年滤波结果);E—东汉以来东中部地区每50年发生重大旱涝事件的年数,曲线分别为旱涝灾害(E)、重大旱灾(E_1)和重大涝灾(E_2)

碳被视为"元素之首,生命之根"。大气中的含碳化合物调节着全球环境气候变化,为地球宜居性提供了最根本的保障[10]。地球系统碳循环分为地球表层碳循环和地球深部碳循环。地球表层碳循环指的是大气圈、水圈、生物圈、土壤圈之间的碳循环,包括风化作用(在外因作用下有机物发生分解的过程)、沉积作用(被风化的有机物或新鲜有机物的沉积)、矿化作用(土壤中有机态化合物转化为无机态化合物)、海-气交换CO_2、光合作用(绿色植物利用光能吸收CO_2和H_2O,制造有机物质并释放氧气的过程)和人类活动(工业、农业生产等过程排放CO_2)(图16.2)[11]。地球深部碳循环是指地球表层系统、地球壳幔系统之间的碳循环,包括岩浆活动、变质作用和俯冲作用。地球深部碳循环的过程较为缓慢(循环周期10^7～10^9年[11]),但对表层碳循环的影响却很大。火山作为地幔对流在地球表层的出口,每年会释放出大量的碳。大陆分解期,新的洋壳产生且俯冲作用活跃,大陆边缘涌现火山弧,释放大量CO_2,因此地球进入"暖室期";大陆聚合期则进入"冰室期"[12]。地球深部的碳可以通过多种途径释放到地表和大气中,但板块俯冲作用是地表碳返回地幔的主要方式,是联系地球表层碳与地球深部碳的重要纽带。

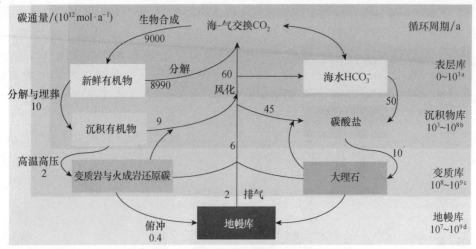

图 16.2   地球表层和地球深部碳循环

数据来源：改编自 Des Marais，1997[11]

注：图中 a、b、c、d 为循环周期，其余数据为碳通量

16.1.2   人-地系统相互作用与温室气体循环

鉴于地球系统和人类系统复杂而紧密的相互作用，人-地系统动力学应运而生，傅伯杰等[13]学者指出该学科旨在耦合自然地球系统和人类社会系统，解析两者的动态关系和互馈机制，探明区域和全球的可持续发展路径，推动人与自然和谐共生。赵文武等[14]认为："人-地系统耦合强调自然过程与人文过程的有机结合，注重知识、科学、决策的有效链接，通过不同尺度监测调查、模型模拟、情景分析和优化调控，开展多要素、多尺度、多学科、多模型和多源数据集成，探讨系统的脆弱性、恢复力、适应性、承载边界等。"基于人-地系统耦合分析框架和研究范式，学者们可以更加科学、系统地理解人类活动在温室气体循环中的重要作用，并有效调控或干预人类行为以维持温室气体循环的平衡状态，从而减缓气候变化。

以碳循环为例介绍人-地系统与温室气体循环的关系。碳元素在地球的生物圈、水圈、大气圈和岩石圈中同时进行着碳固定和碳释放的平衡过程，大气中的 CO_2 被陆地植被和海洋所吸收，同时通过生物和地质过程以及人类活动又释放到大气中[15]。然而，相关研究表明全球碳循环正处于失衡状态[16]，当前气温升高已经突破了全球近 10% 的陆地植物光合作用固碳的临界温度，也就是说，这部分植物捕获和储存碳的能力将减弱，而释放碳的速度将加快。若以目前的升温速率，21 世纪中叶将突破超过 50% 陆地生物圈的固碳临界温度，碳含量最高的生物群落如亚马孙热带雨林将更早变为碳源，从而加速气候变化[16]。

气象及海洋观测表明，气候变暖的影响已在大陆、海洋以及人类社会中发生。许多地区降水量的变化或冰雪的融化正在改变水文系统，并影响水资源的数量和质量[17]。许多陆地和淡水的生物物种改变了地理分布范围、季节活动和迁徙规律等。除此之外，全球变暖还导致许多地区的气候带发生变化、土地退化和荒漠化，并给人类的粮食安全和生计、基础设施、土地价值、生态系统及人类健康等带来风险[18]。同样，海洋也存在许多气候变化的严重影响和风险，包括海洋生物多样性的减少、物种地理分布的变迁以及生产力的下降。例如，海平面上升、海洋变暖、海水酸化和缺氧以及营养盐的变化，这些变化正在重塑海洋生态系统的结构与功能，并对人类社会的安全和可持续发展构成重大的威胁。尽管气候变暖的影响和风险的严重后果已日趋显著,国际社会似乎尚未做好充分的应对准备。因此,如何加强应对气候变化的影响和风险,包括控制温室气体的排放、加强适应能力的建设、保障经济社会的可持续发展等,已成为当前国际社会面临的重大挑战。

当前全球碳循环的失衡大部分归咎于人类以往不可持续的、高碳排的生产生活方式。工业革命以来,人类通过大量的化石燃料燃烧等途径推动经济发展,却忽略了自然承载力,在 1988 年就已突破了 CO_2 350 ppm(10^{-6},百万分率)的安全边界(九个"行星边界"之一)[19]。由此造成的全球气候变化等环境问题,严重影响了人类当前及未来的可持续发展。正所谓解铃还须系铃人,人类及时转为可持续的、低碳排的生产生活方式是促使全球温室气体循环重新达到平衡的契机。近几十年来,我国在固碳方面取得了令人欣喜的成绩,我国重大生态工程(例如"三北"防护林工程、退耕还林工程等)以及秸秆还田等农田管理措施,分别贡献了陆地生态系统固碳总量的 40% 和 10%。我国陆地生态系统年均固碳量达 2.01×10^{11} kg,相当于抵消了我国化石燃料燃烧排放的 14%[20]。除此之外,海洋也是重要的碳汇,地球上约 35% 的化石燃料燃烧产生的碳排放可被海洋吸收,其主要通过以下 3 种方式:① 浪涛涌动以溶解 CO_2;② 海藻光合作用吸收 CO_2;③ 海洋中的可溶性钙盐与碳酸结合,形成碳沉积[8]。除了加强固碳以外,减少碳释放也是维持碳循环平衡的重要方式。我国大力推行清洁生产机制,从原料生产到产品回收的全生命周期过程中争取节能增效、绿色降碳。习近平总书记指出,可持续发展是破解当前全球性问题的"金钥匙"。深入理解人类活动和自然环境变化的互馈关系,发挥人类的主观能动性以调节失衡的温室气体循环,将更加有效地实现人类社会的可持续发展。

16.2 控制升温——人类命运共同体的重要抓手

16.2.1 国家利益与责任

自人类文明出现以来,尤其是工业革命以来,世界上国家与国家之间冲突不断,无论是第一次世界大战、第二次世界大战还是海湾战争、伊拉克战争,背后都是资源分配不均、发展阶段不一致等带来的国家利益冲突。需要注意的是,在各个国家关注自身利益的同时,人类在整个地球上共享了一些资源,气候就是其中一种重要且特殊的共享资源。气候变化对全球各个国家都有影响,升温对地球的影响没有国家能独善其身,应对气候变化并控制升温是构建人类命运共同体的重要抓手。

从国家利益的角度来看,控制升温背后的国家利益与责任的认定及划分问题,需要统筹考虑各国的历史、文化、政治、经济差异和利益诉求。气候资源具有全球公共物品的属性,具有消费的非排他性和非竞争性。如果不加以管理,将可能上演"公地悲剧",对全球环境造成难以逆转的严重影响。随着极端天气的不断显现,气候变化造成的负面影响愈演愈烈,所有国家都将遭受不同程度的损害。从国家责任分配角度来看,气候变化对人类社会造成的损害具有传统跨界环境损害所不具备的"集体性"和"累积性"特征,由此引起的国家责任问题也具有其特殊性。针对各国减排的国家责任,《联合国气候变化框架公约》明确提出了"共同但有区别的责任"原则。截至 2021 年,人类历史碳排放主要来自发达国家,其中美国碳排放最多,占比达到了 20%,因此相对于发展中国家,发达国家具有更强的减排能力,并且发达国家的经济和技术实力远强于发展中国家。因此,发达国家在承担更多减排责任的同时,也要在资金和技术上帮助发展中国家进行减排。值得庆幸的是,在气候变化的持续压力下,控制升温已经成为各国的共同目标。截至 2022 年 5 月,全球共有 127 个国家已经提出或准备提出碳中和目标,覆盖全球 GDP 的 90%、总人口的 85%、碳排放的 88%[21]。但从历史来看,某些国家对碳中和的态度和策略有反复,未来也存在不确定性,而且当前多数国家的碳中和承诺仍缺少支撑其具体落实的政策文件,而在已明确提出碳中和政策文件的国家中,各国碳中和承诺的预期可执行程度和力度也存在较大差异,这些都为碳中和承诺的最终实现蒙上了阴影。

　　面对国家碳减排的重重困境,当前国际社会对减排责任的划分、考核和正向负向激励制度尚有不足,联合国等国际组织的作用还需要进一步发挥,通过更为积极有效的谈判达成国际气候制度,促进有限碳排放权资源的合理分配与使用,在全球范围内帮助协调各国政府的行动,使碳减排的全球福利最大化。总体看来,应对气候变化的国际合作面临着巨大的挑战,各国还需要加强交流与合作,加快构建"人类气候命运共同体"。

16.2.2　个人责任与行为准则

　　气候变化问题是国家行为的同时也是个人行为,从全世界范围内看 64% 的排放都最终落在了个人消费上。气候变化问题的本质在一定程度上是如何在人与人之间分配气候资源的伦理关系问题,国家的温室气体排放最终也落到个人体面生活的能源服务与排放需求上。

　　个人应当负有应对气候变化责任的道德逻辑与国家应当负有责任的逻辑相同,全世界最富有的 10% 的人排放了近 50% 的 CO_2,而最贫穷的 50% 的人(约 35 亿人)只排放了 10% 的 CO_2(图 16.3),其中部分穷人甚至缺乏满足炊事、采暖、出行等基本生活需求的能源与排

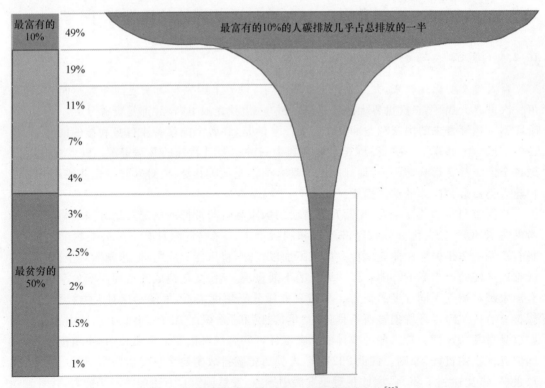

图 16.3　全球范围内不同收入人群碳排放占比[22]

放指标。从这个角度出发,"谁排放、谁负责"的基本减排原则同样适用于个人。这就要求富人不仅仅要为其衣、食、住、行相关的个人排放买单,更要加入整个国家和世界的减排活动中,包括动员、资助政府的节能减排措施等。与此同时,联合国等国际组织应该努力维护贫穷、排放量低的民众的利益,以确保他们对能源的需求。前世界首富比尔·盖茨[23]在其著作《气候经济与人类未来》中说:"作为一个公民、消费者、雇员或雇主,你可以发挥自己的影响力。"个人在气候变化与控制升温这样宏大的课题中仍然能有所作为。值得注意的是,个人意愿在解决气候变化的问题上十分重要,积极承担减排的个人责任在许多情况下对个人和气候是双赢的,个人应当在力所能及的范围之内积极实现碳减排,形成一定的行为准则。虽然当前个人端碳减排面临着排放分散、量化困难等问题,个人碳排放限额也很难划定,公众如何能以公正合理的方式参与碳减排有待进一步探索,但立足实践角度,个人可以尽量避免浪费型的过度消费,在满足个人消费偏好的同时,尽力做到为超过个人公平份额的排放负责、为个人能力范围之内的减排或适应的责任负责[22],积极承担应对气候变化的个人责任。

可以憧憬的是,如果将来每个人都积极承担减排责任,确立减排意向,形成低碳生活新时尚,在社会层面建立个人碳排放考核制度和正向负向激励体系,自下而上形成群众基础,形成全社会范围的绿色生活方式,碳中和目标一定可以最终实现。

16.3 技术进步——人类实现碳中和的基础

16.3.1 碳中和关键技术

如前所述,实现碳中和是自然-工程-社会耦合系统共同作用、综合转型的过程,其中技术扮演重要作用。本书的不同章节分别总结了能源、电力、建筑、交通、工业(钢铁、水泥、化工等)、自然碳移除、工程碳移除等碳中和关键行业的关键技术,概括来说,依赖上述不同行业中已经大规模应用的现有技术重新组合,已经无法在碳中和目标下满足人类需求,技术进步将在碳中和路径中起到基础作用。目前,不同碳中和技术的发展阶段不同:有的属于"技术成熟+规模应用"(如电动汽车、热泵、抽水蓄能等技术),但应用规模需要数量级提升,反映到技术学习曲线上是一个"做中学"的问题;有的属于"技术较成熟+示范应用"(如海上风电、绿氢等技术),其学习曲线仍在研发学习阶段;有的属于"实验室研发+尚未应用"(如热电发电机、液体太阳能燃料等技术),其未来学习曲线尚不明朗。在新技术逐步取代旧技术的过程中,新技术与旧技术之间、新技术与新技术之间存在竞争和互补关系,众多研究表明一种或多种技术的缺席不会影响碳中和目标的整体成功,但总有多种技术会在未来碳中和目标的实现中起到决定性作用,其中包括但不限于电气化、低碳零碳电力、低碳零碳燃料、氢能、储能、低碳零碳钢铁、低碳零碳水泥、低碳零碳化工、碳移除技术等。以作者较为熟悉的能源行业为例,当前能源系统中"一次能源—二次能源—终端用能"的转化利用流程相对线性,能源转化利用技术相对简单,主要以化石燃烧发电制热或者直接利用,配合一定比例的可再生能源电力为主;在未来能源系统"一次能源—二次能源—终端用能"各环节互有反馈,能源转化利用过程更为多样化,带有碳捕集的化石能源燃烧,高比例波动性可再生能源利用,配合生物质、地热、核等可调度无碳能源将成为能源系统的新范式。据此,本章进一步展望了部分可能颠覆既有行业形态的关键技术,希望帮助读者思考未来碳中和技术的关键。

16.3.2　颠覆性能源技术

开放互联、多源协同、多能互补、能源与信息深度耦合的能源互联网将会是未来新型能源体系的主要形态特征,中国工程院重大咨询项目"我国能源技术革命体系战略研究"从核能、风能、太阳能、储能、油气、煤炭、水能、生物质能、智能电网与能源网融合 9 个领域提出了不同技术成熟度的前瞻性技术、创新性技术、颠覆性技术,构成了未来中国的能源技术体系。《"十四五"能源领域科技创新规划》从先进可再生能源发电及综合利用技术、新型电力系统及其支撑技术、安全高效核能技术、绿色高效化石能源开发利用技术、能源系统数字化智能化技术 5 个方面总结了 2021—2030 年需要集中攻关、示范试验、推广应用的未来能源技术,并提出了一系列未来关键时间节点的技术指标目标目录。基于上述项目和文件,结合作者经验,本小节简要概述 4 种影响未来能源体系的关键技术。

1. 储能技术

鉴于可再生能源间歇性的出力特性,储能将成为能源电力系统不可或缺的元素。储能技术的使用可以突破电力发、输、配、用同时连续进行的传统模式,实现电能的"跨时间转移"[24]。因此,通过发展"可再生能源+储能"的模式可以有效减少可再生能源出力波动及不确定性,有望成为未来主流的发展方向。按照技术原理,储能主要有物理储能和化学储能两类。其中物理储能又主要包含抽水蓄能、压缩空气蓄能。抽水蓄能是目前较为成熟的储能技术,但未来选址已经十分受限。压缩空气蓄能可用地下盐穴资源有限,远远不能满足大规模储气库的需求,但目前所用的高压储气罐一般采用厚钢板卷板再进行焊接,材料和人工成本昂贵且钢板焊接缝有破裂的风险,是限制其进一步发展的障碍之一。相比之下,化学储能,尤其是电化学储能,将在未来扮演关键作用。无论是锂离子电池还是钠离子电池,其未来发展主要从正负极材料制备、电解液、循环稳定性等方面寻求突破,以期在未来扮演关键作用。

2. 智能微电网

智能微电网可通过整合和协调分布式发电单元与配电网之间的关系,在局部区域内直接将分布式发电、电网和终端用能用电负荷联系在一起,进行结构配置和电力调度优化,充分调用用户侧需求响应能力,并通过管理碳足迹减轻电力系统对环境的影响[25-27]。微电网的智能化也有力促进了微电网与大电网的互动,提升分布式能源并网能力,在电力短缺时从大电网购电,在电能过剩时为大电网提供系统辅助服务,并且可根据电力系统状况,实现从并网运行到离网运行的切换[28]。目前,智能微电网的设计与运行技术难点主要体现在以下几个方面:① 微电网的运行控制和优化调度技术。微电网系统自身规模较小,在孤岛运行模式下抗扰动能力弱,尤其是在波动性新能源微电网系统中,多个分布式电源之间的协调与控制、并网状态与孤网状态的切换控制将成为关键问题。② 综合能源管理技术。微电网要能够根据能源需求、电力市场信息和运行约束等条件实现微电网系统的最优化运行,尤其是要能够充分挖掘系统需求侧响应能力,提高运行灵活性。③ 故障检测与保护技术。分布式能源的接入使得微电网系统在保护和控制方面与常规电力系统呈现明显不同的特征,例如:除常规过电压及欠电压保护外,还须针对分布式能源加入低频保护、双向潮流保护等特殊措施[29]。

3. 氢能技术

氢气因为燃烧后的产物为水,并具有较高的热值,被认为是替代化石燃料的环境友好型能源。目前,全球已有包括加拿大、日本、欧盟等 20 多个国家和地区发布了氢能发展战略,高度重视氢能产业发展[30]。2022年3月,中国出台《氢能产业发展中长期规划(2021—2035年)》,从战略层面对氢能产业发展进行了顶层设计。氢能能量密度大、转化效率高,具有来源广泛、用途多样、既可运输又可储存的特性,是功能灵活的能源载体和燃料。当前氢气主要通过化石燃料制取,制氢过程会产生温室气体排放,有悖碳中和要求[31]。根据氢气的制备技术,可以将氢气划分为"灰氢""蓝氢"和"绿氢":① 传统化石能源制氢仍是目前主要制氢方式,约占全球氢气产量的78%[32],主要技术包括蒸汽甲烷重整(SMR)、干法重整和自热重整(ATR),但传统化石能源制氢会产生大量CO_2,被称为"灰氢"。② 将化石能源制氢配备CCUS得到的氢气称为"蓝氢",它是向"绿氢"过渡的主要制氢技术,"蓝氢"成本在$1.6\sim$2.1美元·千克$^{-1}$,很可能在近期和中期继续成为成本最低的大规模氢气来源。③ "绿氢"即利用可再生能源制氢,如电解水制氢等是生成"绿氢"的主要方式,是通过施加电流将水分解成氢气和氧气。目前有4种主要技术,包括碱性水电解槽(ALK)、质子交换膜水电解槽(PEM)、固体氧化物电解槽(SOEC)、阴离子交换膜电解槽(AEM)。除了现有的工业应用,氢能在许多领域都有长远的发展前景,有很多潜在的用途:几乎所有的运输方式都可能使用氢或氢基燃料;建筑的供热、制冷等需求可以通过氢气提供;电力部门可以使用氢或富含氢的燃料发电。这些氢能应用的新场景未来将大大促进新的"氢经济"的发展,并助力"双碳"目标早日实现。

4. 核聚变

核聚变(nuclear fusion)又称热核反应,是由一些轻原子核(如氘、氚)融合生成较重原子核,同时释放出巨大能量(称为"聚变能")的核反应[33]。核聚变能是人类理想中的终极能源,具有资源丰富、无碳排放和清洁安全等突出优点,可控核聚变技术是人类清洁能源转型关键技术之一,可为实现碳达峰、碳中和做出重大贡献。可控核聚变的主流技术方案主要有两种,即磁约束核聚变(MFC)和惯性约束核聚变(IFC)。磁约束核聚变是以稀薄氘、氚气体放电形成等离子体,在电磁约束下剧烈压缩并持续数秒使聚变反应开始,主要以托卡马克(Tokamak)装置为主。惯性约束核聚变利用内爆产生的向心运动物质的惯性来约束高温热核燃料等离子体。可用于惯性约束核聚变的驱动器主要包括高功率激光装置、Z箍缩装置和重离子束装置等。近年来世界核聚变技术研究不断取得里程碑式的新突破,例如位于美国加利福尼亚州的国家点火装置(NIF)首次获得了受控的"燃烧等离子体";位于英国牛津的欧洲联合环状反应堆(JET)创造了在5 s内产生59 MJ持续能量的世界能源新纪录;韩国超导托卡马克先进研究(KSTAR)装置创造了在$1.8\times10^8℃$高温下维持其等离子体20 s的世界纪录;中国的东方超环(EAST)装置实现了1056 s的长脉冲高参数等离子体运行,创下全球托卡马克装置高温等离子体运行时间最长的纪录[34]。虽然在各国政府的高度重视和私人投资的追捧下,可控核聚变技术研究进展明显,但要实现经济商业运行,还需要解决燃料获取、工程制造、效率提升和成本控制等诸多难题。在国际原子能机构核聚变物理学家 Sehila M. Gonzalez de Vicente 看来,随着大量资本的涌入,核聚变领域的技术突破很可能提前出现,而核聚变能源的应用也很可能会在30年或50年后成为现实[35]。

16.3.3　智能信息技术

世界经济论坛数据显示,物联网、人工智能等技术相结合可在全球范围内减少约15%的CO_2排放。

人工智能的强大之处在于它能够从经验中学习,从环境中收集大量的数据,直观地发现未被注意到的关联,并根据结论给出合适的行动建议[36]。若想减少碳足迹,应把人工智能的重点放在以下 3 个方面:① 监测排放。用人工智能驱动的数据工程来跟踪碳足迹,如从运营、差旅及价值链的各个环节收集数据,并利用人工智能生成缺失数据的近似值,提高监测的准确性[37,38]。② 预测排放。预测型人工智能可以根据企业当前的减排工作、新的减排方法和未来需求,预测企业未来的碳排放,有助于更准确地设定、调整和实现减排目标。③ 减少排放。通过提供对价值链各个方面的详细洞察,指令型和优化型人工智能可以提高生产、运输和其他方面的效率,从而减少碳排放,降低成本。人工智能赋能的数据分析助力减排的方式适用于工业产品、交通运输、制药、快速消费品、能源和公共事业等多个领域[39]。

利用大数据加强行业数字化能力,通过碳管理、节能降排等实现碳达峰、碳中和是人类一直思考的问题。整个过程涉及很多复杂的因素,包括系统多、协议多、各类型检测设备多、信息化程度差异大、能耗成本占比大等[40]。因此,数据接入、数据标准、数据治理、数据湖等也是需要重点考虑的问题。

未来碳排放将是一个非常巨大的市场,对物联网企业而言也是一个巨大的机遇。由物联网构成的各种系统,仿佛为地球配备了一层"数字肌肤",能够有效监测、分析和管理碳排放[41]。各类物联网企业更是碳中和的重要参与者和引领者,它们利用科技的力量,致力于提高能源利用效率,进一步加强节能减排[42]。物联网与 5G、人工智能、区块链等技术相结合,能够从环境中采集大量的数据,辨识和分析其中存在的能效改进机会点,并且给出合理的行动建议。

16.4　路径优化——人类实现碳中和的关键

16.4.1　中国实现碳中和面临的挑战

在实现碳中和的路径中,碳减排和碳增汇是两个基本面,其中碳减排的核心是节能增效、调整产业结构与能源结构,碳增汇的核心是生态保护增汇,CO_2 人工捕集、利用和埋存。各个国家资源禀赋、技术储备、政治体制等基本国情不一样,决定了实现碳中和的路径不尽相同,本节着重讨论中国实现碳中和面临的挑战以及实现碳中和的路径优化。中国实现碳中和面临的挑战是全方位的,这里重点强调三大挑战:① 为全面建设社会主义现代化国家,需要实现经济实力、科技实力、综合国力大幅跃升,为此能源需求的刚性增长难以避免,能源保供压力大。因此碳中和路径的实现既要为实现碳达峰、碳中和做准备,同时也要保证能源安全。② 中国以煤为主的能源结构在可预见的短期内难以改变,煤炭相关基础设施的碳排放锁定效益显著,给中国实现碳达峰、碳中和带来了巨大挑战。③ 中国从碳达峰到碳中和的时间只有 30 年,减排强度和速度前所未有。英国、德国 20世纪 70 年代实现了碳达峰,到 2050 年实现碳中和有 80 年时间;美国 2007 年碳达峰,到2050 年实现碳中和有 43 年时间。对比之下,我国减碳的速度和强度是前所未有的,面临的挑战是巨大的。

16.4.2 中国实现碳中和路径探索

中国实现碳中和的路径可以有多方面的讨论,包括产业结构调整、能源结构调整、宏观政策调控等,都将在碳中和路径制定和实现中发挥重要作用。本小节重点讨论 3 个关键方面:一是双轮驱动,二是两大领域发力,三是一个重要抓手。

所谓双轮驱动,实际上是指政府作用和市场作用。政府作用是导向作用,在起步阶段极其重要。现阶段政府作用要大于市场作用。但是从长远来讲,市场应该起主导作用,要发挥"看不见的手"的作用。我国在减碳过程中一定要发挥市场的主导作用,政府不能一包到底。

两大领域发力主要是指碳减排和碳消纳:

(1)碳减排。包括:① 第一个结构调整是调整一次能源结构,大力发展清洁能源,降低化石能源比例。2060 年化石能源从现在的 84% 降到 20%,这是目前较为流行的方案。② 结构调整是调整钢铁、交通、建筑、化工等领域的用能结构,改良工业流程,实现再电气化。电力在消费端的比例从现在的 24% 调整到 2060 年的 80%,这也是当前的一个主流方案。

(2)碳消纳。包括:① 陆地生态系统,植被是消纳 CO_2 的;② 海洋生态系统,也是消纳 CO_2 的;③ CCS/CCUS 技术;④ 通过 CO_2 加氢化学法,直接利用 CO_2 来制化工产品。具体到碳减排和碳消纳中各个环节的比例,在 16.4.3 小节再详细展开讨论。

一个重要抓手指的是碳交易和碳税。未来 CO_2 能否控制住,关键在于碳定价。目前,全球已经有 61 项碳定价机制在实施和计划当中,其中 31 项属于碳排放交易体系,30 项属于碳税。碳交易把碳排放权作为商品来交易,这样的项目涉及全球 1.2×10^{10} t 的 CO_2 排放,占温室气体排放的 22%,占整个 CO_2 排放的 1/3。很长时间以来,我国 CO_2 交易市场价格一直徘徊在 30 元·吨$^{-1}$,启动碳市场后交易价格升到 50 元·吨$^{-1}$,但这也远远不够。不少预测结果表明,到 2030 年,即便是要实现 2℃ 的升温控制目标,最低的碳价格也应为 20 美元·吨$^{-1}$,折合人民币 120 元·吨$^{-1}$ 以上。笔者认为,2030 年中国要真正地实现碳达峰,碳价应该超过 200 元·吨$^{-1}$。如果要实现 1.5℃ 控温,碳价应该更高。碳交易与碳税真正会是连接政府与市场的桥梁。

16.4.3 中国实现碳中和路径优化

实现碳中和路径优化的核心问题就是要解一个方程,寻找在各种关键条件约束下的最优能源转型路径即方程的最优解。方程如下:

$$F_{cn}(x_i, i = 1, 2, \cdots, N) = C_e - C_s = 0$$

式中,F_{cn} 代表碳中和方程,x_i 代表的是影响碳中和的关键因素,C_e 与 C_s 分别代表碳排放和碳消纳。方程的约束条件就是要使社会总成本达到最低,并且碳排放和碳消纳要达到平衡。这个方程涉及方方面面,要实现方程的最优解,包括投资、成本、就业率、GDP 增长、环境等都要达到综合最优状态,因此这是一个极复杂的多目标优化问题。为了便于分析,聚焦两个百分比:

(1)到 2060 年化石能源占比达到 20% 是不是最优,30%、40% 行不行?一定程度上来说,由于传统的化石能源基础设施完备,市场成熟度高,在未来的一次能源结构中保持适当比例的化石能源,可以减少投资,降低实现碳中和的能源转型成本。按照当前的化石能源排放强度初步测算,2060 年化石能源在一次能源中占比 40% 左右的条件下,碳排放约为 32×

10^8 t。这里关键问题是 32×10^8 t CO_2 能不能消纳掉，以及通过什么路径消纳？根据从 2009 年到 2018 年 10 年间全球排放 CO_2 的测量数据，34% 的 CO_2 被森林所吸附了，22% 被海洋吸附了（占陆地的 65%），剩余的 44% CO_2 进入了大气层[43]。于贵瑞院士等[44]认为，如果维持目前的生态系统，每年可以消纳的 CO_2 约为 $(10 \sim 15) \times 10^8$ t，进一步通过扩容认定、生态增汇、生态封存等，每年碳消纳的中间数字可达 $(20 \sim 25) \times 10^8$ t。清华大学能源环境经济研究所预测 2060 年 CCS/CCUS 消纳 CO_2 约 16×10^8 t，国家科学技术部 2019 年做出的预测，到 2050 年通过 CCS/CCUS 消纳 CO_2 约 8×10^8 t。综上，到 2060 年，自然与人工碳汇总量大概率可以达到 35×10^8 t。这样的碳汇边界条件为从化石能源向清洁能源转型留下了较大回旋余地，也为能源安全提供了保障底线。

（2）终端消费电气化占比 80% 是不是最优，70%、60% 甚至 50% 行不行？美国普林斯顿大学的净零美国项目研究表明，在不同转型路径下终端电力消费始终控制在 50% 左右，以实现电力系统的安全和稳定。现阶段太阳能和风能在电力系统的高占比还没有实现，终端电气化 50% 占比的技术瓶颈还没有突破。以德国为例，电气化占比是 67%。国家电力投资集团 2021 年 5 月的计算表明 60% ~ 70% 是一个大概率事件，认为到 2050 年我国工业领域的再电气化占比只能从现在的 30% 增至 50%，交通领域电气化占比从现在的 5% 增长到 50%，建筑领域电气化占比从 30% 到 60%，再用 10 年的时间达到 60% ~ 70%。所以 80% 是无法实现的。

理想情况下未来电力系统的基本构成应该包括 3 部分：① 基荷电力，包括超临界煤电加 CCS、天然气发电加 CCS、三代核反应堆、四代核反应堆以及核聚变；② 可调度无碳电力，包括地热发电、生物质发电、水力发电和储热发电这些可调节电源；③ 波动性可再生能源电力，就是风电、光伏。只有将这 3 部分电源有机集成到一起构成的电力系统才是相对稳定、可靠、安全的。概括起来，实现"双碳"目标是能源消费、经济增长和生态平衡之间的较量与协调，我们需要认识到中国社会的基本国情是处于社会主义初级阶段，中国社会的主要矛盾是人民日益增长的美好生活需要和不平衡不充分的发展之间的矛盾。

应对全球气候变化问题，我们在向"双碳"目标奋斗的同时仍然要坚持"共同但有区别的责任"原则，在 2060 年实现碳中和的路径优化中，需要清晰地认识以下几点：① 保障国家合理能源消费的安全供给仍然是第一位的；② 节能提效仍然是工业发展和实现碳中和的第一要求；③ 能源结构和产业结构调整是实现碳中和的关键；④ 节能、储能技术是能源领域科技创新的主战场；⑤ 实现碳中和不是简单地用非化石能源替代化石能源，而是通过"多元发展，多能互补"逐步过渡到以非化石能源为主的时代，但这将是一个漫长的过程；⑥ 多措并举方能实现 2060 年碳中和的长期奋斗愿景。

16.5　适者生存——人类如何适应未来气候

16.5.1　未来之路的不确定性

在气候变化与碳中和路径研究中，不确定性是不可避免的重大话题。这种不确定性一方面体现在未来气候与温度预测本身的不确定性，另一方面体现在碳中和路径规划中全产业链协同、多部门协同的自然-工程-社会耦合的复杂系统在资源、技术、政治、经济等各方面具有的未来不确定性。

就气候变化与未来温升本身的不确定性而言,IPCC 在 1990 年的第一次评估报告中认为[44],近 100 年来,人类活动和自然波动共同导致了温度的变化(1.9~5.2℃)。1996 年的第二次评估报告发现,人类活动对气候变化的影响越来越明显(1.0~4.6℃)。2013 年的第三次评估报告中指出,自 1950 年以来全球几乎所有地区的温度相较于之前都有所升高[45]。直至 2017 年,第四次评估报告认为,全球气候变化(1.1~6.4℃)有 95% 的概率是由于人类活动所导致的[46]。根据《中国应对气候变化国家方案》,与 2000 年相比,2020 年中国年平均气温将升高 1.3~2.1℃,2050 年将升高 2.3~3.3℃。根据上述数据不难看到,在任何预测模型中,未来温升的预测都有较大的不确定性,这一方面是由于地球系统模型本身就十分复杂,地球与大气的相互物理化学作用较难被完全精准刻画,蝴蝶效应难以避免,因此用不确定性的眼光看待未来全球温度变化至关重要,基于预测模型的上下限,科学研判未来气候变化的极端条件是进一步进行科学决策的重要依据。

就碳中和路径设计所面临的不确定性而言,其涵盖角度就更为复杂和多样化,面临的不确定性来自自然-社会耦合系统的方方面面:① 从自然系统的角度出发,无论是煤炭、石油、天然气等化石能源还是太阳能、风能、水能等新能源,其资源禀赋与资源供给曲线都有未来不确定性,具体到国家区域层面,这种不确定性对国家区域战略决策具有重要影响。以高比例可再生能源系统的稳定性为例,未来极端天气对风光资源波动的影响将反馈到能源系统,进而影响能源转型进程。② 从社会系统的角度出发,如何改变公众对长期以来较为固定的生产消费方式的依赖,也面临着未来不确定性。环顾当下,全球性传染病的阴影尚未散去,战争冲突仍然存在,当气候与战争、健康等其他问题发生冲突时,孰重孰轻,国家与个人如何做出抉择,同样值得人类社会深思。不幸的是,尽管气候变化与碳中和在国际社会上越来越得到重视,但人类社会努力多年的温室气体减排量可能就被一场战争的碳排放量抵消殆尽,类似未来不确定性又该如何纳入人类社会的未来之路呢?德国前总理默克尔曾经说过,应对气候变化是现代社会每一位政治家的最高政治道德(top morality),其实对于每一位地球公民来说,又何尝不是呢?

16.5.2 如何适应未来的气候

总结本书中气候变化与碳中和的内容,大部分聚焦在气候变化的缓解技术,即如何通过自然或者人为的方式减少温室气体排放或者增加温室气体吸收,避免全球温度进一步升高。但正如前文所述,在全球气候变化应对的未来之路中,不能有效控制气温升高的不确定性是真实存在的,据此我们不得不思考如果人类社会不能如约完成各项气候变化缓解任务,应该如何适应未来气候。

事实上,在 IPCC 的分析框架中,适应(adaption)与缓解(mitigation)一直同样重要[47,48]。如今,气候变化已经给自然界和人类社会造成广泛而普遍的影响,包括气象灾害在内的多种灾害频发、并发,新型、复杂型风险的出现增加了应对气候变化的难度。越来越多的证据表明气候变化对人体健康、城市运转、基础设施等多方面已经造成了广泛影响。其中,气候变化对于人类身体健康(包括精神健康)的负面影响是非常高信度的,而频发的城市热岛和内涝等现象给城市基础设施和经济带来的负面影响也愈发凸显。气候变化风险呈现复杂化趋势,多种灾害复合并发且影响多个系统,同时风险还会在不同行业、不同领域、不同区域之间进行传导。如热浪与干旱的复合并发同时对农作物生产、农民身体健康和劳动力等造成影响,从而导致粮食产量下降,进而影响农民家庭收入,并导致食品价格上升——风险便从粮食安全领域传导至经济社会领域。另外,对于一些粮食进出口国而言,粮食产量和价格波动也会通过国际贸易跨越国界传导至全球其他区域。类似气候变化的风险已经真实存在于低海拔沿岸、陆地和海洋生态系统、关键基础设施、生活标准、粮食安全、水安全以及和平和迁移性风险等各个方面,令我们不得不重新思考如何在短、中、长期分别做好气候缓解与气候适应之间的平衡。

　　以低海拔沿岸城市的发展为例,伴随着海平面的上升和风暴的增加,许多人可能要被迫离开家园。因此,城市规划者可以依据最新的气候风险数据和基于计算机模型预测的气候变化影响数据,在相关方面做出更好的决策,比如在规划居民区和工业中心、建设或扩建防波堤时建设高水位码头平台,使其免受不断上涨的潮汐的侵袭等。需要注意的是,降低自然风险的可行且有效的适应方案是存在的,但其有效性会随着气温升高幅度的增加而降低。随着全球变暖加剧,气候风险继续加大,人类和自然的一些系统也将会达到适应极限,这使改变这种局面变得困难重重且代价高,进而加剧当前的社会不平等。例如,海堤在短期内可以有效减轻人类受到的影响,但从长期尺度来看也可能增加人类对气候风险的暴露度并形成锁定效应。或者更为直接地说,人类会不会因为有了高水位防护海堤就减少对海平面上升的关注度,这是值得思考的问题。类似的平衡也适用于其他领域。比如,建筑制冷的能力需求与温度变化成正比,因此全球变暖越剧烈,建筑制冷能量需求越大,需要的发电量也越大,在既有能源结构不变的条件下产生的碳排放也越多,导致的温度升高也越大。因此,以满足建筑制冷需求作为气候适应对全球能源结构转型的气候缓解产生了负向反馈,也为如何处理好气候缓解与气候适应之间的辩证统一关系提出了挑战。

　　总结下来,气候缓解与气候适应相辅相成,在不同未来情景与应用场景下存在不同的正负反馈机制,变与不变、防止变与适应变之间需要精致微妙的平衡。回归到地球 45.5 亿年的历史长河中,物竞天择、适者生存的自然进化过程似乎从未改变;展望未来之路,人类作为浩瀚宇宙中的沧海一粟,如何适应未来气候变化,在中和、平衡、和谐中做出理智的选择,以"天地交而万物通也,上下交而其志同也"的大智慧,实现"致中和,天地位焉,万物育焉"是全人类面临的终极考题。

参 考 文 献

[1] 邹才能,马锋,潘松圻,等. 论地球能源演化与人类发展及碳中和战略. 石油勘探与开发,2022,49(2):411—428.

[2] 戴铁军,周宏春. 构建人类命运共同体、应对气候变化与生态文明建设. 中国人口·资源与环境,2022,32(1):1—8.

[3] Deutz S, Bardow A. Life-cycle assessment of an industrial direct air capture process based on temperature-vacuum swing adsorption. Nat Energy, 2021, 6(2):203—213.

[4] 翟盘茂,袁宇锋,余荣,等. 气候变化和城市可持续发展. 科学通报,2019,64(19):1995—2001.

[5] 竺可桢. 中国近五千年来气候变迁的初步研究. 中国科学,1973(2):168—189.

[6] 李伯重. 气候变化与中国历史上人口的几次大起大落. 人口研究,1999(1):15—19.

[7] 葛全胜,方修琦,郑景云. 中国历史时期气候变化影响及其应对的启示. 地球科学进展,2014,29(1):23—29.

[8] Marcott S A, Shakun J D, Clark P U, et al. A reconstruction of regional and global temperature for the past 11 300 years. Science, 2013, 339(6124):1198—1201.

[9] Pörtner H O, Tignor M, Poloczanska E S, et al. Climate Change 2022: Impacts, Adaptation, and Vulnerability. Cambridge: Cambridge University Press, 2022.

[10] 宗克清,何德涛,陈春飞,等. 深部碳循环的环境气候效应. 岩石学报, 2022, 38(5): 1389—1398.

[11] Des Marais D J. Isotopic evolution of the biogeochemical carbon cycle during the Proterozoic Eon. Organic Geochemistry, 1997, 27: 185—193.

[12] Kump L. Mineral clues to past volcanism. Science, 2016, 352: 411—412.

[13] 傅伯杰. 联合国可持续发展目标与地理科学的历史任务. 科技导报, 2020, 38(13): 19—24.

[14] 赵文武,侯焱臻,刘焱序. 人地系统耦合与可持续发展:框架与进展. 科技导报, 2020, 38(13): 25—31.

[15] 姜联合. 全球碳循环:从基本的科学问题到国家的绿色担当. 科学, 2021, 73(1): 39—43.

[16] Duffy K A, Schwalm C R, Arcus V L, et al. How close are we to the temperature tipping point of the terrestrial biosphere?. Science Advances, 2021, 7(3): 1052.

[17] 翟盘茂,周佰铨,陈阳,等. 气候变化科学方面的几个最新认知. 气候变化研究进展, 2021, 17(6): 629—635.

[18] 杨柳青,陈雯,吴加伟,等. 适应气候变化的空间规划研究进展:内容和方法. 国际城市规划, 2020, 35(4): 96—100.

[19] Steffen W, Richardson K, Rockström J, et al. Planetary boundaries: Guiding human development on a changing planet. Science, 2015, 347(6223): 736.

[20] Fang J, Yu G, Liu L, et al. Climate change, human impacts, and carbon sequestration in China. Proceedings of the National Academy of Sciences, 2018, 115(16): 4015—4020.

[21] Harris P. World Ethics and Climate Change: From International to Global Justice. Edinburgh: Edinburgh University Press, 2009.

[22] 盖茨. 气候经济与人类未来. 北京:中信出版社, 2021.

[23] Chancel L, Piketty T, Carbon and inequality: From Kyoto to Paris. Paris School of Economics, 2015: 02655266.

[24] 毛亚林. 碳中和背景下中国能源中短期预测研究. 技术经济, 2021, 40(8): 107—115.

[25] 舒印彪,张丽英,张运洲,等. 我国电力碳达峰、碳中和路径研究. 中国工程科学, 2021, 23(6): 1—14.

[26] 舒印彪. 新型电力系统导论. 北京:中国科学技术出版社, 2022.

[27] IEA. China Power System Transformation: Assessing the Benefit of Optimised Operations and Advanced Flexibility Options. Paris: OECD Publishing, 2009.

[28] 杨锦春. 能源互联网:资源配置与产业优化研究. 上海社会科学院, 2019.

[29] 王成山,许洪华. 微电网技术及应用. 北京:科学出版社, 2016.

[30] Sonal P. Countries roll out green hydrogen strategies, electrolyzer targets. [2022-12-01]. https://www.powermag.com/countries-roll-out-green-hydrogen-strategies-electrolyzer-targets/

[31] 国家发展和改革委员会,国家能源局. 氢能产业发展中长期规划(2021—2035 年). 石油和化工节能, 2022(3): 13.

[32] Ochu E, Braverman S, Smith G, et al. Hydrogen fact sheet: Production of low-carbon hydrogen. (2021-06-17)[2022-12-01]. https://www.energypolicy.columbia.edu/research/article/hydrogen-fact-sheet-production-low-carbon-hydrogen

[33] 张岩峰. 核聚变. 中国科技术语, 2020, 22(6): 112.

[34] FIA. The global fusion industry in 2022. (2022-07-14)[2022-12-01]. https://www.fusionindustryassociation.org/copy-of-about-the-fusion-industry

[35] 李丽旻. 可控核聚变距离我们还有多远?. 中国能源报, 2021-02-21(5).

[36] 甘凤丽,江霞,常玉龙,等. 石化行业碳中和技术路径探索. 化工进展, 2022, 41(3): 1364—1375.

[37] Hu Y, Jiang P, Tsai J, et al. An optimized fractional grey prediction model for carbon dioxide emissions forecasting. International Journal of Environmental Research and Public Health, 2021, 18 (2): 587.

[38] 张军莉, 刘丽萍. 国内区域碳排放预测模型应用综述. 环境科学导刊, 2019, 38(4): 15—21.

[39] 陈晓红, 胡东滨, 曹文治, 等. 数字技术助推我国能源行业碳中和目标实现的路径探析. 中国科学院院刊, 2021, 36(9): 1019—1029.

[40] 吴张建. 面向碳中和的未来能源发展数字化转型思考. 能源, 2021(2): 54—57.

[41] 彭昭. 物联网将成为实现"碳中和"的关键. 中国工业和信息化, 2021(5): 40—46.

[42] 王铮, 郑楷丽, 邱璇, 等. 物联网在"碳中和"工程中的应用. 集成电路应用, 2022, 39(3): 126—127.

[43] Friedlingstein P, Jones M W, O'sullivan M, et al. Global carbon budget 2021. Earth System Science Data Discussions, 2021, 14(4): 1914—2005.

[44] 于贵瑞, 朱剑兴, 徐丽, 等. 中国生态系统碳汇功能提升的技术途径: 基于自然解决方案. 中国科学院院刊, 2022, 37(4): 12.

[45] IPCC. Climate Change 2013: The Physical Science Basis. Working Group I Contribution to the Fifth Assessment Report of the Intergovernmental Panel on Climate Change. Cambridge and New York: Cambridge University Press, 2013.

[46] IPCC. Meeting Report of the Intergovernmental Panel on Climate Change Expert Meeting on Mitigation, Sustainability and Climate Stabilization Scenarios. IPCC Working Group III Technical Support Unit. London: Imperial College London, 2017: 44.

[47] IPCC. Annex I: Glossary //IPCC. Global Warming of 1.5℃. Cambridge and New York: Cambridge University Press, 2018: 541—562.

[48] IPCC. Climate Change 2001: Mitigation. Contribution of Working Group III to the IPCC Third Assessment Report. Cambridge and New York: Cambridge University Press, 2001.

附录　专有名词注释表

第 1 章	
碳中和	在特定时间内,特定对象(可以是全球、国家、区域、企业、个人、产品、活动等)"排放的碳"(包含能源生产与消费、土地利用等)与"吸收的碳"(包含自然碳汇、人工碳汇等)正负抵消,达到正负相抵状态
温室气体	气体分析中化学键和红外辐射的光子震动频率对应,可吸收保存辐射能量的气体的统称
温室效应	大气中温室气体浓度增加,导致大气层对太阳辐射能量吸收和保存作用增强,进而导致地球温度上升的现象
碳源	人为或生态过程排放的碳
碳汇	人为或生态过程吸收的碳
国家自主贡献	各国根据自身情况,自主向国际社会做出减少二氧化碳排放量的承诺以参与国际气候治理行动
环境库兹涅茨曲线	经济活动造成的环境影响随经济增长出现的先上升后下降的倒 U 形曲线
第 2 章	
欧盟碳排放交易体系	欧盟各国设立的温室气体排放权交易体系,覆盖主要重型能源使用装置,约占温室气体排放总量的 40%;采取"总量控制与交易"原则,对系统覆盖的所有装置的某些温室气体排放总量设置上限;上限逐年下降,因此总排放量会下降。在上限内,公司获得或购买排放配额,并根据需要相互交易;每年履约期到期时,公司必须消纳其碳配额,否则将被处以巨额罚款
第 3 章	
能源系统	将自然界的能源资源转变为人类社会生产和生活所需要的特定能量服务形式(有效能)的整个过程;是为研究能源转换、使用规律的需要而抽象出来的社会经济系统的一个子系统;一次能源生产、能源运输与加工转换、终端能源消费是一个完整的能源系统最基本的组成部分
一次能源	在自然界现成存在的能源,如煤炭、石油、天然气、水能、太阳能、风能等,需要经过能源的勘探、开发、加工转换以成为终端服务于客户的能源
可再生能源	可以不断得到补充或在较短周期内可以再生的能源,如风能、水能、海洋能、潮汐能、太阳能和生物质能等能源
不可再生能源	无法得到补充或补充周期较长的不能再生的能源,如煤炭、石油、天然气等化石能源
能源平衡表	以矩阵或数组形式,反映特定研究对象(国家、地区、企业)的能源流入与流出、生产与加工转换、消费与库存等数量关系的统计表格,由三个基本部分组成,其中"列"为各种一次能源和二次能源,"行"为能源流向和各种经济活动
能源转型	能源的生产与消费在类型和技术上随经济发展规模与方式的变化而改变,具体体现在伴随人类生产系统历次技术革命的动力机革命变化中,一般而言用能技术和类型的变化是能源朝着更加经济、清洁、高效的方向转型

第 4 章	
新型电力系统	与现有的电力系统相比,新型电力系统在源、网、荷、储各方面均存在显著差异,建设方向见 4.4 节

第 5 章	
CO_2 冷热联供技术	利用跨临界 CO_2 蒸气压缩循环,消耗少量的逆循环净功,就可以得到较大、较高品质的热量,将低品位的热能转化为高品位的热能。通过这一技术可以实现工业锅炉供热末端环节的余热利用,替代冷却塔系统,同时将低品位热能转化为高品位热能,为工业过程其他环节供热,从而达到节能的目的。与此同时还可以提供冷量,实现冷热高效联供
压缩天然工质储能冷热电联供技术	利用压缩二氧化碳、空气等天然工质作为储能介质,在压缩过程中,压缩机会输出高品质热量,首先经过热回收,再经过储能装置,最后用于驱动膨胀机进行发电,与此同时可产生大量冷量,实现冷热电三联供
超临界 CO_2 发电技术	首先,超临界 CO_2 经过压缩机升压;然后利用余热或废热将 CO_2 等压加热;其次,CO_2 进入涡轮机,推动涡轮做功,涡轮带动电机发电;再次,在膨胀机中再一次做功发电;最后,CO_2 进入冷却器,恢复到初始状态,再进入压缩机形成闭式循环

第 6 章	
纯电动汽车	车辆的驱动力全部由电机供给,电机的驱动电能来源于车载可充电蓄电池或其他电能储存装置的汽车
插电式混合动力汽车	车辆的驱动力由驱动电机及发动机同时或单独供给,并且可由外部提供电能进行充电,纯电动模式下续驶里程符合相关标准规定的汽车
氢燃料电池汽车	动力系统主要由燃料电池发动机、燃料箱(氢瓶)、电机、动力电池组等组成的汽车,采用燃料电池发电机发电作为主要能量源,通过电机驱动汽车行驶
磷酸铁锂电池	是一种使用磷酸铁锂($LiFePO_4$)作为正极材料、碳作为负极材料的锂离子电池,单体额定电压为 3.2 V,充电截止电压为 3.6~3.65 V
三元聚合物锂电池(简称三元电池)	指正极材料使用镍钴锰酸锂[$Li(NiCoMn)O_2$]或者镍钴铝酸锂的三元复合正极材料的锂电池,三元复合正极材料以镍盐、钴盐、锰盐为原料,其中镍、钴、锰的比例可以根据实际需要调整。三元复合材料做正极的电池相对于钴酸锂电池安全性更高,但是电压太低
电驱动系统	由驱动电机总成、控制器总成、传动总成构成。驱动电机总成的作用是将动力电池的电能转化为旋转的机械能,是输出动力的来源;控制器总成是基于功率半导体的硬件及软件设计,对驱动电机的工作状态进行实时控制,并持续丰富其他控制功能;传动总成是通过齿轮组降低输出转速提高输出扭矩,以保证电驱动系统持续运行在高效区间

第 7 章	
建筑隐含碳排放	建筑和基础设施建造过程和维修过程中的建材生产、运输和建造维修过程的碳排放
建筑运行碳排放	建筑运行阶段消耗的能源种类主要包括电、煤、天然气以及热力,建筑运行碳排放主要包括:① 建筑运行过程中直接在建筑内部分的化石燃料燃烧所导致的直接碳排放,例如燃煤锅炉、燃气锅炉、燃气炊事、燃气热水器、直燃机等;② 建筑用热和蒸汽导致的用热间接碳排放;③ 建筑用热导致的用电间接碳排放
光储直柔配电系统	在建筑领域应用太阳能光伏、储能、直流配电和柔性交互 4 项技术的综合电力系统,其中柔性交互技术是指能够主动改变建筑从市政电网取电功率的能力

续表

电力的 CO_2 排放因子	一定发电量下 CO_2 的排放量,单位为 $t\,CO_2 \cdot (MW \cdot h)^{-1}$
分布式光伏发电	在用户场地附近建设,运行方式以用户侧自发自用、多余电量上网,且在配电系统平衡调节为特征的光伏发电设施
第 8 章	
土壤有机碳	土壤中各种含碳有机化合物,是土壤极其重要的组成部分,不仅与土壤肥力密切相关,而且对地球碳循环有巨大的影响,既是温室气体"源",也是其重要的"汇"
分蘖盛期	水稻生长的五个阶段之一,假茎基部叶腋的腋芽伸出新株,有 50% 的植株发生分蘖时为分蘖盛期
产甲烷菌	专性厌氧菌,属于古菌域、广域古菌界、宽广古生菌门,是一类能够将无机或有机化合物厌氧发酵转化成 CH_4 和 CO_2 的古细菌
硝化和反硝化作用	硝化作用是指在好氧区域中自养硝化细菌将铵氧化为硝酸或亚硝酸的过程,其间释放 N_2O;反硝化作用是指反硝化细菌在厌氧条件下用硝酸或亚硝酸作为电子受体进行呼吸,从而将底物还原成气体 NO、N_2O 和 N_2
淋溶(作用)	一种透过天然下渗雨水或人工灌溉,将上方土层中某些矿物盐类或有机物质溶解,而将其移往较下方土层中的作用
硝化抑制剂	是指一类能够抑制铵态氮转化为硝态氮(NCT)的生物转化过程的化学物质,通过减少硝态氮在土壤中的生成和累积,从而减少氮肥以硝态氮形式损失及对生态环境的影响
脲酶抑制剂	是指能够抑制土壤中脲酶活性,延缓尿素水解的一类化学制剂
第 9 章	
总初级生产力	也称总第一性生产力,是指在单位时间和单位面积上,生产者(主要是绿色植物,下同)经光合作用固定的有机碳总量
净初级生产力	也称净第一性生产力,是指在单位时间和单位面积上,生产者通过光合作用的净固碳量,是总初级生产力中扣除生产者自身呼吸消耗后剩余的部分
净生态系统生产力	是指净初级生产力减去异养呼吸消耗后的剩余部分,可用于指示生态系统碳收支
净生物群区生产力	是指净生态系统生产力减去各类自然和人为干扰(如火灾、病虫害、动物啃食、森林间伐以及农林产品收获)等非生物呼吸消耗后的剩余部分
地面清查法	通过收集不同时期植被与土壤碳储量的野外观测资料(如森林和草地资源清查数据、土壤普查数据),根据植被与土壤碳储量的变化推算研究时段内生态系统的碳收支情况
涡度相关通量观测法	主要采用微气象学原理直接测定陆地生态系统与大气间的净碳交换量
生态系统模型	以物质和能量守恒为理论基础,不仅能够模拟历史时期生态系统碳循环过程及其与环境的相互作用,区分不同驱动因子的贡献,还可预测未来气候变化条件下的碳循环过程,是估算区域和全球碳收支的重要工具
大气反演法	采用大气传输模型,结合大气 CO_2 观测数据和化石燃料燃烧碳排放等先验碳通量,反演全球和区域尺度陆地生态系统碳源汇
大气传输模型	研究红外辐射和大气相互作用的模型,包括吸收、散射、折射和湍流的影响情况,大气特性(压力、温度、密度及各种成分的含量)随时间、地点以一种极为复杂的方式变化,因此辐射在大气中传输受到的影响也是相当复杂的

碳循环过程	是指碳元素在地球上的生物圈、岩石圈、水圈及大气圈中交换,并随地球的运动循环不止的过程
第 10 章	
瑞维尔因子	大气 CO_2 进入海水后,在一定温度、盐度和碱度条件下,海水 CO_2 分压增长量与总溶解无机碳增长量的比值,即 $[\Delta p(CO_2)/p(CO_2)]/(\Delta DIC/DIC)$
蓝碳	全球海洋生物通过光合作用捕获的碳,其中滨海红树林、盐沼和海草床储存在沉积物中的碳,封存时间可长达上千年
碳通量	碳循环研究中一个最基本的概念,表述生态系统通过某一生态断面的碳元素的总量,单位为 $mol \cdot m^{-2} \cdot a^{-1}$
盐沼	盐沼是地表过湿或季节性积水、土壤盐渍化并长有盐生植物的地段
痕量营养元素	含量等于或小于 10^{-3} 的任何一种元素,地球化学文献中常将地壳中除 O、H、Si、Al、Fe、Ca、Mg、Na、K、Ti 这 10 种元素(它们的总重量丰度共占 99% 左右)以外的其他元素统称痕量元素,或微量元素、杂质元素、副元素、稀有元素、次要元素等,痕量营养元素即为植物提供营养的痕量元素
生物泵	地球大气 CO_2 在海水中的溶解吸收是通过海洋浮游植物的光合作用进行的。海洋中的浮游动物吞食浮游植物,食肉类的浮游动物以食草类浮游动物为食。这些生命系统所产生的植物和动物碎屑沉降在海洋中,这些沉降物大部分被分解并作为营养物回到海水中,但也有大约 1% 到达深海或海床并在那里沉积而不再进入碳循环,这被称为生物泵。生物泵的净化效果是减少表层海水中的碳含量,使得表层海水可以从大气中获取更多的 CO_2 以恢复平衡
第 11 章	
碳捕集、利用与封存	是指将 CO_2 从工业过程、能源利用或大气中分离出来,直接加以利用或注入地层以实现 CO_2 永久减排的过程。全流程包括 CO_2 捕集、运输、利用与封存环节
超临界状态	工程上,将某流体所处的压力(p)和温度(T)均超过临界压力(p_c)和临界温度(T_c)时的这种状态称为超临界。超临界状态下,流体的密度、介电常数、黏度、扩散系数、热导率和溶解性等都不同于流体一般状态
CO_2 提升采油效率技术	使用捕集后的 CO_2 提升采油效率,超临界 CO_2 高压液态或者超临界的 CO_2 被注入含油的岩层。超临界 CO_2 的密度和原油的密度相似,但是黏度要低得多。CO_2 可以部分溶解于石油中,使原油膨胀,降低石油的黏性,改善流体的流动性,降低界面张力。较高的注入井压力和原油的膨胀一起驱动原油向生产井流动,从而置换出储藏在岩层中的油气资源
CO_2 盐水层封存	CO_2 地质封存的一种,是将 CO_2 封存于地下盐水层里的自然孔隙中,使其与地下水体和岩石发生反应生成碳酸盐以留存于地下,同时将高价值的卤水等矿产资源进行驱采,以获得水资源和稀缺矿产资源的技术
第 12 章	
温室气体	大气中能够吸收红外辐射的气体成分,地球大气中的温室气体主要包括 H_2O、CO_2、CH_4、N_2O、含氟温室气体、O_3 等
全球变暖潜势	一种物质产生温室效应的指数,是在一定的时间尺度内,某种温室气体产生的温室效应对应产生相同效应的 CO_2 的质量
辐射强迫	是指某一扰动作用于气候系统所产生的对流层顶净辐照通量(向上辐射与向下辐射的差值)的变化,单位为 $W \cdot m^{-2}$。任何能够打破气候系统平衡的扰动,就称为辐射强迫因子

消耗臭氧层物质	工业生产和使用的氯氟碳化合物、哈龙等物质,当它们被释放到大气并上升到平流层后,受到紫外线的照射分解出 Cl·自由基或 Br·自由基,这些自由基很快与臭氧进行连锁反应,使臭氧层被破坏
气相色谱-氢火焰离子化检测器(GC-FID)	使用气相色谱法对氢火焰离子进行检测的仪器,以分析试样的成分。气相色谱法(GC)是在以适当的固定相做成的柱管内,利用气体(载气)作为移动相,使试样(气体、液体或固体)在气体状态下展开,在色谱柱内通过吸附/解吸附(制冷、加热)周期分离后,各种成分互相分离,并依次进入检测器,用记录仪记录色谱谱图。火焰离子化检测仪(flame ionization detector,FID)是一种高灵敏度通用型检测器,它几乎对所有的有机物都有响应,而对无机物、惰性气体或火焰中不解离的物质等无响应或响应很小。采集的样品气首先经过色谱柱分离,然后送入 FID 检测器进行检测,从而可对挥发性有机物进行可靠的定性、定量分析
非色散红外法(NDIR)	一种用于本底大气 CO_2 浓度瓶采样测定方法,使用非色散红外传感器对有机化合物进行检验,是一种由红外光源(IR source)、光路(optics cell)、红外探测器(IR detector)、电路(electronics)和软件算法(algorithm)组成的光学气体传感器
光腔衰荡光谱法(CRDS)	一种非常灵敏的光谱学方法,可用来探测样品的绝对的光学消光,包括光的散射和吸收,已经被广泛地应用于探测气态样品在特定波长的吸收,并可以在万亿分率的水平上确定样品的摩尔分数,也被称作激光光腔衰荡吸收光谱
离轴积分腔输出光谱法(ICOS)	根据目标物质的特征吸收光谱,使特定波长的激光偏离光轴入射充有样气的高精密谐振光腔,在高效反射镜的作用下不断反射,通过测量和比较入射光和透射光的强度,从而得到样气中目标物质的构成与组分的技术
傅里叶变换红外光谱法(FTIR)	一种用来获得固体、液体或气体的红外线吸收光谱和放射光谱的技术。傅里叶变换红外光谱仪同时收集一个大范围内的光谱数据,给予了在小范围波长内测量强度的色散光谱仪一个显著的优势。FTIR 已经能够做出色散型红外光谱,开启了红外光谱新的应用,但使用得并不普遍(除了有时候在近红外)。傅里叶变换红外光谱仪源自傅里叶变换(一种数学过程),需要将原始数据转换成实际的光谱
气相色谱-电子捕获检测器(GC-ECD)	能检测色谱柱流出组分及这些组分量的变化,其原理是将经色谱分离的组分的物质信号转化为易于测量的电信号,故也被称作"换能器"
气相色谱-质谱联用技术(GC-MS)	将气相色谱仪与质谱仪通过接口组件进行连接,以气相色谱为试样分离、制备的手段,以质谱作为气相色谱的在线检测手段进行定性、定量分析,辅以相应的数据与控制系统构建而成的一种色谱-质谱联用技术,是一种常规的分析技术
第 13 章	
碳税	直接对碳排放收税,政府制定每单位碳排放的税率,企业根据自己的排放量交税,它是一种污染税
碳交易	政府给企业一定的排放权配额(carbon allowances)。企业污染量超过配额的部分需要从排放权交易市场(allowance trading market)中购买;如果企业污染量小于配额,企业可以在排放权交易市场中卖出多余的配额。购买配额需要的成本和卖出配额产生的收益将促使企业减排
高限值政策	是指对没有实测数据的企业,用一个高于实际煤炭含碳量的高限值(或惩罚值)来衡量其排放量,通常高限值高于实际碳含量的 20%～30%

第 14 章	
消费碳足迹	是指企业机构、活动、产品或个人通过交通运输、产品消费以及满足活动等引起的温室气体排放的集合
购买耻辱	瑞典兴起的一种购物观念,购买不必要物品闲置着,或出于炫耀攀比心态购买物品,或购买造成较大环境负担的物品是一种耻辱
绿色电力证书制度	是指瑞典与挪威的绿色电力证书制度,其规定至某一时期必须实现一定数量的可再生能源电力生产,然后根据年度增长率将该目标按年分解。可再生能源电力生产商在本国获得证书,证书可以在瑞典和挪威市场上交易。根据瑞典法律颁发的电力证书,可用于履行挪威的配额义务
食物碳足迹	粮食产品在食品价值链中从生产阶段提供投入物到终端市场消费为止,包括食物的生长、收获、加工、包装、运输、销售、食用和处置的过程,也涉及传统以及可持续食品系统的所有行业。其直接或间接产生的温室气体总排放量净值,以二氧化碳当量吨表示
第 15 章	
全球气候治理	是指包括国家与非国家行为体在内的各种国际社会行为体通过协调与合作的方式,从次国家层面到全球层面多层次共应对气候变化,最终将大气中温室气体的浓度稳定在防止气候系统受到危险的人为干扰的水平上的过程,其核心是通过全球范围内多元、多层次的合作及共同治理以减缓和消除气候变化对人类的威胁
"共同但有区别的责任"原则	是一项应对全球气候变化的重要原则,贯穿《联合国气候变化框架公约》及其附属法律文件制定与实施的主线。保护环境是全人类的共同责任,在可持续发展的框架下解决气候变化问题,发达国家应承担减少温室气体排放的量化任务,发展中国家的首要任务是发展经济和消除贫困
中国碳达峰碳中和计划"1+N"政策体系	中国为实现"双碳"目标出台的一系列成体系政策:"1"指《关于完整准确全面贯彻新发展理念做好碳达峰碳中和工作的意见》,"N"则包括《2030 年前碳达峰行动方案》以及重点领域和行业政策措施及行动
第 16 章	
地质作用营力	地球是一个充满活力、不断发展、变化的星球,地壳内部和地球表面无时无刻不在运动变化着,这些发展变化是由自然或人为动力造成的。地质学家把这些引起地壳物质组成、内部结构和地表形态运动及变化的动力称为地质作用营力